実践Rust入門

言語仕様から開発手法まで

keen・河野達也・小松礼人

技術評論社

・ 記載内容について

本書に記載された内容は、情報の提供だけを目的としています。したがって、本書を用いた運用は、必ずお客様自身の責任と判断によって行ってください。これらの情報の運用の結果について、技術評論社および著者はいかなる責任も負いません。

本書に記載がない限り、2019年3月現在の情報ですので、ご利用時には変更されている場合もあります。以上の注意事項をご承諾いただいた上で、本書をご利用願います。これらの注意事項をお読みいただかずにお問い合わせいただいても、技術評論社および著者は対処しかねます。あらかじめ、ご承知おきください。

・ 商標、登録商標について

本書に登場する製品名などは、一般に各社の登録商標または商標です。なお、本文中に™、®などのマークは省略しているものもあります。

はじめに

現在主流となっている汎用プログラミング言語の多くは、ガベージコレクタという自動的なメモリ管理のしくみを持ちます。たとえばC#、Go、Java、JavaScript、Python、Ruby、Scalaがそれにあたります。一方、C言語とC++（以降、C/C++）は性能やハードウェア資源の効率を特に重視しており、ガベージコレクタを持ちません。分野にもよるので一概にはいえませんが、近年の開発の現場では生産性の高さや習得の容易さなどから、前者に属する言語の方がC/C++よりも好んで使われる傾向があるようです。

その一方で、OSやデバイスドライバ、データベースサーバ、Webブラウザ、暗号化ライブラリのような、性能と効率が特に重視されるソフトウェアにおいては、現在でもその多くがC/C++で開発されています。これらの言語はハードウェアの性能を引き出すことに長けています。しかし1970年代から80年代にかけて生まれたこれらの言語の基本設計は古く、しばしば安全でない、セキュリティ上の脆弱性を持つソフトウェアを生み出してしまいます。2014年に発見されたOpenSSLのHeartbleed脆弱性（CVE-2014-0224）や、その翌年に発見されたGNU CライブラリのGHOST脆弱性（CVE-2015-0235）などは、Cの安全でない部分を悪用したものでした。特にHeartbleedがITの世界に与えたインパクトは大きく、記憶に残っている人も多いのではないでしょうか。

これらシステムの基盤となるソフトウェアは、性能だけでなく堅牢性が重視されるべきです。しかしそれらの多くが脆弱性を作り込みやすい言語で書かれているというのは、なんとも皮肉な話です。

C/C++において脆弱性を作り込みやすくなっているのはメモリ管理に関する部分です。解放済みのメモリ領域へのアクセスや誤ったポインタの使用などにより、本来はアクセスが許されないデータを操作できてしまうことが問題となります。これらを正しく管理することは私たち開発者の責任とされますが、完璧にこなすのは熟練者にとっても難しいのが現実です。C++では近年の言語仕様の拡張によってメモリ管理のほとんどを自動化できるようになりました。しかしそれでも使い方を誤る余地があり、安全でないソフトウェアが書かれてしまいます。

最初に挙げたJavaなどのメモリ管理機構を持つ言語では、これらの問題を言語側で回避してくれます。ガベージコレクタによってメモリ管理を自動化するだけではなく、言語からポインタの概念をなくすこともよく行われます。これにより安全性は確保できますが、実行時の性能や効率の劣化は避けられません。このことが特定の分野において、それらの言語を使うことを難しくしています。

Rustは2015年に最初の安定版がリリースされたばかりの新しい言語です。静的型付けと関数型言語などにみられる高度な抽象化のしくみを取り入れており、高品質で再利用性の高いソフトウェアを開発できます。また、パターンマッチやコンパイラによる型推論なども備えており、簡潔なコードが書きやすくなっています。Rubyのgemに似たパッケージ管理ツールも標準ツールチェインに組み込まれており、セントラルリポジトリに登録されたパッケージの数は現在では2万を超えています。

さらにRustはC/C++に代わってハイパフォーマンスなソフトウェアを開発できるだけの実力を持っています。Rustはガベージコレクタを持たず、またハードウェア資源についてC/C++と同レベルの詳細な制御ができます。しかしRustが決定的に違うのは安全性を重視していることです。不正なポインタへのアクセスといった脆弱性を引き起こす要因を、実行時ではなくコンパイル時に検出するしくみを備えており、実行時の性能劣化なしに安全なソフトウェアを実現できます。

つまりRustはモダンな機能で開発者の生産性を高めつつ、安全で、ハードウェアの性能を最大限に発揮できる数少ないプログラミング言語の1つなのです。いままでC/C++を使ってきた人はもちろん、それらの言語を敬遠してきた人にとっても身近な道具となりえます。Python、Ruby、Node.jsなどのランタイムからFFI（他言語関数インターフェイス）というしくみを使ってRustの関数を呼び出せますので、性能上のボトルネックとなっている機能を少しずつRustで置き換えていくことも可能です。特に大量のデータを扱ったり、重い計算をしたりする処理では効果が高く、Rustで書き換えることで処理速度が数十倍になることも珍しくないでしょう。

Rustで書かれたプログラムはクロスコンパイルにより多彩なプラットフォームで実行できます。最近注目を集めているWebAssemblyというWebブラウザ上で高速に実行できる形式にもいち早く対応しました。また組み込みデバイスのようなOSを持たないベアメタル環境での実行もサポートしています。

Rustを学んで新しい世界を開拓してみませんか？

本書の特徴

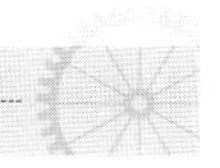

本書はRustの入門書ですが、実践的であることに重点を置いています。言語仕様を網羅的に解説するのではなく、筆者らの経験を元に重要なものを選択し、実際に動作する豊富なサンプルプログラムを使って学習できるように工夫をこらしました。特に本書の後半では、以下を題材に、シンプルで理解しやすく、実用的なソフトウェアのエッセンスが詰まったプログラムの制作過程を体験できます。

- パーサを例にした手続きの抽象化と実践的なエラー処理
- パッケージの公開とAPIドキュメントの作成、CIサービスを活用した自動ビルドの設定
- Webアプリケーションとデータベース接続
- FFIによる他言語との連携、既存のCライブラリを安全に使うためのRustインターフェイスの作成

さて、冒頭ではRustについて良い面ばかりを宣伝しましたが、もちろん悪い面もあります。それは学習コストが高いことです。

大抵のプログラミング言語ではその言語についてよく知らなくても、それなりに動作するプログラムが書けるでしょう。しかしRustでは性能と安全性を両立するために「所有権と借用規則」という他の言語ではあまり見られない概念を学ぶ必要があります[*1]。これがしっかり身につくまでは、コンパイルエラーと格闘することになるかもしれません。

またRustではハードウェア資源の効率を最大にするために、使用するメモリ領域やデータがコピーされるタイミングについて、きめ細やかな制御ができるようになっています。このことは裏を返すと、学ばなければならないことがたくさんあるということです。

さらにRustにおけるオブジェクト指向の中核をなすトレイトも、広く普及している継承に基づくオブジェクト指向プログラミングとは少し勝手が異なります。

でも心配はいりません。本書ではこれらの重要でつまづきやすい概念について十分なページを割いて説明します。本書をじっくり読んで、一部のコードを実際に実行しながら学んでいただければ、近いうちに必ずRustを使いこなせるようになるでしょう。

＊1　最近のC++の規格（C++11以降）には所有権など一部がRustと重なる概念があります。すでにC++を習得されている人には入門しやすいかもしれません。

本書の構成

本書は2部で構成されています。第1部「基礎編」ではRustの特徴や言語機能と文法を学習し、Rustプログラムが読み書きできるようになることを目標にしています。また開発環境をセットアップし、簡単なプログラムの開発を通してRustの主要な言語機能を体験することで理解を深めます。

第2部「実践編」では実践的なサンプルプログラムを紹介します。Rustで何をどうやって実現できるのかを知るだけでなく、人気のあるライブラリやフレームワークについても基本的な使い方を学べるでしょう。

第1部の各章と第2部の第10章までは順番に読むことをお勧めします。第10章まで読んでいただければ、Rustで開発する上での基本的な知識が習得できるはずです。

第2部の最後の2章（第11章と第12章）は専門的なトピックを扱います。互いに独立していますので、必要なときに興味のある部分を読んでいただいて構いません。

第1部　基礎編

第1章「Rustの特徴」は導入です。Rustというプログラミング言語はどのようなニーズから生まれ、どのような特徴があるのか、用語や歴史を交えて説明します。

第2章「はじめてのRustプログラム」では開発環境を準備します。お手持ちのPCやMacにRustコンパイラなどのツールチェインをインストールし、コードエディタとしてVisual Studio Codeと関連するプラグインをセットアップします。簡単なプログラムを作成し、対話型のデバッガを通して実行します。

第3章「クイックツアー」ではマルチスレッドのプログラムの開発を通してRustの特徴的な機能を体験します。第1部の残りの章で学習する内容を事前に一通り体験することで、それらの章の内容をより深く理解することをねらいとしています。

第4章と第5章ではRustプログラムの安全性と高速性に対して多大な貢献をする「型」について学習します。第4章「プリミティブ型」では言語に組み込まれている型である数値型、文字列型、ポインタ型、タプル型などを扱います。第5章「ユーザ定義型」では標準ライブラリで定義されている主な型を見たあとに、構造体や列挙型を使った新しい型の定義方法や、型変換の方法などを学びます。

第6章「基本構文」ではRustプログラムを読み書きするための基本的な構文について学習します。変数束縛、制御構文、関数宣言と呼び出し、クロージャなどに加え、関数型言語ゆずりのパターンマッチという便利な機能について学びます。

第7章「所有権システム」ではRustの最も特徴的な機能の1つである所有権システムについて学習します。ライフタイム、ムーブセマンティクス、参照と借用、ミュータビリティ（可変性）などのあまり聞き慣れない概念について学びます。

第8章「トレイトとポリモーフィズム」ではRustにおけるオブジェクト指向の側面について学習します。ポリモーフィズム（多相性）を実現するためのトレイトとジェネリクスを扱い、あわせて標準ライブラリのトレイト利用例や演算子のオーバーロードも見ていきます。静的ディスパッチと動的ディスパッチの節では、Rustにおいて選択可能な性能と柔軟性のトレードオフについて説明し、2種類のディスパッチ方法を目的に応じて使い分けられるようにします。

第2部　実践編

第9章「パーサを作る」では数式をパースするライブラリを作成します。主に構文解析を扱いますが、そのあとに続くインタプリタやコンパイラも作ることで、数式に対応する抽象構文木を構築するだけでなく、電卓として機能させます。またRustにおける手続きの抽象化やエラーの扱いなど実用的なプログラミングには欠かせない技法も紹介します。

第10章「パッケージを作る」では簡単なコマンドラインプログラムの作成を通じて、パッケージの作成とcrates.ioというセントラルリポジトリでの公開方法を学習します。あわせて`rustdoc`によるドキュメント作成や、テストの書き方についても学びます。Travis CIとAppVeyorを利用したテストの自動実行も扱い、作成したプログラムがLinux、macOS、Windows上で正しく動作することを確認できます。

第11章「Webアプリケーション、データベース接続」ではWeb用途でのRustの活用法を紹介します。あわせてFuturesによる非同期IOの実現や、Rustからリレーショナルデータベース上のデータを操作する方法なども学習します。題材としてCSVやJSON形式のログデータを扱うWeb APIサービスを取り上げ、サンプルプログラムを通してRust製の各種フレームワークの基本的な使い方を学びます。

第12章「FFI（他言語関数インターフェイス）」ではFFIを通じてRustプログラムとCプログラムを相互に呼び出す方法を学習します。本章ではCとの連携についてのみ扱いますが、Python、Ruby、JavaScript（Node.js）などの多くのプログラミング言語ではCとのFFIが可能ですので、本章で学んだ内容はこれらの言語との連携にも応用できます。FFIの基本的なテクニックとして、動的または静的ライブラリとのリンク、ビルドスクリプトのサポート、Cのデータ型の扱い方などを学習し、さらにリソースが解放されるタイミングを制御する方法についても学びます。

本書で必要となる前提知識

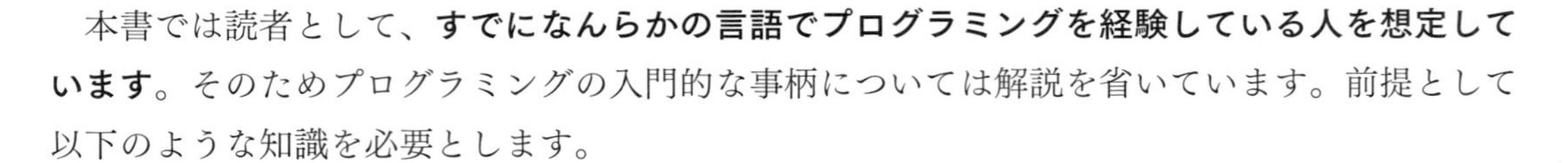

本書では読者として、**すでになんらかの言語でプログラミングを経験している人を想定しています**。そのためプログラミングの入門的な事柄については解説を省いています。前提として以下のような知識を必要とします。

- プログラミングの入門レベルの知識
- オブジェクト指向の入門レベルの知識

自信のない人は他の言語の入門書を読むとよいでしょう。Python、Ruby、Javaなどの命令型オブジェクト指向言語が習得しやすくお勧めですが、もちろん他の言語でも構いません。

本書が対象としている環境

本書に記載されているサンプルプログラムを実行するには、Rustコンパイラなどが動作する環境が必要です。本書では開発環境としてx86/x86-64系のプロセッサで動作するLinux、macOS、Windowsを想定しています。

Rustのエディションは「2018 Edition」を使用しています。そのためRust 1.31.0かそれ以降のバージョンが必要です。

動作確認の環境について

サンプルプログラムの動作確認に利用したRustやOSのバージョンは以下のとおりです。

- Rust 1.32.0（2019年1月16日リリース）
  - 2018 Editionを指定
- x86-64系のプロセッサで動作する以下のOS
  - Ubuntu "Bionic" 18.04 LTS（64ビット）
  - macOS Mojave 10.14
  - Windows 10（64ビット）

Rustは後方互換性を重視していますので、これ以降のRustバージョンなら問題なく動作するでしょう。

ただし、上記と異なるバージョンや環境においては本書の説明内容と動作等が異なる場合もあります。あらかじめご了承ください。

本書のサンプルプログラム

本書で使用するサンプルプログラムはGitHubから取得できます。取得方法については以下のページを参照してください。

- サンプルプログラム：
  https://github.com/ghmagazine/rustbook
- 公式サポートページ：
  https://gihyo.jp/book/2019/978-4-297-10559-4

困ったときは

Rustプログラミング全般について、分からないことがあるときは、以下のようなRustの日本語コミュニティに助けを求めてもいいでしょう。

- Slack rust-jpチーム（参加登録URL：http://rust-jp.herokuapp.com）

なお関東地方と関西地方ではRustの勉強会が定期的に開催されています。開催についての情報は上記Slackチームの#eventチャネルで得られます。

第8章 トレイトとポリモーフィズム

第10章 パッケージを作る

第1部

基礎編

第 1 章

Rustの特徴

Rustという言語はどのようなニーズから生まれ、どんな用途に向いているのでしょうか？本章ではRustの特徴を紹介し、実行速度と安全性をどのように両立しているかを説明します。またRustの導入事例を紹介します。

1-1 Rustの特徴

Rust[*1 *2]はFirefoxの開発元であるMozillaが中心となり、オープンソースで開発されている汎用プログラミング言語です。ハイパフォーマンスなアプリケーションやシステムソフトウェアの開発に適しており、C++に匹敵する実行速度や詳細なメモリ管理が実現できます。またその一方で安全性を重視しており、不正なメモリ領域を指すポインタなどを許容しないといったメモリ安全性を保証したり、マルチスレッドによる並列実行時のデータ競合をコンパイル時に排除したりするしくみを備えています。

これらの特徴により、マルチコア化が進む近年のプロセッサの性能を発揮しつつ、メモリ由来のセキュリティ脆弱性がない、堅牢なソフトウェアを開発できます。

またHaskellなどの関数型言語にみられる便利な機能、たとえば代数的データ型とパターンマッチ、型クラスによる多相関数、コンパイラによる型推論などを取り入れており、高い開発生産性をもたらします。

Rustで開発されたソフトウェアはガベージコレクタのような複雑なランタイムを持ちません。さらにその気になればオペレーティングシステムなしで実行できるソフトウェアも開発できます。そのためIoTなどのシステム資源が限られる環境でCを置き換え、品質と生産性を飛躍的に向上できるのではと期待が高まっています。またWebAssemblyというWebブラウザ上で高速に実行できる実行形式の出力にもいち早く対応し、Web業界からの注目を集めています。

＊1　公式サイト：https://www.rust-lang.org/

＊2　RustではRの発音に注意。カタカナでラストと発音すると英語圏の人にはLastと聞こえてしまいます。舌の先がどこにも当たらず奥に引っ込めるようにしましょう。

Rustでは他言語関数インターフェイス（FFI）を用いて、他のプログラミング言語との間で相互に関数を呼び出せます。Rust自身が複雑なランタイムを持たないことと相まって、他の言語のランタイムに組み込むのにも理想的な言語となっています。すべてをRustで開発するのではなく、既存のソフトウェア資産が活かせるPython、Ruby、Node.jsなどの環境で開発し、重い処理のみをRustで書き換えるといったことも簡単に実現できます。

1-2 最も愛されている言語

2015年5月にRustの最初の安定版である1.0がリリースされました。Rustは比較的新しい言語ですが、リリース当初から一部の開発者たちを魅了してきました。

技術系の質問サイトとして有名なStack Overflowは、毎年1月に世界中の開発者に向けたアンケートを実施しています。その集計結果の中には「最も愛されている言語」というランキングがあります[*3]。これはその言語を現在使用していると回答した人の中で、今後も使い続けたいと答えた人の割合を示しています。

Rustはこのランキングで2016年1月から現在（2018年）まで3年連続で1位に輝きました。実に8割近いRustaceanたち[*4]が今後も使い続けたいと回答しています（**図1.1**）。

図1.1 最も愛されている言語 - Stack Overflow 開発者アンケート 2018年1月版より

Most Loved, Dreaded, and Wanted Languages

Loved | Dreaded | Wanted

Language	Loved
Rust	78.9%
Kotlin	75.1%
Python	68.0%
TypeScript	67.0%
Go	65.6%
Swift	65.1%
JavaScript	61.9%

＊3 https://insights.stackoverflow.com/survey/2018#most-loved-dreaded-and-wanted

＊4 RustコミュニティではRustプログラマのことをRustaceanと呼んでいます。これはカニやエビが属する甲殻類（crustacean）をもじったものです。また、Rustコミュニティの非公式マスコットキャラクターであるカニのFerrisは英語の形容詞のferrous（意味：鉄の、鉄を含む）から来ており、鉄に発生する錆をイメージしています。https://www.rust-lang.org/learn/get-started#ferris

また、ソースコードのホスティングとソフトウェア開発の基盤サービスを提供するGitHubは、毎年10月に「Octoverse」という年次レポートを発表しています[*5]。最新版の2018年10月版にはコントリビュータ数（オープンソースプロジェクトに貢献したユーザ数）の増加が著しい言語のランキングがあり、Rustはそこにもランクインしました（図1.2）。

図1.2 コントリビュータ数の増加が著しい言語 - GitHub 年次レポート Octoverse 2018年10月版より

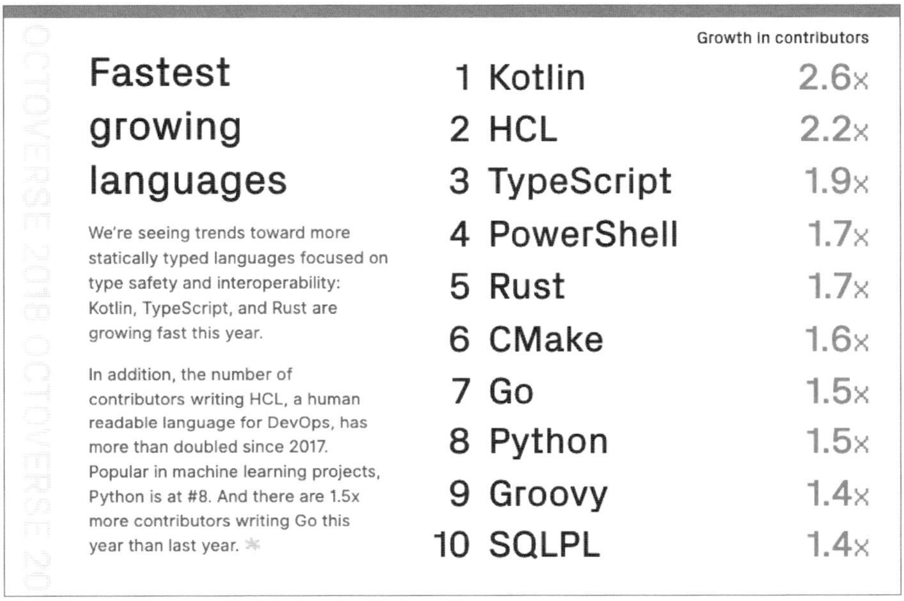

OCTOVERSE 2018 OCTOVERSE 20

Fastest growing languages

We're seeing trends toward more statically typed languages focused on type safety and interoperability: Kotlin, TypeScript, and Rust are growing fast this year.

In addition, the number of contributors writing HCL, a human readable language for DevOps, has more than doubled since 2017. Popular in machine learning projects, Python is at #8. And there are 1.5x more contributors writing Go this year than last year.

		Growth in contributors
1	Kotlin	2.6x
2	HCL	2.2x
3	TypeScript	1.9x
4	PowerShell	1.7x
5	Rust	1.7x
6	CMake	1.6x
7	Go	1.5x
8	Python	1.5x
9	Groovy	1.4x
10	SQLPL	1.4x

レポートでは最近のトレンドは型安全性と他言語との相互運用性を重視した静的型付き言語へ向かっているとしており、それに該当する言語としてKotlin（ランキング1位）、TypeScript（3位）、Rust（5位）を挙げています。

1-3 Rustの起源

Rustの起源は2006年にまでさかのぼります。当時Mozillaに所属していたGraydon Hoare氏は、個人プロジェクトとしてRustの開発を始めました。Hoare氏は既存のプログラミング言語のコンパイラやツールの開発に従事していましたが、それらの言語の不満な点を解消した自分の言語を作りたいと思い描くようになったようです。2009年のあるとき、空き時間を使って少しずつ開発してきたプロトタイプがMozilla上層部の人の目にとまり、開発継続のために

＊5　https://octoverse.github.com/

チームが結成されることになったのです。

その上層部の人とはMozillaの共同創業者でJavaScriptを考案したBrendan Eich氏でした。Firefox Webブラウザの中核にはGeckoという成熟したブラウザエンジンがあります。Geckoは1997年に開発されたNetscape Navigatorをベースにしており、大半はC++で書かれています。2000年ごろのPCに搭載されていたプロセッサ（CPU）はみなシングルコアでしたが、動作周波数の物理的な限界や消費電力の問題から、2005年ごろからマルチコア化が一気に進みました。低消費電力化などマルチコアの恩恵を受けるにはプログラムの並列化が必須ですが*6、シングルコアの時代に設計されたGeckoでそれを行うのは容易ではありません。

またWebブラウザはさまざまな攻撃にさらされます。Firefoxの総コード行数は約1,000万行、Chromeは約1,200万行と言われており、いずれも巨大で複雑なソフトウェアです。2016年に報告されたFirefoxの脆弱性情報（CVE）は133件あり、その中で重大だったもののほとんどは、バッファオーバーフローや解放後のメモリへのアクセスなど、C++プログラミングにおける安全でないメモリの取り扱いに起因するものでした。

このブラウザエンジンを、より安全で並列性の高いものに再構築するために長期的なプロジェクトが計画されました。その開発に使うプログラミング言語として、Eich氏はRustの将来に可能性を見出したのです。このプロジェクトは2013年にMozillaとSamsungがスポンサーとなり、Servo並列ブラウザエンジン研究開発プロジェクトとして正式にスタートしました。

Rustは最初から今のような設計思想を持つ言語だったわけではありません。メモリ安全性については当初から盛り込まれていましたが、それ以外にスレッドごとに独立して割り当てられたガベージコレクション（GC）付きのヒープ領域があったり、Goのgoroutineのような軽量スレッドも用意されていたりしました。これらの設計はGoというより、ErlangやElixirで使われているErlangの仮想マシンに近かったようです。

しかしその後の長いアルファ版とベータ版の期間中にServoプロジェクトなどからさまざまなフィードバックを受けた結果、現在の設計思想に落ち着きました。こうしてRustはメモリ安全性と卓越した実行性能を重視する一方で、GCや軽量スレッドなどの複雑なランタイムを持たない言語になったのです。なおRustのメモリ安全性については、Cycloneという安全性を重視したCの方言のリージョンにもとづくメモリ管理手法から多大な影響を受けています。

Hoare氏は2013年8月にRustの主任開発者の座を他のメンバーに譲りました。その後はApple社でSwiftの開発に参加しているようです。

*6 プロセッサは動作周波数を上げていくと消費電力が飛躍的に増大します。現在市場にある多くのマルチコアプロセッサでは、処理を各コアに分散させることで個々のコアの動作周波数を低く保ち、プロセッサ全体としての消費電力を抑えられます。

column コラム 名前の由来

Rustは英語で「錆」を意味します。なぜこのような名前がつけられたのでしょうか？ これには諸説あったようです。たとえばGoogleのChromeを錆びさせて輝きを失わせるためでは、といった説もその1つです。

Rustの生みの親であるHoare氏本人は名前の由来について、みんなが訊くんだけど、いい説明がなかなか思いつかないんだよね、としながら、本当はこんなことを考えていたのかなと、以下のような理由を語ったようです*7。

それは真菌の名前からとられました。Hoare氏は大学でバイオロジーを専攻し、真菌類、いわゆるカビやきのこ類に興味を持ったそうです。同氏によると真菌類は驚異の生命体で、ソフトウェアにたとえると並列・分散的で耐障害性に優れているとのことです。

真菌類の多くは無数の個体が菌糸で絡まりあってコロニーを形成し、外部から身を守ります。それぞれが別の個体ですので、一部の個体が被害を受けても他は無傷で残ります。また各々の個体も生き残りのために環境に応じて2つ以上の胞子形態をとります。植物に赤サビ病をもたらすサビ菌類（Rust fungus）はサバイバル能力に秀でていて、その形態はなんと5つもあります。自身のプログラミング言語を並列・分散指向で耐障害性に優れるものにしたかったという同氏は、サビ菌類のしぶとさに注目したようです。

また、Rustがrobust（頑丈）やtrust（信頼）の部分文字列であることも、その名前を選択する後押しとなったようです*8。

安定版のリリースまでに数多くの設計変更が施されたRustには分散指向という特徴はありません。しかし安全性を重視し、並列で堅牢なソフトウェアが作れる言語であることには変わりありません。

1-4 なぜRustなのか？

プログラミング言語にはそれぞれに特徴があり、得意とする領域が異なります。Rustの特徴について詳しく見ていきましょう。

1. トップクラスのパフォーマンス
2. 安全なシステムプログラミング言語
3. 生産性を高めるモダンな機能
4. シングルバイナリ、クロスコンパイル
5. 他言語との連携が容易

1-4-1 トップクラスのパフォーマンス

Rustで開発したプログラムの実行速度は、数あるプログラミング言語の中でもトップクラスに位置します。**図1.3**はThe Computer Language Benchmarks Game（通称Benchmarks Game）というオープンソースのマイクロベンチマークの結果です。

*7 https://www.reddit.com/r/rust/comments/27jvdt/internet_archaeology_the_definitive_endall_source/
*8 ただしRustは学習が難しいことも知られており、frustration（フラストレーション）の部分文字列でもあります。

図1.3 Computer Language Benchmarks Game 2019年2月の結果

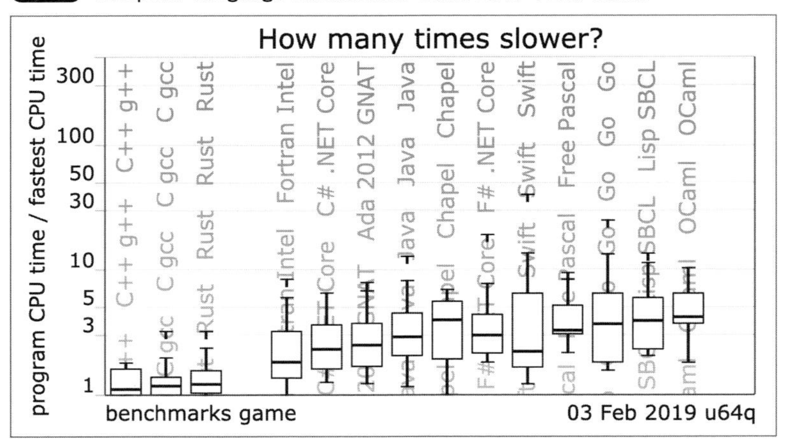

これは執筆時点（2019年2月）にBenchmarks Gameのサイトに掲載されていたものです[*9]。最速だったベンチマークプログラムの実行にかかった時間を1とした相対時間を表しています。数字が小さい方が高速です。

ベンチマークプログラムは10種類ありますので、それらの相対時間を言語ごとにまとめて「箱ひげ図」と呼ばれるフォーマットで示しています。箱内の黒い横線が一連のデータ（相対時間）の中央値、箱の下端が25%に位置するデータの値、箱の上端が75%に位置するデータの値となっています。ひげの端はデータの最小値と最大値になります。チャートの縦軸が対数目盛りになっていることに注意してください。

各言語の処理系は基本的に最新の安定版が使われているようです。マシン環境はクアッドコア（4コア）のプロセッサ上で稼働する64ビットUbuntu 18.10と記載されていました。すべてのプログラムで確認したわけではありませんが、筆者がレビューした範囲ではC++、C、Rustはもちろん他の言語も処理の並列化が行われており、マルチコアによる性能向上が期待できるように書かれていました[*10]。なおプロセッサが2007年製造のIntel Core2 Quad Q6600 2.4GHzと古く、最新のプロセッサでは結果が多少異なるかもしれません。

本書への掲載は省きますが、サイトにはチャートがもう1枚あり、別の（さらに遅い）言語が載っています。

2枚のチャートから以下が読み取れます。

- C++（g++）、C（gcc）、Rustが同レベルで最速
- Java、Swift、Goなどはその2倍から3倍くらい遅い
- Node.js（JavaScript）はRustの約6倍遅い
- RubyとPython 3はRustの約30倍遅い

*9 https://benchmarksgame-team.pages.debian.net/benchmarksgame/which-programs-are-fast.html

*10 たとえばJavaScriptの制限からマルチスレッドをサポートしないNode.js環境でも、`child_process`モジュールを使用して複数のOSプロセスに処理を分割し、並列に実行するようになっています。

Rustで書かれたプログラムが高速な理由について、さらに詳しく見ていきましょう。

1. マシンコードへコンパイル
2. 静的型付け
3. ゼロコスト抽象化
4. GCを行わない軽量なランタイム

マシンコードへコンパイル

Rustで書かれたプログラムが速い理由の1つ目は、コンパイラがプログラムをマシンコード（プロセッサが理解できる機械語）へ変換することです。Rustの他に、C++、C、Swift、Goなどもマシンコードを生成します。

一方でJava、Ruby（1.9以降）、Pythonではバイトコードという、それぞれの言語が持つ仮想マシンが理解できるコードへコンパイルされます。仮想マシンはソフトウェアで実現されていますので、マシンコードと比べると速度面で不利になります。

Javaを実行するHotSpot仮想マシン環境と、JavaScriptを実行するNode.js環境は、高速化のためにJIT（Just-In-Time）コンパイラを装備しています。JITコンパイラはプログラムの実行中に収集したプロファイリング情報をもとにして、実行中のコードを高速なマシンコードへと徐々に置き換えていきます。チャートではJITコンパイラを持つJavaと、最初からマシンコードにコンパイルするSwiftやGoの間でほぼ同じ性能が得られています。なおPythonにもPyPyというJITコンパイラを装備した処理系がありますが、Benchmarks Gameでは計測していないようです。

Benchmarks GameではC++とCプログラムのコンパイルにGNU Compiler Collection（GCC）を使用しています。GCCは30年あまりの長い歴史があり、プログラムの実行速度を高めるために高度な最適化を行います。一方、RustとSwiftのそれぞれのコンパイラはLLVMというコンパイラ・バックエンドを使用しています。こちらも15年以上の歴史があり、GCCに劣らないレベルの最適化を行います。

静的型付け

2つ目の理由は**静的型付け**を行うことが挙げられます。静的型付き言語では、変数および関数の引数や戻り値などすべての値について、その型をコンパイル時に決定します。一方、**動的型付け**を行う言語ではプログラムの実行時に実際の値を見て型を判断します。動的型付き言語では実行時に値の型チェックをする必要がありますが、静的型付き言語ではそれが不要となり速度面で有利です。またコンパイラは型情報によって高度な最適化が可能となり、よりシンプルで高速なマシンコードを生成できます。

Rustの他にも、たとえばC++、C、Java、Swift、Goが静的型付き言語です。一方JavaScript、Ruby、Pythonは動的型付き言語です。

なおRustのコンパイラは型推論を行いますので、変数の型宣言（型注釈）はほとんどの場合で省略できます。そのためコードの記述量はPythonやRubyのような動的型付き言語と大差ありません。

ゼロコスト抽象化

JavaやGoは静的型付けとマシンコードの生成により高い実行性能を実現しています。ではRustのプログラムをさらに速くしているのは何でしょうか？ 考えられる理由として**ゼロコスト抽象化**（zero-cost abstractions）があります。

ゼロコスト抽象化とはプログラム言語が持つ抽象化のしくみが実行時のコストなしに動作することです。ここでいう実行時のコストとは、実行速度やメモリ使用量などを指します。Rustはゼロコスト抽象化を中心的な設計原則として扱っており、抽象化機構を使っても全体的な実行速度の低下やメモリ使用量の増加などを引き起こさないよう、コンパイラとライブラリの設計に細心の注意が払われています。

抽象化とはなんでしょうか？ 抽象化は対象から注目すべき要素を重点的に抜き出して、他は無視する手法を指します。一度に注目すべき概念を減らすことにより、より本質的な問題に集中できるようになります。プログラミングにおける抽象化にはさまざまな手法がありますが、どれもプログラムの再利用性を高め、同時にバグを防ぐのに役立ちます。

たとえばオブジェクト指向におけるポリモーフィズムは抽象化の1つです。ポリモーフィズムを簡単にいうと、同じ名前のメソッドが、それが所属する型によって振る舞いを変えることです。この機能はRustだけでなく、JavaやC++といったオブジェクト指向言語には必ず備わっています。しかし実現の方法は2種類あります。

- Javaを含むほとんどのオブジェクト指向言語では、実行時に値（オブジェクト）の型を調べ、その型に対応するメソッドを呼び出す。これを動的ディスパッチと呼ぶ
- Rustはデフォルトでコンパイル時に分かる型によって呼び出すべきメソッドを決める。これを静的ディスパッチと呼ぶ

それぞれについて詳しくは8章で解説しますので、ここではごく簡単に説明します。

動的ディスパッチでは同じ性質を満たす型を統一的に扱えるため柔軟性が高くなります。たとえばJavaでは同じ親クラスをもつ複数のクラスを1つのコンテナに一緒に格納できます。その反面、呼び出すメソッドを実行時に選択するため実行時のコストがかかります。

静的ディスパッチでは柔軟性は失われますが、コンパイル時にメソッドが選択されるため実行時のコストがかかりません。普通の関数呼び出しと変わらなくなり、関数のインライン化などコンパイラによるさらなる最適化も期待できます。つまりポリモーフィズムはRustにとってはゼロコストな抽象化機構だといえます。なおC++もデフォルトで静的ディスパッチを行います。

ただしRustでもすべてのユースケースで静的ディスパッチが使えるわけではありません。

そういうときは実行時のコストはかかるものの動的ディスパッチを選択できます。

ゼロコスト抽象化のもう1つの例はクロージャです。クロージャは無名関数と自身の環境に捕捉した値からなるオブジェクトです。多くの言語ではクロージャはガベージコレクションの対象となるデータ構造で実現されており、また、関数の呼び出しも動的ディスパッチに似た方法になります。そのためクロージャの作成と実行は普通の関数呼び出しよりも実行時のコストがかかります。

詳しくは4章のコラムで説明しますが、Rustのクロージャは内部的にはポリモーフィズムのしくみを使って実装されています。静的ディスパッチが用いられますので、実行時のコストはかかりません。普通の関数呼び出しと同じになります。

これらはRustのゼロコスト抽象化のほんの一例です。Rustではコンパイラと標準ライブラリのできる限り広い範囲に渡ってゼロコスト抽象化が実現できるよう、注意深く設計されているのです。

GCを行わない軽量なランタイム

Benchmarks Gameの内容では差が現れにくいのですが、ガベージコレクション（GC）を行うかどうかもソフトウェアの性能、特に応答性やメモリ使用量に影響します。GCにはいくつかの手法があるのですが、Javaなどで採用されている手法は応答性が悪化したり、全体のメモリ使用量が多くなる傾向があります。またPythonなどで採用されている手法はプログラムの全体的な実行速度に影響します。これらについて7章でもう少し詳しく解説します。

C++、C、RustはGCを行わないため、プログラムの応答時間やメモリ使用量が予測しやすくなります。またOSや組み込みシステムなど、リソースが極端に限られている環境にも適しています。

1-4-2 安全なシステムプログラミング言語

Rustの最も際立つ特徴は、システムの低いレイヤのプログラミングが可能でありながら、安全な言語であることです。Rustは汎用的なプログラミング言語ですが、OS本体やデバイスドライバといったシステムソフトウェア、ハイパフォーマンスなデスクトップアプリケーション、データベースサーバなどのミドルウェアの開発にも適しています。

現在この分野ではCとC++が広く使われています。しかしこれらの言語は安全ではなく、セキュリティ脆弱性を産みやすいという特性があります。まずはそれらの言語でどのような問題があるのか見てみましょう。

CとC++の問題

Cはいまから40年以上前の1972年に、当時生まれてまもないUnixを高い移植性を持つものに書き直すために開発されました。Cで書かれたプログラムはアセンブリ言語のようにメモリ内容への柔軟なアクセスが可能で、また軽量かつコンパクトなマシンコードにコンパイルされるため、OSの開発に適した言語です。しかし軽量であるがゆえに安全機構が欠けています。たとえば以下のような問題をコンパイラが見つけてはくれません。

- データの転記の際のメモリ領域あふれ
- ポインタによる誤ったメモリ領域へのアクセス
- 初期化前のメモリ領域へのアクセス
- 解放後のメモリ領域へのアクセス
- データへのポインタと関数へのポインタの混同

これらの問題を防ぐための安全なロジックを組み込むことは開発者の役目とされていますが、しばしば忘れられてしまうのが現実です。

C++はCが普及したのち、1980年代半ばに登場した言語です。オブジェクト指向プログラミングをサポートする一方で、純粋なCのスタイルのプログラミングも行えます。そのためCと同様に安全なロジックに欠けたプログラムが書かれてしまいます。C++の言語仕様はこの30年間で大幅に拡張され、Cにあるような問題のいくつかを未然に防ぐしくみもあります。しかし過去に書かれたソフトウェアの脆弱性が、C++のコンパイラをアップデートすることで自然に解決されるわけではありません。ソフトウェアの大幅な書き直しが必要です。

これらの言語が生まれた30年以上前のコンピュータは現在のものとは比べ物にならないくらい非力でした。どのくらいの性能だったか見てみましょう。プロセッサの処理速度を表す指標の1つにMIPS（Million Instructions Per Second）があります。これは毎秒何百万回の命令を実行できるかを表し、1MIPSのプロセッサは1秒間に100万回の命令を処理できます。少し古臭い指標ですが、昔のプロセッサの性能を知るには役立ちます。

Wikipediaの記事[*11]によると、約30年前の1985年に発売されたハイエンド・プロセッサの1つIntel 80386 DX（i386DX）は動作周波数16MHzで2.15 MIPSだったそうです。一方、2016年発売のIntel Core i7 6950Xは物理コアを10個搭載し、動作周波数3.0GHzで304,510 MIPSです。MIPSだけで見るとプロセッサの処理速度は30年間で約15万倍になっています。RAMのサイズについても見てみましょう。扱えるRAMの最大サイズは前者は4GBですが、当時これほどの大容量を実現できるRAMモジュールは存在せず、搭載できるRAMの上限は数百万円台の高性能ワークステーションであっても16MB程度だったようです[*12]。後者は最大で128GBのRAMを搭載できますので、16MBの約8千倍になっています。

単純計算すると、現在のCore i7 6950で全コアを使って1分間で終わる処理は、30年前の

＊11 https://en.wikipedia.org/wiki/Instructions_per_second#Millions_of_instructions_per_second

＊12 1985年というと筆者は高校生でした。当時はパソコンの主流が8ビットCPUから16ビットCPUに移行しているところで、業務用のワークステーション（価格帯は数百万円から1千万円）は32ビットCPUへ移行し始めていました。当時の筆者の憧れはSGI社の3D CGワークステーション（GPUの先駆けとなるジオメトリエンジン搭載）やSymbolics社のAI研究用ワークステーション（Lisp専用36ビットプロセッサ搭載）などでした。調べてみたところ、当時販売されていたSGI IRIS 2400とSymbolics 3620の最大搭載RAM容量は16MBだったようです。

i386DXを使うと100日超かかることになります。もっともメモリが足りなくて処理を起動することすらできないかもしれませんが。

当時のコンピュータがこれほど非力だったわけですから、CやC++のコンパイラの軽快さ、プロセッサの性能をフルに引き出す詳細な制御、生成するバイナリのコンパクトさなどが重宝され、これらの言語が広く普及するようになったこともうなずけるでしょう。

またインターネットが普及したのは1990年代半ばからで、それより前ではコンピュータが広域なネットワークに接続されることは一般的ではありませんでした。つまり昔は外部からの攻撃について考える必要がほとんどなく、セキュアなプログラムを作ることはあまり重視されていなかったのです。

しかし現在ではまったく状況が異なります。サーバだけでなく、あらゆるPCや携帯端末がインターネットに接続され、常に脅威にさらされています。このような状況では、セキュリティ脆弱性のないシステムソフトウェアやインターネットアプリケーションの開発が求められます。

Cにみられる安全機構の欠如は、現在メジャーといわれる言語のほとんどで解決されています。RedMonkプログラミング言語ランキング2018年6月版*13のトップ20を確認したところ、安全でない言語はC、C++、Objective-Cのみでした。

他の言語およびRustにおける解決法

CとC++にみられる問題を、Javaなどの安全な言語やRustがどのように解決するか見てみましょう（**表1.1**）。

Javaなどの安全な言語では、先の問題に対して一般的にGCを採用したり、言語からポインタの概念をなくすことで解決します。一方、Rustは同じ問題を、コンパイラによる静的解析というまったく別の方法で解決します。

表1.1 他の言語およびRustにおける解決法

CとC++にみられる問題	一般的な解決法	Rustにおける解決法
データの転記の際のメモリ領域あふれ	実行時に配列などの範囲検査を行い、違反時は実行時エラーにする	コンパイル時に分かる部分についてはコンパイル時に検査し、そうでない部分は実行時に検査する。違反があれば、コンパイルエラーまたは実行時エラーにする
ポインタによる誤ったメモリ領域へのアクセス	言語からポインタの概念をなくすことで回避する	コンパイラによる静的検査で誤りを検出する
初期化前のメモリ領域へのアクセス	データに初期値を与えたり、コンパイラによる静的検査で誤りを検出する	コンパイラによる静的検査で誤りを検出する
解放後のメモリ領域へのアクセス	GCを採用し、メモリ管理を自動化する	コンパイラによる静的解析でメモリ領域の割り当てと解放のコードを自動挿入する。コンパイラがメモリ領域とポインタのライフタイム（寿命）を追跡し、問題があればコンパイルエラーにする
データへのポインタと関数へのポインタの混同	言語からポインタの概念をなくすか、型システムにより両者を区別する	型システムにより両者を区別する。混同があればコンパイルエラーにする

*13 https://redmonk.com/sogrady/2018/08/10/language-rankings-6-18/

C/C++が現在でも必要とされている分野は、低レベルのシステムソフトウェア、ハイパフォーマンスなアプリケーション、組み込み系などの極端にリソースが少ない環境などです。これらの分野では一般的な解決法をとるのは難しくなります。実行時の効率のためにポインタは不可欠ですし、GCを行うことによる性能劣化やリソースの消費は受け入れられない傾向にあります。

Rustはそのような分野でも活用できます。RustはGCを採用せず、メモリ領域などのリソースの割り当てと解放は、コンパイラがソースコードを解析し、必要なコードを自動的に挿入してくれます。誤ったポインタの使用はコンパイラにより検出され、そのようなプログラムを実行できません。この検査機能はマルチスレッドプログラミングにも応用され、データ競合がないこともコンパイル時に保証されます。ほとんどの検査はコンパイル時に行われますので、できあがったバイナリの実行効率はC++によるものと大差ありません。

つまりC/C++では開発者の責任とされていた部分を、Rustではコンパイラが徹底的に検証して、問題があれば教えてくれるのです。コンピュータの性能が飛躍的に高まったいまでこそ可能な方法だといえるでしょう。

もちろんRustを含む安全な言語で開発するだけですべてのセキュリティ脆弱性が防げるわけではありません。安全な言語に対しても有効な攻撃手法は存在します。それでも言語を変えることで現在報告されている脆弱性の半数くらいは防げるはずです。

型安全性

Rustが提供する安全性についてもう少しみていきましょう。最初は型安全性についてです。**型安全性**(type safety)とは、正しく型付けされたプログラムが不正な動作(未定義動作とも呼びます)をしないよう言語が定義されていることを指します[*14]。

プログラミング言語は「シンタックス(文法)」と「セマンティクス」で定義されます。シンタックスはプログラムを記述するための規則で、セマンティクスはプログラムの意味です。シンタックス上は完全に正しいのですが、セマンティクス上は問題のあるプログラムというのは数多く存在します。たとえばRustでは以下のようなものがあります。

```
let a = 1 + "hello";   // 数値と文字列の加算。コンパイルエラー

if 1 {   // bool値が必要な場所に数値がある。コンパイルエラー
   println!("OK");
}

1.unknown_method();  // 未定義のメソッド呼び出し。コンパイルエラー
```

＊14 型安全性のあるなしを「強い型付け／弱い型付け」と呼ぶこともありますが、これらの用語の定義はあいまいなところがあるため、本書では用いないことにします。

これらはRustのプログラムとしては意味をなしていません。Rustは型安全性のある言語ですので、上記のようなプログラムはコンパイル時に型付けに失敗し、エラーとして報告されます。

Cは型安全性のない言語です。例として以下のプログラムを見てみましょう。

```
#include <stdio.h>

// 整数の絶対値を求める関数
int my_abs(int n)
{
    int res = (n >= 0) ? n : -n;
    // return文を書き忘れた
}

int main(int argc, char *argv[])
{
    int n = -10;
    int n_abs = my_abs(n);
    // n_absの値を読み出すと未定義動作になる
    printf("n = %d, my_abs(n) = %d\n", n, n_abs);
    return 0;
}
```

my_abs関数の戻り値の型はintですが、ミスによりreturn文でint値を返すのを忘れてしまいました。この関数の呼び出し元（main関数）で戻り値を表示しようとしていますが、Cの言語仕様では、return文を忘れた関数の戻り値にアクセスしたときの挙動は未定義動作とされています。つまりこのプログラムはコンパイルできますし実行もできますが、実行の結果なにが起こるか分かりません。

macOS上でコンパイル・実行すると以下のようになりました。

```
# GCC 8.3.0 で最適化オプション付きでコンパイル
$ gcc-8 -O2 -o hello_abs hello_abs.c

# 実行すると絶対値として0が表示される（正しい値は10）
$ ./hello_abs
n = -10, my_abs(n) = 0
$ ./hello_abs
n = -10, my_abs(n) = 0

# -Wreturn-typeオプションを付けたら警告してくれたが、コンパイルはできる
$ gcc-8 -O2 -Wreturn-type -o hello_abs  hello.c
hello_abs.c: In function 'my_abs':
hello_abs.c:8:1: warning: control reaches end of non-void function [-Wreturn-type]
}
```

```
^

# 別のコンパイラ Apple版のClang 1000.11.45.5で最適化オプション付きでコンパイル
$ clang -O2 -o hello_abs hello_abs.c
hello_abs.c:8:1: warning: control reaches end of non-void function [-Wreturn-type]
}
^
1 warning generated.

# 実行すると絶対値としてランダムな数字が表示される
$ ./hello_abs
n = -10, my_abs(n) = -470174592
$ ./hello_abs
n = -10, my_abs(n) = -282958720
```

GCCとClangの2種類のコンパイラを使ったところ、警告は出してくれましたがコンパイル自体は成功しました。実行すると実行時エラーにならず、誤った値が表示されました。

同様のプログラムをRustで書くと型付けに失敗します。コンパイル時にエラーになり、実行できません。

なおセマンティクスは言語によって異なります。たとえばJavaScriptでは最初の例の`1 + "hello"`は意味のある式で`"1hello"`という結果になります。ここでは暗黙の型変換によって数値の1が文字列の`"1"`に変換されますが、暗黙の型変換があるかどうかは型安全性とは関係がありません。その言語にとって意味をなすかどうかが重要です。

メモリ安全性

メモリ安全性（memory safety）とはプログラムが不正なメモリ操作をしないことを言語の処理系が保証することを指します。不正なメモリ操作には、たとえば以下のようなものがあります。

- データの転記の際のメモリ領域あふれ
- ポインタによる誤ったメモリ領域へのアクセス
- 初期化前のメモリ領域へのアクセス
- 解放後のメモリ領域へのアクセス

RustはCのようにメモリ内容への柔軟なアクセスができますが、Cと違いメモリ安全性を保証します。

```
let a: i32;
let b = a + 0;     // 初期化されていない変数aからの読み出し。コンパイルエラー

let c = [0u8; 4];  // 4要素の配列。要素のインデックスは0から3まで
let c4a = c[4];    // 範囲外のインデックス（定数）にアクセス。コンパイルエラー
```

```
let i = 4;
let c4b = c[i];     // 範囲外のインデックス（変数）にアクセス。実行時エラー

fn greet(name: &str) -> &str {
    // たとえばnameが"John"なら新しい文字列"Hello, John!"を作り変数sを束縛する
    let s = format!("Hello, {}!", name);
    // 変数sの文字列を指すポインタを返す
    &s
} // 関数を抜ける際に変数sの文字列が使用していたメモリ領域が解放される
  // この関数が返したポインタは不正なメモリを指すことをコンパイラが検出し
  // コンパイルエラーを起こす
```

一般的にメモリ安全性は、型安全性の一部として一緒に語られることが多いようです。Rustは低レベルなシステム開発に使える言語ですのでメモリ操作の自由度が高く、Rustにとってメモリ安全性はそれ単独で重要な概念として扱われます。型安全性とは切り離して、メモリ安全性について議論されることがよくあります。

マルチスレッドプログラミングにおけるデータ競合の回避

マルチスレッドによる並列化を行うときは、必ずデータ競合がないことを確認しないといけません。**データ競合**（data race）は複数のスレッド間で「共有」しているデータを「同時」に読み書きすることで発生します。これが起こると、共有しているデータの値が予想のつかないものとなります。Rustでは型安全性とメモリ安全性に用いられるコンパイラの静的解析機能を使い、データ競合の可能性を検出できます。もしコンパイルに成功したなら、そのプログラムにはデータ競合がないことが保証されます。

Rustではスレッド間でデータを受け渡したり共有したりするために、いくつかの方法が用意されています。

- **チャネル（channel）**：チャネルを使うとスレッド間でデータを送受信できる。データはある一時点でどれか1つのスレッドから所有されることになり、データ競合が起こらないことが保証される。チャネルでは値だけでなく、値に対するポインタも送れる。ポインタが不正なメモリ領域を指さないよう、あるいは、2つのスレッドが同時にデータを変更しないよう、コンパイラが値とポインタの寿命を追跡する
- **ロック（lock）**：データをロックで守ることができる。スレッドがそのようなデータにアクセスするときは、最初にロックを取得する必要がある。ある一時点で書き込みができるスレッドは1つだけとなり、データ競合が起こらないことが保証される
- **配列などの範囲**：配列などの連続したメモリ領域を示すデータ型については、それぞれのスレッドがアクセスする要素範囲がオーバーラップしなければスレッド間で共有できる。Rustではスライスというデータ型を使って、配列のある要素範囲だけへのアクセス

を実現できる。たとえば配列に対して前半と後半の2つのスライスを作成し、前半を1つのスレッド、後半を別のスレッドに渡せる。2つの範囲がオーバーラップしていないことはコンパイラが確認するので、データ競合が起こらないことが保証される
- **イミュータブルな参照**：あるデータを指すポインタを作るとき、データを読み取り専用にできる。これをイミュータブルな参照と呼ぶ。イミュータブルな参照は複数のスレッドで共有し同時にアクセスできる。コンパイラはイミュータブルな参照が有効な間は、参照元のデータに対する変更を許さない。これによりデータ競合が起こらないことが保証される

さらにRustではあるデータがスレッド間で送受信できるか、または、複数のスレッド間で共有できるかを型レベルで管理します。たとえば、もし送受信すると問題が起こるデータを送ろうとしたら、型安全性が満たせずコンパイルエラーになります。

なおデータ競合（data race）と似た概念に、競合状態（race condition）がありますが、これらは異なる概念ですので混同しないようにしてください。前者はハードウェアに近いレイヤに関するもので、競合によってメモリの内容が壊れる（内容が保証できなくなる）ことを指します。後者はより高いレイヤの処理単位に関するもので、競合によってスレッド間の処理の前後関係が変わったり、複数のスレッドの処理結果が混ざってしまったり、デッドロックでスレッドの実行が先に進まなくなったりすることを指します。

Rustのコンパイラは前者が起きないことは保証しますが、後者は保証しません。後者をどのように扱うかはアプリケーションの設計に委ねられます。たとえば複数スレッドの処理結果が混ざらないようにするには、対象のコードブロック（クリティカルセクション）が同時に実行されないようロックで守るなどの方法があります。またデッドロックを避けるためには、複数のリソースのロックを取得する順番を工夫するなどの方法があります。

アンセーフなコードのサポート

これまで見てきたように、Rustはコンパイル時の静的解析により各種の安全性を保証しています。しかしある種のコードはコンパイラが提供する安全性の枠組みの中では記述できません。たとえばFFI経由で他言語の関数を呼び出すとき、コンパイラはその他言語の関数の安全性を確認できません。またRustでは7章で学ぶ内向きのミュータビリティのような、安全性の検査をコンパイル時ではなく実行時に延期するしくみがライブラリとして実装されています。このようなしくみも通常の安全性の枠組み内では実現できません。ほかにもメモリ関連の操作を最大限に効率化するために、あえて枠組みから外れたコードを書くこともあります。

Rustではこのようなコンパイラが安全性を確認できないコードであっても書くことができます。その際、該当のコードをunsafeキーワードの付いたアンセーフ・ブロックで囲むことが求められます。たとえば以下の操作ではアンセーフ・ブロックが必要となり、もし忘れるとコンパイルエラーになります。

- 生ポインタの参照外し
- アンセーフな関数の呼び出し（他言語で書かれた関数は常にアンセーフな関数になる）
- ミュータブル（変更が可能）なスタティック変数（いわゆるグローバル変数）へのアクセス
- アンセーフなトレイトの実装

12章ではC FFIを使用したライブラリの作成をとおして、アンセーフなコードの書き方や、安全でないCライブラリをラップして安全なRustライブラリへと仕立て上げるための手法を学びます。

1-4-3 生産性を高めるモダンな機能

Rustは比較的新しい言語ですので、他の言語が持つ便利な機能をいろいろと取り入れています。その一部を紹介します（**表1.2**）。

表1.2 Rustのモダンな機能

機能	概要	その機能を説明する章
強力な型推論	Rustコンパイラには強力な型推論が備わっており、変数を導入するlet文だけでなく、途中の式で型が決まる状況なら、型を明示しなくてよい	3章
代数的データ型	代数的データ型はHaskellなどの関数型言語にみられる機能でリッチなデータ構造が表現できる。Rustの列挙型（enum）はその名前とは裏腹に、代数的データ型を構成する列挙型、直積型、直和型のすべてを表現できる	5章
パターンマッチ	多くの言語に存在するswitch文の代わりに、関数型言語由来で表現力の高いmatch式を持つ。列挙型のバリアントの判定と同時に各データフィールドの値を複数の変数に分配できる	6章
トレイトによるポリモーフィズム	トレイトは型が持つべき性質（実装すべきメソッド）を定義する。一見するとJavaのinterfaceに似ているが、実際にはHaskellの型クラスに近く、柔軟性が高い	8章

Rustのトレイトは一見するとJavaのinterfaceのように見えますが、実際にはHaskellの型クラスに近く、柔軟性が高いものとなっています。たとえば配列のようなコンテナ型をジェネリクスとして定義する際、大小比較が可能な値を格納しているときに限り`sort()`メソッドを追加で提供するといった制御ができます。また数値型など組み込みの型にトレイトを通じて新しいメソッドを追加することもできます。

3章のクイックツアーではこれらの機能を一通りさわります。また各機能の詳細については対応する章を参照してください。

1-4-4 シングルバイナリ、クロスコンパイル

Rustではアプリケーションをビルドするとシングルバイナリ（単一の実行可能ファイル）が生成されます。基本的にはこのバイナリを実行したい環境にコピーするだけでデプロイが完了しますので、完成したプログラムの配布に便利です。ただし設定ファイルやWebアプリケー

ションのHTMLテンプレートのようなリソースファイルがあるなら、もちろんそれらについては別途配布が必要です。

バイナリはデフォルトのビルド設定ではlibcやOpenSSLなどの外部の共有ライブラリとは動的リンクします。そのためデプロイ先の環境にこれらの共有ライブラリがインストールされていないと実行できません。たとえば一般的なLinuxディストリビューションとAlpine Linuxではシステムライブラリとして異なるlibcを持ちますので、前者で普通にビルドしたバイナリを後者に持っていっても実行できません。Rustはx86系Linuxを含む一部のターゲットプラットフォームで外部ライブラリとの静的リンクもサポートしていますので、そのようにしてビルドしたバイナリならAlpine Linuxでも実行できます。

またRustはクロスコンパイルにより、**表1.3**のような幅広いプラットフォームに向けたバイナリを生成できます。

表1.3 Rustのバイナリが対応するプラットフォーム

プロセッサアーキテクチャ	オペレーティングシステム（OS）
x86系	Linux、macOS、Windows、BSD系（FreeBSD、NetBSD、OpenBSDなど）、Solaris、RedoxOS（Rustで書かれたUnixライクOS）、Fuchsia（Googleが開発中のOS）
ARM系	Android、iOS、Linux、Fuchsia
WebAssembly、asm.js	WebブラウザやNode.jsのようなJavaScriptランタイム
マイコン（ARM Cortex-Mシリーズなど）	ベアメタル（OSなし）
汎用GPU	NVIDIA PTX中間命令
MIPS、S390x、PowerPC	Linux
SPARC	Solaris

ターゲットプラットフォームの完全なリストについては以下のページを参照してください。

https://forge.rust-lang.org/platform-support.html

1-4-5 他言語との連携が容易

RustはFFI（他言語関数インターフェイス）を通じて、他の言語と連携できます（**表1.4**）。またGCなどの複雑なランタイムを持ちませんので、Python、Ruby、Node.jsなどのランタイムからでもRustの関数を簡単に呼び出せます。Cのヘッダーファイルから FFIに必要なRustのバインディングコードを自動生成するbindgenといったツールや、Pythonなど特定の言語との連携に便利なデータ型やマクロを定義したRustパッケージなども用意されています。

表1.4 FFI関連のツール

ツール名	主な機能	ホームページ
bindgen	CのヘッダーファイルからFFIに必要なRustのバインディングコードを自動生成する。現時点では制限が多いがC++とのバインディングコードも自動生成できる	https://github.com/rust-lang/rust-bindgen
Neon	RustでNode.jsモジュールを作成するためのバインディング。Node.jsからRustの関数を呼び出せる	https://neon-bindings.com/
PyO3	Python 2.7と3.5以上に対応するPythonバインディング。PythonからRustの関数を呼び出したり、逆にRustからPythonの関数を呼び出したりできる	https://github.com/pyo3/pyo3
Ruru	RustでRubyの拡張機能を作成するためのバインディング。RubyからRustの関数を呼び出せる	http://this-week-in-ruru.org/
Rustler	RustでErlangのNIF（Native Implemented Function）を作成するためのバインディング。ErlangからRustの関数を呼び出せる。Elixirからでも使用可能	https://github.com/hansihe/Rustler

1-5 導入事例

2015年5月の安定版リリースから4年近くが過ぎた現在では、Rustはさまざまな場面で使われるようになりました。Rustプロジェクトの公式サイトでは、本番環境でRustを使用している企業やオープンソースプロジェクトが紹介されており、その数は執筆時点で140近くあります[*15]。

いくつかの事例を紹介しましょう。

1-5-1 Dropbox - Magic Pocket

Dropboxは複数のPC間で簡単にファイルを共有できるクラウドストレージサービスです。2007年にサービスを開始し、9年後の2016年には登録ユーザ数が5億人を突破したことを発表しました。スタートアップ企業である同社は、開業からしばらくの間は自社にサーバなどのインフラ設備はあまり持たず、AWS（Amazon Web Services）に途方もない数のファイルを保存していました。事業が軌道に乗り十分な資金を得た同社は、データ量の増加とともに増え続けるAWSの費用を削減するために、自社に巨大なサーバ設備を用意して数年をかけてデータを移行しました。

この作業は2013年ごろから始まりました[*16][*17]。AWSには当時すでに数百PB（ペタバイト）のデータがありましたので、少なくてもそれだけのデータを格納でき、今後も爆発的に増え続

＊15 https://www.rust-lang.org/production/users

＊16 http://www.wired.com/2016/03/epic-story-dropboxs-exodus-amazon-cloud-empire/

＊17 https://www.meetup.com/Rust-Bay-Area/events/239222217/ を開き「video live stream and archive link」のところのURLをクリック（要ユーザ登録）

けるデータ量に対応できる分散ストレージシステムが必要でした。単に大容量なだけでなく、増設や故障部品の交換もサービスを停止せずに行う必要があります。しかも市場で競争力を維持するためにはコストを抑えなければなりません。これらの要件を満たすには、個々のストレージノード（サーバ）にできる限りの多くのハードドライブを詰め込み、それを動かすためのソフトウェアを自社開発する必要がありました。

この分散ストレージシステムは**Magic Pocket**（魔法のポケット）と名付けられました。Magic Pocketのソフトウェアは2つのフェーズに分けて開発されました。

1. 最初のバージョンはシンプルな実装で正しく動作することを重視
2. 2つ目のバージョンは、それに加えて費用対効果を追求

最初のバージョンはGoで書かれ、正しく動作するという目標を達成しました。しかし2015年になって2つ目のバージョン（コードネーム：**Diskotech**）を開発するにあたって、Goだけでは目標にはまったく到達できないことが分かりました。ストレージノードは以下のような超高密度な仕様でした。

- 12コアのXeonプロセッサ
- 64GB RAM
- 40Gbitネットワークアダプタ
- 1PBを超えるストレージ

おそらく1つのサーバ筐体に50台以上のハードドライブを搭載していたのでしょう。巨大なストレージに格納された膨大なデータを高速ネットワークで転送するには、プロセッサの性能とメモリ容量に余裕がありません。Diskotechを構成する一部のコンポーネントでは、GCを行うGoではなく、限られたシステム資源を効率良く使える言語が必要でした。いくつかの言語を検討した結果、C++で決まりかけました。しかし開発チームには経験豊富なC++プログラマはおらず、採用には至らなかったそうです。

開発チーム内を見渡すとCが得意な人とHaskellが得意な人が混ざっていました。そして彼らが見つけたのは、ようやくバージョン1.0に到達しようというRustでした。彼らの目にはRustはCの実行効率とHaskellの抽象化機構を兼ね備えた言語として映ったようです。使い始めてすぐに手応えを感じた彼らは、実績のない言語で開発することに驚く上層部を説得して、Diskotechの一部のコンポーネントをRustで書き換えていきました。最終的には約3割から4割のコンポーネントがRustに置き換わったそうです。Rustを採用したことで費用対効果の目標が達成でき、本格的なデータ移行が始まりました。

2016年の初めにはAWSから約90%のデータが移行されていました。当時すでにDropboxのデータセンターでは数万台のストレージノードが稼働しており、合計で100万台近いハードドライブが使われていたそうです。この数は現在も増え続けていることでしょう。数百PBの巨大な分散ストレージシステムをGoとRustで書かれたソフトウェアが支えています。

1-5-2 ドワンゴ - Frugalos

2つ目は日本発の事例です。ドワンゴが開発し、オープンソースソフトウェア（OSS）として公開した**Frugalos**[*18]は、Rustで実装された分散オブジェクトストレージです。niconicoの配信系サービスのバックエンドで利用するために開発されました。読み書き性能を犠牲にせずに、膨大な数のBLOB（バイナリ・ラージ・オブジェクト）を容量効率よく保存することを目標にしています。

Frugalosはニコニコ生放送の新配信システムで、タイムシフト番組の録画・配信用ストレージとして使用されています。2018年7月からユーザ向けの運用が始まりました。2018年10月の時点では1PB超のデータを300台以上のHDDに分散して格納しており、ピーク時には秒速3GB程度のトラフィックをさばいていました。その後もデータ量とトラフィックは増え続けていることでしょう。

ドワンゴは当初はOSSの分散ファイルシステムを使用する予定でした。しかし検証が進むにつれ、それらの製品では性能要求を満たせないことが分かりました。動画配信で求められるスペックは一般的な分散ファイルシステムの仕様から考えると以下のような特殊な部分があり、一般に公開されている製品で対応するのは難しかったのです。

- レイテンシ（応答遅延時間）が視聴体験を損なわない程度には安定して低いことが求められる
- ストレージに対して読み書き両方のスループットが求められる

そこでやむなく分散ストレージのソフトウェアを自社で開発することになりました。ニコニコの動画・生放送の配信基盤では開発言語としてErlangを使うことが多いのですが、レイテンシを細かく制御したい分散ストレージでは、どうしてもGCが邪魔になります。GCがなく、C++のような実行効率を持ちながらメモリ安全性を保証することから、Rustが選ばれました[*19]。またRustは低レイヤのリソースを直接操作するような用途にも向いているため、将来的にはブロックデバイスを直接制御するようなことも検討しているそうです。

Frugalosのoss公開を発表する記事[*20]では、Rustで開発・運用する上での苦労話が語られています。その一部を紹介します。

- Rustでの非同期サーバ実装手法が確立されていない。Futuresすらない時代から開発を始め、その後、Futuresの進化に合わせて何度も書き直すことになった
- 稼働中のシステムの監視やデバッグが困難。開発者がErlangによるシステム構築と運用に慣れていたため、Rustでは同じ手法が使えずに困惑した。稼働中のソフトウェアの内部状

＊18 https://github.com/frugalos
＊19 http://gihyo.jp/dev/serial/01/dwango-engineersoul/0002
＊20 https://dwango.github.io/articles/frugalos/

況が把握できるよう、70種以上のメトリクスを測定・記録できるようにして対応した
- Cのライブラリ部分で不適切なメモリ操作があり、セグメンテーションフォールトによりサーバプロセスが異常終了した
- SerdeというRustのシリアライゼーションライブラリが非同期的なシリアライズに対応しておらず、ノード間の通信が非効率になってしまった。最終的に非同期処理に対応した独自のものを開発して置き換えた

Frugalosは現在の用途に最低限必要な機能は持っているものの、一般的な分散オブジェクトストアとしてみると足りない機能も多く、OSSとして開発を継続していくそうです。また英語版を含むドキュメントの整備も必要です。活動内容に興味を持たれた人はプロジェクトに参加してみてはいかがでしょうか？

1-5-3 npmレジストリ

npm Inc.によって運営されている**npmレジストリ**は世界最大規模のソフトウェアレジストリです。2018年の終わりには83万を超えるJavaScriptパッケージが登録されており、1日あたりのダウンロード回数は13億にのぼりました。

npm Inc.の開発者たちはみなJavaScriptのエキスパートです。npmレジストリの各種サービスはNode.jsで実装されていますが、その中のユーザ認証サービスについてはCPU負荷が高く、性能が懸念されるようになりました。複数の言語を検討した結果、そのサービスをRustで書き直すことになりました。

Rustプロジェクトの公式サイトには、このnpm Inc.の試みが成功事例として紹介されています*21。そこには以下のようなことが書かれています。

- C++とJavaは早い段階で除外した
  - 不慣れなC++でWebサービスを書いて公開するのはセキュリティが心配
  - Javaについてはデプロイ作業の煩雑さや、Java仮想マシンによるオーバヘッドが懸念された
- Goで開発してみたところ言語の習得は容易だった。しかしパッケージ管理ツールがnpmと比べると貧弱なところが不満で採用を見送った
- Rustのパッケージ管理ツールはnpmとよく似た方法で依存ライブラリを解決するようになっており、その点がとても気に入った
- Rustは習得が難しく、開発を始めてもすぐに壁にぶつかってしまった。コードの書き方だけでなく、設計上のベストプラクティスも分からなかった。幸いにもRustコミュニティの人たちが質問に丁寧に答えてくれたので、ユーザ認証サービスをRustで実装できた

*21 https://www.rust-lang.org/static/pdfs/Rust-npm-Whitepaper.pdf

Rustで実装したサービスを本番投入して1年半が経ちますが、監視システムにアラートが上がったことは一度もないそうです。あまりに安定してるのでRustで実装したサービスがあることをすぐに忘れてしまったほどです。これはNode.jsで実装したサービスとは対照的でした。それらはデプロイしてしばらくの間はエラーやリソースの使用量について注意深い監視が必要で、頻繁な再起動やデバッグが必要になることもあります。

npm Inc.の開発者たちはRustがメモリ安全でありながらリソースの使用量が少ないことに満足しているようです。またコミュニティの存在も大きな支えになりました。一方、不満な点はサードパーティライブラリの成熟度のようです。現時点でRustのライブラリはnpmレジストリにあるJavaScriptライブラリと比べると成熟度が低く、監視やロギングについても標準的な方法がありません。これについては時間が解決してくれることを期待するほかありません。

1-5-4 AWS Firecracker

Amazon Web Services（AWS）が開発し、OSSとして公開した**Firecracker**は、サーバレスコンピューティングのためのセキュアなマイクロ仮想マシン（microVM）です。2018年11月のカンファレンス「AWS re:Invent 2018」で発表されました。Firecrackerの中核にあるのは、LinuxのKVMを使用した仮想マシンモニタ（VMM、別名：ハイパーバイザ）です。2017年にChromium OSのVMMであるcrosvmをフォークする形で開発が始まり、2018年の発表当時、すでにAWS LambdaとAWS Fargateサービスの基盤として使われていました。crosvmとFirecrackerはどちらもRustで書かれています。

サーバレスコンピューティングとはクラウドコンピューティングの一種で、仮想サーバを自前で用意せず、イベントに応じて実行される各種のプログラムとクラウドストレージサービスなどを組み合わせてシステムを構築する手法です。インフラの管理から解放され、またプログラムを実行した回数だけに課金されるなどメリットが多く、多数のユーザから支持されています。AWSが2014年にサービスを開始したAWS Lambdaが先駆けとなり、Microsoft AzureやGoogle Cloud Platformなどの主要なパブリッククラウドサービスが同種のサービスを展開しています。

サーバレスコンピューティングを提供する側の基盤では、1台の物理サーバ上で多数のユーザのプログラムを実行します。その中には他のユーザのデータを盗むことなどを目的とした、悪意のあるプログラムが紛れ込んでいるかもしれません。Firecrackerはこのような攻撃からユーザを守るために、ユーザのプログラムや攻撃者自身のプログラムを外部から隔離します。

AWSではAWS Lambdaのサービス開始からFirecrackerを開発するまでの間は、ユーザごとに通常の仮想マシンを起動し、その環境で同一ユーザが作成したプログラムを実行してきました。しかし利用者が爆発的に増え続けるなかで、より効率が良く、よりセキュアな基盤が必要になってきたのです。これらの課題を解決するためにFirecrackerが開発されました。

仮想マシンモニタは仮想マシンの環境をセットアップして制御するソフトウェアです。このようなソフトウェアには一般的に仮想マシンの入出力デバイスをエミュレートするコードなども含まれています。Firecrackerはサーバレスコンピューティングに特化していますので、仮想マシンのデバイスのサポートを最小限にして、効率とセキュリティを確保しています。

AWSジャパンのブログ記事「Firecracker - サーバレスコンピューティングのための軽量な仮想化機能」*22から引用します。

> *Firecrackerは最小限主義の流儀で造られました。私たちはオーバーヘッドを減らし安全なマルチテナンシーを可能にするために、crosvmからスタートし、最小限のデバイスモデルを設定しました。FirecrackerはRustで書かれており、その最新のプログラミング言語はスレッドの安全性を保証し、セキュリティの脆弱性を引き起こす可能性があるさまざまなタイプのバッファオーバーランエラーを防止します。*

効率とセキュリティの両方の要求から、開発言語としてRustが選択されたことが分かります。

Rustで実装したことにより効率面では以下のような特徴を持ちます。

- 軽快な動作：VM自体の起動にかかる時間はわずか125ミリ秒（2019年にはさらに高速化される予定）
- 低オーバーヘッド：1つのmicroVMに必要な管理用のメモリは5MB。1台の物理サーバ上で何千ものmicroVMを同時に実行できる

十分なセキュリティを確保するためにFirecrackerには何重ものセキュリティ機構が組み込まれています。

- 攻撃を最小限に抑えるために非常にシンプルな仮想化デバイスモデルを用意
- FirecrackerプロセスはLinuxカーネルの持つcgroupsとSeccomp BPFによるjail環境（檻）のなかで実行される
- Firecrackerの実行可能バイナリファイルはRustコンパイラの機能により必要なライブラリが静的リンクされている。ホスト環境のライブラリ（もしかしたら攻撃者にすり替えられているかもしれない）は使用しない

Dropboxでもそうでしたが、AWSのようなクラウドビジネスでは、規模の経済を活かしたビジネスを展開することが重要です。サーバレスコンピューティングの基盤では、セキュリティを保ちながら、1台の物理サーバ上でできるだけ多くのmicroVMを実行することが求められます。開発言語として実行効率と安全性を両立できるRustが選ばれたことは、ある意味、必然だったのかもしれません。

＊22 https://aws.amazon.com/jp/blogs/news/firecracker-lightweight-virtualization-for-serverless-computing/

1-5-5 Mozilla Firefox

Rustという言語が生まれた背景には、Webブラウザのエンジンを、より安全で並列性の高いものに再構築するという目的がありました。本章の締めくくりとして、Mozillaの取り組みの成果を確認しましょう。

並列化とGPU活用による高速化

まずは並列性などのパフォーマンスから見ていきます。2016年10月、Mozillaは**Quantumプロジェクト**を発表しました。これはFirefoxのエンジンにあたるGeckoを次世代のエンジンへと進化させることで、パフォーマンスを飛躍的に向上させるものです。Quantumという名前はquantum leap（量子跳躍）という物理現象をイメージしてつけられました。この発表は大きな反響を呼び、日本でもIT関連のメディアによって多数取り上げられました。

Quantumプロジェクトはいくつかのサブプロジェクトからなり、その中にはRustで書かれたServoのコンポーネントをGeckoに取り込んでいくものもありました（**表1.5**）。ServoはMozillaとSamsungがスポンサーとなり、2013年ごろから開発されてきた実験的な並列ブラウザエンジンです。

表1.5 Quantumプロジェクト

サブプロジェクト名	内容	主な効果	初回リリース
Quantum CSS（Stylo）	GeckoのCSSエンジンを、Servo由来の並列CSSエンジンで置き換える	高速化	57.0（2017年11月14日）
Quantum Compositor	レンダリングエンジンを実行するプロセスを、メインプロセスから分離する	安定性の向上	同上
Quantum Flow	各コンポーネントを横断的に見ながら速度低下の原因を詳しく分析し、それらの原因を取り除く	高速化	同上
Photon	UI（ユーザインタフェース）デザインを一新する	ユーザビリティの向上	同上
Quantum DOM	JavaScriptのスケジューリングを改善し、多数のタブが開かれているときの応答性を高める	応答性の向上	58.0（2018年1月23日）
Quantum Render（WebRender）	GPUベースの2Dレンダリングエンジン（Servo由来）を導入する	高速化	67.0（2019年5月14日）（予定）

この中で**Quantum CSS**（別名**Stylo**）と**Quantum Render**（別名**WebRender**）はServo由来の革新的なコンポーネントを導入するもので、高速化に大きく寄与します。WebRenderを除くすべてのサブプロジェクトの成果物はFirefox 57.0（2017年11月リリース）または58.0（翌年1月リリース）に取り込まれ、その後も細かな改良が続けられています。

MozillaはQuantumプロジェクトの成果を強調するために、Firefox 57.0からはFirefoxを「Firefox Quantum」と呼んで大きく宣伝しました。最初のリリースはStyloとQuantum Flowによる高速化が著しく、多くのユーザから歓迎されました。

並列CSSエンジンであるStyloは約85,000行のRustコードで構成されています。Geckoの従来のCSSエンジンは約160,000行のC++コードで構成されていましたので、半分程度のコンパクトさです。それでいてStyloは処理を並列化するだけでなく、従来のCSSがその設計の古さゆえに抱えていたさまざまな問題も解決しています。実は過去にも従来のCSSエンジンをC++のまま並列化する試みが2回ほどあったようです。しかし設計の古さによるものなのか、それともC++によるものなのかは分かりませんが、いずれの試みも失敗に終わったようです。

Styloによる高速化はどの程度でしょうか？ Mozilla Fluxという Mozilla関係の情報に特化した日本語ブログの解説*23によりますと、Amazon.comの読み込みテスト（「laptop」のキーワードで検索した結果を繰り返し表示する）では、約25%の速度向上がみられたそうです。コンテンツ次第ではありますが、複雑なページほど効果が高くなることが期待されます。

サブプロジェクトのなかでQuantum Render（WebRender）だけは、まだその成果物がリリースされていません。WebRenderはGPUの並列性を活かして2DのWeb画面を高速かつスムーズに描画します。GPUを使用することから、さまざまな環境でのテストとデバッグが必要となり時間がかかっています。執筆時点の情報では、WebRenderは2019年5月14日リリースのFirefox 67.0に含まれる可能性が濃厚となっています*24。

Firefoxのnightlyチャネルでは、すでに67.0のnightly版（開発版）が配布されていますので、参考までに筆者の環境で試してみました（**表1.6**）。WebRenderによる高速化が顕著に現れるMotionMarkというベンチマーク*25を使用しました。

表1.6 MotionMark 1.0スコア（medium screen設定、スコアが高いほうが高速）

Firefoxバージョン	レンダリングエンジン	スコア
65.0.1 stable（安定版）	従来のエンジン	174.32 ±10.49%
67.0a1 nightly 2019-02-28（開発版）	従来のエンジン	170.09 ±7.85%
67.0a1 nightly 2019-02-28（開発版）	WebRender	297.60 ±8.56%

環境は以下のとおりです。

- CPU：Intel Core i5-7200U 2.5GHz
  - 物理コア数は2で、HyperThreadingあり
  - 2016年発売の第7世代 Kaby Lake、Uシリーズはラップトップ向けの低消費電力版
- RAM：32GB
- GPU：CPU統合型のIntel HD Graphics 620
- 64ビット版のLinux (Fedora 29)、ディスプレイドライバはLinux Mesa

ラップトップ向けのCPUを使用し、GPUもCPUに内蔵されているごく普通のものです。それでもスコアが約1.75倍になりました。ただしこれは正式リリース版のFirefoxではありませんので、開発が進むと性能が変化する可能性もあります。あくまでも参考値としてとらえてください。

なおWebRenderは3Dゲームエンジンで使われている手法を応用しており、その特性からテ

*23 https://rockridge.hatenablog.com/entry/2017/11/05/233633
*24 https://mozillagfx.wordpress.com/2019/02/07/webrender-newsletter-39/
*25 https://browserbench.org/MotionMark/

キストの描画はGPUではなくCPUで行います。ですから普通にWebサイトを閲覧している状態では、MotionMarkでみられたほどの性能向上は得られないかもしれません。Rustで書かれたライブラリの中にはGPUを使ってテキストの描画を行うものもあり、今後、Firefoxに取り込むことを検討しているようです。

CSSエンジンの脆弱性について

次は安全性についてです。C++で書かれたコンポーネントをRustで書き直すことでメモリ安全性が保証されるようになり、脆弱性につながるバグが少なくなることが期待されていたのでした。

Mozillaの公式サイトの1つに開発者向けの情報を発信するMozilla Hacksがあります。本章の執筆中の2019年2月28日に、興味深い記事が公開されました。

Mozilla Hacks - Implications of Rewriting a Browser Component in Rust[＊26]（ブラウザコンポーネントをRustで書き直すことによる影響）

この記事ではFirefoxの新旧CSSエンジンについて、脆弱性に関わるバグのデータを収集し分析しています。一部のデータを引用します（**表1.7**）。

表1.7 旧CSSエンジン関連の脆弱性に関わるバグ※（安定版リリース後に見つかったもの）

原因分類	件数	Rustなら防げた？
ロジックのバグ	12	no
メモリ関連	32	yes
配列の境界を超えたアクセス	12	yes
Nullポインタ	7	yes
スタックオーバーフロー	3	no
整数演算のオーバーフロー	2	no[＊27]
その他	1	no
合計	69	

※対象期間：Firefox 1.0リリース（2002年）からFirefox Quantum 57.0リリース直前（2017年11月）までの15年間。出典：Implications of Rewriting a Browser Component in Rust

これはGeckoの従来のCSSエンジンが使用されていた15年間に発見された、脆弱性につながるバグをその原因によって分類したものです。脆弱性につながるバグは全部で69件ありましたが、そのうち51件はRustがもたらすメモリ安全性によって防げるものでした。もし最初からRustで書いていれば脆弱性バグのうちの73.9%は避けられたかもしれません。

また、この69件のうち脆弱性情報（CVE）の発行対象となるのはセキュリティリスクが重大（critical）または高い（high）と見積もられたものだけです。その件数は34件でした。上記の記事によると、そのうち32件（94.1%）はRustで書いていれば防げた種類のものでした。偶然か

＊26 https://hacks.mozilla.org/2019/02/rewriting-a-browser-component-in-rust/

＊27 整数演算のオーバーフローの検査はリリースモードのビルドではデフォルトでオフになります。オーバーフローが起きる可能性が事前に予測できる場合は、4-2-3項で解説する「検査つき演算」などが使えます。

もしれませんが重大なものほど効果が高いのかもしれません。

ではCSSエンジンをRust製のStyloに置き換えてどうなったでしょうか？ リリースから1年半近く経ちますが、残念なことに57.0のリリース直後に脆弱性バグが1件発見され、即座に修正されました。しかもセキュリティリスクがhighと見積もられCVEが発行されました（CVE-2017-7844）。このバグ[*28]は攻撃者が細工をしたSVG画像をWebサイトに配置することで、ターゲットとなったFirefoxの閲覧履歴が取得されてしまうという内容です。

上の原因分類の表からも分かりますが、Rustをもってしても脆弱性につながるすべてのバグを防ぐことはできません。該当のバグはロジックのバグに分類され、具体的にはSVG画像に対してCSSの`:visited`セレクタを無視する必要がありました。このバグは過去、旧CSSエンジンでも指摘されており、そちらでは修正されていました。しかしそのCSSエンジンをRustに移植するときに見逃されてしまったのです。さらに、このバグを発見する自動テストケースもテスト時間の短縮のために実行されていませんでした。

手痛いミスですが、今後のための良い教訓にはなるのかもしれません。

Rustで書き換えたことで安全性が高まったかどうかですが、まず旧CSSエンジンのバグ情報に基づく分析では、高まることが期待できます。しかし実績についてはまだ分かりません。Styloで脆弱性バグがまだ1つしか発見されてないからといっても、未発見のバグがないことの証拠にはならないからです。信頼性のあるデータを集めて結論を導くためには、もうしばらく待つ必要がありそうです。

新たな章に突入したFirefox

Firefoxにはアドレスバーに`about:mozilla`と入力すると「モジラ書（The Book of Mozilla）」の一節が表示されるというイースターエッグ[*29]があります（**図1.4**）。どうやらその書物は「獣（The Beast）」と呼ばれる、赤い恐竜のような姿をした、火を吐く存在について記録されたもののようです[*30]。

＊28 https://bugzilla.mozilla.org/show_bug.cgi?id=1420001
＊29 イースターエッグとはソフトウェアに隠された、開発者の遊び心を表現する（基本的に役に立たない）機能のことです。
＊30 それがMozillaのマスコットキャラクターであることは明らかですよね。

図1.4 モジラ書 11章14節

about:mozillaの内容はFirefoxの開発の節目で更新されます。Firefox Quantumの最初のリリースである57.0（2017年11月14日リリース）もその節目に選ばれ、なにやら予言めいた文章が現れました。その原文と和訳をMozilla Fluxの記事から引用します＊31。

> *The Beast adopted new raiment and studied the ways of Time and Space and Light and the Flow of energy through the Universe. From its studies, the Beast fashioned new structures from oxidised metal and proclaimed their glories. And the Beast's followers rejoiced, finding renewed purpose in these teachings.*

> *獣は新たな衣服を身にまとい、時空と光、宇宙内のエネルギーの流れについて、それらのあり方を学んだ。学びにより獣は錆びた金属から新たな構造物を作り上げ、その栄光を宣言した。獣を奉ずる者らは教えの中に新たな目的を見出し歓喜した。*
> モジラ書 11章14節より

気付きましたか？ 時空はQuantum（量子）を指し、oxidised metalこと「錆びた金属」は紛れもなくRustのことです。FirefoxはPhoton（光子）によって新たな衣類（UI）を身にまといました。そしてQuantum Flow（流れ）による高速化と、StyloやWebRenderなどのRustで書かれた新たな構造物がFirefoxに力をもたらしました。

この予言は現実のものとなるでしょうか？ 少なくともRustには、それを可能にする力が宿っているように思えます。

＊31 https://rockridge.hatenablog.com/entry/2017/10/10/003031

第2章

はじめてのRustプログラム

本章ではお手元のLinux、macOS、Windows環境にRustの開発に必要なソフトウェアを導入して、簡単なRustプログラムを実行します。以下のことを行います。

1. Rustツールチェインのインストール
2. Hello Worldプログラムの実行
3. ソースコードエディタとRustの開発支援ツールの導入
4. RPN計算機プログラムを作成しデバッガから実行

ソースコードエディタの導入ではVisual Studio Code（VS Code）をインストールして、Rust Language Server（RLS）といった開発支援ツールを設定します。これによりコードの自動補完やエラー検査、変数の型や関数定義のポップアップ表示など、開発を助けるさまざまな機能が利用できるようになります。またデバッガも設定して実際に使用してみます。

2-1 インストール

2-1-1 本書が対象とする環境

本書ではRustプログラムをコンパイル・実行する環境（プラットフォーム）として、x86系プロセッサで動作するLinux、macOS、Windowsを対象に説明します。Rustコンパイラ（rustc）などのツールチェインの動作に必要となる主なシステム要件を以下に示します。

プロセッサ

- Intel x86アーキテクチャのすべての64ビットプロセッサ
- 同アーキテクチャの32ビットプロセッサのうち、Pentium Proかそれ以降のもの（いわゆるi686）

OS（オペレーティングシステム）

- Linux：カーネル2.6.18かそれ以降のバージョン。ただし、システムライブラリとしてMUSL libcを使用するAlpine Linuxなどのディストリビューションは、執筆時点ではRustコンパイラの公式なサポートがないため本書では対象外とします[*1]。
- macOS：Mac OS X 10.7 Lionかそれ以降のバージョン
- Windows：Windows 7かそれ以降のバージョン

2-1-2 ツールチェイン、リンカ、ABI

Rustプログラムをコンパイルしてバイナリを生成するためには、以下のソフトウェアが必要です。

- Rustツールチェイン
- ターゲット環境向けのリンカ

RustツールチェインはRustで書かれたソースコードをコンパイルするのに使われるプログラミングツール群の総称です。以下のもので構成されています。

- Rustコンパイラであるrustcコマンド
- Rustのビルドマネージャ兼パッケージマネージャであるcargo（カーゴ）コマンド
- Rustの標準ライブラリであるstd

本書で対象とするプラットフォームではRustツールチェインの公式なバイナリインストーラが用意されていますので、後述するrustupというツールを使って簡単にインストールできます。

リンカ（Linker）は正式にはリンケージエディタと呼ばれ、rustcや他の言語のコンパイラが出力したオブジェクトファイルやライブラリを結合して、ターゲット環境の**ABI（Application Binary Interface）**に準拠した実行可能ファイル（バイナリ）を生成します。ABIというのはアプリケーションのマシンコードが実行時にOSとやりとりする方法を取り決める仕様のことです。

リンカはRust専用のものが用意されているわけではなく、rustcを実行する環境でそのOS向けに用意されているものを使用します。詳しくは後述しますがx86系の環境では以下のようなパッケージをインストールします。

- Linux：そのディストリビューションで提供されているgccとbinutilsパッケージ
- macOS：Xcodeのコマンドライン・デベロッパ・ツール
- Windows MSVC：Microsoft Visual C++ビルドツール

なおWindows環境でRustは2種類のABIをサポートしており、MSVC形式とGNU ABI形式

＊1　一般的なLinuxディストリビューションでは、システムライブラリとしてglibc（GNU Cライブラリ）が採用されています。

のどちらかを選択できます。MSVCはMicrosoft Visual C++の略称で、Windows標準のABIです。この形式はバイナリを実行するために追加のライブラリをインストールしなくていいため、完成したソフトウェアの配布に適しています。一方、GNU ABIはMinGWやCygwinなどのWindows上でUnix由来のプログラムをコンパイル・実行する環境でサポートされています。このABIを使用するバイナリは、MinGWなどが提供するglibcといったライブラリに依存しています。そのためバイナリを実行するだけの環境でもMinGWなどのインストールが必要となり、完成したソフトウェアの配布には不向きです。

初期のrustcはMSVCのサポートが不十分だったためGNU ABI形式に頼る必要がありました。しかし現在ではそのような問題は解決されており、MSVC形式が推奨されています。本書ではWindows環境向けにはMSVC形式を使用します。

ツールチェインとリンカはRustプログラムを開発する環境のみに必要です。バイナリを実行するだけの環境にはインストールする必要はありません。

2-1-3 rustup

rustupはRustプロジェクトが公式にサポートしているコマンドラインツールで、以下のような機能があります。

- 複数バージョンのRustツールチェインのインストールと管理
- クロスコンパイル用ターゲットのインストール
- RLSなどの開発支援ツールのインストール

Rustツールチェインのインストールにrustupが必ず必要なわけではありません。Rustツールチェインには安定版（stable）、ベータ版（beta）、開発版（nightly）の3種類があるのですが、stable版ならLinuxの各ディストリビューションのソフトウェアパッケージや、macOS向けのHomebrewといったパッケージマネージャからでもインストールできます。しかし本書ではrustupによるインストールをお勧めします。

rustupを使用することの利点として、stable版だけでなくnightly版といった複数のツールチェインを管理でき、また、RLSなどの開発支援ツールが簡単にインストールできることがあります。さらにクロスコンパイル環境も容易に構築できます。Rustライブラリやツールの中には現時点ではnightly版でしか動作しないものもありますので、ほとんどの場合rustupによる複数ツールチェインの管理が必要となるでしょう。

2-1-4 Rustツールチェインのインストール

それではrustupを使ってRustツールチェインをインストールしましょう。なおWindowsでは「2-1-7 リンカのインストール（Windows MSVC）」で説明するリンカのインストールを事前に実施してください。

Linux、macOS、Windowsいずれの場合もWebブラウザでrustupのサイトを開きます(**図2.1**)。

https://www.rustup.rs

図2.1 rustup.rsサイト

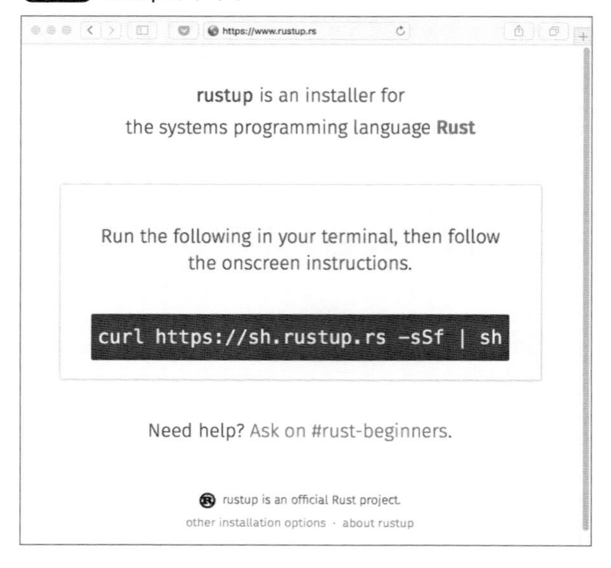

LinuxやmacOSからアクセスしている場合は、ターミナルから以下のコマンドを実行するよう指示されますので、そのとおり実行します。これによりインストーラ(`rustup-init`)がダウンロードされ、実行されます。

```
$ curl https://sh.rustup.rs -sSf | sh
```

`rustup`のサイトにWindowsからアクセスしている場合は、インストーラ(`rustup-init.exe`)のダウンロードリンクが表示されますのでクリックします。ダウンロードが完了したら、ダブルクリックして実行します。

どのOSでもインストーラが起動すると次のように表示され、インストールの設定を変更するか確認されます。

```
Welcome to Rust!

Current installation options:

   default host triple: x86_64-apple-darwin
     default toolchain: stable
  modify PATH variable: yes
```

```
1) Proceed with installation (default)
2) Customize installation
3) Cancel installation
>
```

default host tripleのところは環境によって変化します。上記はmacOSでの例です。Windowsではdefault host tripleが以下のどちらかであることを確認してください。

- 64ビット環境：x86_64-pc-windows-msvc
- 32ビット環境：i686-pc-windows-msvc

もしそうならMSVCリンカの検出に成功しています。

リンカの検出に失敗した場合は上のメッセージの代わりに「Install the C++ build tools before proceeding」などと表示されます。nを入力してインストールを中止し、リンカが正しくインストールされているか確認してください。

設定に問題なければ、1を入力して最新のstable版をインストールします。ツールチェインがダウンロードされ、最後に以下のように表示されれば完了です。

```
stable installed - rustc 1.30.0 (da5f414c2 2018-10-24)

Rust is installed now. Great!
```

コマンド検索パスの設定

インストールが完了すると、ホームディレクトリ配下に.rustupと.cargoという2つの隠しディレクトリが作成されているはずです。.rustupディレクトリはrustupにより管理され、ツールチェインの本体が格納されています。.cargoディレクトリはcargoにより管理され、.cargo/binディレクトリにrustc、cargo、rustupなどのコマンドが格納されています。

インストール直後はコマンド検索パスが設定されておらず、これらのコマンドは使えません。使えるようにするには、システムにログインし直すか、ターミナルから以下のコマンドを実行します。

```
# Linux、macOS（bashやzshの場合）
$ source $HOME/.cargo/env

# Windows（PowerShellの場合）
PS> $Env:Path += ";$Env:USERPROFILE\.cargo\bin;"
```

インストール結果の確認

インストール結果の確認も兼ねて各コマンドのバージョンを確認しましょう。筆者の環境

(macOS 10.14 Mojave) では以下のように表示されました。

```
# rustupのバージョン
$ rustup --version
rustup 1.16.0 (beab5ac2b 2018-12-06)

# Rustコンパイラのバージョン
$ rustc --version
rustc 1.32.0 (9fda7c223 2019-01-16)

# Cargoのバージョン
$ cargo --version
cargo 1.32.0 (8610973aa 2019-01-02)
```

2-1-5 リンカのインストール(Linux)

Linux環境のrustcはリンカとしてccコマンドを実行します。しかしccの実体はgccコマンドで、リンカではなくGNU Compiler Collectionが提供する「コンパイラドライバ」です。コンパイラドライバは必要に応じてさまざまな言語のコンパイラやリンカを連続して実行してくれるツールです。そしてgccがデフォルトで使用する本当のリンカはldコマンドです。

Linux環境向けのバイナリを作るためには、プログラムの初期化処理と終了処理を行うコードが入ったオブジェクトファイルが必要ですが、それらはgccにより管理されています。rustcはldを直接実行するのではなく、gcc経由で実行することで、これら必要なオブジェクトファイルとの結合を実現しているのです。

gccは**表2.1**で示すコマンドでインストールできます。ldはGNU Binutils (binutilsパッケージ) に含まれており、gccパッケージと一緒にインストールされます。

表2.1 ディストリビューション別gccのインストールコマンド

ディストリビューション	インストールコマンド	gccバージョン	ldバージョン
Arch Linux	sudo pacman -S gcc	8.1.1 20180531	2.30
CentOS 7	sudo yum install gcc	4.8.5 20150623	2.27-27
Debian 9	sudo apt install gcc	6.3.0 20170516	2.28
Fedora 28	sudo dnf install gcc	8.1.1 20180502	2.29.1-23
Ubuntu 18.04	sudo apt install gcc	7.3.0	2.30

2-1-6 リンカのインストール(macOS)

macOS環境もLinux環境と同様に、rustcはccコマンドを経由してldを呼び出します。macOS環境ではccの実体はclang(クラング)というLLVMプロジェクトが提供するコンパイラドライバで、ldもGNUのものではなくBSD系Unix由来のものを使用しています。どちらもAppleが無償で提供する開発ツール「コマンドライン・デベロッパ・ツール」に含まれています。

ターミナルを開きcc -vを実行します。もしコマンドライン・デベロッパ・ツールがすでにインストールされているなら以下のようにclangのバージョンが表示されます。

```
$ cc -v
Apple LLVM version 10.0.0 (clang-1000.10.44.2)
Target: x86_64-apple-darwin18.0.0
...（以下略）
```

そうでないなら**図2.2**のウィンドウが表示されますので、インストールを押します。

図2.2 コマンドライン・デベロッパ・ツールのインストール

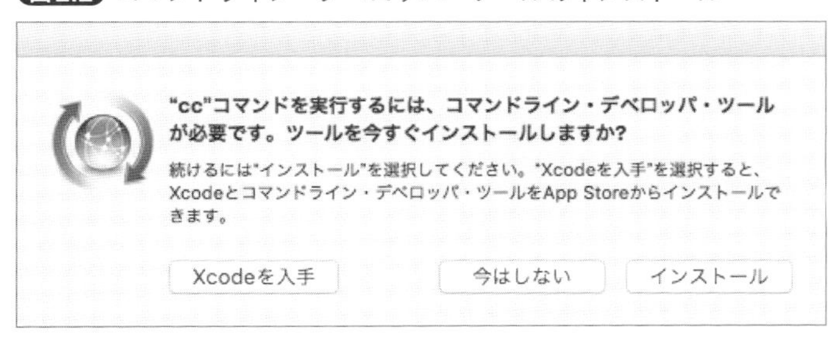

なおこのウィンドウはxcode-select --installというコマンドでも開けます。

インストールできたらターミナルから再度cc -vを実行します。今度はclangのバージョンが表示されるはずです。

2-1-7 リンカのインストール(Windows MSVC)

Windows MSVC環境ではrustcはMicrosoft Visual C++のLink.exeコマンドを使用します。Microsoft Visual C++はMicrosoftのプロプライエタリなIDE(Integrated Development Environment)であるVisual Studio製品群の一部となっており、Visual Studioのエディションによって有償版と無償版に分かれています。Rustプログラムを開発したり、ちょっとしたC/C++プログラムをコンパイルするだけでしたら無償版の「Visual C++ Build Tools」か「Visual Studio Community」で十分です。それぞれのインストール方法を説明します。

なお執筆時点の最新バージョンは2017ですが、2019年4月には2019がリリースされる予定です。これから説明するのは2017での手順ですので、2019では若干異なるかもしれません。なお2019年3月時点でVisual Studio 2019のリリース候補版(RC版)が入手できたため筆者が試してみたところ、手順には特に違いはなく、Rust 1.33.0も問題なく動いているようでした。

方法1:Visual C++ Build Toolsをインストールする

Visual C++ Build ToolsはC++コンパイラやリンカなどのコマンドラインツールを中心としたパッケージです。方法2で紹介するVisual Studio Communityとは異なりIDE関連のコンポーネントがインストールされないため、インストールに必要なディスク容量を節約できます。Rustで開発するのに必要となるリンカや、12章で使用するCコンパイラといったコマンドラインツールがすべて含まれています。

インストール方法ですが、まずWindows上のWebブラウザで以下のURLを開きます*2。

https://www.visualstudio.com/ja/downloads/

Build Tools for Visual Studio 2017のインストーラをダウンロードして実行します。ワークロードのタブが表示されたら「Visual C++ Build Tools」にチェックマークを付けます（**図2.3**）。

図2.3 Visual C++ Build Toolsを選択

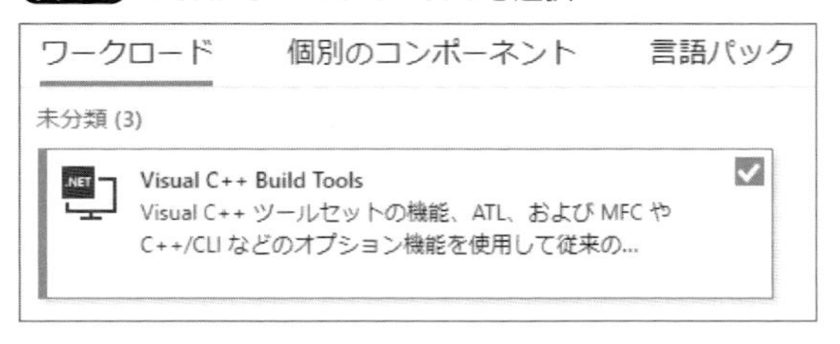

次に言語パックのタブ（**図2.4**）に切り替え「日本語」に加え「英語」も選択します。Rustを使う上では日本語だけで問題ないのですが、11章で紹介するvcpkgを動作させるために英語も必要となります。

図2.4 言語パックの選択

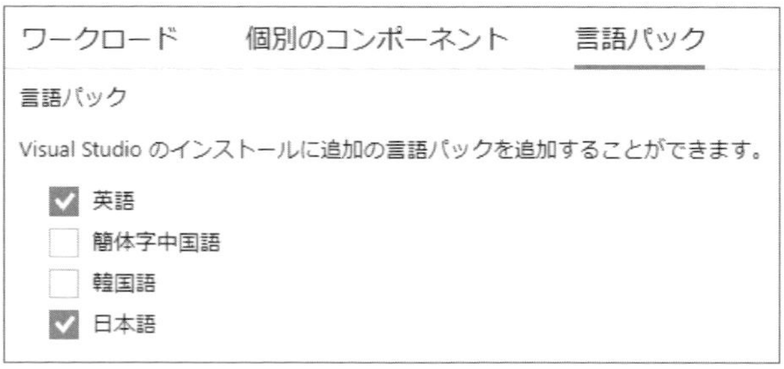

ワークロード　個別のコンポーネント　言語パック

言語パック

Visual Studio のインストールに追加の言語パックを追加することができます。

- [x] 英語
- [ ] 簡体字中国語
- [ ] 韓国語
- [x] 日本語

インストールボタンを押すと必要なコンポーネントがダウンロードされディスクに配置されます。しばらくするとインストール完了のメッセージが表示されます。

方法2：Visual Studio Communityをインストールする

もう1つの方法はVisual Studio IDEの無償版であるVisual Studio Communityをインストールすることです。

*2　macOSからですとMac向けの製品ページにリダイレクトされてしまいます。

Windows上のWebブラウザで以下のURLを開きます。

https://www.visualstudio.com/ja/downloads

Visual Studio 2017 Communityのインストーラをダウンロードして実行します。ワークロードのタブ（**図2.5**）が表示されたら「C++によるデスクトップ開発」にチェックマークを付けます。

図2.5 C++によるデスクトップ開発

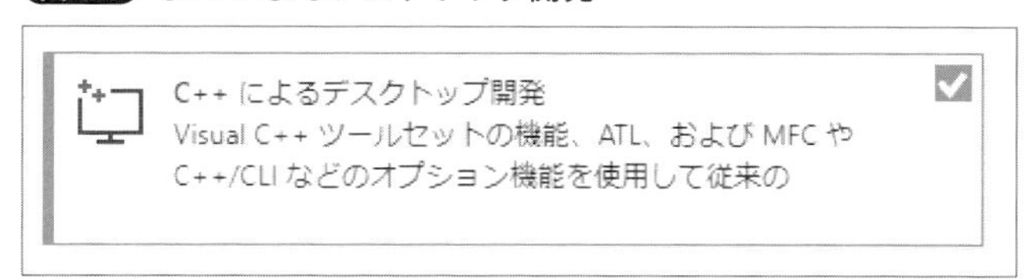

画面右側の概要ペイン（**図2.6**）で以下のオプションが選択されていることを確認します。

- VC++ 2017 version 15.9 v14.16 latest v141 tools
- C++のプロファイルツール
- Windows 10 SDK (10.0.17763.0)

v141などのバージョンはインストールする時期によって変わるかもしれません。他のオプションは選択を解除しても大丈夫です。

図2.6 C++によるデスクトップ開発

次に言語パックのタブに切り替え日本語だけでなく英語も選択します。理由は方法1で説明したとおりです。

インストールボタンを押すと必要なコンポーネントがダウンロードされディスクに配置されます。しばらくするとインストール完了のメッセージが表示されます。

2-2 Hello Worldプログラム

Rustプログラムをコンパイルし実行する準備が整いましたので、おなじみの「Hello World」プログラムを作成しましょう。このプログラムはターミナルに「Hello, world!」と表示して終了します(図2.7)。

図2.7 Hello Worldプログラムの実行結果

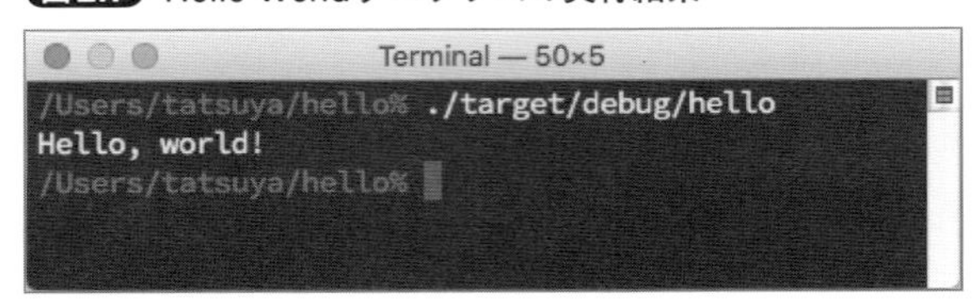

2-2-1 パッケージの作成

ターミナルを開き適当な作業用のディレクトリへ移動します。以下のようにcargo newコマンドを実行し、helloという名前のパッケージを作ります。

```
$ cd 作業用のディレクトリ
$ cargo new --bin hello
     Created binary (application) `hello` package
```

作成されたhelloディレクトリの中身を見てみましょう。

```
$ cd hello

# macOSやLinuxではtreeコマンドを使うと、ディレクトリやファイルの
# 木構造を表示できる
$ tree -a
.
├── .git          # Git (バージョン管理システムの一種) のリポジトリ
│   ├── HEAD
│   ├── config
(中略)
├── .gitignore
├── Cargo.toml    # パッケージの設定ファイル
└── src
    └── main.rs   # Rustプログラムのソースファイル

10 directories, 8 files
```

このようにCargo.tomlやmain.rsといったパッケージのひな形となるファイルが作られています。また同時にバージョン管理システム（VCS）の一種であるGitのリポジトリ（.gitディレクトリ）も初期化されました。

2-2-2 binクレートとlibクレート

Rustではプログラムのソースファイルの拡張子として.rsを使用します。helloパッケージではsrcディレクトリ配下にmain.rsというソースファイルが作られています。

```
└─── src
    └─── main.rs    # Rustプログラムのソースファイル
```

先ほどcargo newコマンドに--binというオプションを与えましたが、--libというオプションもあり、どちらか1つを指定できます。

- --binオプション：バイナリパッケージが作られる。src/main.rsを持ち、ビルドすると実行可能バイナリファイルができる
- --libオプション：ライブラリパッケージが作られる。src/lib.rsを持ち、ビルドするとrlibという他のRustパッケージから再利用できるライブラリファイルができる

Cargoを使うとこれらのパッケージをインターネットで公開できます。Rustのパッケージはクレート[*3]とも呼ばれますので、Rustユーザはバイナリパッケージを「binクレート」、ライブラリパッケージを「libクレート」と呼びます。

なおcargo newに--binと--libのどちらも与えなかったときはbinクレートが作られます[*4]。

2-2-3 Cargo.tomlファイル

Cargo.tomlファイルにはクレートの名前や作者名などが書かれています。この情報はクレートをcrates.ioというRustパッケージのセントラルリポジトリに公開するときにも使われます。またここに依存クレートの情報を書くことで、crates.ioやGitHubのリポジトリなどから必要なクレートをダウンロードできます。

ch02/hello/Cargo.toml

```
[package]           # パッケージセクションの始まり
name = "hello"      # 名前
```

＊3　クレート（crate）は英語で木箱の意味、Cargoは貨車の意味です。

＊4　古いCargoではlibクレートがデフォルトでした。Cargo 0.25.0（Rust 1.24.1に同梱）かそれ以前のバージョンでは--binを指定しない限りlibクレートが作られました。

```
version = "0.1.0"  # バージョン
authors = [ "Your Name <you@example.com>" ]  # 作者（複数指定可）
edition = "2018"   # 使用するRustのエディション。2-5-3で説明

[dependencies]     # 依存クレートセクションの始まり（いまは空）
```

Cargo.tomlファイルの書き方については10章で学びます。またeditionに関しては「2-5-3 エディション」で説明します。

2-2-4 src/main.rsファイル

Rustのソースファイルsrc/main.rsの内容を見てみましょう。以下のようになっているはずです。

ch02/hello/src/main.rs

```
fn main() {
    println!("Hello, world!");
}
```

これはRustにおけるHello Worldプログラムです。Cargoでbinクレートを作成すると、毎回これと同じ内容のsrc/main.rsが作られます。普段はこのファイルを編集して目的のプログラムへと仕上げていくわけですが、今回はこのまま使います。

まずはビルドして実行してみましょう。そのあとプログラムの内容について説明します。

2-2-5 パッケージのビルド

パッケージをビルドしてバイナリを作りましょう。ターミナルでcargo buildコマンドを実行します。

```
$ cargo build
   Compiling hello v0.1.0 (file:///.../hello)
    Finished debug [unoptimized + debuginfo] target(s) in 0.34 secs
```

binクレートをビルドすると以下のことが起こります。

1. **コードの検査**：rustcコンパイラが起動し、Rustプログラムのソースコードにエラーがないか検査する
2. **コンパイル**：検査に問題がなければ、rustcはソースコードをアセンブリコードへと変換し、オブジェクトファイルを作成する
3. **リンク**：rustcがリンカを起動する。リンカはオブジェクトファイルとRust標準ライブ

ラリなどのライブラリを結合し、ターゲットプラットフォームのABIに準拠した実行可能バイナリを作成する

なおlibクレートのビルドでは3は実行されません。

ビルドに成功するとtarget/debugディレクトリに、hello（Windowsではhello.exe）という名のバイナリが作成されます。LinuxとmacOSではfileコマンドを使うとファイルの種類が分かります。

```
# Linux
$ cargo build
$ file target/debug/hello
target/debug/hello: ELF 64-bit LSB shared object, x86-64, version 1 (SYSV),
dynamically linked, interpreter /lib64/ld-linux-x86-64.so.2,
for GNU/Linux 2.6.32, ...（省略）

# macOS
$ cargo build
$ file target/debug/hello
target/debug/hello: Mach-O 64-bit executable x86_64
```

LinuxはELF形式、macOSはMach-O実行ファイル形式となっており、それぞれのABIに準拠した形式になっています。

2-2-6 プログラムの実行

ターミナルからバイナリを実行しましょう。

```
# LinuxとmacOS
$ ./target/debug/hello
Hello, world!

# Windows MSVC（拡張子.exeは省略可能）
PS> .\target\debug\hello.exe
Hello, world!
```

Hello, world!と表示されました。

Cargoから実行することもできます。cargo runコマンドを使います。

```
$ cargo run
    Finished dev [unoptimized + debuginfo] target(s) in 0.0 secs
     Running `target/debug/hello`
Hello, world!
```

なおcargo buildを省略して、いきなりcargo runとしても構いません。試してみましょう。cargo cleanでビルド済みのバイナリを削除してからcargo runを実行します。

```
$ cargo clean
$ cargo run
   Compiling hello v0.1.0 (file:///.../hello)
    Finished debug [unoptimized + debuginfo] target(s) in 0.28 secs
     Running `target/debug/hello`
Hello, world!
```

このように、まずビルドされ、続いてバイナリが実行されました。

2-2-7 プログラムの内容

src/main.rsに書かれていたプログラムを少し詳しく見ていきましょう。

ch02/hello/src/main.rs

```
fn main() {
    println!("Hello, world!");
}
```

fnは関数定義（function definition）を表し、ここではmain関数を定義しています。Rustのバイナリでは、デフォルトで最初にmain関数が呼ばれます。

関数の引数と戻り値

関数定義の基本構文は以下のようになります。

```
fn 関数名(引数1: 型1, 引数2: 型2, ...) -> 戻り値の型 {
    関数の本体
}
```

たとえば2つの数を引数に取り、それらを足した数を返す関数は以下のように定義します。なお//から行末までの文字はコメントとして扱われます。

```
// x + yを計算する。f64型は64ビット浮動小数点数
fn add(x: f64, y: f64) -> f64 {
    // 本体に書いた最後の式の評価結果が関数の戻り値になる
    x + y
}
```

引数の型と戻り値の型はf64です。これは64ビットの浮動小数点数です。

引数を1つも取らない関数や値を返さない関数も定義できます。mainがそうでした。

```
// main関数は引数を1つも取らず戻り値も返さない
fn main() {
    println!("Hello, world!");
}
```

このように()で囲まれた引数のリストを空にすると引数を取らず、-> 戻り値の型を省略すると戻り値を返さない関数になります[*5]。

なおfnによる関数定義では引数の型は省略できません。技術的にはコンパイラに推論させることもできますが、あえてこのような仕様になっています。型を明示することで私たち開発者が他人の書いたプログラムを理解しやすくなり、またコンパイラによる型検査も強化できます。

println! マクロ

main関数の本体を見てみましょう。

ch02/hello/src/main.rs

```
fn main() {
    println!("Hello, world!");
}
```

{ }で囲まれた部分が本体で、関数が評価する式や実行する文を書きます。ここではprintln!("Hello, world!")という式が書かれており、この式を評価するとターミナルに「Hello, world!」と表示されます。

println!はRustの標準ライブラリで定義されています。関数に見えますが実は違います。このように名前の最後に感嘆符(!)が付いているものは「マクロ」です。マクロはコンパイルの初期段階で評価され、その定義にしたがって別のソースコードへと展開されます。println!マクロはフォーマット文字列に加えて任意の個数の引数を受け取れるのですが、Rustの関数は現時点では可変個の引数はサポートしていません。関数としては定義できないのでマクロとして定義しているわけです。

可変個の引数の例をいくつか見てみましょう。

ch02/examples/bin/println.rs

```
// 引数としてフォーマット文字列と1つの文字列を受け取る
println!(
    "Hello, {}!",
    "Takashi",
```

＊5　厳密にいうと戻り値を返さないのではなく、戻り値として()型の値を返す関数になります。()型はユニット型と呼び、何もないことを表します。詳しくは「4-2-1 ユニット (unit)」で説明します。

```
);
// → 実行すると「Hello, Takashi!」と表示される

// 引数としてフォーマット文字列と3つの数値を受け取る
println!(
    // {:.1}で小数点以下1桁まで表示
    "半径 {:.1}、円周率 {:.3}、面積 {:.3}",
    3.2,
    std::f64::consts::PI,
    // 半径の自乗 x 円周率
    3.2f64.powi(2) * std::f64::consts::PI,
);
// → 実行すると「半径 3.2、円周率 3.142、面積 32.170」と表示される
```

println!マクロはコンパイルの初期段階で評価され、以下のコードへ変換されます。

1. println!マクロに与えられた引数を、関数呼び出しに適したデータ構造へ埋め込む
2. 1のデータ構造を引数にして、標準ライブラリで定義されているstd::io::_print関数を呼び出す

詳細を知りたい方は以下の記事を参考にしてください。

- Rustの文字列フォーマット回り（改訂版）
  https://ubnt-intrepid.github.io/blog/2017/10/11/rust-format-args/

2-3 ソースコードエディタの導入

次はプログラムを編集するためのソースコードエディタを導入しましょう。

2-3-1 Rustをサポートする主なエディタとIDE

Are we (I)DE yet?（https://areweideyet.com）というサイトには、Rustの開発支援機能を備えたエディタやIDEの情報が掲載されています。その中には以下のものがあります。

ソースコードエディタ

- Atom
- GNU Emacs
- Textadept

- Sublime Text
- Vim
- Visual Studio Code

IDE

- Eclipse
- IntelliJ IDEA
- Microsoft Visual Studio
- GNOME Builder

サポートしている支援機能はそれぞれ異なりますので、ぜひ上記のサイトで比較してみてください。執筆時点で支援が充実しているのは、Visual Studio Code (VS Code) とIntelliJ IDEAです。本章ではVS Codeの導入方法を紹介します。

2-3-2 Visual Studio Code（VS Code）の特徴

VS Codeは、Microsoftがオープンソースで開発を進める高機能なエディタで、無償で使用できます。Electronというクロスプラットフォームなデスクトップアプリケーションを開発するためのフレームワーク上に構築されており、Linux、macOS、Windowsに対応しています[*6]。さまざまなプログラミング言語をサポートしており、構文がハイライトされたり、IntelliSenseと呼ばれる入力補完機構によって快適なコード入力ができるのが強みです。またエディタでありながらデバッグ機能やGitサポートなどが組み込まれていたり、VS Code内でシェルを起動して操作したりできるので、開発者が日常的に行なっている作業をこの中で完結させられます。

同様の機能を提供するエディタは他にもありますが、執筆時点ではRustの開発支援機能が他のエディタよりも充実しており、最初に使うエディタとしてお勧めできます。

本節では執筆時点の最新版を使ってインストール方法を説明します。

- VS Code 1.32.0
- Rust (rls) 拡張機能 0.5.3
- Linux、macOS：CodeLLDB拡張機能 1.2.1
- Windows：C/C++拡張機能 0.22.1

＊6　Electronはもともとは Atom エディタのために開発され、現在では GitHub Desktop や Slack といった数多くのデスクトップアプリケーションで使用されています。Electronは Node.js や Chrome といった Web の技術を組み合わせて作られています。

2-3-3 VS Codeのインストール

Webブラウザで以下のダウンロードページを開き、お使いの環境に合ったパッケージをダウンロードします。

https://code.visualstudio.com/download

WindowsやLinuxではインストーラを起動し、画面の指示にしたがってインストールしてください。macOSではダウンロードしたzipファイルを解凍すると`Visual Studio Code.app`ができますので、アプリケーションフォルダへ移動します。

VS Codeを起動しましょう（**図2.8**）。

図2.8 VS Codeの日本語ウェルカム画面

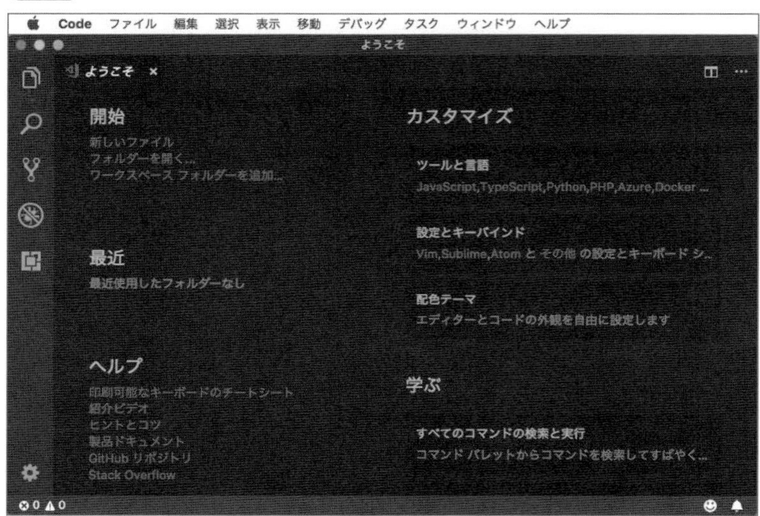

図2.8のスクリーンショットではメニューなどがすでに日本語化されていますが、おそらく初回は英語で表示されると思います。もしシステムの表示言語を日本語にしている場合は起動時にVS Codeの表示言語を日本語に変更するか聞かれますので、お好みで切り替えてください（**図2.9**）。

図2.9 VS Codeの表示言語を日本語に変更

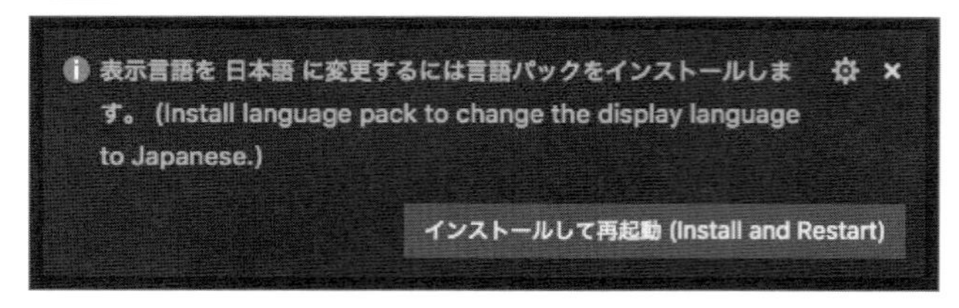

日本語に変更するか聞かれない場合でも、以下のページの説明にしたがってJapanese

Language Packをインストールすれば日本語化できます。

Japanese Language Pack for VS Code
https://marketplace.visualstudio.com/items?itemName=MS-CEINTL.vscode-language-pack-ja

また、インターネットに接続されているなら最新版がリリースされているかのチェックがバックグラウンドで実行されます。最新版がある場合、WindowsやmacOSでは自動的にダウンロードされ、画面左下の歯車アイコンに未読マークがつきます。

図2.10のように「再起動して更新...」を選ぶと最新版にアップデートできます。

図2.10 VS Codeの更新

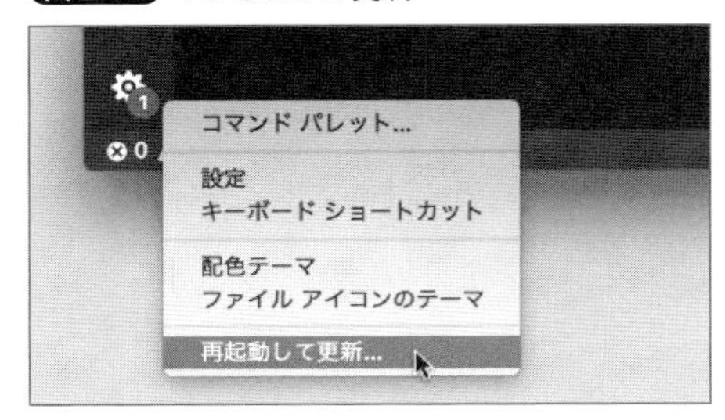

ダウンロードサイトで提供されるdebやrpmパッケージを使って、UbuntuやFedoraなどのLinux環境にインストールした場合は、その後、VS Codeはaptやdnfなどのパッケージマネージャによって管理されます。最新版がリリースされたときは、ダウンロードページでの公開からは数日遅れますが、パッケージマネージャによってアップグレードされるでしょう。

2-3-4 Rust RLS拡張機能のインストール

VS CodeにRustの開発支援機能を追加しましょう。ここでは「Rust (rls)」拡張機能*7をインストールします。この拡張機能は`rustup`のコンポーネントとして配布されているRLSと通信して、コードの自動補完やエラー検査、変数の型や関数定義のポップアップ表示などを実現します。

RLSはRust Language Serverの略称で、Microsoftが公開したLanguage Serverプロトコルに準拠する開発支援用のサーバです。Language ServerはIDEやエディタが必要とする「プログラムのソースコードを解析して情報を提供する機能」をサービスとして実現するもので、RLSの他にもTypeScriptやPythonなどを対象としたさまざまな実装があります。RLSはRustプロジェクトが公式にサポートするRust用のLanguage Server実装です。

Language ServerがサポートされたIDEやエディタでは、コードの自動補完、変数や関数の

*7 https://marketplace.visualstudio.com/items?itemName=rust-lang.rust

定義参照、変数や関数の利用箇所の検索、コードの自動フォーマット、コードのエラー分析や修正案の提示といった、さまざまな機能を実現できます。VS Codeはもちろん、VimやEmacsなどでも有志が作成したプラグインを通じてLanguage Serverがサポートされています。

ではVS Codeに拡張機能をインストールしましょう。VS Codeが起動した状態でWindowsやLinuxでは`Ctrl + P`、macOSでは`Command + P`を押してコマンドパレットを開きます。`ext install rust-lang.rust`と入力しReturnキーを押します（**図2.11**）。

図2.11 rust-lang.rustの検索

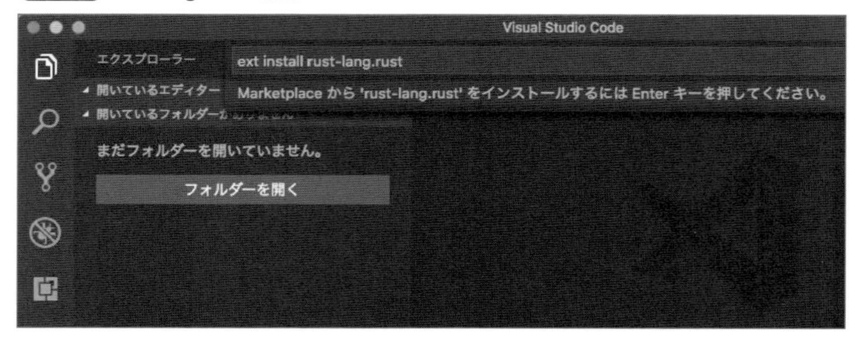

検索結果に「Rust (rls)」が表示され、インストールが始まります（**図2.12**）。

図2.12 rust-lang.rust拡張機能

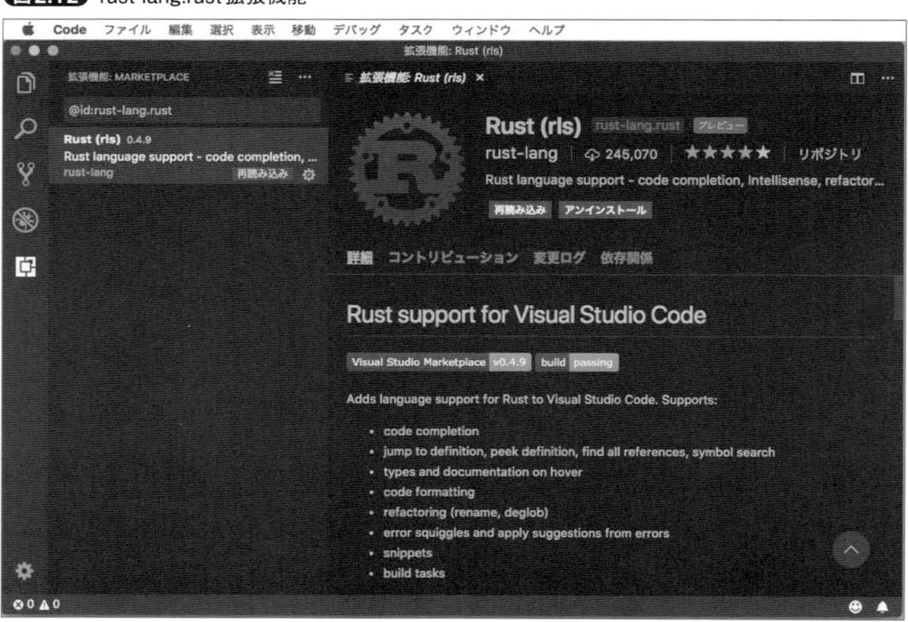

インストールが終わると「再読み込み（Reload）」というボタンが表示されますので、それを押してVS Codeのウインドウをリロードします。

この状態で拡張機能は有効になっていますが、`rustup`のコンポーネントであるRLS本体はインストールされていません。Rustプログラムのソースファイル（拡張子.rs）を開くと、それらをインストールするか聞いてきます。

Ctrl + Shift + Eを押してエクスプローラ（Explorer）ビューへ切り替えます。なお、これ以降VS CodeのショートカットキーはWindowsやLinuxで使われているCtrl + 何かのキーの形式で表記します。macOSをお使いの場合はCtrlキーをCommandキーに読み替えてください。「フォルダを開く（Open Folder）」ボタンをクリックし、「2-2 Hello Worldプログラム」で作成したhelloディレクトリを開きます。hello配下にあるファイルがエクスプローラに一覧表示されますので、src/main.rsファイルを選択します（図2.13）。

図2.13 main.rsファイルを選択

RLSをインストールするか聞いてきたらYesをクリックします（図2.14）。

図2.14 RLSをインストールしますか？

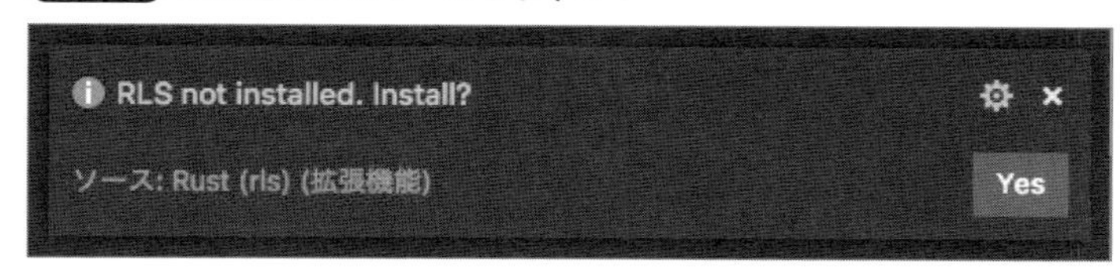

画面の左下に「RLS Installing components...」（コンポーネントのインストール中）と表示されます（図2.15）。

図2.15 RLS関連コンポーネントをインストール中

インストールが完了するとバックグラウンドでRLSが起動し、ソースコードの解析が始まります。表示が「RLS」のみになったら準備完了です。

2-3-5 基本的な使い方

Rust RLS拡張機能の使い方を簡単に紹介しましょう。Hello Worldプログラムではほとんど何も試せないので、本書サンプルコードリポジトリからダウンロードしたCargoパッケージを使います。

「ファイル」メニューから「新しいウィンドウ(New Window)」を選び、ウィンドウを開きます。ここでもし単一のパッケージを開きたいなら、先ほどのように「フォルダを開く」ボタンを押して、`Cargo.toml`が置かれているディレクトリを開きます。しかしこの方法でサンプルコードリポジトリのトップディレクトリ(`rustbook`)を開いても、そこには`Cargo.toml`がないのでRLSが起動しません。`Cargo.toml`は`ch02/rpn`や`ch03/bitonic-sorter`のようなトップから2階層下りたディレクトリにありますので、これらのフォルダを個別に開く必要があります。

このようなときにはVS Codeのワークスペースが便利です。「ファイル」メニューから「フォルダをワークスペースに追加(Add Folder to Workspace)」を選び、サンプルコードリポジトリの`ch02/rpn`を追加します。そしてもう一度同じ手順で`ch03/bitonic-sorter`を追加してみてください。画面左側のエクスプローラに`rpn`と`bitonic-sorter`が表示され、たとえば`rpn/src/main.rs`をクリックして開くとRLSが起動します。

`rpn/src/main.rs`のソースコード上で変数名や関数名にマウスカーソルを重ねると、それらの型や定義がポップアップ表示されます。またF12キーを押すと定義している場所へジャンプします。さらに`for`式のところにある`exp.split_whitespace()`にマウスカーソルを重ねると、定義だけでなく(英語ですが)APIドキュメントも表示されます。

試しに`exp.split_whitespace()`から何文字か削除してみてください。数秒するとその場所に赤い下線が現れ、マウスカーソルを重ねるとコンパイルエラーがポップアップ表示されます。また`rpn`関数内でリターンキーを押して新しい行を追加してから`exp.`とタイプすると、コード補完の候補として`as_bytes`などのメソッドが表示されます。拡張機能に最低限のコードスニペット(定形的なコード)が登録されていますので、コード補完を通じて`for`式や`println!`マクロなどの定形コードも挿入できます。

次はビルドタスクです。編集したところを元に戻してから`Ctrl+Shift+b`を押すとコマンドパレットにビルドタスクが表示されます(**図2.16**)。

図2.16 ビルドタスク

またCtrl+Shift+pでコマンドパレットを開き、runと入力してからTasks: Run Tasksを選びます。cargo runやcargo testなどが表示されますのでcargo runを選んでみてください(図2.17)。

図2.17 cargo runタスク

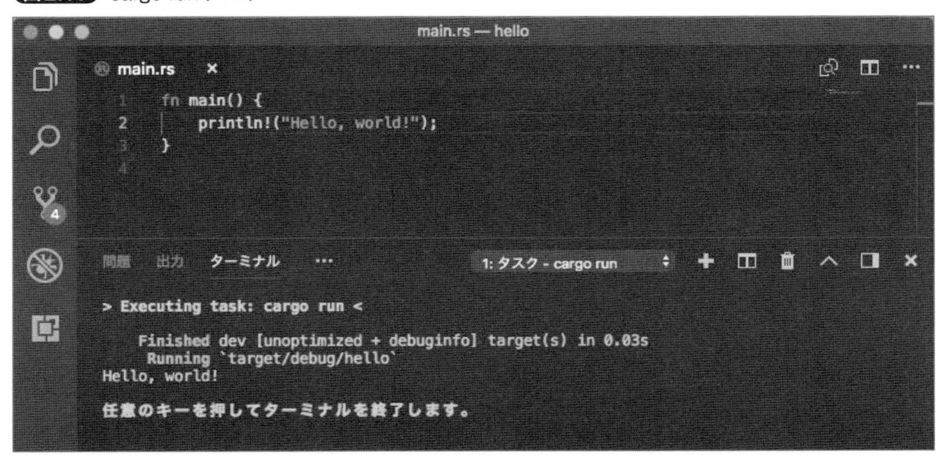

もしcargo runのときにプログラムにコマンドライン引数を渡したいときは、Tasks: Run Tasksを再度選択して、cargo runタスク右側のギヤのアイコンをクリックします。するとch02/rpnディレクトリに.vscode/tasks.jsonというファイルが作られます。このファイルの"args"のところを編集して"run -- 引数"のようにすれば、コマンドライン引数が渡せます。

Rust RLS拡張機能では他にもシンボルのリネームなどのリファクタリングや、ファイル保存時にrustfmtを使用したコードの自動整形などができます。詳しくは次のURLを参考にしてください。

https://github.com/rust-lang/rls-vscode

2-4 RPN計算機プログラムとデバッガによる実行

開発環境も整いましたのでもう少し中身のあるプログラムを書きましょう。完成したらVS Codeからデバッガを起動してプログラムを逐次的に実行し、変数の値を確認することでプログラムへの理解を深めます。

2-4-1 プログラムの作成

ここではRPN(Reverse Polish Notation、逆ポーランド記法)で記述された数式を計算するプログラムを作成します。

RPNは演算子を被演算子の後に置く表記法で、計算の優先順位を表す括弧を使用せずに数式を表記できます(**表2.2**)。またスタックというデータ形式と相性が良く、簡単にプログラムを実装できます。

表2.2 一般的な数式表現とRPN

一般的な数式表現	RPN
11 + 22	11 22 +
44 x 55 + 66	44 55 x 66 +
44 x (55 + 66)	44 55 66 + x

今回作成するプログラムはRPNで表記した`6.1 5.2 4.3 * + 3.4 2.5 / 1.6 * -`を計算し、答えを表示します(**図2.18**)。

図2.18 RPNプログラムの実行結果

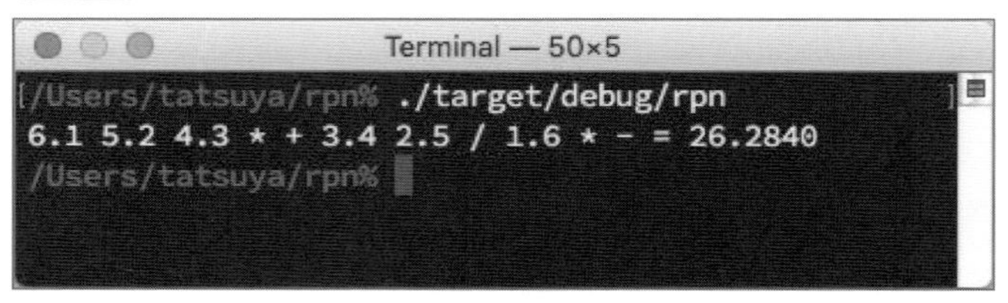

掛け算の記号に`*`を、割り算に`/`を使用しました。なおこのRPNを一般的な数式で表すと`6.1 + 5.2 * 4.3 - 3.4 / 2.5 * 1.6`になります。

main関数

ターミナルで適当な作業用のディレクトリへ移動し、`cargo new rpn`でbinクレートを作ります。`src/main.rs`にこれから説明するコードを入力していきます。なおこのプログラムにはバグはないはずです。今回はバグを見つけるためではなく、スタックなどの内部動作を確認するためにデバッガを使用しましょう。

最初は`main`関数です。

ch02/rpn/src/main.rs

```
fn main() {
    // exp変数をRPN形式の文字列に束縛する
    // このRPNは数式 6.1 + 5.2 x 4.3 - 3.4 / 2.5 x 1.6 と等しい
    let exp = "6.1 5.2 4.3 * + 3.4 2.5 / 1.6 * -";

    // rpn関数を呼び出して計算する。返された値にans変数を束縛する
    let ans = rpn(exp);

    // デバッグビルド時のみ、答えが正しいかチェックする
```

```
    // 浮動小数点の計算誤差を考慮し、ここでは小数点以下4桁までの値を文字列に変換している
    debug_assert_eq!("26.2840", format!("{:.4}", ans));

    // expとansの値を表示する。ansは小数点以下4桁まで表示する
    println!("{} = {:.4}", exp, ans);
}
```


let文は新しい変数を用意し、右辺の式の評価後に得られた値に束縛します。束縛とは関数型言語でよく用いられる用語で、右辺を評価して得られた値に変数を結びつけることを意味します。値に名前を付けると言った方が分かりやすいかもしれません。変数の型はコンパイラの型推論により導かれます。最初のletでは変数expをRPN形式の文字列に束縛し、2つ目のletでは変数ansをrpn関数を呼び出して得られた答えに束縛します。rpn関数は引数としてRPNの文字列を受け取り、計算結果をf64型（64ビット浮動小数点数）の値で返します。

debug_assert_eq!は標準ライブラリで定義されているマクロです。デバッグビルド時のみ展開され、リリースビルド時は無視されます。debug_assert_eq!を使って計算結果を文字列で表した"26.2840"と、rpn関数の返した値（を文字列に変換したもの）が等しいか検査しています。もし検査に失敗したら、エラーを起こしてプログラムが強制終了します。

rpn関数が返す値は2進数表現による浮動小数点数のため、10進数の小数を正確に表現できず多少の誤差が生じます。ここでは誤差を切り捨てるため、少し乱暴ですが標準ライブラリで定義されているformat!マクロを使用して小数点以下4桁までの数値を文字列に変換しています。フォーマット文字列として{:.4}を渡すことで、そのような文字列表現が作れます。

最後にprintln!マクロでRPNと答えの両方をターミナルに表示します。ここでも同じフォーマット文字列を用いました。

rpn関数

次はrpn関数です。同じsrc/main.rsファイルに続けて書いていきます。

ch02/rpn/src/main.rs

```
// RPN形式の文字列expを受け取り、f64型の計算結果を返す
fn rpn(exp: &str) -> f64 {
    // 変数stackを空のスタックに束縛する
    // stackはミュータブル（mutable、可変）な変数で、値の変更を許す
    let mut stack = Vec::new();

    // expの要素をスペースで分割し、tokenをそれらに順に束縛する
    // 要素がなくなるまで繰り返す
    for token in exp.split_whitespace() {
        // tokenがf64型の数値ならスタックに積む
        if let Ok(num) = token.parse::<f64>() {
            stack.push(num);
```

```
        } else {
            // tokenが数値でないなら、演算子なのか調べる
            match token {
                // tokenが演算子ならapply2関数で計算する
                // |x, y| x + y はクロージャ
                // 引数x、yを取り、x + yを計算して答えを返す
                "+" => apply2(&mut stack, |x, y| x + y),
                "-" => apply2(&mut stack, |x, y| x - y),
                "*" => apply2(&mut stack, |x, y| x * y),
                "/" => apply2(&mut stack, |x, y| x / y),

                // tokenが演算子でないなら、エラーを起こして終了する
                _ => panic!("Unknown operator: {}", token),
            }
        }
    }
    // スタックから数値を1つ取り出す。失敗したらエラーを起こして終了する
    stack.pop().expect("Stack underflow")
}
```

この関数は&str型の引数expとしてRPN形式の文字列を受け取り、f64型の計算結果を返します。

stack変数をVec（ベクタ）というデータ構造に束縛します。ベクタは要素数が可変の配列のようなデータ構造で、pushメソッドとpopメソッドを使うことで、最後に入れた値を一番最初に取り出すというスタック構造が実現できます。stack変数にmutというキーワードを付けることで、ベクタの内容を変更できるようにします。

exp.split_whitespace()はメソッド呼び出し構文と呼ばれ、コンパイル時にsplit_whitespace(&exp)という関数呼び出しとして解釈されます。&expとするとexpが束縛されたRPN文字列への参照（ポインタ）が得られます。

split_whitespace関数は空白を区切り文字として文字列を分割して順番に返す「イテレータ」というデータ構造を作成します。for token in exp.split_whitespace()とすることで、RPN文字列から空白で区切られた要素を1つずつ取り出してtoken変数を束縛し、各要素を順番に処理できます。

parseメソッドを使ってtokenがf64型に変換できるか試します。たとえば"6.1"なら成功しますのでOk(6.1)が返されます。それをif let式で受けることで、数値の場合は条件が成立し、ベクタのpushメソッドでその値（6.1）をスタックの最後に追加します。

parseメソッドはtokenが数値でないならErr(エラーの詳細を示す値)を返します。するとif let式のelse節に進み、match式を使ってどの演算子なのか調べます。もし"+"などの演算子ならこのあと定義するapply2関数を呼びます。演算子でないときは何にでもマッチする_の節に進み、panic!マクロを使ってプログラムを強制終了します。panic!マクロも標準ライブ

ラリで定義されています。

apply2関数の呼び出しでは第1引数として&mut stackを渡しています。&はstackが束縛されたベクタへの参照を表し、mutによりapply2関数の中でベクタを変更することを許可しています。

第2引数には|x, y| x + yを渡しています。これはクロージャという無名関数の一種です。このクロージャはxとyの2つの値を引数に取り、x + yを計算してその値を返します。クロージャはfnによる関数定義と違い引数と戻り値の型を省略できます。省略時はコンパイラの型推論により型が導かれます。

for式でRPNのすべての要素を処理したら、ベクタのpopメソッドで最後の数値を1つ取り出します。もしベクタが空で取り出せなかったときは、expectメソッドによりプログラムが強制終了されます。

この関数の最後の式stack.pop().expect(..)の右側にセミコロン(;)が付いていないことに注目してください。こうするとその式が返した値を、関数の戻り値として呼び出し元へ返せます。

apply2関数

最後はapply2関数です。

ch02/rpn/main.rs

```
// スタックから数値を2つ取り出し、F型のクロージャfunで計算し、結果をスタックに積む
fn apply2<F>(stack: &mut Vec<f64>, fun: F)
// F型のトレイト境界。本文参照
where
    F: Fn(f64, f64) -> f64,
{
    // 変数yとxをスタックの最後の2要素に束縛する
    if let (Some(y), Some(x)) = (stack.pop(), stack.pop()) {
        // クロージャfunで計算し、その結果に変数zを束縛する。
        let z = fun(x, y);
        // 変数zの値をスタックに積む
        stack.push(z);
    } else {
        // スタックから要素が取り出せなかったときはエラーを起こして終了する
        panic!("Stack underflow");
    }
}
```

この関数はベクタの最後の2要素を取り出して、引数funが束縛されているクロージャを適用します。そしてその答えをベクタの最後に追加します。

この関数では新しい構文が使われています。

```
fn 関数名<F>(.., 引数: F) where F: トレイト境界
```

<F>はこの関数が**ジェネリクス**で、型パラメータとしてFを取ることを表します。Fはwhere節で指定した**トレイト境界**を満たす型なら、どれにでもなれます。apply2関数では引数funの型は型パラメータFで、そのトレイト境界はFn(f64, f64) -> f64としました。これによりrpn関数内で作った|x, y| x + yなどのクロージャが受け取れるようになります。クロージャの型指定については3-5-4項でもう少し詳しく説明します。

関数の本体では、最初にpopメソッドを2回呼んでベクタの最後の2要素を取り出し、それらに変数yとxを束縛しようとします。取り出しに成功したら、funが束縛されたクロージャで計算し、結果をpushメソッドでスタックに積みます。

もし2要素の取り出しに失敗したならelse節に進んでpanic!させます。

column
コラム

ジェネリクスにおけるトレイト境界について

トレイト境界という用語はRustの入門者がよく疑問に思う（名前を聞いてもピンとこない）ものの1つのようです。トレイト境界については8-1-2項で学びますが、それまでにも何度か使いますので、ここで簡単に説明しておきましょう。トレイト境界の役割はジェネリクスの型パラメータとして受け付けられる型の範囲に境界を定めることです。ある型が境界を超えていなければ型パラメータの実引数として受け付け、超えているなら拒否します。

Rustのトレイト境界（trait bound）は、他の言語のジェネリクスならJavaの境界型パラメータ（bounded type parameter、いわゆる<T extends ..>）やScalaの型パラメータの上限境界（upper bound）に相当します。またC#やSwiftなどでは同様の機能を型パラメータの制約（type constraints）と呼んでいます。もしこれらの言語のジェネリクスにすでに馴染みがあるのでしたら、トレイト境界は言葉こそ違うものの似たようなものだと考えて問題ありません。

これ以降は余談になりますので、読み飛ばしても構いません。

一般的にこれらの上限境界や制約はサブタイプ関係にある型の範囲を指定するためのものです。これらが指定された場合、型パラメータとして受け付けられるのは境界に指定された型とそのサブタイプ（派生した型）だけになります。たとえばJavaなら境界に指定されたクラスとそのサブクラスが受け付けられます。

すでにRustを知っている人は、ここで、おや？っと思われたかもしれません。Rustにはオブジェクト指向言語に一般的にみられるクラスの継承はありません。もし型と型の間にサブタイプ関係がないのなら、型の範囲などもないはずです。なぜ型の「範囲」に「境界」を定めるという言い方をするのでしょうか？

実はRustの型にもサブタイプ関係があります。7章で学ぶ参照のライフタイム（生存期間）は、コンパイラの内部では型の一部として扱われます。たとえば2つの参照&'a i32型と&'b i32型があったとします。ここで'aと'bがそれぞれの参照&i32型のライフタイムを表しますが、もしライフタイム'aが'bよりも長いなら、&'a i32型は&'b i32型のサブタイプになります。長い方がサブタイプになることは直感に反するかもしれませんが、これで問題ありません。なぜならサブタイプの一般的な考え方では、親となる基底型よりも、子である派生型の方が多くの機能を持つ（子は親の代わりができる）からです。そしてRustではライフタイムが型の一部であることから、ジェネリクスのトレイト境界の位置にはトレイトだけでなくライフタイムも書けます（7-9-6項）。

入門書の範囲を超えるので本書では扱いませんが、ジェネリクスには変位（variance）という概念があります。変位とは型パラメータを指定してできた型のサブタイプ関係を定めるルールのことです。たとえばJavaのStringはObjectのサブクラスですが、それらを型パラメータにとったList<String>はList<Object>のサブクラスにはならず、無関係なクラスになります。これはJavaのList<T>の変位が型パラメータTに対して非変だからです。

Rustのジェネリクスでも間接的に変位が指定できます。Rustで変位が影響を及ぼすのは型の中でもライフタイムに限られますので、普段のプログラミングでは知らなくてもあまり困りません。しかしアンセーフなコードを書いて特殊なコンテナ型（例：7-11節のRefCell）を定義するようなときには必要になるかもしれません。詳しくは公式ドキュメントの1つであるRustonomiconの該当ページ[*8]を参照してください。

*8 https://doc.rust-lang.org/nomicon/subtyping.html、https://doc.rust-lang.org/nomicon/phantom-data.htm

2-4-2 デバッガのセットアップ（LinuxとmacOS）

デバッガをセットアップしましょう。LinuxとmacOSでは以下のデバッガが使えます。

1. LLVMプロジェクトが提供するLLDB
2. GNUプロジェクトが提供するGDB

VS Codeからこれらのデバッガを使うための拡張機能はいくつかありますが、ここではLLDBとRustのサポートが充実しているCodeLLDB拡張機能を使用します。

LLDBのインストール（Linux）

LinuxではaptなどのパッケージマネージャでLLDBをインストールできます。**表2.3**のコマンドでインストールしてください。

表2.3 ディストリビューション別インストールコマンド

ディストリビューション	コマンド	lldbバージョン
Arch Linux	`sudo pacman -S lldb`	6.0.0
CentOS 7	`sudo yum --enablerepo=extras install lldb`	3.4.2
Debian 9	`sudo apt install lldb`	3.8.1
Fedora 28	`sudo dnf install lldb`	6.0.0
Ubuntu 18.04	`sudo apt install lldb`	6.0.0

なおLLDB 3.8.xはrustcが生成したデバッグ情報の読み取りに問題があることが知られていますので使用を避けてください。表ではDebian 9のlldbパッケージがこれに該当します。その場合はLLVMプロジェクトが提供する最新のパッケージを使うのがお勧めです。たとえばDebianなら以下のURLから入手できます。

http://apt.llvm.org/

LLDBのインストール（macOS）

macOSではリンカをインストールしたときにLLDBも一緒にインストールされているはずです。Xcode 8かそれ以降に付属するLLDBならrustcが生成したデバッグ情報を問題なく読み取れます。

```
$ lldb --version
lldb-1000.0.37
  Swift-4.2
```

 2-4-3 CodeLLDB拡張機能のインストール

VS CodeにCodeLLDB拡張機能[*9]をインストールします。

`Ctrl` + `P`でコマンドパレットを開き`ext install codelldb`と入力します。検索結果に表示されたCodeLLDBを選択します（**図2.19**）。

図2.19 CodeLLDB拡張機能

拡張機能の説明が開いたら、CodeLLDBの横にvadimcn.vscode-lldbと表示されていることを確認し、インストールボタンを押します。インストールできたら再読み込みボタンを押してウィンドウをリロードします。

これでインストールは完了です。「2-4-5 パッケージごとの設定」へ進んでください。

2-4-4 デバッガのセットアップ（Windows MSVC）

Windows MSVC環境ではMSVCのデバッガが使えます。このデバッガをVS Codeから使うためにMicrosoftが提供するC/C++拡張機能[*10]をインストールします。

`Ctrl` + `P`でコマンドパレットを開き`ext install c/c++`と入力します。検索結果に表示されたC/C++を選択します。拡張機能の説明が開いたら（**図2.20**）、C/C++の横にms-vscode.cpptoolsと表示されていることを確認し、インストールボタンを押します。

＊9 https://marketplace.visualstudio.com/items?itemName=vadimcn.vscode-lldb

＊10 https://marketplace.visualstudio.com/items?itemName=ms-vscode.cpptools

図2.20 MS C/C++拡張機能

インストールできたら再読み込みボタンを押してウィンドウをリロードします。その後、ウィンドウ右下にパッケージのダウンロード状況が表示されますので、終了するのを待ちます。

Rustのソースコードを表示しているときに、デバッガのブレークポイントが設定できるようにします。`Ctrl + ,`を押すと設定画面が開きますのでdebugを検索します。「Debug: Allow Breakpoints Everywhere」を見つけて、チェックボックスをオンにします。

拡張機能がRustの主要なデータ型を分かりやすく表示できるようにDebugger Visualizerファイルを追加しましょう。PowerShellで以下のコマンドを実行します。

```
PS> explorer $(rustc --print sysroot)\lib\rustlib\etc
```

するとエクスプローラでフォルダが開きます（図2.21）。

図2.21 MSVCのVisualizer

« stable-x86_64-pc-windows-msvc › lib › rustlib › etc

名前	更新日時	種類	サイズ
intrinsic.natvis	2018/07/19 2:12	NATVIS ファイル	1 KB
liballoc.natvis	2018/07/19 2:12	NATVIS ファイル	3 KB
libcore.natvis	2018/07/19 2:12	NATVIS ファイル	2 KB

拡張子`.natvis`のファイルがDebugger Visualizerです。これらを以下のフォルダへコピーしてください（図2.22）。

```
%USERPROFILE%\.vscode\extensions\ms-vscode.cpptools-x.y.z\debugAdapters\vsdbg\bin\
Visualizers
```

`ms-vscode.cpptools-x.y.z`の`x.y.z`のところはC/C++拡張機能のバージョンに合わせて変

更してください（例：0.17.7）。

図2.22 MSVCのVisualizer（.natvisファイルをコピー）

« ms-vscode.cpptools-0.17.7 › debugAdapters › vsdbg › bin › Visualizers

名前	更新日時	種類	サイズ
default.natstepfilter	2018/07/25 11:47	NATSTEPFILTER フ	2 KB
intrinsic.natvis	2018/07/19 2:12	NATVIS ファイル	1 KB
liballoc.natvis	2018/07/19 2:12	NATVIS ファイル	3 KB
libcore.natvis	2018/07/19 2:12	NATVIS ファイル	2 KB
ObjectiveC.natvis	2018/07/25 11:47	NATVIS ファイル	5 KB
STL.natvis	2018/07/25 11:47	NATVIS ファイル	75 KB

これでインストールは完了です。

2-4-5 パッケージごとの設定

rpnパッケージでデバッガを使うためにデバッグ構成を追加しましょう。rpnパッケージを開いた状態でCtrl + Shift + Dを押してデバッグビューに切り替えます。画面上部に構成（launch configuration）を選択するためのプルダウンメニューがありますので、「構成の追加...（Add Configuration...）」を選びます（**図2.23**）。

図2.23 構成の追加

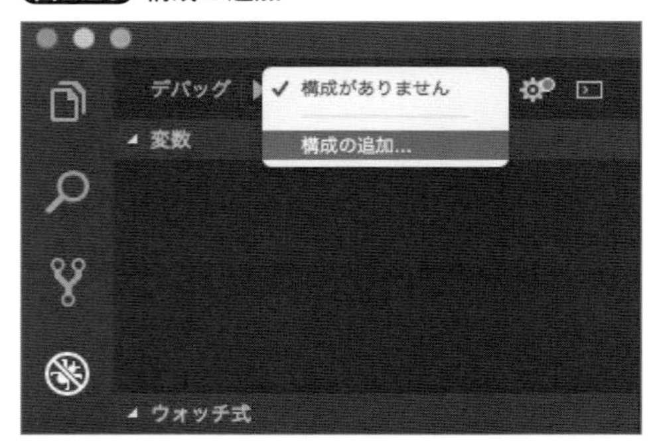

環境（Environment）を選択するプルダウンメニューが表示されますので以下を選びます。

- LinuxやmacOSで設定したCodeLLDB機能拡張：「CodeLLDB」を選択
- Windowsで設定したC/C++機能拡張：「C++ (Windows)」を選択

launch.jsonファイルが生成され、エディタに表示されます。

CodeLLDB機能拡張のlaunch.jsonはRustプログラムのデバッグに最適な設定になっていますので修正不要です。

WindowsのC/C++機能拡張ではlaunch.jsonの修正が必要です。以下のようにprogramの値を修正して、さらにpreLaunchTaskを追加してください。

Windowsの.vscode/launch.json

```
{
    "version": "0.2.0",
    "configurations": [
        {
            "name": "(Windows) Launch",
            "type": "cppvsdbg",
            "request": "launch",
            // programにバイナリへのパスを書く
            "program": "${workspaceFolder}/target/debug/rpn.exe",
            "args": [],
            // preLaunchTaskを追加する
            "preLaunchTask": "Rust: cargo build",
            "stopAtEntry": false,
            "cwd": "${workspaceFolder}",
            "environment": [],
            "externalConsole": true
        }
    ]
}
```

2-4-6 デバッガでRPN計算機を実行

デバッガを実行してみましょう。まずブレークポイントを設定します。src/main.rsでtoken.parse::<f64>()が含まれる行を探し、行番号の左側の空白をクリックします。ブレークポイントが設定され、赤丸が表示されます（図2.24）。

図2.24 ブレークポイントの設定

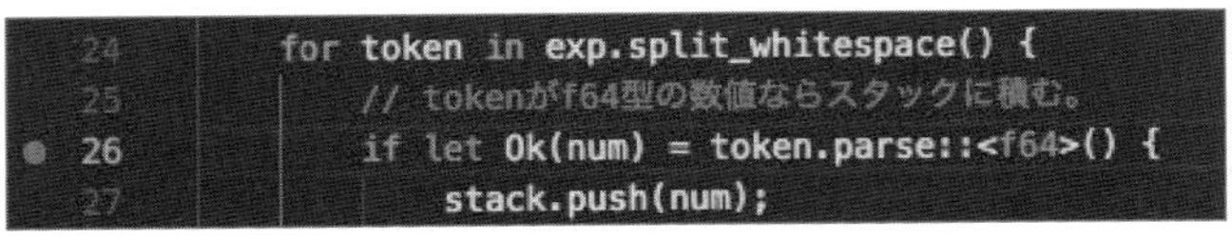

```
24      for token in exp.split_whitespace() {
25          // tokenがf64型の数値ならスタックに積む。
● 26        if let Ok(num) = token.parse::<f64>() {
27              stack.push(num);
```

次にウィンドウ上部の実行ボタン（緑色の三角）をクリックします（図2.25）。

図2.25 プログラムの起動

プログラムが起動し、すぐにブレークポイントで停止します。停止した時点のstack変数とtoken変数が束縛された値を見てみます。ソースコード上のそれぞれの変数にマウスカーソルを合わせると値がポップアップ表示されます。ここではtokenは文字列"6.1"に束縛されています（図2.26）。

図2.26 tokenの値

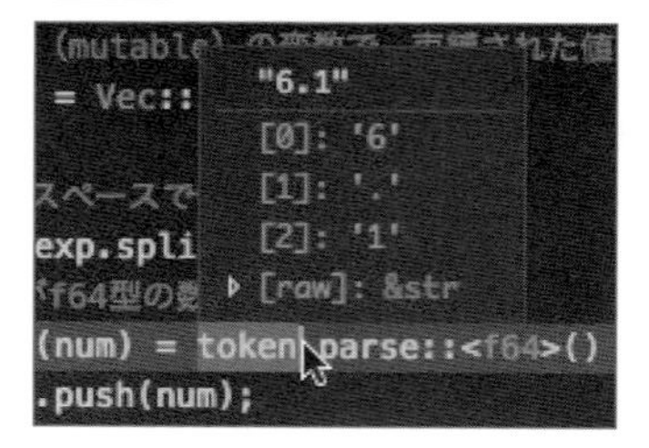

F5キーを押すと実行が再開され、ブレークポイントで再度停止します。これを繰り返してstack、tokenの値が変化する様子を観察してください。tokenとして数値が現れるたびにstackに積まれていくのが分かると思います。

expを"6.1 5.2 4.3"まで処理した時点のstackは**図2.27**のようになります。

図2.27 stackの値

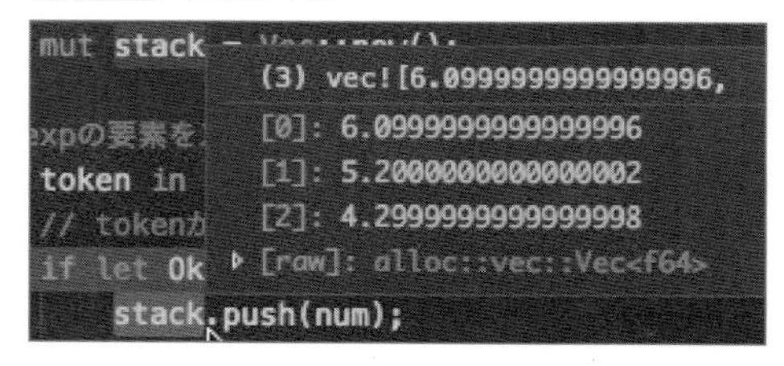

次のtokenは演算子*です。これを処理するとstackは**図2.28**のようになります。

図2.28 stackの値

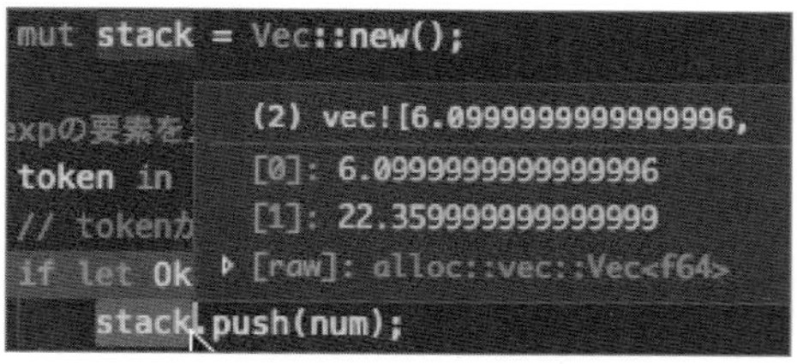

```
mut stack = Vec::new();
(2) vec![6.0999999999999996,
[0]: 6.0999999999999996
[1]: 22.359999999999999
[raw]: alloc::vec::Vec<f64>
token in
if let Ok
stack.push(num);
```

このように最後の2つの値5.200と4.299が掛け合わされ、その答えの22.359がstackに積まれました。

column
コラム

ターミナルからデバッガを実行する

LLDBとGDBはターミナルでの実行もできます。これらを直接起動すると文字列やベクタといったRust特有のデータ構造がきれいに表示できないため、Rustツールチェインに含まれているrust-lldbとrust-gdbコマンドから起動するのがお勧めです*11。これらのコマンドはRustのデータ構造を整形表示するためのプリティプリント・スクリプトを設定してからデバッガを起動します。

rust-lldbを例に説明します。

```
# rpnをデバッグビルドする。これによりtarget/debug/配下にバイナリが作られる
$ cargo build

# rpnのバイナリを対象にLLDBを実行する
$ rust-lldb ./target/debug/rpn
...
(lldb) command script import "/ .. /.rustup/ .. /lldb_rust_formatters.py"
...
(lldb) type category enable Rust
...
Current executable set to './target/debug/rpn' (x86_64).
(lldb)
```

ソースコードのtoken.parse::<f64>()が含まれる行にブレークポイントを設定しましょう。listコマンドで何行目にあるのか調べます。lと入力してリターンキーを押すと、ソースコードの最初の10行が表示されます。リターンキーをもう一度押すと次の10行が表示されます。これを繰り返してファイル内の行番号を確認してください。

筆者の環境では27行目でした。br setコマンドを以下のように入力します。

```
(lldb) br set -f main.rs -l 27
Breakpoint 1: 2 locations.
```

r(run)コマンドでプログラムを実行すると、すぐにブレークポイントで停止します。

```
(lldb) r
Process 42356 launched: './target/debug/rpn' (x86_64)
Process 42356 stopped
* thread #1: tid = 0x174f13, ... at main.rs:27 ...
    frame #0: 0x000000010000b7de rpn ...
   23       // expの要素をスペースで分割し、tokenをそれらに順に ...
   24        // 要素がなくなるまで繰り返す
   25       for token in exp.split_whitespace() {
   26           // tokenがf64型の数値ならスタックに積む。
-> 27           if let Ok(num) = token.parse::<f64>() {
   28               stack.push(num);
   29           } else {
   30               // tokenが数値でないなら、演算子なのか調べる。
```

停止した時点でexp、stack、tokenそれぞれの変数が束縛されている値を見てみます。po(print object)コマンドで表示します。

*11 GDBは6.0からRustのデータ構造をネイティブでサポートするようになりました。https://gcc.gnu.org/ml/gcc/2016-06/msg00030.html ただし現時点ではベクタについてはrust-gdbの方が分かりやすく表示されるなどの違いがあるようです。

```
(lldb) po exp
"6.1 5.2 4.3 * + 3.4 2.5 / 1.6 * -"

(lldb) po stack
vec![]

(lldb) po token
"6.1"
```

プログラムの続きを実行しましょう。nがステップ実行、cがコンティニューです。

```
(lldb) c
...
(lldb) po stack
vec![6.0999999999999996]
(lldb) po token
"5.2"

(lldb) c
...
(lldb) po stack
vec![6.0999999999999996, 5.2000000000000002]
(lldb) po token
"4.3"

(lldb) c
...
(lldb) po stack
vec![6.0999999999999996, 5.2000000000000002, 4.2999999999999998]
```

このようにtokenとして数値が現れるたびに、スタックの最後へと追加されていきます。
次のtokenは演算子*です。

```
(lldb) po token
"*"

(lldb) c
...
(lldb) po stack
vec![6.0999999999999996, 22.359999999999999]
```

このようにスタックの最後の2つの値5.200と4.299が掛け合わされ、その答えの22.359がスタックの最後に追加されました。
動作が確認できたらbr disableでブレークポイントをオフにして、cで残りを実行しましょう。

```
(lldb) br li
Current breakpoints:
1: file = 'main.rs', line = 27, ...

(lldb) br disable 1
```

```
(lldb) c
Process 42356 resuming
6.1 5.2 4.3 * + 3.4 2.5 / 1.6 * - = 26.2840
Process 42356 exited with status = 0 (0x00000000)
```

LLDBを終了するにはqを入力します。

2-5 ツールチェインの補足情報

2章をここまで読んでいただいたなら、Rustプログラムを書く準備は十分できているといえるでしょう。

ここからは補足的な事柄について説明します。

- プラットフォーム・サポート・ティア
- リリースサイクルとリリースチャネル
- エディション
- rustupのその他の使い方
- Cargoの主なコマンド

もしRustの特徴的な機能をすぐに体験してみたいなら、ここを飛ばして3章「クイックツアー」に進んでも構いません。

2-5-1 プラットフォーム・サポート・ティア

Rustはさまざまなプラットフォームをサポートしていますので、本書が対象とするx86環境以外でも動作します。たとえば64ビットや32ビットのARMプロセッサを搭載したRaspberry Piシリーズでも、Rustプログラムのコンパイルとバイナリの実行ができます。またAlpine LinuxやAndroidのような環境では現時点ではrustcは動作しませんが、他のrustcが動作する環境でクロスコンパイルすれば、これらの環境で実行可能なバイナリが生成できます。

とはいえ、これらすべてのプラットフォームがみな同じようにサポートされているわけではありません。動作保証されている範囲やドキュメントの充実度合いが異なります。Rustプロジェクトではプラットフォームごとのサポートのレベルを、最もレベルが高い「Tier 1」から最も低い「Tier 3」までの3つの層（ティア）に分類しており、その情報を以下のページで公開しています。

https://forge.rust-lang.org/platform-support.html

それぞれのティアについて順に説明します。

Tier 1

Tier 1は最もサポートが手厚く、対象プラットフォームは執筆時点でx86系のLinux、macOS、Windows（MSVC）、Windows（GNU ABI）の4つのみです。Tier 1のプラットフォームは以下のようなサポート内容です。

- 公式なバイナリインストーラが提供される
- 開発時に自動テストが実行される
- 自動テストにパスしない変更はそれが解決されるまでmasterブランチにマージされない
- ツールの使用方法などが記載されたドキュメントが用意されている

Tier 1のプラットフォームでは十分な数のユーザ（Rustでソフトウェアを開発している開発者）がおり、また本番稼働しているアプリケーションも多いので、コンパイラや標準ライブラリの不具合はほとんどありません。安心して使用できます。

Tier 2

Tier 2のプラットフォームでは少なくとも標準ライブラリがビルドできることが保証されています。またプラットフォームによってはrustcなどのツールチェインがビルドできることも保証されています。

- 公式なバイナリインストーラが提供される
- 自動ビルドが行われているが、テストが実行されているとは限らない
- ビルドできない変更はそれが解決されるまでmasterブランチにマージされない

Tier 2の対象となるプラットフォームについて、その一部を紹介します。

- x86系プロセッサ上でMUSL libcを使用するLinux。glibcの代わりにMUSL libcを使い、他言語で書かれたライブラリとの静的リンクが実現できる
- x86系プロセッサで動作するRedox OS、FreeBSD、NetBSD、CloudABI、Google Fuchsia
- ARMやx86系プロセッサで動作するAndroid、iOS
- ARM、MIPS、PowerPC、S390X、SPARC64系プロセッサで動作するLinux
- Webブラウザ上で実行可能なasm.js、WebAssembly（wasm）形式

Tier 2の約半数のプラットフォームではrustcなどのツールチェインが用意されていません。そのためバイナリを作成するには、他のプラットフォームでクロスコンパイルすることになります。またTier 2ではTier 1と比べてユーザが少なく、自動で実行されるテストケースも不足しがちですので、不具合に遭遇することもあるかもしれません。

Tier 2の中でユーザが増え、実績が蓄積されたプラットフォームは、いずれTier 1に格上げさ

れるでしょう。最近はAndroidやiOSをターゲットとするユーザが増加しているようです[*12]。

Tier 2.5

Tier 2.5のプラットフォームはTier 2と同様に最低でも標準ライブラリがビルドできることが保証されています。しかし公式なバイナリインストーラは提供されません。

Tier 2.5対象のプラットフォームにはARM系プロセッサで動作するCloudABIや、PowerPC SPEという組み込み系プロセッサ向けのLinuxなどがあります。Tier 2.5は意図せずにできてしまったティアのため、今後新たなプラットフォームが追加されることはありません。

Tier 3

Tier 3は基本的に無保証です。標準ライブラリなどに対象のプラットフォームをサポートするコードが入っているものの、自動ビルドが設定されていないので正しく動作する保証はありません。またRustプロジェクトからはバイナリインストーラも提供されません。

一部を挙げると以下のようなプラットフォームが該当します。

- x86系プロセッサで動作するWindows XP（MSVC）、Bitrig、DragonFlyBSD、OpenBSD、Haiku
- SPARC V9、x86系プロセッサなどで動作するSolaris、illumos
- ARM Cortex-Mシリーズの組み込みプロセッサ（OSなしのベアメタル環境）
- NVIDIA GPU向けのPTXアセンブリコード

Tier 3のプラットフォームではバグや機能不足といった問題に遭遇する確率が高いでしょう。そのため原因を調査してほぼ自力で解決する力が求められます。なお最近は組み込みプロセッサをターゲットとするユーザが増加しているようですので、それらがTier 2に格上げされる日もいずれ来るかもしれません。

2-5-2 リリースサイクルとリリースチャネル

Rustでは定期サイクルの高速リリースを採用しています。このリリースサイクルはトレインモデルと呼ばれ、新機能やアップデートをいち早くRustユーザに届けられるよう、6週間ごとに安定版がリリースされることになっています。

またリリースを管理するためにリリースチャネル（release channel）という概念があり、nightly、beta、stableの3つのチャネルが用意されています。

＊12 Rust 2017 Survey Results（https://blog.rust-lang.org/2017/09/05/Rust-2017-Survey-Results.html）

Nightlyチャネル

nightlyチャネルでは、開発中の最新のRustコンパイラや標準ライブラリなどのソースコードから、毎晩、新しいnightlyリリースが作られます。この中には実験的な、安定化されていない機能（unstableな機能）も含まれており、ソースコードにフィーチャーゲートと呼ばれるアトリビュートを追加することでそれらの機能を個別に利用可能にできます。

たとえばコルーチンベースのジェネレータは執筆時点でunstableです。これをnightly版のrustcで試すには以下のようにします。

```
// フィーチャーゲートでジェネレータ関係のunstableな機能を利用できるようにする
#![feature(generators, generator_trait)]

use std::ops::{Generator, GeneratorState};

fn main() {
    // ジェネレータを作成する
    let mut generator = || {
        yield 1;
        return "foo"
    };

    // 最初の呼び出しではYielded(1)が返される
    assert_eq!(unsafe { generator.resume() }, GeneratorState::Yielded(1));
    // 次の呼び出しではComplete("foo")が返される
    assert_eq!(unsafe { generator.resume() }, GeneratorState::Complete("foo"));
}
```

次のようにnightlyコンパイラでビルドし実行します。

```
# nightlyコンパイラのバージョンを表示
$ rustc +nightly -V
rustc 1.31.0-nightly (3e6f30ec3 2018-10-26)

# nightlyコンパイラでビルドし実行する
$ cargo +nightly run
   Compiling ...
    Finished dev [unoptimized + debuginfo] target(s) in 0.76s
     Running `target/debug/gen
$ # ↑エラーなく実行された
```

フィーチャーゲートされている機能の仕様は予告なしに変更されますので、上のコードが明日のnightlyでコンパイルできる保証はありません。それらの機能はできる限り利用しないことが推奨されます。

しかし現時点ではフィーチャーゲートされている機能を使用しないと実現できないプログラ

ムもあり、crates.ioで公開されている人気のあるクレートの中にもそのような理由からnightlyを要求するものがあります。そのため多くのRustユーザはrustupなどを使用してstable版とnightly版をパッケージごとに使い分けています。nightly版が必要となる場面はRustが成熟を重ねるにつれて減っていくでしょう。

Betaチャネル

6週間ごとに、その時点の最新のRustコンパイラや標準ライブラリなどのソースコードからbetaリリースが作られ、betaチャネルから取得できるようになります。betaリリースではフィーチャーゲートされている機能は利用できなくなります。たとえば上のプログラムをbeta版のrustcでコンパイルしようとすると、以下のエラーになります。

```
# betaコンパイラでビルドし実行する
$ cargo +beta run
   Compiling ...
error[E0554]: #![feature] may not be used on the beta release channel
 --> src/main.rs:2:1
  |
2 | #![feature(generators, generator_trait)]
  | ^^^^^^^^^^^^^^^^^^^^^^^^^^^^^^^^^^^^^^^^

error: aborting due to previous error

For more information about this error, try `rustc --explain E0554`.
```

betaリリースが作られてから6週間経つとstableリリース（安定版）へと昇進します。betaリリースはstableリリース前のユーザテストを目的としていますので、betaチャネルではコードの変更はできる限り避けられ、基本的にはbeta期間中に報告された重要なバグのみが修正されます。

Stableチャネル

6週間のbeta期間を経たあとbetaリリースがstableリリースへと昇進し、stableチャネルから取得できるようになります。stableリリースではbetaリリースと同様にフィーチャーゲートされている機能は利用できません。

通常のstableリリースでは、Rustのバージョンは、たとえば1.29.0から1.30.0へとマイナーバージョンに相当する桁の数字が1つ上がります。現在のところ2.0.0のようにメジャーバージョンにあたる数字が上がるリリースは予定されていません。Rustではメジャーバージョンが同じリリースの間では、過去のリリースとの後方互換性が保証されます。これはたとえば2015年にリリースされた1.0.0でコンパイルできたコードは、3年後にリリースされた1.30.0などでもエラーなくコンパイルできることを表します。

後方互換性が守られることは素晴らしいことですが、その一方で、過去のコードがコンパイルエラーになるような非互換な変更をともなう新機能が追加できないという欠点もあります。Rustではこの問題を解決するためにエディションという概念を採用しています。エディションについてはこの後説明します。

ポイントリリース

stableリリースの前に6週間のbeta期間がありますが、stableとしてリリースした後に重大な問題が見つかることもあります。たとえば過去のリリースでも、あるプラットフォームで特定のコードが正しくコンパイルできない、標準ライブラリのあるモジュールに脆弱性をもたらすバグがある、といった問題が見つかりました。

そのような場合には、6週間のサイクルを待たず、ポイントリリースと呼ばれる緊急リリースが行われます。Rustのバージョンは1.30.0から1.30.1というように、最後の桁の数字が1つ増えます。

2-5-3 エディション

stableチャネルの節で説明したように、通常のstableリリースではマイナーバージョンだけが上がり、過去のリリースとの後方互換性が保証されます。Rust 1.0.0でコンパイルできたコードは、3年後にリリースされた1.30.0でもエラーなくコンパイルできます。

後方互換性が保証されるのはいいことですが、その一方で非互換な変更をともなう新機能、つまり過去のコードがコンパイルエラーになるような機能は追加できません。たとえば近い将来Rustではコルーチンをサポートしたり、例外ベースのエラー処理を強化する予定があるのですが、それらを実現するためには言語に`async`や`try`といった予約語を追加する必要があります。もし私たちが過去に書いたコードの中でこれらと重複した名前の関数を定義していたりすると、コードを修正しない限りコンパイルできません。

Rust以外の言語にはこのような非互換な変更を行うためにメジャーバージョンを上げるものもあります。これはたとえば`async`や`try`が予約語になったRust 2.0.0がリリースされるようなイメージです。そしてもし私たちユーザが既存のパッケージにコルーチンを使ったコードを追加したくなったら、ツールチェインをRust 2.0.0にアップグレードし、古いコードの中で新しい予約語とかぶっている部分を修正するわけです。しかしこの作業は思った以上に手間がかかることがあります。ほとんどのパッケージ（クレートと呼びます）ではcrates.ioなどで公開されている他の人が書いたクレートをいくつか使用していますので、それらについても作者の方に連絡して修正してもらわないとコンパイルできないかもしれません。

Rustではこの問題を解決するために**エディション**という概念を導入しました。2018年の終わりにリリースされたRust 1.31.0からは2つのエディションに対応しています。

- 2015エディション：2015年にリリースされたRust 1.0.0と後方互換性が保たれる仕様
- 2018エディション：新しい予約語などを取り入れ、2015エディションとは一部が非互換の仕様

同じエディションの中ならRustのリリース間で後方互換性が保たれます。

どのエディションを使うかはクレート単位で選べます。Cargo.tomlファイル内のeditionアトリビュートで選択します。

Cargo.toml

```
[package]           # パッケージセクションの始まり
edition = "2018"    # 使用するRustエディション
```

このアトリビュートを省略すると2015エディションが指定されたと解釈されます。

エディションは今後も2、3年に一度のペースで追加されていく見込みです。また古いエディションが廃止される予定はなく、今後もずっと使える見込みです。これによりたとえばRust 1.0.0でコンパイルできたクレートは、2015エディションを選択している限り、将来リリースされるRustでもコンパイルできます。同様に2018エディションを指定しているクレートも、将来のRustリリースに新しいエディション（たとえば2021）が追加されても、2018エディションを選び続ければコンパイルできます。

エディションはクレート単位で指定できますので、自分の書いたクレートが依存している他のクレートの対応状況は考える必要はありません。たとえば自分のクレートでは2018エディションを指定し、依存しているクレートが2015エディションを指定していても問題なくリンクできます。

ところでRustのリリースごとに追加される新機能のうちのほとんどは古いエディションでも使用できます。Rust 1.31.0から2018エディションに対応しましたが、それ以降もほとんどの新機能は2018と2015の両方のエディションで使える予定です。2015エディションで使えないのは後方互換性を持たない新機能や、言語仕様の見直しに伴って廃止された構文などです。2018エディションで一例を挙げると以下のようなものがあります。

- コルーチンや強化された例外ベースのエラー処理など、新たな予約語を必要とする機能
- モジュールパスの明確化に関連する仕様変更。例：`extern crate`宣言が不要になる一方で、自クレートを参照するために絶対パスの先頭に`crate::`が必要になるなど
- メソッドの匿名引数というトレイト定義のみで使用できた構文が廃止された

また後方互換性が保たれるものの、コンパイラの安定性を損なう可能性のある大きな変更が入ることがあります。そのような変更では既存のコードへの影響を少なくするために、まずは新しいエディションで試験的に導入して、安定性が十分に確認できた時点で古いエディションにも展開することがあります。

例を挙げると、Rust 1.31.0ではコンパイラがコンパイル時に行う借用チェックという機能について、「MIRベースの借用チェッカ」という新しい実装が使えるようになりました。借用チェッカは7章で学ぶ所有権システムに基づいたコード解析を行います。従来の「レキシカルスコープに基づく借用チェッカ」は解析の粒度が荒く、コンパイルできるべき正しいコードなのにエラーになることがありました。MIRベースの借用チェッカではより粒度の細かい解析をしますので、そのようなコードの多くはコンパイルできるようになります。

この新しい借用チェッカは将来的には両方のエディションで使えるようになる予定ですが、現時点では成熟度に不安があります。そのためRust 1.31.0では2018エディションを指定したクレートのみで新しい借用チェッカが使用され、2015エディションでは従来の借用チェッカが使われます。今後リリースを重ね新しい借用チェッカが十分成熟した時点で、両方のエディションで新しい借用チェッカが使われるようになります。

新エディションへの移行を支援するcargo fixコマンド

Rust Edition Guideというドキュメントでは各エディションに含まれる代表的な機能や、新しいエディションへの移行手順などが解説されています。非公式ですが和訳版もあります。

- https://doc.rust-jp.rs/edition-guide

その中から`cargo fix`というコマンドを紹介します。

`cargo fix`は新しいエディションへの移行を支援するコマンドです。2015エディション向けのコードを2018エディションに対応するコードへと自動的に変換できます。

以下は筆者が2016年2月に執筆したブログ記事で紹介しているコードの抜粋です。当時最新だったRust 1.6.0向けです。

rust-option-result-examples/src/main5.rs

```
impl fmt::Display for NotEnoughArgsError {
    fn fmt(&self, f: &mut fmt::Formatter) -> fmt::Result {
        write!(f, "引数が不足しています")
    }
}

fn double_arg(mut argv: env::Args) -> Result<i32, Box<error::Error>> {
    let number_str = try!(argv.nth(1).ok_or(NotEnoughArgsError));
    let n = try!(number_str.parse::<i32>());
    Ok(2 * n)
}
```

コードの内容についての説明は省略します。ブログ記事[*13]を参照してください。

---

*13 https://qiita.com/tatsuya6502/items/cd41599291e2e5f38a4a

このコードは2015エディションを指定している限りは、最新のRustリリースでも問題なくコンパイルできます。2018年12月リリースのRust 1.31.0でコンパイルしてみます。

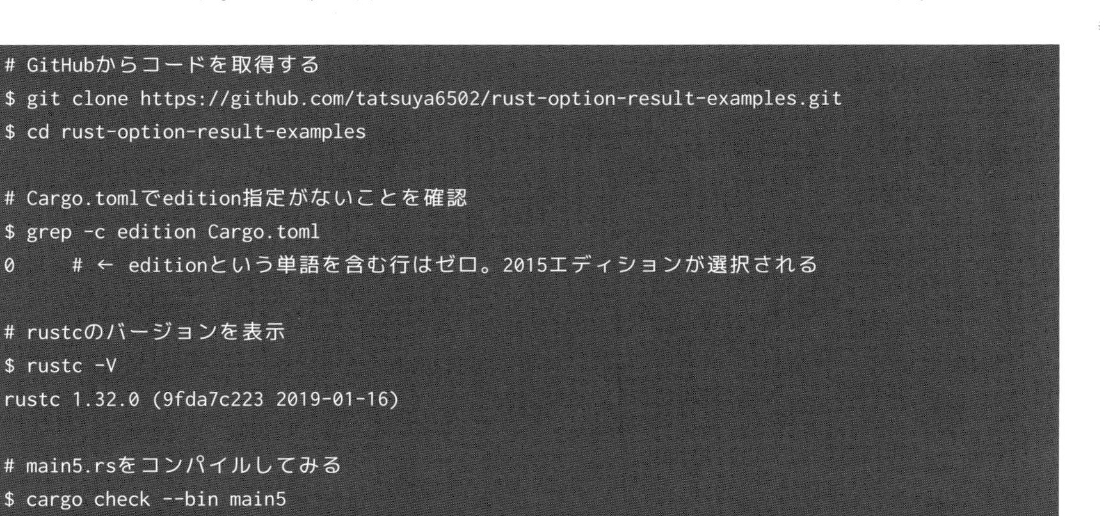

```
# GitHubからコードを取得する
$ git clone https://github.com/tatsuya6502/rust-option-result-examples.git
$ cd rust-option-result-examples

# Cargo.tomlでedition指定がないことを確認
$ grep -c edition Cargo.toml
0     # ← editionという単語を含む行はゼロ。2015エディションが選択される

# rustcのバージョンを表示
$ rustc -V
rustc 1.32.0 (9fda7c223 2019-01-16)

# main5.rsをコンパイルしてみる
$ cargo check --bin main5
    Checking error-handling v0.1.0 (.../rust-option-result-examples)
    Finished dev [unoptimized + debuginfo] target(s) in 0.55s
```

エラーなくコンパイルできました。

Cargo.tomlを編集して2018エディションに切り替えます。

rust-option-result-examples/Cargo.toml

```
[package]
edition = "2018"  # この行を追加
```

コンパイルするとエラーになります。

```
# main5.rsを2018エディションでコンパイルしてみる
$ cargo check --bin main5
    Checking error-handling v0.1.0 (.../rust-option-result-examples)
error: expected expression, found reserved keyword `try`
  --> src/main5.rs:27:22
   |
27 |     let number_str = try!(argv.nth(1).ok_or(NotEnoughArgsError));
   |                      ^^^ expected expression
```

このコードでは標準ライブラリで定義されているtry!マクロを使用していますが、2018エディションではtryが予約語（reserved keyword）になっているため名前が衝突してしまいました。

cargo fixコマンドで修正しましょう。Cargo.tomlをもとに戻してからcargo fix --editionを実行します。

```
# Cargo.tomlの変更を取り消す（2015エディションに戻す）
$ git checkout Cargo.toml

# cargo fixでコンパイルエラーを自動修正する
$ cargo fix --edition --bin main5
    Checking error-handling v0.1.0...
      Fixing src/main5.rs (2 fixes)    # ← 2箇所修正された
    Finished dev [unoptimized + debuginfo] target(s) in 0.58s
```

「Fixing src/main5.rs (2 fixes)」と表示されたことから2箇所修正されたことが分かります。コードを見ると先ほどコンパイルエラーになったtry!のところがr#try!に修正されています。

rust-option-result-examples/src/main5.rs

```
    let number_str = r#try!(argv.nth(1).ok_or(NotEnoughArgsError));
    let n = r#try!(number_str.parse::<i32>());
```

r#付きの識別子は生識別子（raw identifier）と呼ばれ、言語の予約語と重なっていても識別子だと認識されます*14。

Cargo.tomlを再度編集してedition = "2018"を追加してから、コンパイルしてみます。

```
# Cargo.tomlを再度編集
$ vi Cargo.toml

# Cargo.tomlで2018エディションが指定されていることを確認
$ grep edition Cargo.toml
edition = "2018"

# 2018エディションでコンパイル
$ cargo check --bin main5
    Checking error-handling v0.1.0 ...
    Finished dev [unoptimized + debuginfo] target(s) in 0.39s
```

コンパイルエラーがなくなりました。

さらにcargo fix --edition-idiomsとすると、コードを2018エディションで推奨される書き方に修正できます。

```
# --edition-idiomsで2018エディション推奨の書き方に修正する
# Gitにコミットしていない修正を無視するために--allow-dirtyオプションが必要
$ cargo fix --edition-idioms --allow-dirty --bin main5
```

*14 Rust 1.13.0でtry!マクロに代わる?演算子が導入されましたので、r#try!(number_str.parse::<i32>())はnumber_str.parse::<i32>()?に書き換えたほうがコードがすっきりします。try!から?への変換はcargo fixではサポートされていませんが、rustfmtというコード整形ツールでサポートされています。rustfmt.tomlファイルにuse_try_shorthand = trueを書いてからrustfmtを実行してください。

```
    Checking error-handling v0.1.0 ...
      Fixing src/main5.rs (3 fixes)    # ← 3箇所修正された
    Finished dev [unoptimized + debuginfo] target(s) in 0.74s
```

3箇所修正されたようです。git diff src/main5.rsとすると修正内容が表示されますので、一部抜粋します。行頭にマイナス記号(-)があるのが変更前の行、プラス記号(+)があるのが変更後の行です。

```
 impl fmt::Display for NotEnoughArgsError {
-    fn fmt(&self, f: &mut fmt::Formatter) -> fmt::Result {
+    fn fmt(&self, f: &mut fmt::Formatter<'_>) -> fmt::Result {

-fn double_arg(mut argv: env::Args) -> Result<i32, Box<error::Error>> {
+fn double_arg(mut argv: env::Args) -> Result<i32, Box<dyn error::Error>> {
```

&mut fmt::Formatterに無名ライフタイムを表す<'_>が追加され、Box<...>のところのerror::Errorはトレイトオブジェクトを表すdyn error::Errorに変わりました。

このようにcargo fixを使うと既存のクレートを新エディションへと簡単に移行できます。ぜひ活用してください。

2-5-4 rustupのその他の機能

「2-1-4 Rustツールチェインのインストール」ではrustupを使ってstable版のRustツールチェインをインストールしました。rustupには以下のような機能があります。

1. 複数バージョンのRustツールチェインのインストールと管理
2. クロスコンパイル用ターゲットのインストール
3. RLSなどの開発支援ツールのインストール

1と2について簡単に説明します。

複数バージョンのRustツールチェインのインストールと管理

rustupのコマンドを順に紹介していきましょう。rustup showコマンドは以下の情報を表示します。

- インストール済みのツールチェイン
- 現在アクティブになっている（つまり使用中の）ツールチェイン

ツールチェインが1つだけインストールされている環境ではこのように表示されます。

```
$ rustup show
Default host: x86_64-apple-darwin

stable-x86_64-apple-darwin (default)
rustc 1.30.1 (1433507eb 2018-11-07)
```

複数のツールチェインがインストールされている環境ではインストール済みのものとアクティブなものが分けて表示されます。

◎ 追加のツールチェインのインストール

`rustup install ツールチェイン名`で追加のツールチェインをインストールできます。nightlyチャネルから最新のnightly版をダウンロードしてインストールしてみましょう。

```
# 最新のnightly版をインストール
$ rustup install nightly
info: syncing channel updates for 'nightly-x86_64-apple-darwin'
info: latest update on 2018-11-12, rust version 1.32.0-nightly (ca79ecd69 2018-11-11)
info: downloading component 'rustc'
info: downloading component 'rust-std'
info: downloading component 'cargo'
info: downloading component 'rust-docs'
info: installing component 'rustc'
...

nightly-x86_64-apple-darwin installed - rustc 1.32.0-nightly (ca79ecd69 2018-11-11)
```

ツールチェイン名として**表2.4**に示す名前が指定できます。

表2.4 ツールチェイン名

ツールチェイン名	例	インストールされるツールチェイン
チャネル名	`stable`	指定したチャネルにある最新版
	`beta`	
	`nightly`	
nightly-作成日付	`nightly-2018-11-12`	指定した日付に作成されたnightly版
バージョン	`1.31.0`	指定したバージョンの安定版
	`1.32.0-beta.2`	またはベータ版

◎ ツールチェインを最新版にアップデートする

`rustup update`でインストール済みのツールチェインと`rustup`自体を最新版にアップデートできます。定期的に実行するのが良いでしょう。ただし、nightlyについては、毎日すべてのコンポーネントが正常にビルドされるとは限らないため、アップデートに失敗することもあります。nightlyのアップデートに失敗した場合には、RustのGitHub上のIssuesを調べて、同様の問題が報告されていないかどうか確かめましょう。

```
info: syncing channel updates for 'stable-x86_64-apple-darwin'
info: syncing channel updates for 'nightly-x86_64-apple-darwin'
info: latest update on 2018-11-15, rust version 1.32.0-nightly (6f93e93af 2018-11-14)
                                   # ↑ nightlyチャネルにアップデートがある
info: downloading component 'rustc'
...中略...
info: installing component 'rustc'
...中略...
info: checking for self-updates
info: downloading self-update          # rustup自体にアップデートがあるときは
                                       # ダウンロード、インストールされる

  stable-x86_64-apple-darwin unchanged - rustc 1.30.1 (1433507eb 2018-11-07)
   nightly-x86_64-apple-darwin updated - rustc 1.32.0-nightly (6f93e93af 2018-11-14)
                                   # ↑ stableは変更なし、nightlyはアップデートされた
```

デフォルトのツールチェイン

rustupのインストール時にデフォルトのツールチェインが設定されます。インストール時の設定を変更しなかった場合はstableがデフォルトになります。デフォルト以外のツールチェインに属するコマンドを実行するには以下のようにします。

```
# Nightly版のrustcを実行してバージョンを表示
$ rustup run nightly rustc -V
rustc 1.32.0-nightly (ca79ecd69 2018-11-11)

# 上のコマンドの省略形
$ rustc +nightly -V
rustc 1.32.0-nightly (ca79ecd69 2018-11-11)

# Nightly版のcargoを実行してバージョンを表示（同じく省略形）
$ cargo +nightly -V
cargo 1.32.0-nightly (241fac0e3 2018-11-09)
```

デフォルトのツールチェインはrustup default ツールチェイン名で変更できます。

特定のパッケージのみでnightlyを使用する

Rustで開発していると、あるパッケージだけnightlyツールチェインを使いたくなることがあります。パッケージのトップディレクトリにrust-toolchainというファイルを作成してツールチェイン名を書き込むと、指定したツールチェインが使われるようになります。

```
# パッケージのディレクトリへ移動する
$ cd ディレクトリ

# 現在アクティブなツールチェインを表示する
$ rustup show
...
stable--x86_64-apple-darwin (default)
# ↑ デフォルトのstableツールチェインが使用される

# rust-toolchainファイルを作成して、ツールチェイン名を書き込む
$ echo nightly > rust-toolchain

$ rustup show
...
nightly--x86_64-apple-darwin (overridden by '... /rust-toolchain')
# ↑ Nightlyツールチェインで上書きされた

# rustcのバージョンを表示。+nightlyを付けなくてもnightlyツールチェインが使われている
$ rustc -V
rustc 1.32.0-nightly (ca79ecd69 2018-11-11)
```

クロスコンパイル用ターゲットのインストール

Rustはクロスコンパイルによって、さまざまなプラットフォームをターゲットとしたバイナリを生成できます。たとえばWebブラウザで高速に実行できるWebAssembly形式に対応しています。またARM Cortex-Mシリーズという32ビットマイコンでOSなしで実行できるベアメタルプログラムにも対応しています。日本のRustユーザの中にはWebAssemblyを使ってWebブラウザで動作するファミコン・エミュレータを開発している人[*15]や、ゲームボーイアドバンスで動作するベアメタルプログラムを書いている人[*16]もいます。

Tier 1やTier 2のプラットフォームをターゲットにする場合は、rustupを使ってクロスコンパイルに必要となるRust標準ライブラリやLLVMリンカなどをインストールできます[*17]。ターゲットによっては追加のツールをインストールする必要がありますので、rustupのみで環境構築が完結するわけではないのですが、これだけでもけっこう助かります。

ターゲットを追加するには`rustup target add`コマンドを使います。以下はLinux環境での実行例です。

＊15 https://blog.bokuweb.me/entry/2018/02/08/101522
＊16 https://booth.pm/ja/items/492956
＊17 それ以外のプラットフォームでは、cargo-xbuildなどのサードパーティツールを使って自分で標準ライブラリをビルドすることになります。https://crates.io/crates/cargo-xbuild

```
# Linux環境。rustupでターゲットを追加する
$ rustup target add x86_64-unknown-linux-musl
info: downloading component 'rust-std' for 'x86_64-unknown-linux-musl'
info: installing component 'rust-std' for 'x86_64-unknown-linux-musl'

$ rustup show
Default host: x86_64-unknown-linux-gnu

installed targets for active toolchain
--------------------------------------

x86_64-unknown-linux-gnu
x86_64-unknown-linux-musl

active toolchain
----------------

stable-x86_64-unknown-linux-gnu (default)
rustc 1.30.1 (1433507eb 2018-11-07)
```

Linuxのデフォルトのターゲットはx86_64-unknown-linux-gnuです。上の例では別のターゲットx86_64-unknown-linux-muslを追加しました。muslターゲットでは外部のライブラリと静的リンクしたバイナリを作成できます。作成されたバイナリには依存しているC/C++ライブラリが埋め込まれますので、事実上どのx86_64 Linux環境へ持っていっても実行できます[*18]。そのような環境にはAlpine LinuxやBusyBoxなどのごく小さなDockerコンテナも含まれます。

このようにして作成したDockerイメージのサイズをお見せしましょう。

```
$ docker images hello-sqlite
REPOSITORY    TAG     IMAGE ID      CREATED        SIZE
hello-sqlite  latest  0f60b9e23a91  5 minutes ago  1.95MB
alpine        latest  196d12cf6ab1  2 months ago   4.41MB
ubuntu        18.04   ea4c82dcd15a  4 weeks ago    85.8MB
```

hello-sqliteはSQLiteサーバ[*19]を組み込んだRustサンプルプログラムを実行するためのコンテナです。x86_64-unknown-linux-muslターゲット向けにビルドしたバイナリを、scratchという空のDockerイメージに入れました。このバイナリにはSQLiteはもちろん、すべてのRustバイナリが依存しているlibcなども埋め込まれています。シェルなどのLinuxコマンドがなくても実行できますので、そのサイズは1.95MBとなっており、Dockerイメージとしては極端に

＊18 muslターゲットを使う場合でもLinuxカーネルのバージョン2.6.18かそれ以降でなければバイナリは実行できません。とはいえ2.6.18がリリースされたのは2006年ですので、カーネルのバージョンが問題になることはまずないでしょう。

＊19 SQLiteは軽量コンパクトなリレーショナルデータベース管理システム（RDBMS）です。

小さい部類に入るAlpine Linuxのイメージ（4.41MB）よりも小さくなっています。

誌面の都合から具体的な作成手順は省略します。筆者のブログで紹介していますので、そちらをご覧になってください。

https://blog.rust-jp.rs/tatsuya6502/

なおツールチェインとターゲットには親子関係があり、1つのツールチェインに複数のターゲットが属します。上の例ではx86_64-unknown-linux-muslが追加されるのはstableツールチェインだけです。もし他にnightlyツールチェインがインストールされていても、そこにターゲットは追加されません。

デフォルト以外のツールチェインにターゲットを追加するには--toolchain ツールチェイン名オプションを使用します。

```
$ rustup target add x86_64-unknown-linux-musl --toolchain nightly
```

その他の使い方

rustupは以下のようなこともできます。

- ソースコードからビルドしたRustツールチェインを任意の名前で登録して使用する
  - localという名前で登録するとcargo +local buildのように実行できる
- Rustツールチェインの配布サーバを指定する
  - 緊急のポイントリリースが行われる際、そのリリース候補版の配布には通常時と異なる配布サーバが使われる
- 中国では大学などの組織にミラーサーバがあり、中国でrustupを使う際はデフォルトの国外サーバよりも高速にダウンロードできる

またrustup自体のインストーラrustup-initにもコマンドラインオプションがあり、以下のようなことができます。

- インストールするツールチェイン（デフォルトのツールチェイン）を変更する
- ツールチェインのインストール先を変更する
- 非対話形式でインストールする

これらのオプションは特にCI（Continuous Integration）サービスを使うときなどに便利です。

具体的な手順についてはrustupのREADMEを参照してください。

https://github.com/rust-lang-nursery/rustup.rs/blob/master/README.md

2-5-5 Cargoの主なコマンド

Cargoのコマンドの一覧は以下のようにすると表示できます。

```
# 基本的なコマンドを表示する
$ cargo -h

# すべてのコマンドを表示する
$ cargo --list

# コマンドのヘルプドキュメントを表示する
$ cargo help コマンド名
```

Cargoの基本的なコマンドを**表2.5**に示します。

表2.5 Cargoの基本的なコマンド

種類	基本コマンド	機能	この機能を説明する章節
パッケージの作成	new	テンプレートを元に新しいパッケージを作成する	2-2
	init	カレントディレクトリをパッケージとして初期化する。(Cargo.tomlの追加とVCSの初期化のみ行う)	なし
パッケージのビルド、テスト、実行	check	ソースコードのエラーチェックを行う	2-2
	build	ソースコードのエラーチェックを行い、OKならばバイナリまたはライブラリを生成する	2-2
	run	buildを実行し、OKならば生成されたバイナリを実行する	2-2
	test	テストを実行する	3-3、10-3
	bench	ベンチマークプログラムを実行する	なし
	doc	このパッケージ自体と依存するクレートのドキュメントを生成する	10-2
	clean	targetディレクトリを削除する	2-2
依存クレートの管理	update	Cargo.lockでロックされた依存クレートのバージョンを、レジストリ(crates.io)で公開されている最新のバージョンに更新する	なし
クレートの検索、公開	search	レジストリに登録されたクレートを検索する	なし
	publish	このパッケージ(クレート)をレジストリで公開する	10-6
Rustバイナリの管理	install	Rustバイナリをインストールする	2-5(本節)
	uninstall	Rustバイナリをアンインストールする	なし

それぞれのコマンドの使い方については「この機能を説明する章節」の該当ページを参照するか、Cargoのコマンドのヘルプドキュメントを参照してください(`cargo help コマンド名`で表示される)

ここでは`rust install`コマンドについて説明します。

カスタムサブコマンド

Cargoにはコマンドを追加できます。簡単なしくみで実現されており、たとえばCargoが`cargo my-command`のように実行されたときはコマンド検索パスに`cargo-my-command`というバイナリまたはスクリプトがあるか調べ、あるならそれを実行します。Cargoのドキュメント[*20]では、このような追加のコマンドをカスタムサブコマンド[*21]と呼んでいます。

CargoのWikiページ[*22]には代表的なカスタムサブコマンドが掲載されています。またcrates.ioにはbinクレート形式のカスタムサブコマンドが3,000個以上登録されているようです。一部を**表2.6**に示します。

表2.6 カスタムサブコマンドの例

クレート名	追加されるコマンド	機能
cargo-generate	`gen`	自作テンプレートからパッケージを作成する
cargo-modules	`modules`	パッケージ内のモジュールのアトリビュートや依存関係を表示する
cargo-count	`count`	パッケージ内のソースコードの行数や`unsafe`なコードの割合を集計する
cargo-expand	`expand`	マクロや`#[derive]`が展開された後のソースコードを表示する
cargo-edit	`add`、`upgrade`、`rm`	Cargo.tomlに依存クレートのエントリを追加する
cargo-license	`license`	パッケージが依存しているクレートのオープンソースライセンスを表示する
cargo-tree	`tree`	パッケージが依存しているクレートの情報をツリー形式で表示する
cargo-outdated	`outdated`	パッケージが依存しているクレートに新しいバージョンがあるかチェックして、その情報を表示する
cargo-kcov	`kcov`	テストカバレージ情報を収集する（コードカバレージテスターにはkcovを使用）
cargo-tarpaulin	`tarpaulin`	テストカバレージ情報を収集する（Rust製のコードカバレージテスターを使用）
cargo-readme	`readme`	main.rsやlib.rsのdocコメントからREADME.mdファイルを生成する
cargo-release	`release`	パッケージのリリース作業を定型化する
cargo-xbuild	`xbuild`	クロスコンパイル用のターゲットを管理する
cargo-asm	`asm`、`llvm-ir`	Rustソースコードをコンパイルして得られたアセンブリコードやLLVM-IRコードを表示する
cargo-profiler	`profile callgrind`、`profile cachegrind`	`valgrind`を使用してバイナリ実行時のプロファイル情報を収集する
cargo-bloat	`bloat`	生成されたバイナリファイルの中で大きなスペースを占める関数やクレートを表示する
cargo-local-registry	`local-registry`	ローカルのクレートリポジトリを管理する。オフラインビルドに便利
cargo-clone	`clone`	クレートのソースコードを`git clone`で取得する
cargo-update	`install-update`	`cargo install`でインストールしたRustバイナリに新しいバージョンがあったらアップグレードする

例として`cargo-edit`をインストールしてみましょう。`cargo-edit`は11章と12章で使用します。Webブラウザでhttps://crates.io/crates/cargo-edit を開くとインストール方法が書かれていますので、そのとおりターミナルから`cargo install cargo-edit`を実行します。なおUbuntu環境では`pkg-config`と`libssl-dev`が必要なようですので、事前に`apt install`しておいてください。

`cargo-edit`がインストールできたら`cargo new`で適当なパッケージを作って、そのディレク

*20 https://doc.rust-lang.org/cargo/reference/external-tools.html#custom-subcommands

*21 Cargoのドキュメントやヘルプには表記ゆれがあり、サブコマンドとコマンドの2つの表記が登場しますが、どちらも同じものを指しています。シェルからの目線ではcargo自体がコマンドでbuildはそのサブコマンドになりますが、Cargoからの目線ではbuildはコマンドになり、このことが表記ゆれにつながっているようです。本書では組み込みサブコマンドのbuildとカスタムサブコマンドのaddの両方を、（Cargoの）コマンドと呼んでいます。

*22 https://github.com/rust-lang/cargo/wiki/Third-party-cargo-subcommands

トリに移動してから`cargo add rand@0.6`を実行してください。`rand`がクレート名、`0.6`がバージョンになります。`@`以降は省略可能で省略時はcrates.ioで公開されている最新版が選択されます。実行後に`Cargo.toml`の内容を見ると`dependencies`セクションに`rand = "0.6"`が追加されているはずです。これによりこのパッケージではcrates.ioで公開されているRandクレート（擬似乱数のライブラリ）が使えるようになります。

第3章

クイックツアー

本章ではRustによる簡単なプログラムの開発を通して、特徴的な機能をみていきます。ここで扱うのは小さなソート（整列）プログラムですが、クロージャでソート順をカスタマイズできたり、マルチコアCPUによる並列ソートができたりと、読者のみなさんがRustの主要な言語機能を体験できるように工夫を凝らしました。理解を深めるためにも、ぜひ本書を片手にPCに向かい、実際に体験されることをお勧めします。

3-1 プログラムの概要

本章の題材にはソートアルゴリズムの1つであるバイトニックソートを選びました。このアルゴリズムはシンプルで実装しやすく、並列処理に向いています。

ごく単純な実装から始めて、徐々に機能を強化していきます。

1. **初歩的な実装**：符号なし32ビット整数のソートだけをサポート
2. **ジェネリクスでさまざまなデータ型に対応させる**：文字列など大小比較が可能なデータなら何でもソートできるようにする
3. **クロージャでソート順をカスタマイズ**：データの大小比較のロジックをクロージャとして与えることで、構造体のような比較方法が一意に定まらないデータのソート順をアドホックに制御できるようにする。たとえば学生を表す構造体について氏名フィールド順にソートしたり、年齢フィールド順にソートしたりといった柔軟な対応が可能になる
4. **並列ソートの実現**：マルチスレッドによる並列処理を実装し、マルチコアCPUの性能をフルに引き出す

マルチスレッド化はRustの標準ライブラリだけで実現できますが、今回はより少ないコードで実装できるよう、Rustの達人たちが設計したRayonクレートを使用します。これによりワーカスレッドを用いた並列処理が、驚くほど簡単に（そして安全に）実装できます。

Rustの言語機能についてはできるだけ分かりやすく説明しますが、誌面スペースの都合から説明が不十分なところもあるかもしれません。もし分からないことがあっても、立ち止まら

ず、先に進んでみることをお勧めします。Rustの基本については4章から8章で詳しく説明しますので、いまは細かいことには気を取られず、Rustによるプログラミングの雰囲気をつかむことを優先してください。

3-1-1 実行例

参考までに、完成したプログラムの実行結果を先に紹介しておきます。これは約5億4千万個の32ビット符号なし整数をメモリ上でソートしたときのものです。マシンはAmazon EC2上のUbuntu 18.04 Serverを使用しました。インスタンスタイプはc5.18xlargeという計算用途に特化した特大サイズのもので、72個の仮想CPUが利用できます。

/proc/cpuinfoを見たところ、このマシンはIntel Xeon Platinum 8124Mという2017年製の18コアプロセッサを2機搭載していることが分かりました。つまり物理コア数（実際のコア数）は36で、計算内容によってはHyper Threadingにより最大で72コア相当の働きができるわけです。

```
$ rustc -V
rustc 1.32.0 (9fda7c223 2019-01-16)

# プロセッサの情報を表示
$ egrep 'processor|model name' /proc/cpuinfo
processor       : 0
model name      : Intel(R) Xeon(R) Platinum 8124M CPU @ 3.00GHz
processor       : 1
model name      : Intel(R) Xeon(R) Platinum 8124M CPU @ 3.00GHz
...（中略）...
processor       : 71
model name      : Intel(R) Xeon(R) Platinum 8124M CPU @ 3.00GHz
```

プログラムは本書ソースコードリポジトリのch03/bitonic-sorterディレクトリにあります。そのディレクトリに移動してからcargo runコマンドで実行できます。

```
# プログラムのあるディレクトリに移動する
$ cd ch03/bitonic-sorter

# プログラムを実行する
$ cargo run --release --example benchmark -- 29
sorting 536870912 integers (2048.0 MB)
cpu info: 36 physical cores, 72 logical cores
seq_sort: sorted 536870912 integers in 302.854833576 seconds
par_sort: sorted 536870912 integers in 10.038054188 seconds
speed up: 30.17x
```

プログラムの引数として29を渡しましたが、これによってデータ件数が決まります。29だとマシンの性能によってはなかなか終わらないかもしれません。数字を小さくすると件数が減りますので、26くらいから試すのがお勧めです。

表示された内容について説明しましょう。seq_sortはシングルスレッドによる順次ソート、par_sortはマルチスレッドによる並列ソートを意味し、それぞれの処理にかかった秒数が表示されます。speed upに示されているとおり、par_sortの速度はseq_sortの30.17倍となりました。物理コア数が36ですので、その数字の約85%にあたる性能の向上が見られました。

結果に表示されている2048.0MB（2GB）は、データが占めるメモリの大きさの見積もり値です。これは単純に1件のデータサイズ（32ビット）×データ件数で算出しています。では実際のメモリ使用量はどうだったでしょうか？ プログラムの実行中にtopコマンドを実行しました。

```
top - 10:16:51 up 20 min,  4 users,  load average: 6.68, 2.07, 0.97
Tasks: 663 total,   1 running, 343 sleeping,   0 stopped,   0 zombie
%Cpu(s): 92.4 us,  7.6 sy,  0.0 ni,  0.0 id,  0.0 wa,  0.0 hi,  0.0 si,  0.0 st
KiB Mem : 14414593+total, 13968964+free,  2706456 used,  1749836 buff/cache
KiB Swap:        0 total,        0 free,        0 used. 14046280+avail Mem

  PID USER      PR  NI    VIRT    RES    SHR S  %CPU %MEM     TIME+ COMMAND
 7912 ubuntu    20   0 2416600 2.007g   2300 S  7198  1.5  10:44.94 benchmark
```

最後の行のRESのカラムにプログラムが使用している実メモリの大きさが表示されています。約2GBとなっており、見積もりとほぼ一致します。RustはGCを持たず、個々のデータの寿命やコピーするタイミングなどをきめ細やかに制御できますので、余分なメモリを極力使わず、メモリ使用量や遅延時間が予測しやすいプログラムが実現できます。

3-2 並列ソートに適したバイトニックソート

ソート（整列）とは大小関係が定められた一連のデータを小さい順（昇順）あるいは大きい順（降順）に並べ替える処理を指します。この処理はさまざまなプログラムの中で頻繁に使われるため、古くからいろいろなアルゴリズムが考案されてきました。今回実装するバイトニック・マージソート（Bitonic mergesort）もそのようなアルゴリズムの1つです。Ken Batcher氏により考案され、並列ソートに適しています。

現在知られているほとんどのソートアルゴリズムでは、その計算量がソート対象となるデータの「要素数」と「要素の並び方」の両方に左右されます。たとえば代表的なアルゴリズムであるクイックソートの平均計算量は、要素数nの数列に対して$O(n\log n)$です[*1]。しかし要素の並び方によっては最悪で$O(n^2)$の計算量になることが知られています。

一方でバイトニックソートは計算量がデータの要素数だけで決まるという特徴があり、常に$O(n\log^2 n)$です。アルゴリズムはソーティングネットワークという数学的／ハードウェア的なモデルで表され、容易に並列化できます。FPGAのようなハードウェアで実装すると、ある程度の要素数までは全行程の並列処理が可能で、その場合は$O(\log^2 n)$の時間でソートできます。

バイトニックソートには欠点もあります。それはデータの要素数が2のべき乗でないとソートできないことです。たとえば要素数が256個（2の8乗）や65,536個（2の16乗）のデータはソートできますが、要素数250個のデータはソートできません。先ほどの実行例で要素数が約5億4千万個という10進数としては半端な数字だったのは、これが理由でした。あの要素数は2の29乗の536,870,912だったのです。

このような欠点があるため、要素数が2のべき乗でない場合にはなんらかの対応が必要となります。ダミーデータを追加して頭数をそろえるのも1つの方法です。また、データ列を2のべき乗の単位で分割してバイトニックソートで並べ替え、それらをマージソートのような別のアルゴリズムで1つにまとめ上げることもできます（250要素なら、32要素を7本、16要素、8要素、2要素をそれぞれ1本、と分解できます）。

しかし今回は簡単のためにこれらの処理は行いません。要素数が2のべき乗のときはソートを行い、さもなければエラーを返すようにします。

3-2-1 アルゴリズム

バイトニックソートのアルゴリズムを説明しましょう。このアルゴリズムでは最初に「バイトニック列」を作る必要があります。バイトニック列とは前半と後半が逆の順序で並んでいるデータ列を指します（**図3.1**）。たとえば前半が昇順で後半が降順になっている数列はバイトニック列です。その逆に前半が降順で後半が昇順でもバイトニック列です。

図3.1 バイトニック列の例

＊1　$O(n\log n)$などは「Big O記q法」と呼ばれ、計算量のオーダーを示します。計算量がnに対して正比例するときを$O(n)$とし、計算量の少ないものから並べると、$O(1)$、$O(\log n)$、$O(\log^2 n)$、$O(n)$、$O(n\log n)$、$O(n\log^2 n)$、$O(n^2)$、$O(n^3)$、$O(2^n)$となります。

ソートアルゴリズムは次のステップで表されます。

- 1. データ列全体をバイトニック列に並び替える（入力：データ列、比較方法。 出力：バイトニック列）
  - 要素数が1ならそのままデータ列を返す、そうでなければ以下のステップを実行する
  - 1a. データ列を2分割し、前半は昇順にソート、後半は降順にソートする
  - 1b. 2分割したデータ列を1つに結合する
- 2. サブソート（入力：データ列（バイトニック列）、比較方法、ソート順。 出力：ソート済み列）
  - 要素数が1ならそのままデータ列を返す、そうでなければ以下のステップを実行する
  - 2a. 要素数nのバイトニック列の各要素をn/2個右の要素と比較して、指定されたソート順になるよう交換する
  - 2b. データ列を半分に分割し、それぞれに対して指定されたのと同じソート順でサブソートを呼び出す
  - 2c. 2分割したデータ列を1つに結合する

サブソートのステップ2aを説明しましょう。たとえばソート順に昇順が指定された場合、このステップを実行すると小さい方の値がデータ列の左側に寄ります（図3.2）。

図3.2 ステップ2aの例（昇順の場合）

```
8要素のバイトニック列を比較、交換する
n = 8なので、各要素をn / 2 = 4個右の要素と比較し、左の要素 <= 右の要素になるよう交換する

最初の状態。前半の最大値は6、後半の最小値は2

[1, 3, 5, 6, 8, 7, 4, 2]

ステップ2aを実行する

[1, 3, 5, 6, 8, 7, 4, 2]
 |-----------|  (1<=8なので交換なし)
[1, 3, 5, 6, 8, 7, 4, 2]
    |-----------|  (3<=7なので交換なし)
[1, 3, 5, 6, 8, 7, 4, 2]
       |-----------|  (5>4なので交換する)
[1, 3, 4, 6, 8, 7, 5, 2]
          |-----------|  (6>2なので交換する)
[1, 3, 4, 2, 8, 7, 5, 6]

前半の最大値は4、後半の最小値は5になった
前半に含まれるすべての値は、後半に含まれるすべての値より小さい

ステップ2bではこの数列を前半と後半に2分割する

[1, 3, 4, 2]  [8, 7, 5, 6]

すると、それぞれがバイトニック列になっていることが分かる
```

処理前はデータ列の前半の最大値は6で後半の最小値は2でした。これが処理後はそれぞれ4と5となり前半に含まれるすべての値は、後半に含まれるすべての値より小さくなっています。そして処理後のデータ列の前半と後半をよく見ると、前半の[1, 3, 4, 2]は昇順と降順のバイトニック列になっており、後半の[8, 7, 5, 6]は降順と昇順のバイトニック列になっています。

次のステップ2bではデータ列を前半と後半に2分割して、それぞれに対してサブソート処理を行います。これを要素数が1になるまで繰り返します。ステップ2cではデータ列の前半と後半を順番を保ったまま1つに結合します。

ステップ1はどう実現するのでしょうか？ バイトニック列を生成するためには、データ列の前半を昇順にソートし、後半を降順にソートすることが必要です。つまりデータ列を2分割して、それぞれに対してソート処理全体（ステップ1とステップ2の全体）を呼び出すことになります。

8要素の数列[10, 30, 11, 20, 4, 330, 21, 110]を昇順にソートする流れを**図3.3**に示します。

図3.3 8要素の数列を昇順にソートする

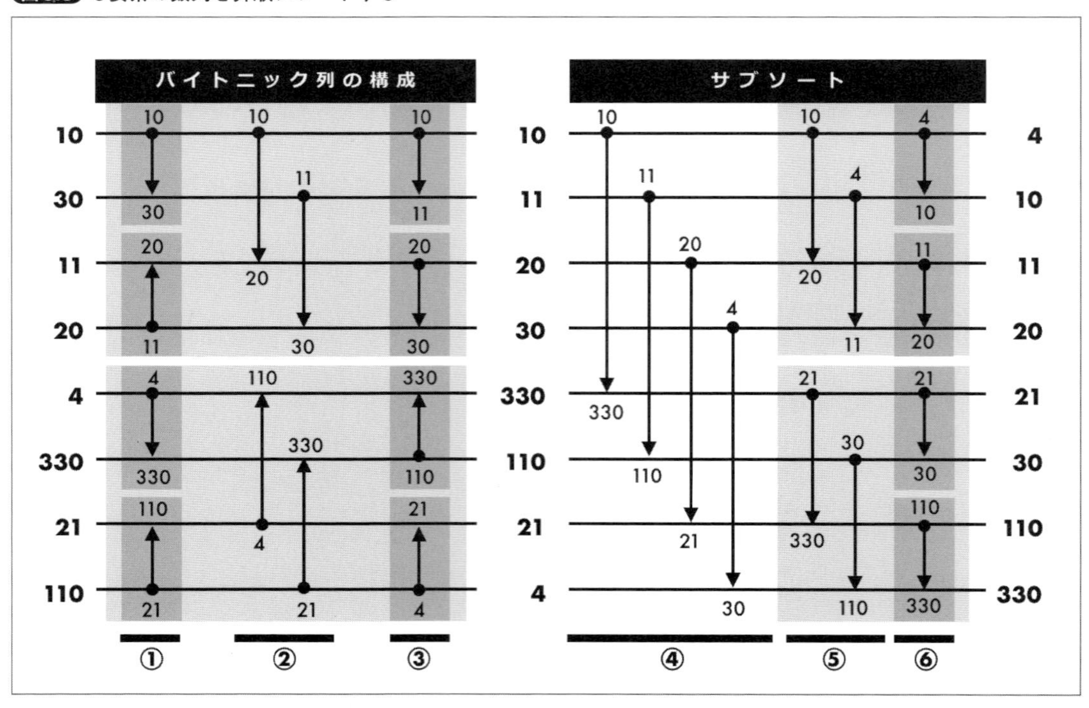

図3.3はソーティングネットワーク*2と呼ばれます。ソーティングネットワークでは左側から入力された値がネットワークを流れていくうちにソートされ、右側に出力されます。ネットワークの横線をワイヤ、縦線をコンパレータ（比較器）と呼びます。コンパレータは入出力に

＊2 https://ja.wikipedia.org/wiki/ソーティングネットワーク

2本のワイヤをとり、2つの値が入力されると矢印が指しているワイヤに大きい方の値を出力し、反対のワイヤに小さい方の値を出力します。バイトニック列の構成とサブソートでは矢印の向きが異なることに注意しながら、いくつかの値の動きを追ってみてください。たとえば上から5番目のワイヤに入力された4はどのような経路で1番目のワイヤにたどり着くでしょうか。

コンパレータはアルゴリズムで説明したステップ2aに該当します。その前後のステップ1aと2bではデータ列を2分割して前半と後半に同じ処理を適用すると説明しました。図ではデータ列の分割がグレーの箱で示されています。たとえば1段目のコンパレータ（図の①）は4つの濃いグレーの箱に1つずつ入れられています。これはデータ列が4分割されていることを表します。アルゴリズムを追うと分かりますが、1段目に入る前にステップ1aが繰り返し実行され、要素数が2になるまで分割されます[*3]。

今回作成するプログラムの最終段階では、この箱の単位で処理を分割し、複数のスレッドで並列に実行します。

3-2-2 Pythonによるサンプル実装

アルゴリズムを具体的なコードに落としていきましょう。最初からRustで書いていってもいいのですが、英語版Wikipediaのバイトニックソートのページ[*4]にPythonによるサンプル実装が掲載されていますので、まずはそれを見てみましょう。Pythonのコードを読むことは本書の目的から外れますが、バイトニックソートの処理の流れを知るための擬似言語のようなものとしてPythonを使っていると思ってください。シンプルなコードですのでPythonを知らなくても理解できると思います。

Wikipediaの実装を本書での説明を考慮して少し変形し、さらに先ほどのアルゴリズムに対応した日本語コメントを追加しました。なおこのプログラムのソースファイルはch03/bitonic-sorter/py-srcにあります。

最初はsort関数です。これは先に説明したアルゴリズムの全体像に対応しています。

1. データ列全体をバイトニック列に並び替える
2. サブソート

ch03/bitonic-sorter/py-src/bitonic-sorter.py

```
u"Bitonic Merge Sortモジュール。"

# Pythonによるsort関数
def sort(x, up):
```

＊3　正確には1aが3回繰り返され要素数が1になったあと、1b（結合）が1回実行されて要素数2に戻ります。

＊4　https://en.wikipedia.org/wiki/Bitonic_sorter

```
    u"""
    リストxの要素をupで指定された向きにソートする。upがTrueなら昇順、
    Falseなら降順になる。xの要素数は2のべき乗でなければならない
    (さもなければソート結果がおかしくなる)
    """

    if len(x) <= 1:
        # 要素数が1になったら終わり
        return x
    else:
        # ステップ1a
        # リストの前半(first)は昇順、後半(second)は降順でソートする
        mid_point = len(x) // 2            # //は整数除算
        first = sort(x[:mid_point], True)
        second = sort(x[mid_point:], False)

        # ステップ1b
        # 2分割したリストを1つに結合する
        x1 = first + second

        # ステップ2:サブソートに進む
        return _sub_sort(x1, up)
```

Pythonのリストは他の言語の配列のようなものだと考えてください。x[開始インデックス:終了インデックス]はリストxの指定した範囲をコピーした新しいリストを返します。[:mid_point]ならインデックス0からmid_point - 1の要素まで、[mid_point:]ならインデックスmid_pointから最後の要素までが返ります。返るリストに開始インデックスで示された要素は含まれますが、終了インデックスで示された要素は含まれないことに注意してください。

バイトニック列を作るために、2分割したリストそれぞれに対して自分自身を再帰的に呼び出しています。

サブソートのステップは_sub_sort関数に任せています。定義を見てみましょう。なお名前がアンダースコア(_)で始まる関数はPythonの慣習でプライベート関数であることを意味しています。このような関数は外部から呼び出さないことがよいとされますが、言語レベルで制約がかかるわけではありません。

ch03/bitonic-sorter/py-src/bitonic-sorter.py

```
# Pythonによる_sub_sort関数
def _sub_sort(x, up):
    u"""
    バイトニックにソートされたリストxの前半と後半を、upで指定された向きに、
    比較、交換し、前半と後半それぞれについて再帰的にサブソートを適用する
    """
```

```
    if len(x) == 1:
        # 要素数が1になったら終わり
        return x
    else:
        # ステップ2a
        # 要素数nのバイトニック列の要素をn/2要素おきに比較して
        # upで指定された順序（昇順または降順）になるよう交換する
        _compare_and_swap(x, up)

        # ステップ2b
        # データ列を半分に分割し、それぞれに対して_sub_sortを繰り返す
        mid_point = len(x) // 2
        first = _sub_sort(x[:mid_point], up)
        second = _sub_sort(x[mid_point:], up)

        # ステップ2c
        # 2分割したデータ列を1つに結合する
        return first + second
```

比較と交換の部分は_compare_and_swap関数にまかせています。_compare_and_swapの実行後にリストを2分割して、それぞれに対して自分自身を再帰的に呼び出しています。

最後に_compare_and_swap関数を見てみましょう。この関数はステップ2aの処理を行います。

ch03/bitonic-sorter/py-src/bitonic-sorter.py

```
# Pythonによる_compare_and_swap関数
def _compare_and_swap(x, up):
    u"""
    要素数nのバイトニック列の要素をn/2要素おきに比較して、upで指定された
    順序（昇順または降順）になるよう交換する（ステップ2a）
    """
    mid_point = len(x) // 2
    for i in range(mid_point):
        if (x[i] > x[mid_point + i]) == up:
            # 要素を交換する
            x[i], x[mid_point + i] = x[mid_point + i], x[i]
```

for と range(mid_point) によって変数iの値が0からmid_point - 1になるまで繰り返しています。if x[i] > x[mid_point + i] == upでリストxのインデックスiとmid_point + iで示される要素を比較し、条件に一致したらこれらの要素を交換します。

全体を通してアルゴリズムがとても素直に実装されています。

3-2-3 Pythonプログラムの実行

Pythonプログラムを実行してみましょう。ch03/bitonic-sorter/py-srcディレクトリに移動して、ターミナルからPython 3またはPython 2のインタプリタ（対話型シェル）を立ち上げます。プロンプト>>>が表示されたら以下のように入力します。

```
$ python
Python 2.7.13 (default, Aug  1 2017, 13:00:45)

# bitonic_sorterモジュールをインポートする
>>> import bitonic_sorter

# ソート対象の数列を作成する
>>> nums = [10, 30, 11, 20, 4, 330, 21, 110]

# 昇順にソートする
>>> bitonic_sorter.sort(nums, True)
[4, 10, 11, 20, 21, 30, 110, 330]

# 降順にソートする
>>> bitonic_sorter.sort(nums, False)
[330, 110, 30, 21, 20, 11, 10, 4]
```

正しくソートされているようです。

3-3 第1段階：初歩的な実装

ここからはRustで書いていきます。Pythonによる実装を移植するところから始めましょう。最初のバージョンはごくシンプルな実装にとどめ、32ビット符号なし整数のみをソートできるようにします。

Cargoでパッケージを作成します。libクレートにして、他のパッケージからバイトニックソートのアルゴリズムが利用できるようにします。

```
$ cargo new --lib bitonic-sorter
     Created library `bitonic_sorter` package
$ cd bitonic-sorter
```

3-3-1 モジュール構成について

src/lib.rsファイルを開きます。このファイルはlibクレートのエントリポイントで、binクレートのmain.rsに相当します。

このファイルにソート関数を書いていくこともできますが、今回は徐々に機能を強化した4つのバージョンを作りますので、それぞれのバージョンを別のモジュールに書きましょう。最初のバージョンなのでfirstモジュールに書いていきます。2つ目のバージョンはsecondモジュール、その後はthird、fourthと続けます。こうすることで、たとえば最初のバージョンのsort関数を使いたいときには、bitonic_sorter::first::sort(...)というようにフルパスで指定できます。

lib.rsに単体テストのひな形がありますが、これは使わないので削除してください。代わりに以下の行を追加します。

ch03/bitonic-sorter/src/lib.rs

```
pub mod first;
```

firstモジュールのコードはsrc/first.rsファイルに書いていきます。

3-3-2 関数の引数を定義する

関数の引数部分を定義しましょう。Pythonでは以下のようになっていました。

ch03/bitonic-sorter/py-src/bitonic_sorter.py

```
# Pythonのコード
def sort(x, up):
    # 本体は省略

def _sub_sort(x, up):
    # 本体は省略

def _compare_and_swap(x, up):
    # 本体は省略
```

これをRustに移植します。src/first.rsファイルに書いていきます。

ch03/bitonic-sorter/src/first.rs

```
// pubはこのsort関数が他のモジュールからアクセスできることを示す
// 引数xの型 &mut [u32] について
//    &は値をポインタ経由で借用することを示す（借用については7章で説明）
//    mutは値が変更可能であることを示す
```

```
//   u32型は32ビット符号なし整数
//   [u32]型はu32のスライス（現時点でスライスは1次元の配列と考えてよい）
pub fn sort(x: &mut [u32], up: bool) {
    // 未実装の意味。コンパイルは通るが、実行するとpanicする
    unimplemented!();
}

fn sub_sort(x: &mut [u32], up: bool) {
    unimplemented!();
}

fn compare_and_swap(x: &mut [u32], up: bool) {
    unimplemented!();
}
```

sort関数にpub修飾子を付けてパブリックな関数とし、モジュール外の他の関数から呼べるようにしました。sub_sort関数とcompare_and_swap関数にはpubを付けませんでしたので、プライベートな関数になりモジュール外からは呼べません。

2章で学んだようにfnによる関数定義では引数の型を省略できません。sortの第1引数xの型は&mut [u32]としました。&は値をポインタ経由で借用することを表します。借用については7章で詳しく説明しますが、現時点ではプログラムの他の場所で作成したデータを参照しているとだけ理解しておいてください。次のmutは借用しているデータが変更可能（mutable、可変）であることを示します。&mutとすることで、引数として受け取った数列をコピーせずに直接変更できます。

[u32]はu32型の値を要素に持つスライスです。スライスは連続したデータ列（の全体または一部）を表す型です。詳しくは次章で説明しますので、いまは単に[u32]型はu32の1次元配列だと考えてください。

プログラムに問題がないか検査しましょう。cargo checkを実行します。

```
$ cargo check
   Compiling bitonic_sorter v0.1.0 (file:///.../bitonic-sorter)
warning: unused variable: `x`
 --> src/first.rs:7:13
  |
7 | pub fn sort(x: &mut [u32], up: bool) {
  |             ^ help: consider using `_x` instead
  |
  = note: #[warn(unused_variables)] on by default

warning: unused variable: `up`
 --> src/first.rs:7:28
  |
```

```
7 | pub fn sort(x: &mut [u32], up: bool) {
  |                            ^^ help: consider using `_up` instead

...（中略）...

warning: function is never used: `sub_sort`
  --> src/first.rs:12:1
   |
12 | fn sub_sort(x: &mut [u32], up: bool) {
   | ^^^^^^^^^^^^^^^^^^^^^^^^^^^^^^^^^^^^
   |
   = note: #[warn(dead_code)] on by default

...（中略）...

    Finished dev [unoptimized + debuginfo] target(s) in 0.25 secs
```


Warning（警告）が出力されました。でも慌てずに最後の行を見てください。もしそこに「Finishid dev .. target(s)」と表示されているなら検査に成功しています。上の警告（unused variableとfunction is never used）は未使用変数と未使用関数に関するものです。関数の中身を意図的に未実装にしていますので、未使用なのはあたりまえです。いまは無視しましょう。

もし文法エラーなどの理由でコンパイルに失敗したなら、最後に以下のように表示されるでしょう。

```
error: aborting due to previous error
error: Could not compile `bitonic_sorter`.
```

その場合は、エラーメッセージを参考にして該当の行を修正してください。

3-3-3 識別子の命名規則について

ここでRustの識別子の命名規則について説明しておきましょう。識別子とは関数、変数、型などの名前のことです。

Rustでは関数、変数、定数などの識別子にはスネークケースを使います。これは複合語の単語の間をアンダースコアで区切る記法です。関数やローカル変数の識別子は小文字で統一し、定数やグローバル変数では大文字で統一します。たとえばcompare and swapという複合語を識別子にするなら、前者はcompare_and_swap、後者はCOMPARE_AND_SWAPになります。

一方、ユーザが定義した型やジェネリクスの型パラメータの識別子にはキャメルケースを使います。これは各単語の頭文字を大文字にしてスペースは詰める記法です。先の例ならCompareAndSwapになります。

この命名規則は絶対守らなければならないものではありませんが、違反するとコンパイラが警告を出します。しかしたとえばC++で書かれたライブラリと連携するときなどは関数名などがキャメルケースの方が自然なこともあります。そのようなときは以下のようなアトリビュートを付与することでコンパイラの警告を抑止できます。

- `#[allow(non_snake_case)]`：関数、変数、ライフタイム、モジュールの識別子が（小文字の）スネークケースでなくてもよい
- `#[allow(non_upper_case_globals)]`：定数やグローバル変数の識別子が大文字のスネークケースでなくてもよい
- `#[allow(non_camel_case_types)]`：型、列挙型のバリアント、トレイト、ジェネリクスの型パラメータがキャメルケースでなくてもよい

3-3-4 コーディング規約について

コーディング規約についても触れておきましょう。Rustのソースコードは空白や改行を自由に入れたり、好きなようにインデントしても問題なくコンパイルできます。しかし、フォーマットに一貫性がないコードは読みやすいとはいえません。一般的にコードは書かれる時間よりも読まれる時間のほうが長くなりますので、フォーマットを統一して誰もが読みやすいコードを書くことは理にかなってます。Rustにはコードフォーマットのガイドラインを示す「Rust Style Guide*5」が用意されていますのでそれにしたがいましょう。

ガイドラインは暗記する必要はありません。Rust Style Guideにしたがってコードを自動整形してくれる`rustfmt`というツールがありますので、それを使えば十分です*6。

また「Rust API Guide*7」というAPIデザイン上の推奨事項をまとめた文書もあります。非公式の和訳版*8もありますので、Rustに慣れてきたら目をとおすことをお勧めします。

3-3-5 sort関数の本体を実装する

`sort`関数の本体を書きましょう。Python版では以下のようになっています。

ch03/bitonic-sorter/py-src/bitonic_sorter.py

```
def sort(x, up):
    if len(x) <= 1:
        return x
    else:
```

---

*5 https://github.com/rust-lang-nursery/fmt-rfcs/blob/master/guide/guide.md
*6 `rustfmt`はRust公式のコマンドラインツールで、`rustup component add rustfmt`でインストールできます。
*7 https://rust-lang-nursery.github.io/api-guidelines
*8 https://sinkuu.github.io/api-guidelines

```
        mid_point = len(x) // 2
        first = sort(x[:mid_point], True)
        second = sort(x[mid_point:], False)
        x1 = first + second
        return _sub_sort(x1, up)
```


Python版では部分リストを引数として受け取り、ソートしてからreturn文で返しています。Rustではスライスの参照を受け取っていますので、おおもとの数列を直接操作することになり値を返す必要はありません。xの長さが1以下のときは何もせず、1より大きいときは処理を行います。

ch03/bitonic-sorter/src/first.rs

```
pub fn sort(x: &mut [u32], up: bool) {
    if x.len() > 1 {
        let mid_point = x.len() / 2;
        sort(&mut x[..mid_point], true);
        sort(&mut x[mid_point..], false);
        sub_sort(x, up);
    }
}
```

再度cargo checkを実行して、エラーがないことを確認してください。

3-3-6 残りの関数を実装する

残りの関数も実装しましょう。sub_sort関数はsort関数と同じ要領で移植できます。

ch03/bitonic-sorter/py-src/bitonic-sorter.py

```
# Python版sub_sort関数
def _sub_sort(x, up):
    if len(x) == 1:
        return x
    else:
        _compare_and_swap(x, up)
        mid_point = len(x) // 2
        first = _sub_sort(x[:mid_point], up)
        second = _sub_sort(x[mid_point:], up)
        return first + second
```

ch03/bitonic-sorter/src/first.rs

```
// Rust版sub_sort関数
fn sub_sort(x: &mut [u32], up: bool) {
    if x.len() > 1 {
        compare_and_swap(x, up);
        let mid_point = x.len() / 2;
        sub_sort(&mut x[..mid_point], up);
        sub_sort(&mut x[mid_point..], up);
    }
}
```

compare_and_swapのPythonコードは以下でした。

ch03/bitonic-sorter/py-src/bitonic-sorter.py

```
# Python版compare_and_swap関数
def _compare_and_swap(x, up):
    mid_point = len(x) // 2
    for i in range(mid_point):
        if (x[i] > x[mid_point + i]) == up:
            # 要素を交換する
            x[i], x[mid_point + i] = x[mid_point + i], x[i]
```

こちらも単純な移植ですみますが、最終行の要素交換については所有権に関する理由からPythonのようには書けません。スライスの要素がu32型だと問題ないのですが、あとで文字列（String）型などに対応させたときに問題が起きます。たとえばxが&mut [String]型のときにx[i] = x[mid_point + i]と書くと、「error[E0507]: cannot move out of indexed content」というコンパイルエラーになり、右辺から左辺へ値を移動できません。なぜこれがエラーになるのかは7章で学びます。

スライスには2つの要素を交換するswapメソッドが用意されています。それを使いましょう。

ch03/bitonic-sorter/src/first.rs

```
// Rust版compare_and_swap関数
fn compare_and_swap(x: &mut [u32], up: bool) {
    let mid_point = x.len() / 2;
    for i in 0..mid_point {
        if (x[i] > x[mid_point + i]) == up {
            // 要素を交換する
            x.swap(i, mid_point + i);
        }
    }
}
```

これで第1段階の実装は終わりです。関数の引数に型注釈を付けた以外は、Python版からほとんど変更せずに移植できました。

3-3-7 単体テストを書く（数値のソート）

sort関数を実行して正しく動作するか確認しましょう。Pythonではインタプリタを起動して対話的に実行しましたが、Rustには公式なインタプリタはありません。動作確認用のコードをファイルに保存して、コンパイル、実行することになります。今後、何度も動作を確認することになりますので、単体テストを書くことにします。src/first.rsファイルの一番下に以下のコードを追加します。

ch03/bitonic-sorter/src/first.rs

```
// このモジュールはcargo testを実行したときのみコンパイルされる
#[cfg(test)]
mod tests {
    // 親モジュール（first）のsort関数を使用する
    use super::sort;

    // #[test]の付いた関数はcargo testとしたときに実行される
    #[test]
    fn sort_u32_ascending() {
        // テストデータとしてu32型のベクタを作成しxに束縛する
        // sort関数によって内容が更新されるので、可変を表すmutキーワードが必要
        let mut x = vec![10, 30, 11, 20, 4, 330, 21, 110];

        // xのスライスを作成し、sort関数を呼び出す
        // &mut xは&mut x[..]と書いてもいい
        sort(&mut x, true);

        // xの要素が昇順にソートされていることを確認する
        assert_eq!(x, vec![4, 10, 11, 20, 21, 30, 110, 330]);
    }

    #[test]
    fn sort_u32_descending() {
        let mut x = vec![10, 30, 11, 20, 4, 330, 21, 110];
        sort(&mut x, false);
        // xの要素が降順にソートされていることを確認する
        assert_eq!(x, vec![330, 110, 30, 21, 20, 11, 10, 4]);
    }
}
```

firstモジュールの子供としてtestモジュールを定義して、その中にテストケースを書きま

した。mod testsのすぐ上に#[cfg(test)]アトリビュートを付けたことで、このモジュールはcargo testを実行したときのみコンパイルされるようになります。

テストケースとなる関数には#[test]アトリビュートを付けます。それぞれのケースの内容についてはコード中のコメントを参照してください。

cargo testを実行すると、すべてのテストに成功するはずです。

```
$ cargo test
    Finished dev [unoptimized + debuginfo] target(s) in 0.07s
     Running target/debug/deps/bitonic_sorter-722465646b1313b1

running 2 tests
test first::tests::sort_u32_ascending ... ok
test first::tests::sort_u32_descending ... ok

test result: ok. 2 passed; 0 failed; 0 ignored; 0 measured; 0 filtered out
```

3-4 第2段階：ジェネリクスでさまざまなデータ型に対応させる

第2段階ではu32型だけでなく、文字列など大小比較が可能な型ならなんでもソートできるようにしましょう。

src/first.rsをコピーしてsrc/second.rsを作ります。src/lib.rsファイルにはsecondモジュールを追加してください。

ch03/bitonic-sorter/src/lib.rs

```
pub mod first;
pub mod second;  // この行を追加
```

3-4-1 テストケースを追加する（文字列のソート）

sort関数を修正する前にテストケースを追加しましょう。このテストケースでは文字列をソートします。

ch03/bitonic-sorter/src/second.rs

```
mod tests {
    // 既存のテストは省略

    #[test]
```

```
    fn sort_str_ascending() {
        // 文字列のベクタを作り、ソートする
        let mut x = vec!["Rust", "is", "fast", "and", "memory-efficient", "with", "no", "GC"];
        sort(&mut x, true);
        assert_eq!(x, vec!["GC", "Rust", "and", "fast", "is", "memory-efficient", "no", "with"]);
    }

    #[test]
    fn sort_str_descending() {
        let mut x = vec!["Rust", "is", "fast", "and", "memory-efficient", "with", "no", "GC"];
        sort(&mut x, false);
        assert_eq!(x, vec!["with", "no", "memory-efficient", "is", "fast", "and", "Rust", "GC"]);
    }

}
```


いまは動かないことは分かりきっていますが、cargo testを実行してみます。

```
$ cargo test
error[E0308]: mismatched types
  --> src/second.rs:51:14
   |
51 |         sort(&mut x, true);
   |              ^^^^^^ expected u32, found &str
   |
   = note: expected type `&mut [u32]`
              found type `&mut [&str]`
...中略...
error: aborting due to 2 previous errors
```

型の不一致でコンパイルエラーとなり、テストは実行されずに終わりました。
既存のテストケースも一部修正しておきます。

ch03/bitonic-sorter/src/second.rs

```
mod tests {

    fn sort_u32_ascending() {
        // xに型注釈Vec<u32>を付ける
        let mut x: Vec<u32> = vec![10, 30, 11, 20, 4, 330, 21, 110];
        // ...
    }

    #[test]
    fn sort_u32_descending() {
```

```
        // xに型注釈Vec<u32>を付ける
        let mut x: Vec<u32> = vec![10, 30, 11, 20, 4, 330, 21, 110];
        // ...
    }

}
```

いままでのsort関数はデータ列の要素としてu32型の値しか受け付けなかったため、テストデータxの型は指定せず、型推論に導かせていました。今後はi32型（符号付き32ビット整数）なども受け付けるようになるので、xに型注釈を付けて要素の型をu32型に固定します。

3-4-2 型パラメータを導入してジェネリクス化する

sortなどの各関数を修正しましょう。それぞれの先頭行は、いまは以下のようになっています。

ch03/bitonic-sorter/src/second.rs

```
// 現在の関数はu32型のみに対応している
pub fn sort(x: &mut [u32], up: bool) { ... }
fn sub_sort(x: &mut [u32], up: bool) { ... }
fn compare_and_swap(x: &mut [u32], up: bool) { ... }
```

これらの関数を2-4のapply2関数でしたようにジェネリクスにします。

ch03/bitonic-sorter/src/second.rs

```
// 型パラメータTを導入して関数をジェネリクス化する
pub fn sort<T>(x: &mut [T], up: bool) { ... }
fn sub_sort<T>(x: &mut [T], up: bool) { ... }
fn compare_and_swap<T>(x: &mut [T], up: bool) { ... }
```

型パラメータは英大文字1つにするのが一般的です。今回は型（Type）を意味するTにしました。DataSeqのようにキャメルケースでも書けますが、トレイト名などと紛らわしいので避けるべきでしょう。複数の型パラメータが必要なときはT、U、Vのようにアルファベット順に続けていったり、引数keyの型はK、引数valueの型はVのように引数名に対応する名前にするのが一般的です。またT1、T2のように連番にしてもいいでしょう。

cargo checkで検査しましょう。

```
$ cargo check
   Compiling bitonic_sorter v0.1.0 (file:///.../bitonic-sorter)

error[E0369]: binary operation `>` cannot be applied to type `T`
  --> src/second.rs:22:12
   |
22 |         if (x[i] > x[mid_point + i]) == up {
   |             ^^^^^^^^^^^^^^^^^^^^^^^^
   |
   = note: `T` might need a bound for `std::cmp::PartialOrd`

error: aborting due to previous error
...以下略...
```


エラーになりました。T型に対して>演算子が適用できないと言っています。実は単に<T>と宣言するとTはあらゆる型を示すようになるので、大小比較できない型も対象になっています。たとえばエラーを表す型について個々の値の大小は比べられませんし、比べられたとしても意味がなさそうです。つまりTという型パラメータを大小比較できる型に限定しないといけないのです。

先ほどのエラーをよく読むと、noteのところに「TにはPartialOrdの境界が必要かもしれません」と表示されています。これについて調べてみましょう。

3-4-3 大小比較可能な型に限定する

Rustの標準ライブラリのAPIドキュメントはWebブラウザで閲覧できます。ターミナルからrustup doc --stdを実行すると、ローカルのツールチェインに含まれているドキュメントがWebブラウザで開きます（**図3.4**）。またRust公式のドキュメントサイト（https://doc.rust-lang.org/std）でも同じ内容のドキュメントを閲覧できます。

画面上部の検索ボックスに「PartialOrd」と入力します。検索結果が表示されたらstd::cmp::PartialOrdをクリックします。

図3.4 PartialOrdのAPIドキュメント

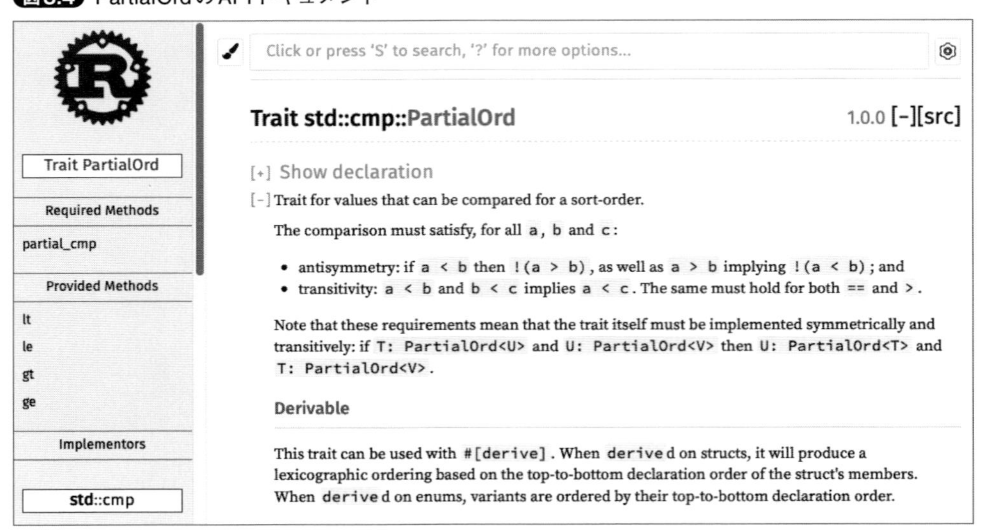

ドキュメントによると`PartialOrd`は半順序（partial order）[*9]を意味するトレイトで、`partial_cmp`や`lt`、`le`などのメソッドが用意されていることが分かります。

`f64`型のような`PartialOrd`トレイトだけを実装している型では、NaNのように他の値との大小が定まらない値があります。

```
use std::cmp::Ordering;
use std::f64;

// 浮動小数点型のf64型はPartialOrdトレイトを実装している

// partial_cmpメソッドは2つの値の順序を返す
assert_eq!(1.0.partial_cmp(&2.0), Some(Ordering::Less));
assert!(1.0 <= 2.0);  // 演算子 <= はleメソッドで実現されている

// f64型のNaN（Not a Number、非数）は他の値との大小が定まらない
assert_eq!(f64::NAN.partial_cmp(&2.0), None);
assert_eq!(f64::NAN <= 2.0, false);
assert_eq!(f64::NAN >= 2.0, false);
```

`PartialOrd`の半順序に対して、全順序（tortal order）を意味する`Ord`トレイトもあります。`u32`型や文字列型は`PartialOrd`に加えて`Ord`も実装しており、大小比較に必ず成功します。

私たちのソートライブラリでは半順序と全順序のどちらを受け付けるべきでしょうか？ ソートの性質から考えてみましょう。データ列xが昇順で整列済みという性質は、以下のように定義できます。

*9　半順序と全順序の数学的な定義 https://ja.wikipedia.org/wiki/順序集合

$$\forall i,\ j(i < j \rightarrow x[i] \leqq x[j])$$

任意の$i,\ j$について$i < j$なら$x[i] \leqq x[j]$が成立する

つまりデータ列から2つの値を取り出して比べたとき、前の方から取り出した値は後ろの方のものよりも小さくなくてはなりません。

半順序ではこの性質が満たせません。たとえばf64型の場合、$x[i]$または$x[j]$がNaNなら必ず$x[i] \leqq x[j]$が偽になります。もし私たちのライブラリに半順序を採用すると、整列済みのデータ列が作れるか分からなくなってしまいます。

一方、全順序ならこの性質を満たせます。私たちのライブラリでは全順序にあたるOrdを採用して、整列済みのデータ列が得られることを保証しましょう。

ところでf64型のような半順序だけを実装した型をソートするにはどうしたらいいでしょうか。本章の最初で説明したとおり、第3段階でクロージャを導入して順序が一意に定まらない型でもソートできるようにする予定です。f64型では問題のある値がNaNだけだとわかっていますので、それをなんとかすればソートできます。たとえば順序を決めるクロージャでNaNを一番大きいとする方法があります。

では全順序だけ受け付けるようにコードを修正しましょう。型パラメータTのトレイト境界（trait bound）としてOrdを設定します。

```
// 型パラメータTにトレイト境界Ordを追加する
pub fn sort<T: Ord>(x: &mut [T], up: bool) {
fn sub_sort<T: Ord>(x: &mut [T], up: bool) {
fn compare_and_swap<T: Ord>(x: &mut [T], up: bool) {
```

修正はこれだけです。関数本体で使われている変数の型は型推論により導かれますので修正不要です。テストを実行しましょう。

```
$ cargo test
...中略...
running 6 tests
test first::tests::sort_u32_ascending ... ok
test first::tests::sort_u32_descending ... ok
test second::tests::sort_str_ascending ... ok
test second::tests::sort_str_descending ... ok
test second::tests::sort_u32_ascending ... ok
test second::tests::sort_u32_descending ... ok

test result: ok. 6 passed; 0 failed; 0 ignored; 0 measured
...以下略...
```

すべてのテストに成功しました。

3つの関数について引数の型を変えただけで一般化できました。u32型やString型だけでなく、Ordトレイトを実装した型ならなんでもソートできます。しかも、整列済みのデータ列が得られることを型のレベルで保証できるようになっています。もし型の要件が満たせないデータ列を与えると、コンパイル時にエラーとして報告してくれます。

```
#[test]
fn sort_f64() {
    // f64型の値をソートしたい
    let mut x = vec![20.0, -30.0, 11.0, 10.0];  // Vec<f64>型
    sort(&mut x, true);
}
```

```
$ cargo test
...
error[E0277]: the trait bound `{float}: std::cmp::Ord` is not satisfied
  --> src/second.rs:63:9
   |
63 |         sort(&mut x, true);
   |         ^^^^ the trait `std::cmp::Ord` is not implemented for `{float}`
   |
...中略...
   = note: required by `second::sort`
...以下略...
```

このように、f64型ではトレイト境界Ordを満たせないというコンパイルエラーになります。

3-4-4 コンパイラが型に関するバグを防いでくれる

ここまでコードを書いてきて、Rustプログラムのコード量が、Pythonのような軽量プログラミング言語（lightweight language、以下LL）*10で書いたときとあまり変わらないことを実感してもらえたと思います。LL系の言語は一般的に動的型付きのスクリプト言語であることが多いのですが、Rustはそれらとは趣が異なる静的型付きのコンパイル言語です。

静的型付き言語ではコンパイル時にすべての変数、関数の引数と戻り値に型が付き、その妥当性が検査されます。これは一般的に静的型付き言語の利点とされますが、Javaのような比較的古い言語ではコードが冗長になる傾向があり、それを嫌う開発者も少なくありません。Rustでは型推論によってコードの冗長化を防ぎ、LL系言語に近い使い勝手を実現していま

*10 軽量プログラミング言語とは、一般的に、習得、学習、使用が容易なプログラミング言語を指します。明確な分類基準があるわけではありませんが、動的型付けのスクリプト言語を指すことが多いです。代表的なものとして、JavaScript、Lua、Perl、PHP、Python、Rubyなど（アルファベット順）があります。

す＊11。

静的型付き言語では型に関するバグがコンパイル時に発見できます。一方でPythonのような動的型付き言語では同種のバグは該当するコードを実行した時点で初めて表面化します。たとえばPython版のソートプログラムに大小比較できないデータを与えたらどうなるでしょうか？

Pythonでは実行時に型エラーが検出される

```
# Python 3.6での実行例
# Pythonでは問題のあるコードが実行されるまでエラーにならない

>>> import bitonic_sorter

>>> def sort_mixed(n):
...     if n == 0:
...         return "ok"
...     else:
...         return bitonic_sorter.sort([10, 30, "a", "b"], True)
...

>>> sort_mixed(0)                          # エラーにならない
'ok'

>>> sort_mixed(1)
Traceback (most recent call last):
  ...中略...
  if (x[i] > x[mid_point + i]) == up:
TypeError: unorderable types: int() > str()   # やっとエラーになった
```

このように該当のコードが実行されたときだけエラーになりますので、問題がなかなか表面化しないことがあります。

Rustでは同様のコードはコンパイルエラーとなり、早期に発見できます。

Rustではコンパイル時に型エラーが検出される

```
#[test]
fn sort_mixed() {
    if false {
        // ifの条件が成立しないのでこのブロックは実行されないが
        // それでもコンパイラが型エラーを検出する
        let mut x = vec![10, 30, "a", "b"];
        sort(&mut x, true);
    }
}
```

＊11　ちなみに2018年３月にリリースされたJava 10ではローカル変数の型推論ができるようになりました。

```
$ cargo test
error[E0308]: mismatched types
  --> src/second.rs:62:38
   |
62 | let mut x = vec![10, 30, "a", "b"];
   |                          ^^^ expected integral variable, found reference
   |
   = note: expected type `{integer}`
              found type `&'static str`
```

Rustのコンパイラは検査が厳しいので、言語に慣れるまでの間は大量のコンパイルエラーが出て戸惑ったり、エラーが解決できるまでプログラムがまったく実行できないことに苛立ちをおぼえたりするかもしれません。しかし使っていくうちに、コンパイラがあなたのために実に多くのバグ候補を見つけてくれることに気づくはずです。

またRustのコンパイルエラーメッセージは本当に親切で、それぞれのエラーコードについて原因と一般的な対処法が書かれたドキュメントが用意されています*12。

```
# error[E0308]のドキュメントを表示する
$ rustc --explain 308
```

VS CodeなどでRLSを使うとコンパイラが推論した型が表示されたり、いちいちcargo checkを実行しなくても、コードを書いているそばからエラーが表示されたりしますので、生産性が大きく上がります。このようなツールを活用して、ぜひコンパイラをあなたの味方にしていってください。

3-4-5 列挙型で使いやすくする

そろそろ自分で型を定義してみましょう。いままでソート順はbool型で指定してきました。

```
sort(&mut x, true);  // true って何？ up（上昇）？ reverse（逆転）？
```

もしあなたが突然このコード片を見せられたとして、第2引数のtrueが何を意味するのか当てられるでしょうか？ あるいは、今は答えを知っていたとしても、半年後にこのコードを読んだときに思い出せるでしょうか？ もしup（上昇）でなくて、reverse（逆転）と間違って覚えていたら？ trueが何かを確認するには、APIドキュメントを読むことになりそうです。

これを直感的に分かるようにしましょう。ソート順を表す型を定義して以下のように書くのです。

---

*12 エラーコードのリファレンスドキュメントはオンラインでも閲覧できます。https://doc.rust-lang.org/error-index.html

```
use SortOrder;

sort(&mut x, &SortOrder::Ascending); // ascending は昇順の意味
```

これなら第2引数の役割が誰にとっても明白です。型にはバグを防ぐという役割だけでなく、コードを分かりやすくする役割もあるのです。

ただその一方で、この例ではtrueと比べてタイプする量は増えてしまっています。しかしこれは大きな問題にはならないでしょう。たとえばコード補完機能のあるエディタを使えば、入力は苦にならないはずです。またもしソート順を繰り返し使うなら、こうも書けます。

```
// asで別名を付ける
use SortOrder::Ascending as Asc;

sort(&mut x, &Asc);
```

ではSortOrder型を定義しましょう。second以降のすべてのモジュールから使いたいので、src/second.rsではなくて、src/lib.rsファイルに定義します。

ch03/bitonic-sorter/src/lib.rs

```
// SortOrderを列挙型として定義する
pub enum SortOrder {
    // SortOrderには2つのバリアントがある
    Ascending,   // 昇順
    Descending,  // 降順
}
```

SortOrder型をenum（列挙型）として定義し、昇順と降順を示す2つのバリアントAscendingとDescendingを用意しました。

src/second.rsに戻って単体テストを書き換えましょう。まずtestモジュールの先頭にuse文を追加します。

ch03/bitonic-sorter/src/second.rs

```
mod tests {
    use super::sort;
    use crate::SortOrder::*;  // この行を追加
```

次にsecond.rsファイルのテストケース内にあるすべてのsort関数の呼び出しを変更します。

- sort(&mut x, true)をsort(&mut x, &Ascending)に変更
- sort(&mut x, false)をsort(&mut x, &Descending)に変更

この時点で一度テストを実行しましょう。まだソート関数の方を変更していないのでコンパイルエラーになるはずです。

```
$ cargo test
error[E0308]: mismatched types
  --> src/second.rs:38:22
   |
38 |         sort(&mut x, &Ascending);
   |                      ^^^^^^^^^^ expected bool, found &SortOrder
   |
   = note: expected type `bool`
              found type `&SortOrder`
...以下略...
```

期待通り、型不一致のコンパイルエラーになります。

3-4-6 match式による場合分け

second.rsを修正しましょう。まずsort関数からpubを削除して、関数名をdo_sortに変更します。

ch03/bitonic-sorter/src/second.rs

```
fn do_sort<T: Ord>(x: &mut [T], up: bool) {   // pubを削除しdo_sortに変更
    if x.len() > 1 {
        let mid_point = x.len() / 2;
        do_sort(&mut x[..mid_point], true);   // do_sortに変更
        do_sort(&mut x[mid_point..], false);  // do_sortに変更
        sub_sort(x, up);
    }
}
```

先頭にuse文を追加してから、新しいsort関数を追加します。

ch03/bitonic-sorter/src/second.rs

```
use super::SortOrder;

pub fn sort<T: Ord>(x: &mut [T], order: &SortOrder) {
    match *order {
        SortOrder::Ascending  => do_sort(x, true),
        SortOrder::Descending => do_sort(x, false),
    };
}
```

match式で引数orderの値がどのバリアントなのかを調べ、do_sort関数を適切な引数とともに呼び出します。

cargo testを実行して、すべてのテストが成功することを確認してください。

3-4-7 エラーを返す

データの要素数が2のべき乗でないときにsort関数からエラーを返すようにしましょう。2のべき乗かどうかの判定には、標準ライブラリのusizeモジュールに定義されているis_power_of_two()メソッドを使用します。

プログラミング言語によっては例外を投げることでエラーが起こったことを表すものもありますが、Rustでは戻り値で表します。標準ライブラリにResult<T, E>型が用意されていますので、それを使います。Result型は列挙型として定義されており、Ok(成功時の値)とErr(エラー時の値)の2つのバリアントを持ちます。

私たちのsort関数の場合、成功時は返す情報がないのでユニット値()を返しましょう。失敗時はエラーの内容を説明する文字列を返すことにします。戻り値の型はResult<(), String>になります。

ch03/bitonic-sorter/src/second.rs

```
// 成功時はOk(())を、失敗時はErr(文字列)を返す
pub fn sort<T: Ord>(x: &mut [T], order: &SortOrder) -> Result<(), String> {
    if x.len().is_power_of_two() {
        match *order {
            SortOrder::Ascending  => do_sort(x, true),
            SortOrder::Descending => do_sort(x, false),
        };
        Ok(())
    } else {
        Err(format!("The length of x is not a power of two. (x.len(): {})", x.len()))
    }
}
```

テストケースを追加します。

ch03/bitonic-sorter/src/second.rs

```
    #[test]
    fn sort_to_fail() {
        let mut x = vec![10, 30, 11]; // x.len()が2のべき乗になっていない
        assert!(sort(&mut x, &Ascending).is_err()); // 戻り値はErr
    }
```

テストを実行しましょう。

```
$ cargo test
warning: unused `std::result::Result` that must be used
  --> src/second.rs:50:9
   |
50 |         sort(&mut x, &Ascending);
   |         ^^^^^^^^^^^^^^^^^^^^^^^^
   |
   = note: #[warn(unused_must_use)] on by default
   = note: this `Result` may be an `Err` variant, which should be handled
...(中略)...

running 8 tests
...(中略)...
test second::tests::sort_to_fail ... ok
...(中略)...
test result: ok. 8 passed; 0 failed; 0 ignored; 0 measured
...(以下略)...
```

テストはすべて成功しましたがコンパイル時に警告が出ました。これらを消しましょう。警告となった行ですが現在はこのようになっています。

```
        sort(&mut x, &Ascending);   // この行で警告
```

警告の内容は「使うべき値が返されているのに、それを使っていない」です。Result型の値が返るということは操作が失敗する可能性を暗示しています。コンパイラが「操作の結果を確認しなくて大丈夫ですか？」とリマインドしてくれているのです。assert_eq!で戻り値がOk(())であることを確認しましょう。

```
        assert_eq!(sort(&mut x, &Ascending), Ok(()));
```

他のテストも同様に修正します。cargo testを実行して警告が出なくなったことを確認してください。

3-5 第3段階：クロージャでソート順をカスタマイズ

第3段階に進みましょう。src/lib.rsにthirdモジュールを追加します。

ch03/bitonic-sorter/src/lib.rs

```
pub mod third;
```

src/second.rsをコピーして、src/third.rsを作ります。

ここではsort関数にクロージャを与えることでソート順をカスタマイズします。2つの値の大小を判定するロジックをクロージャに書き、それをsort関数への引数として与えることでソート順を制御します。

3-5-1 テストケースを追加する（学生データのソート）

テストケースから始めましょう。学生を表すデータ構造を用意して、それをソートします。

third.rsファイルのtestsモジュールにStudent構造体を追加します。

ch03/bitonic-sorter/src/third.rs

```
mod tests {

    // 構造体Studentを定義する
    // 構造体は関連する値を1つにまとめたデータ構造。複数のデータフィールドを持つ
    struct Student {
        first_name: String,  // first_name（名前）フィールド。String型
        last_name:  String,  // last_name（苗字）フィールド。String型
        age: u8,             // age（年齢）フィールド。u8型（8ビット符号なし整数）
    }

}
```

構造体（struct）は関連する値を1つにまとめたデータ構造です。Student構造体にはフィールドとして名前、苗字、年齢を持たせました。なお構造体の定義ではフィールドの型を省略できません。

必須ではありませんが、構造体を初期化するのに便利な関数を定義しておきましょう。これもtestsモジュール内に書きます。

ch03/bitonic-sorter/src/third.rs

```
mod tests {

    // implブロックを使うと対象の型に関連関数やメソッドを実装できる
    impl Student {

        // 関連関数newを定義する
        fn new(first_name: &str, last_name: &str, age: u8) -> Self {

            // 構造体Studentを初期化して返す。Selfはimpl対象の型（Student）の別名
            Self {
                // to_stringメソッドで&str型の引数からString型の値を作る。詳しくは5章で説明
                first_name: first_name.to_string(),  // first_nameフィールドに値を設定
                last_name:  last_name.to_string(),   // last_nameフィールドに値を設定
                age,  // ageフィールドにage変数の値を設定
                      // フィールドと変数が同じ名前のときは、このように省略形で書ける
            }
        }
    }

}
```

このようにimpl（implementation、実装）ブロックを使うことで、対象の型に関連関数やメソッドを追加できます。ここで定義したnew関数は関連関数にあたり、Student::new(...)の形式で呼び出します。一般的なオブジェクト指向言語では、同様の関数はクラスメソッドやスタティックメソッドなどと呼ばれます。

構造体の初期化方法についてはコード内のコメントを参照してください。

テストケースを追加しましょう。まずは年齢で昇順にソートします。

ch03/bitonic-sorter/src/third.rs

```
mod tests {
    use super::{sort, sort_by};  // 変更
    use crate::SortOrder::*;

    #[test]
    // 年齢で昇順にソートする
    fn sort_students_by_age_ascending() {

        // 4人分のテストデータを作成
        let taro = Student::new("Taro", "Yamada", 16);
        let hanako = Student::new("Hanako", "Yamada", 14);
        let kyoko = Student::new("Kyoko", "Ito", 15);
        let ryosuke = Student::new("Ryosuke", "Hayashi", 17);
```

```
        // ソート対象のベクタを作成する
        let mut x = vec![&taro, &hanako, &kyoko, &ryosuke];

        // ソート後の期待値を作成する
        let expected = vec![&hanako, &kyoko, &taro, &ryosuke];

        assert_eq!(
            // sort_by関数でソートする。第2引数はソート順を決めるクロージャ
            // 引数に2つのStudent構造体をとり、ageフィールドの値をcmpメソッドで
            // 比較することで大小を決定する
            sort_by(&mut x, &|a, b| a.age.cmp(&b.age)),
            Ok(())
        );

        // 結果を検証する
        assert_eq!(x, expected);
    }
```


すでに定義済みのsort関数ではなくsort_byという関数を使うことにしました。他のプログラミング言語の中には関数のオーバーロードという機能を持つものがあり、そういった言語では引数の数や型さえ異なれば同じ名前の関数を複数定義できます。しかしRustでは関数オーバーロードは提供していません。そのためsort_byというsortとは別の名前の関数が必要になるのです。

3-5-2 クロージャの構文について

テストケースではsort_byの第2引数にソート順を決めるクロージャを渡しています。クロージャの構文をfnによる関数定義と比べてみましょう。

クロージャと関数の構造の比較

```
// クロージャ
|a, b| a.age.cmp(&b.age)
------ -----------------
引数    本体

// 上のクロージャと同等の関数
fn comparator(a: &&Student, b: &&Student) -> std::cmp::Ordering {
    a.age.cmp(&b.age)
}
```

関数にはcomparatorのような名前がありますがクロージャにはありません。関数では引数と戻り値の型注釈が必須ですが、クロージャでは省略できます。

型注釈を付けるときは以下のようにします。

型注釈つきのクロージャ

```
// クロージャで戻り値の型を明示したときは本体を { } で囲む
|a: &&Student, b: &&Student| -> std::cmp::Ordering {
    a.age.cmp(&b.age)
}
```

ソート順を決めるクロージャの内容を説明しましょう。このクロージャは引数aとbとして2つのStudent構造体を受け取ります。a.ageのようにしてStudent構造体のageフィールドの値（u8型）を取り出しています。

u8型のcmpメソッドは2つのu8型の値を比較してstd::cmp::Ordering型の値を返します。

```
use std::cmp::Ordering;

// 14u8はu8型の14
assert_eq!(14u8.cmp(&16u8), Ordering::Less);      // 14は16よりも小さい
assert_eq!(15u8.cmp(&15u8), Ordering::Equal);     // 15と15は等しい
assert_eq!(16u8.cmp(&14u8), Ordering::Greater);   // 16は14よりも大きい
```

テストケースをもう1つ追加しましょう。Studentを氏名順にソートします。

ch03/bitonic-sorter/src/third.rs

```
mod tests {

    #[test]
    fn sort_students_by_name_ascending() {
        let taro = Student::new("Taro", "Yamada", 16);
        let hanako = Student::new("Hanako", "Yamada", 14);
        let kyoko = Student::new("Kyoko", "Ito", 15);
        let ryosuke = Student::new("Ryosuke", "Hayashi", 17);

        let mut x = vec![&taro, &hanako, &kyoko, &ryosuke];
        let expected = vec![&ryosuke, &kyoko, &hanako, &taro];

        assert_eq!(sort_by(&mut x,
            // まずlast_nameを比較する
            &|a, b| a.last_name.cmp(&b.last_name)
                // もしlast_nameが等しくない（LessまたはGreater）ならそれを返す
                // last_nameが等しい（Equal）ならfirst_nameを比較する
                .then_with(|| a.first_name.cmp(&b.first_name))), Ok(())
        );
        assert_eq!(x, expected);
    }
}
```

こちらのクロージャでは2つの値をまずlast_nameで比較しますが、それらが同じだったときは、さらにfirst_nameを比較して大小を決定します。

3-5-3 sort_by関数を実装する

次にsort_by関数を定義しましょう。

ch03/bitonic-sorter/src/third.rs

```
use std::cmp::Ordering;

pub fn sort_by<T, F>(x: &mut [T], comparator: &F) -> Result<(), String>
    where F: Fn(&T, &T) -> Ordering
{
    if x.len().is_power_of_two() {
        do_sort(x, true, comparator);
        Ok(())
    } else {
        Err(format!("The length of x is not a power of two. (x.len(): {})", x.len()))
    }
}
```

第2引数comparatorはクロージャを受け取ります。クロージャの型はジェネリクスになっており、型パラメータFで示されます。where節以降にはFnで始まるトレイト境界が指定されています。

3-5-4 クロージャの型について

引数にクロージャを取るときはジェネリクスにする必要があります。なぜならクロージャの型は個々のクロージャで異なり、2つとして同じ型がないからです。これはクロージャが自分専用の環境を持つことができるからです。

```
// クロージャaとbは引数も戻り値も同じ型
// しかしこれらは異なる（匿名の）型になる
let a = |a, b| a.cmp(&b);
let b = |a, b| a.cmp(&b);
```

そのため引数comparatorのところに具体的な型を書くことはできず、型パラメータで表現します。

クロージャはそれが置かれている文脈によって、Fn、FnMut、FnOnceトレイトの一部または全部を自動的に実装します。sort_byでは比較のたびに同じクロージャを繰り返し使うので、環境へのアクセスが読み出し専用で、何度でも呼べるFnトレイトを選択しました。Fn(&T, &T) -> Orderingで示したとおり、引数としてT型の不変の借用を2つ取り、Ordering型の値を返します。

クロージャごとに型が異なることは意外に重要ですので覚えておくといいでしょう。たとえば引数としてクロージャを2つ取る関数を定義したとしましょう。

```
fn bad_sort<T, F>(x: &mut [T], cmp1: &F, cmp2: &F)
    where F: Fn(&T, &T) -> Ordering
```

呼び出そうとすると、クロージャcmp1とcmp2の型が合わずコンパイルエラーになります。

```
// コンパイルエラーになる。cmp1とcmp2は見た目が同じだが型が違う
bad_sort(&mut x, &|a, b| a.cmp(&b), &|a, b| a.cmp(&b));
```

正しく定義するにはそれぞれのクロージャに別々の型パラメータを与えます。

```
fn good_sort<T, F1, F2>(x: &mut [T], cmp1: &F1, cmp2: &F2)
    where F1: Fn(&T, &T) -> Ordering,
          F2: Fn(&T, &T) -> Ordering
```

3-5-5 既存の関数を修正する

sort_by関数はcomparatorクロージャをそのままdo_sort関数に渡しています。do_sortの実装は以下のようになります。

ch03/bitonic-sorter/src/third.rs

```
fn do_sort<T, F>(x: &mut [T], forward: bool, comparator: &F)
    where F: Fn(&T, &T) -> Ordering
{
    if x.len() > 1 {
        let mid_point = x.len() / 2;

        // xをバイトニックにソートする
        // 第2引数がtrueのときはcomparatorで示される順序でソート
        do_sort(&mut x[..mid_point], true, comparator);
        // 第2引数がfalseのときはcomparatorとは逆順でソート
        do_sort(&mut x[mid_point..], false, comparator);

        sub_sort(x, forward, comparator);
    }
}
```

do_sortの第2引数は今まではup: boolで昇順を表していましたが、役割が少し変わるのでforward: boolに変えました。forwardの値がtrueのときはcomparatorで示された向きにソートし、falseのときは逆順でソートします。こうしてバイトニック列を生成します。

sub_sort関数に進む前にsort関数を修正しましょう。do_sort関数が引数としてcomparatorクロージャを取るのにあわせます。

ch03/bitonic-sorter/src/third.rs

```
pub fn sort<T: Ord>(x: &mut [T], order: &SortOrder) -> Result<(), String> {
    // do_sortを呼ぶ代わりに、sort_by を呼ぶようにする
    // is_power_of_twoはsort_byが呼ぶので、ここからは削除した
    match *order {
        // 昇順ならa.cmp(b)、降順ならb.cmp(a)を行う
        SortOrder::Ascending  => sort_by(x, &|a, b| a.cmp(b)),
        SortOrder::Descending => sort_by(x, &|a, b| b.cmp(a)),
    }
}
```

sub_sort関数では受け取ったforward引数を、compare_and_swap関数や自分自身の再帰呼び出しにそのまま渡します。

ch03/bitonic-sorter/src/third.rs

```
fn sub_sort<T, F>(x: &mut [T], forward: bool, comparator: &F)
    where F: Fn(&T, &T) -> Ordering
{
    if x.len() > 1 {
        compare_and_swap(x, forward, comparator);
        let mid_point = x.len() / 2;
        sub_sort(&mut x[..mid_point], forward, comparator);
        sub_sort(&mut x[mid_point..], forward, comparator);
    }
}
```

compare_and_swap関数では2つの要素の比較にcomparatorクロージャを使います。

ch03/bitonic-sorter/src/third.rs

```
fn compare_and_swap<T, F>(x: &mut [T], forward: bool, comparator: &F)
    where F: Fn(&T, &T) -> Ordering
{
    // 比較に先立ちforward（bool値）をOrdering値に変換しておく
    let swap_condition = if forward {
        Ordering::Greater
    } else {
        Ordering::Less
    };
    let mid_point = x.len() / 2;
    for i in 0..mid_point {
        // comparatorクロージャで2要素を比較し、返されたOrderingのバリアントが
        // swap_conditionと等しいなら要素を交換する
```

```
            if comparator(&x[i], &x[mid_point + i]) == swap_condition {
                x.swap(i, mid_point + i);
            }
        }
    }
```

comparatorクロージャはGreater、Equal、Lessのいずれかのバリアントを返します。この値とbool型のforwardとを==で比較できません。そこでlet swap_condition = ...のところで、forwardをOrdering値に変換しています。Rustのifは文ではなく式なので値を返せます。

ifを式ではなく文のように使って、このように書いても構いません。

```
    let swap_condition;
    if forward {
        swap_condition = Ordering::Greater;
    } else {
        swap_condition = Ordering::Less;
    }
```

ちなみにRust Style Guideでは前者のifを式として使う書き方が推奨されています*13。

3-5-6 トレイトを自動導出する

cargo testを実行するとコンパイルエラーになります。

```
$ cargo test
...
error[E0369]: binary operation `==` cannot be applied to type `std::vec::Vec<&third::tests::
Student>`
   --> src/third.rs:142:9
    |
142 |         assert_eq!(x, expected);
    |         ^^^^^^^^^^^^^^^^^^^^^^^^
    |
    = note: an implementation of `std::cmp::PartialEq` might be missing for `std::vec::Vec
<&third::tests::Student>`

error[E0277]: `third::tests::Student` doesn't implement `std::fmt::Debug`
   --> src/third.rs:142:9
    |
142 |         assert_eq!(x, expected);
```

*13 https://github.com/rust-lang-nursery/fmt-rfcs/blob/master/guide/advice.md#expressions

```
    |         ^^^^^^^^^^^^^^^^^^^^^^^^ `third::tests::Student` cannot be formatted using
`{:?}`
    |
    = help: the trait `std::fmt::Debug` is not implemented for `third::tests::Student`
    = note: add `#[derive(Debug)]` or manually implement `std::fmt::Debug`
```


それぞれのエラーの意味は以下のとおりです。

- １つ目のエラー：２つのStudentのベクタを==で比較するには、StudentがPartialEqトレイトを実装する必要がある
- ２つ目のエラー：２つのStudentのベクタをフォーマット文字列"{:?}"で表示するには、StudentがDebugトレイトを実装する必要がある

StudentにPartialEqトレイトとDebugトレイトを実装しましょう。

PartialEqトレイトはeqメソッドを要求します。これを実装する1つの方法は以下のように手でコードを書くことです。

```
// StudentにPartialEqトレイトを実装する
impl PartialEq for Student {

    fn eq(&self, other: &Self) -> bool {
        // selfとotherですべてのフィールド同士を比較して、どのフィールドも等しいなら
        // selfとotherは等しい
        self.first_name == other.first_name
        && self.last_name == other.last_name
        && self.age == other.age
    }

}
```

少し面倒ですね。PartialEqトレイトとDebugトレイトは**自動導出**というコードの自動生成に対応していますので、そちらの方法を使いましょう。Student構造体の定義に以下のような#[derive]アトリビュートを付けるだけで実装できます。

```
    // deriveアトリビュートを使い、DebugトレイトとPartialEqトレイトの実装を自動導出する
    #[derive(Debug, PartialEq)]
    struct Student {
       first_name: String,
```

これで完成です。cargo testですべてのテストが成功することを確認してください。

 3-5-7 乱数で巨大なテストデータを生成する

今までテストデータは直接手で書いてきましたが、これだとあまり要素数を増やせません。次の段階では並列ソートで高速化を目指しますので、何億件といった大量のデータを用意できるようにしましょう。乱数を使って実現します。

乱数は乱数生成器（Random Number Generator、RNG）という関数を使って生成します。しかしRustの標準ライブラリにRNGは含まれていません。そのためcrates.ioで公開されているいくつかのRNG関連のクレートのうち、どれか1つを使うことになります。Rustは他の言語のランタイムに組み込んだり、組み込みシステムのような極端にリソースが少ない環境でも使われることを想定しています。そのため標準ライブラリをできる限り小さく保つ方針を採用しているのです。

RNGを提供するクレートにはいくつかありますが、今回はrand_pcgクレートを使います。このクレートは現在ほぼ標準的に使われているRandクレートから派生したもので、Randクレートの開発者たちが管理するRandプロジェクトの一部となっています。rand_pcgが実装している擬似乱数アルゴリズムは、セキュリティが求められる用途には使えませんが、高速かつ省メモリなものですので今回の用途には適しています[*14]。

ch03/bitonic-sorter/Cargo.toml

```
[dependencies]
rand = "0.6"
rand_pcg = "0.1"
```

ch03/bitonic-sorter/src/lib.rs

```
pub mod utils;
```

今まで関数はsecond、thirdといったモジュールに書いてきましたが、このデータ生成の関数は単体テストだけでなく、本章の最後で紹介するベンチマークプログラムでも使います。utilsというモジュールを作って、そこに書きましょう。src/utils.rsファイルを作成して、以下の関数を書きます。

ch03/bitonic-sorter/src/utils.rs

```
use rand::{Rng, SeedableRng};
use rand::distributions::Standard;
use rand_pcg::Pcg64Mcg;

pub fn new_u32_vec(n: usize) -> Vec<u32> {
    // RNGを初期化する。再現性を持たせるため毎回同じシード値を使う
    let mut rng = Pcg64Mcg::from_seed([0; 16]);
```

＊14 Randプロジェクトがサポートする RNGの比較表：https://rust-random.github.io/book/guide-rngs.html#the-generators

```
    // n個の要素が格納できるようベクタを初期化する
    let mut v = Vec::with_capacity(n);

    // 0からn - 1までの合計n回、繰り返し乱数を生成し、ベクタに追加する
    // (0からn - 1の数列は使わないので、_で受けることで、すぐに破棄している)
    for _ in 0..n {
        // RNGのsampleメソッドは引数として与えられた分布にしたがう乱数を1つ生成する
        // Standard分布は生成する値が数値型（ここではu32型）のときは一様分布
        // になる。つまり、その型が取りうるすべての値が同じ確率で出現する
        v.push(rng.sample(&Standard));
    }

    // ベクタを返す
    v
}
```

テストに再現性を持たせるため疑似乱数生成器の一種であるPcg64Mcgを使い、毎回同じシード値を与えることにしました。こうすると毎回のテストで同じ数列が生成されます。

型推論によって変数の型注釈が不要だったことに注目してください。ベクタvの型はnew_u32_vec関数の戻り値Vec<u32>により、同じ型に決定されます。RNGが生成する乱数の型はvの型からu32に決定され、符号なし32ビット整数が取りうるすべての値が生成されます。

3-5-8 イテレータチェインでスマートに

さて上の実装でも悪くはないのですが、この「何らかの値を繰り返し生成し、ベクタのような入れ物に収集する」ことは、プログラミングにおいて頻出パターンとなっています。Rustではこのような頻出パターンを**イテレータ**と**コレクタ**という概念で簡単に扱えるようになっています。書き直してみましょう。

ch03/bitonic-sorter/src/utils.rs

```
pub fn new_u32_vec(n: usize) -> Vec<u32> {
    let mut rng = Pcg64Mcg::from_seed([0; 16]);

    // rng.sample_iter()は乱数を無限に生成するイテレータを返す
    // take(n)は元のイテレータから最初のn要素だけを取り出すイテレータを返す
    // collect()はイテレータから値を収集して、ベクタやハッシュマップのような
    // コレクションに格納する
    rng.sample_iter(&Standard).take(n).collect()
}
```

5行使って書いていたコードが、(コメント行を除くと) 1行で書けるようになりました。

イテレータは何らかのデータの生成源を持っており、nextメソッドが呼ばれるたびに生成

源から次の値を取り出してSome(値)を返します。そしてもし生成源の値が尽きたらNoneを返します。上の関数ではrng.sample_iterとtakeのそれぞれがイテレータを返します。

collectはコレクタです。コレクタはイテレータのnextを繰り返し呼ぶことで値を収集して、ベクタやハッシュマップのようなコレクションに格納します。

rng.sample_iterは乱数を無限に生成しますので、そのnextは決してNoneを返しません。ここに直接collectを接続するとメモリが尽きるまで乱数を収集してしまいます。そこで間にtakeを挟み、要素数がnに達したら生成を終えるようにしています。

3-5-9 ソート結果を確認する

new_u32_vec関数により数列が簡単に作れるようになりました。次にソート結果が正しいことを確認する関数も定義しましょう。これもイテレータで1行で書けます。どのように動くかはコメントに詳しく書きました。

ch03/bitonic-sorter/src/utils.rs

```
pub fn is_sorted_ascending<T: Ord>(x: &[T]) -> bool {
    // windows(2)はスライスから2要素ずつ値を取り出す
    // 新しいイテレータを返す。たとえば元が[1, 2, 3, 4]なら
    // [1, 2]、[2, 3], [3, 4]を順に返す
    //
    // all(..)はイテレータから値(例:[1, 2])を取り出し、クロージャに渡す
    // クロージャがfalseを返したら、そこで処理を打ち切りfalseを返す
    // クロージャがtrueを返している間は、イテレータから次の値を取り出し
    // クロージャへ与え続ける。イテレータの値が尽きるまで(Noneになるまで)
    // クロージャが一度もfalseを返さなかったら、all(..)はtrueを返す
    x.windows(2).all(|pair| pair[0] <= pair[1])
}

pub fn is_sorted_descending<T: Ord>(x: &[T]) -> bool {
    x.windows(2).all(|pair| pair[0] >= pair[1])
}
```

昇順と降順で別の関数を定義しましたが、1つの関数にまとめて引数としてSortOrderを渡してもよかったかもしれません。興味のある方はぜひ改良に取り組んでみてください。

最後にテストケースを追加しましょう。2の16乗である65,536要素のデータ列を作り、ソート後に結果を検証します。

ch03/bitonic-sorter/src/third.rs*

```
mod tests {

    use crate::utils::{new_u32_vec, is_sorted_ascending, is_sorted_descending};
```

```
    #[test]
    fn sort_u32_large() {
        {
            // 乱数で65,536要素のデータ列を作る（65,536は2の16乗）
            let mut x = new_u32_vec(65536);
            // 昇順にソートする
            assert_eq!(sort(&mut x, &Ascending), Ok(()));
            // ソート結果が正しいことを検証する
            assert!(is_sorted_ascending(&x));
        }
        {
            let mut x = new_u32_vec(65536);
            assert_eq!(sort(&mut x, &Descending), Ok(()));
            assert!(is_sorted_descending(&x));
        }
    }

}
```

cargo testですべてのテストケースが成功することを確認してください。

3-6 最終形：並列ソートの実現

第4段階ではソートプログラムをマルチスレッド化して、マルチコアCPUが持つ力を発揮させます。

3-6-1 標準ライブラリのマルチスレッドAPI

Rustは標準ライブラリでプラットフォーム（OSとCPUアーキテクチャ）に依存しないマルチスレッドAPIを提供しています。たとえば新しいスレッドを立ち上げて何かの処理を実行し、スレッドの終了時に処理結果を受け取るには以下のように書きます。

```
use std::{time, thread};

fn main() {
    let n1 = 1200;
    let n2 = 1000;
```

```
    // spawnで子スレッドを立ち上げ、子スレッドで重い処理を実行する
    // 変数childがスレッドへのハンドルにに束縛される
    let child = thread::spawn(move || {
        // 重い処理を実行する
        heavy_calc("child", n2)
    });

    // 親スレッドでも重い処理を実行する。子スレッドの処理と同時に実行される
    let s1 = heavy_calc("main", n1);

    // スレッドのハンドルに対してjoinを呼ぶことで、スレッドの終了を待つ
    // クロージャの戻り値はOkでラップされる。もしスレッドがエラーにより
    // 異常終了したなら Err が返る
    match child.join() {
        Ok(s2) => println!("{}, {}", s1, s2),
        Err(e) => println!("error: {:?}", e),
    }
}

fn heavy_calc(name: &str, n: u64) -> u64 {
    println!("{}: started.", name);
    // 重い処理の代用としてnミリ秒スリープする
    thread::sleep(time::Duration::from_millis(n));
    // 1からnまでの数字を足し合わせる
    let sum = (1..=n).sum();
    println!("{}: ended.", name);
    sum
}
```

実行結果は以下のとおりです。親スレッドと子スレッドの処理が同時に実行されています。

```
% cargo run --release
main: started.
child: started.
child: ended.
main: ended.
720600, 500500
```

3-6-2 並列データ処理ライブラリRayon

Rayonクレート（https://crates.io/crates/rayon）は並列データ処理を簡単かつ安全に実現するためのライブラリです。Rustコンパイラのコア開発者の1人であるNicholas Matsakis氏が設計しました。

Rayonでは並列データ処理のために以下の2種類の部品を提供しており、用途によって使い分けられます。

- **並列イテレータ**：イテレータチェイン（数珠つなぎにされた一連のイテレータ）を並列に実行する
- **joinメソッド**：再帰的で、分割統治法（divide-and-conquer）に適したコードを並列に実行する

バイトニックソートのアルゴリズムは、数列を再帰的に分割しソートと結合を繰り返します。これは分割統治法の典型的な例でありjoinメソッドが向いています。

具体的には私たちのdo_sort関数とsub_sort関数で再帰的に呼び出している部分を、Rayonのjoinメソッドで置き換えます。

do_sortの置き換え例：置き換え前

```
// 2つのdo_sortを順番に実行する
do_sort(&mut x[..mid_point], true, comparator);
do_sort(&mut x[mid_point..], false, comparator);
```

do_sortの置き換え例：置き換え後

```
// 2つのdo_sortを同時に実行する。||...は引数を取らないクロージャ
rayon::join(|| do_sort(&mut x[..mid_point], true, comparator),
            || do_sort(&mut x[mid_point..], false, comparator));
```

これだけで、この2つの関数呼び出しが（CPUコアに余力があるなら）同時に実行されます。ただし、このあと実際にやってみるとすぐに分かりますが、このコードはコンパイルエラーになります。マルチスレッドプログラミングにおけるデータ競合を回避するためにプログラムを少し修正する必要があります。

3-6-3 Rayonを導入する

Rayonクレートを導入しましょう。Cargo.tomlに依存クレートとして追加します。

ch03/bitonic-sorter/Cargo.toml

```
[dependencies]
rand = "0.6"
rand_pcg = "0.1"
rayon = "1.0"      # この行を追加
```

src/lib.rsにはfourthモジュールを追加します。

ch03/bitonic-sorter/src/lib.rs

```
pub mod fourth;
```

src/third.rsをコピーして、src/fourth.rsを作ります。先頭にuseを追加します。

ch03/bitonic-sorter/src/fourth.rs

```
use super::SortOrder;
use rayon;                  // この行を追加
use std::cmp::Ordering;
```

do_sort関数を以下のように修正します。

ch03/bitonic-sorter/src/fourth.rs

```
// 並列に処理するかを決める、しきい値
const PARALLEL_THRESHOLD: usize = 4096;

fn do_sort<T, F>(x: &mut [T], forward: bool, comparator: &F)
    where F: Fn(&T, &T) -> Ordering
{
    if x.len() > 1 {
        let mid_point = x.len() / 2;
        // xの分割後の要素数をしきい値（PARALLEL_THRESHOLD）と比較する
        if mid_point >= PARALLEL_THRESHOLD {
            // しきい値以上なら並列にソートする（並列処理）
            rayon::join(|| do_sort(&mut x[..mid_point], true, comparator),
                        || do_sort(&mut x[mid_point..], false, comparator));
        } else {
            // しきい値未満なら順番にソートする（順次処理）
            do_sort(&mut x[..mid_point], true, comparator);
            do_sort(&mut x[mid_point..], false, comparator);
        }
        sub_sort(x, forward, comparator);
    }
}
```

PARALLEL_THRESHOLDという定数を追加しました。

do_sortでは数列xを長さが1になるまで繰り返し2分割していきますが、xの要素数がしきい値未満のときはjoinは使わないようにしました。並列処理を行うには準備と後始末の処理といった余分な処理（オーバーヘッド）が必要です。do_sortの処理時間はxの要素数に比例しますが、オーバーヘッドに費やす時間は要素数に関係なく一定です。xの要素が少ないとdo_sortの処理はすぐに終わります。すると並列処理で短縮できた時間に比べて、オーバーヘッドに費やした時間の割合が大きくなってしまい、結果として並列処理の方が順次処理よりも遅くなってしまいます。それを避けるために要素数が少ないときは順番にソートするようにして

います。

PARALLEL_THRESHOLDの値（4096）は特にあまり根拠はなく適当に決めました。もし最速の並列ソートを目指すなら、この値をいろいろと変化させて、処理時間が最も短くなるポイントを探してください。

cargo checkを実行しましょう。予告通りコンパイルエラーになります。

```
error[E0277]: the trait bound `F: std::marker::Sync` is not satisfied in `&F`
  --> src/fourth.rs:33:13
   |
33 |             rayon::join(|| do_sort(&mut x[..mid_point], true, comparator),
   |             ^^^^^^^^^^^ `F` cannot be shared between threads safely
   |
   = help: within `&F`, the trait `std::marker::Sync` is not implemented for `F`
   = help: consider adding a `where F: std::marker::Sync` bound
   ...（中略）...
   = note: required by `rayon::join`

error[E0277]: the trait bound `T: std::marker::Send` is not satisfied in `[T]`
  --> src/fourth.rs:33:13
   |
33 |             rayon::join(|| do_sort(&mut x[..mid_point], true, comparator),
   |             ^^^^^^^^^^^ `T` cannot be sent between threads safely
   |
   = help: within `[T]`, the trait `std::marker::Send` is not implemented for `T`
   = help: consider adding a `where T: std::marker::Send` bound
   ...（中略）...
   = note: required by `rayon::join`
```

comparatorクロージャの型FにはSync境界が必要で、xの要素の型TにはSend境界が必要だと言っています。

3-6-4 SyncトレイトとSendトレイト

Rustではマルチスレッドプログラムにおいてデータ競合が起こらないことをコンパイル時に確認するためにSyncとSendという2つのトレイトを提供しています。

Syncトレイト

ある型がSyncを実装している場合、この型の値は共有された参照を通じて複数のスレッドから並列に使われたとしても、必ずメモリ安全であることを意味します。先ほどのコンパイルエラーでは、comparatorクロージャの型FにSync境界が必要とのことでした。これはcomparatorが複数のスレッド間で共有され、並列に実行されるからです。もしcomparatorにそのような特性がなかったら、データ競合が発生し、ソート結果が予測できなくなるでしょう。

Rustのクロージャは、その内容によって自動的にSyncを実装します。

sort_by関数とdo_sort関数を以下のように修正します。

ch03/bitonic-sorter/src/fourth.rs

```
pub fn sort_by<T, F>(x: &mut [T], comparator: &F) -> Result<(), String>
    where F: Sync + Fn(&T, &T) -> Ordering
    // 本体は省略

fn do_sort<T, F>(x: &mut [T], forward: bool, comparator: &F)
    where F: Sync + Fn(&T, &T) -> Ordering
    // 本体は省略
```

このようにトレイト境界を+でつなげることで、型パラメータに対して複数のトレイト境界を設定できます。

Sendトレイト

ある型がSendを実装している場合、この型の値はスレッド間で安全に受け渡しできます。

sort、sort_by、do_sort関数を以下のように修正します。

ch03/bitonic-sorter/src/fourth.rs

```
pub fn sort<T: Ord + Send>(x: &mut [T], order: SortOrder) -> Result<(), String> {
    // 本体は省略

pub fn sort_by<T, F>(x: &mut [T], comparator: &F) -> Result<(), String>
    where T: Send,
          F: Sync + Fn(&T, &T) -> Ordering
    // 本体は省略

fn do_sort<T, F>(x: &mut [T], forward: bool, comparator: &F)
    where T: Send,
          F: Sync + Fn(&T, &T) -> Ordering
    // 本体は省略
```

3-6-5 所有権

cargo checkを実行すると別のエラーが起こります。

```
error[E0524]: two closures require unique access to `x` at the same time
  --> src/fourth.rs:36:25
   |
35 | rayon::join(|| do_sort(&mut x[..mid_point], true, comparator),
```

```
    |          --           - previous borrow occurs due to use of `x` in closure
    |          |
    |          first closure is constructed here
36  |          || do_sort(&mut x[mid_point..], false, comparator));
    |          ^^           -                    - borrow from first closure
ends here
    |          |            |
    |          |            borrow occurs due to use of `x` in closure
    |          second closure is constructed here
...(以下略)...
```


両方のクロージャがxに対する独占的なアクセスを同時に求めているそうです。

7章で詳しく学びますが、Rustは**所有権**と呼ばれる概念を持ちます。これによりGCなしでメモリを管理したり、メモリ安全性を保証したりできるのです。所有権の枠組みの下では、ある値に対する可変の参照を同時に2つ以上作れません。コンパイルエラーになったのは以下のコードです。

ch03/bitonic-sorter/src/fourth.rs

```
rayon::join(|| do_sort(&mut x[..mid_point], true, comparator),
            || do_sort(&mut x[mid_point..], false, comparator));
```

join関数の引数として2つのクロージャを渡しています。それぞれのクロージャは環境にxを捕捉し、その後xから可変の参照を作ろうとしています。ある値に対する可変の参照は同時に1つしか作れませんので、個々のクロージャはxを独占しようとします。しかしそれは叶わずコンパイルエラーになったわけです。

クロージャの中でxを分割するのではなく、クロージャの外で事前に分割してみましょう。試しにdo_sortの内容を以下のように修正します。

ch03/bitonic-sorter/src/fourth.rs

```
fn do_sort<T, F>(x: &mut [T], forward: bool, comparator: &F)
    where F: Fn(&T, &T) -> Ordering
{
    if x.len() > 1 {
        let mid_point = x.len() / 2;
        // xを事前に分割しておく
        let first = &mut x[..mid_point];
        let second = &mut x[mid_point..];

        if mid_point >= PARALLEL_THRESHOLD {
            // firstとsecondに分けたことで、クロージャが独占的にキャプチャできる、はず
            rayon::join(|| do_sort(first, true, comparator),
                        || do_sort(second, false, comparator));
```

これもエラーになります。

```
$ cargo check
error[E0499]: cannot borrow `*x` as mutable more than once at a time
  --> src/fourth.rs:35:31
   |
34 |         let first = &mut x[..mid_point];
   |                          - first mutable borrow occurs here
35 |         let second = &mut x[mid_point..];
   |                           ^ second mutable borrow occurs here
...
45 |     }
   |     - first borrow ends here

error[E0499]: cannot borrow `*x` as mutable more than once at a time
```

これはlet first = ...の行でxに対する可変の参照が作られ、それが返却される前にlet second = ...の行で再度可変の借用を作ろうとしているためです。つまり&mut x[..mid_point]の構文でxを2つの可変の借用に分割することはできません。別の方法を使いましょう。Rustのsliceモジュールには、これを可能にするsplit_at_mut()というメソッドがあります。

ch03/bitonic-sorter/src/fourth.rs

```
fn do_sort<T, F>(x: &mut [T], forward: bool, comparator: &F)
    where T: Send,
          F: Sync + Fn(&T, &T) -> Ordering
{
    if x.len() > 1 {
        let mid_point = x.len() / 2;
        // xをmid_pointを境にした2つの可変の借用に分割し
        // firstとsecondに束縛する
        let (first, second) = x.split_at_mut(mid_point);
        if mid_point >= PARALLEL_THRESHOLD {
            rayon::join(|| do_sort(first, true, comparator),
                        || do_sort(second, false, comparator));
        } else {
            do_sort(first, true, comparator);
            do_sort(second, false, comparator);
        }
        sub_sort(x, forward, comparator)
    }
}
```

これでエラーなくコンパイルできます。

3-6-6 sub_sort関数の並列化

sub_sort関数も並列化しましょう。考え方はsort_by関数と同じです。以下のように修正します。

ch03/bitonic-sorter/src/fourth.rs

```
fn sub_sort<T, F>(x: &mut [T], forward: bool, comparator: &F)
    where T: Send,
          F: Sync + Fn(&T, &T) -> Ordering
{
    if x.len() > 1 {
        compare_and_swap(x, forward, comparator);
        let mid_point = x.len() / 2;
        let (first, second) = x.split_at_mut(mid_point);
        if mid_point >= PARALLEL_THRESHOLD {
            rayon::join(|| sub_sort(first, forward, comparator),
                        || sub_sort(second, forward, comparator));
        } else {
            sub_sort(first, forward, comparator);
            sub_sort(second, forward, comparator);
        }
    }
}
```

これで並列化の作業は終わりです。cargo testですべてのテストが成功することを確認してください。

3-7 仕上げ：ベンチマークプログラム

このツアーの仕上げとして、マルチスレッド化による速度の向上を体験しましょう。3-1-1項で紹介したbenchmarkプログラムを追加して、実行します。

もちろん2つ以上のコアを持つプロセッサで実行しないと並列化の効果がありません。筆者のようにクラウド上のサーバを使うという選択肢もあります。このプログラムはコマンドライン引数として正の整数nを取り、2のn乗の要素数を持つランダムな数列を作ります。その数列を第3段階のシングルスレッドによる順次ソートと、最終段階のマルチスレッドによる並列ソートを使って整列し、それぞれの処理にかかった時間を表示します。

examplesディレクトリを作り、benchmark.rsという名前で以下のコードを書きましょう。プログラムの内容についてはコード内のコメントを参照してください。

ch03/bitonic-sorter/examples/benchmark.rs

```
use num_cpus;

use bitonic_sorter::SortOrder;
// 第3段階のsort関数をseq_sortという別名で使用する
use bitonic_sorter::third::sort as seq_sort;
// 第4段階のsort関数をpar_sortという別名で使用する
use bitonic_sorter::fourth::sort as par_sort;
use bitonic_sorter::utils::{is_sorted_ascending, new_u32_vec};

use std::{env, f64};
use std::str::FromStr;
use std::time::Instant;

fn main() {
    // 1つ目のコマンドライン引数を文字列として取得する
    if let Some(n) = env::args().nth(1) {
        // 文字列型からu32型への変換を試み、成功したらbitsに束縛する
        // もし失敗したならエラーを起こして終了する
        let bits = u32::from_str(&n).expect("error parsing argument");
        // 順次ソートと並列ソートを実行する
        run_sorts(bits);
    } else {
        // コマンドライン引数が指定されてなかったらヘルプメッセージを表示して
        // ステータスコード1で終了する
        eprintln!(
            "Usage {} <number of elements in bits>",
            env::args().nth(0).unwrap()
        );
        std::process::exit(1);
    }
}

fn run_sorts(bits: u32) {
    // 指定されたビット数からデータの要素数を求める
    // 例：
    // 28ビット → 要素数 268,435,456
    // 26ビット → 要素数  67,108,864
    let len = 2.0_f64.powi(bits as i32) as usize;

    // ソートする要素数とデータの見積もりサイズを表示する
    println!(
        "sorting {} integers ({:.1} MB)",
        len,
        (len * std::mem::size_of::<u32>()) as f64 / 1024.0 / 1024.0
    );
```

```
    // プロセッサの物理コア数と論理コア数を表示する
    println!(
        "cpu info: {} physical cores, {} logical cores",
        num_cpus::get_physical(),
        num_cpus::get()
    );

    // 順次ソートを実行して、処理にかかった時間を得る
    let seq_duration = timed_sort(&seq_sort, len, "seq_sort");

    // 並列ソートを実行して、処理にかかった時間を得る
    let par_duration = timed_sort(&par_sort, len, "par_sort");

    // 並列ソートが順次ソートに対して何倍速かったのか表示する
    println!("speed up: {:.2}x", seq_duration / par_duration);
}

fn timed_sort<F>(sorter: &F, len: usize, name: &str) -> f64
where
    F: Fn(&mut [u32], &SortOrder) -> Result<(), String>,
{
    // 要素数lenのu32型ベクタを生成する
    let mut x = new_u32_vec(len);

    // sorter関数を呼び出すことで、ソートを実行する
    // かかった時間（dur）を記録する
    let start = Instant::now();
    sorter(&mut x, &SortOrder::Ascending).expect("Failed to sort: ");
    let dur = start.elapsed();

    // ソートした要素数とかかった時間（秒）を表示する
    let nano_secs = dur.subsec_nanos() as f64 + dur.as_secs() as f64 * 1e9_f64;
    println!(
        "{}: sorted {} integers in {} seconds",
        name,
        len,
        nano_secs / 1e9
    );

    // ソート結果が正しいか検証する
    assert!(is_sorted_ascending(&x));

    nano_secs
}
```

benchmark.rsではnum_cpusクレートを使用します。Cargo.tomlに以下の文を追加します。

ch03/bitonic-sorter/Cargo.toml

```
[dependencies]
num_cpus = "1.8"
```

それでは実行してみましょう。以下のように実行します。

```
$ cargo run --release --example benchmark -- 26
```

最終形でも要素数がPARALLEL_THRESHOLD = 4096未満のデータ列はシングルスレッドでソートされるので、ある程度大きな配列でないと違いが現れないでしょう。筆者の環境では要素数が2の26乗（約6700万）から2の28乗（約2億7千万）くらいが時間的にちょうどよかったです。

第4章

プリミティブ型

4章から8章まではRustの基本的な事柄について学習します。本章ではRustにおける型とその値を扱います。Rustは静的型付き言語ですので、すべての値の型はコンパイル時に決定され、エラーがないか検査されます。これには以下のような利点があります。

- 安全性

コンパイル時に型検査することで、ある種のプログラミングのエラーを早期に発見できます。数値が必要な場面で文字列を使うなどの単純な誤りだけでなく、設計上の矛盾なども型レベルの不整合となって現れますので、驚くほど広範囲のエラーが検出されます。Rustの型システムは表現力が高いので、多様なデータ構造を扱うプログラムでは特に大きな恩恵を受けられるでしょう。

また型システムは7章で学習する所有権システムと密接に連携しており、未定義動作のない、型安全かつデータ競合のないプログラムを開発できます。

- 効率性

Rustはシステムプログラミングに適した言語ですので、データを格納するメモリの領域やメモリ上の表現などを型を通してきめ細やかに制御できます。また、コンパイラは型に関する知識に基づいて最適化を行い、実行効率に優れるバイナリを生成します。

4-1 型の分類

Rustでは言語に元々備わっている型を**プリミティブ型**(primitive type)と呼びます。一方、私たちが新たに定義した型を**ユーザ定義型**(user defined type)と呼びます(**図4.1**)。

これらの型はさらに**スカラ型**(scalar type)と**複合型**(compound type)に分けられます。

複合型から説明しましょう。複合型は他の型を組み合わせて形成され、アクセスできる内部構造を持ちます。3章で使用した型のうち複合型にあたるのは、`[u32]`などのスライス型、

Vec<u32>などのベクタ型、そして私たち自身で定義したStudent型などです。これらの型ではインデックスやageといったフィールド名を通して個々の値にアクセスできました。

スカラ型はそのような内部構造を持ちません。3章で使用した型ではbool型、符号なし32ビット整数（u32）型、64ビット浮動小数点数（f64）型などが該当します。

Rustではスカラ型はすべてプリミティブ型に属します。言語に組み込まれていますので、ユーザである私たちが新しいスカラ型を定義することはできません。一方、複合型にはプリミティブ型に属するものと、ユーザ定義型に属するものがあります。たとえばスライス型はプリミティブ型に属し、ベクタ型や私たちのStudent型はユーザ定義型に属します。

図4.1 型の分類

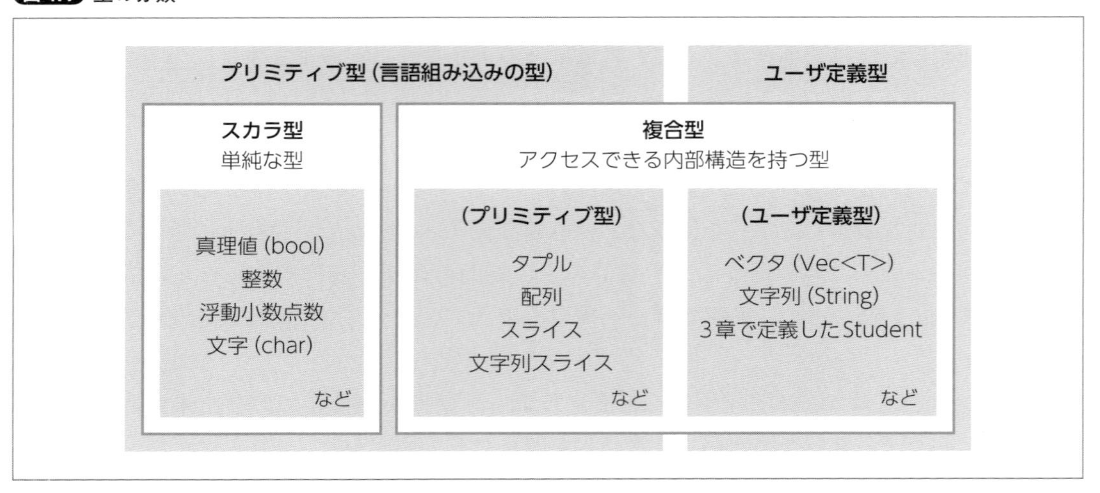

本章ではプリミティブ型について学びます。ユーザ定義型は5章で学びます。

column コラム

コードの表記法について

本書に掲載されているコード例ですが、冗長さを避けるためにmain関数を省略していることがあります。そのまま入力するとコンパイルエラーになりますので注意してください。この表記法はRustの公式ドキュメントなど、Rustコミュニティで一般的に使われています。

たとえば以下のようなコード例があったとします。

```
// 文字列操作の例
let s1 = "Hello, ";
let s2 = "world!";
let s3 = s1.to_string() + s2;
assert_eq!(s3, "Hello, world!");
```

これをsrc/main.rsに入力する際は、以下のようにmain関数で包む必要があります。

```
fn main() {
    // 文字列操作の例
    let s1 = "Hello, ";
```

```
    let s2 = "world!";
    let s3 = s1.to_string() + s2;
    assert_eq!(s3, "Hello, world!");
}
```

ここで少し注意が必要です。すべてをmain関数で包むわけではありません。たとえば以下のコード例を見てみましょう。

```
use std::fmt;

struct Point3D {
    x: f64,
    y: f64,
    z: f64,
}
impl fmt::Display for Point3D {
    fn fmt(&self, f: &mut fmt::Formatter) -> fmt::Result {
        write!(f, "({:.2}, {:.2}, {:.2})", self.x, self.y, self.z)
    }
}
let x = Point3D { x: 0.0, y: 1.5, z: -1.0 };
println!("{}", x);  // (0.00, 1.50, -1.00)と表示される。
```

この場合はuse、struct、implのところはそのまま入力し、最後の2行だけをmain関数で包みます。

```
use std::fmt;

struct Point3D {
    // 本体は省略

impl fmt::Display for Point3D {
    // 本体は省略

fn main() {
    let x = Point3D { x: 0.0, y: 1.5, z: -1.0 };
    println!("{}", x);  // (0.00, 1.50, -1.00)と表示される。
}
```

一般的な話として、以下のキーワードが現れたら、そのアイテムについてはmain関数で包む必要はありません。

- const
- crate
- enum
- fn
- impl
- macro_rules
- mod
- static
- struct
- trait
- type
- use

この一覧は覚えなくても大丈夫です。Rustの文法に慣れてくると、どうするべきか自然と分かるようになるでしょう。

4-2 スカラ型

Rustには以下のスカラ型があります。

- ユニット（unit）
- 真理値（bool）
- 固定精度の整数（i32、usizeなど）
- 固定精度の浮動小数点数（f32、f64）
- 文字（char）
- 参照（reference）
- 生ポインタ（raw pointer）
- 関数ポインタ（fn pointer）

これらについて順番に見ていきましょう。

また同時に**リテラル**の書き方も説明します。リテラル（literal）とは「文字通り」を意味する語で、プログラムのソースコードに直接記述される数値や文字列などの値を指します。

```
// 整数リテラル 42
let n = 42;

// 文字リテラル R
let c = 'R';
```

4-2-1 ユニット

ユニット型（unit type）は空（から）を表す型で、値をただ1つだけ持ちます。その値は空のタプル()でユニット値と呼びます[*1]。また型もunitではなく()と書きます。

ユニット型は目立たない存在ですが、Rustコードのいたるところで暗黙的に使われています。たとえば値を返さない関数の戻り値はユニット型です。

ch04/ex04/examples/ch04_01_unit.rs

```
// 戻り値の型を省略。コンパイラは戻り値がユニット型だと解釈する
fn hello() {
    println!("Hello");
```

*1 ユニット型の値は空のタプルで、タプル型は複合型に分類されます。しかしユニット型は複合型とはいえません。なぜならアクセス可能な内部構造を持たないからです。このことは公式ドキュメントの1つであるRust by Exampleでも触れられています。 https://doc.rust-lang.org/rust-by-example/primitives.html

```
}

// 関数を呼び出し、（ないはずの）戻り値に変数retを束縛する
let ret = hello();
// アサーションでretの値がユニット値と等しいことを検査する
assert_eq!(ret, ());
```

上のコードを実行するとアサーションに成功します。戻り値の型を省略したhello()関数は、実はユニット値を返していることになります*2。

ユニット型の値は意味のある情報を持ちませんので、そのサイズは0バイトです。

ch04/ex04/examples/ch04_01_unit.rs

```
// size_of::<型>()は、その型の値がメモリ上で占める大きさをバイト数で返す
assert_eq!(std::mem::size_of::<()>(), 0);  // 0バイト
```

キーとバリューのペアを格納するマップのようなデータ構造にキーだけを格納したいことがあります。そういうときはバリューの型をユニット型にすると無駄にメモリを使わずにすみます。たとえば標準ライブラリのHashSetは内部的なデータ構造としてバリューが()のHashMapを使っています。

4-2-2 真理値

真理値型（bool type）は値として真理値のtrue（真）またはfalse（偽）を持ちます。

ch04/ex04/examples/ch04_02_bool.rs

```
let b1 = true;
let b2 = !b1;        // false、否定

let n1 = 8;
let n2 = 12;
let b3 = n1 >= 10;  // false
let b4 = n2 >= 10;  // true
let b5 = b3 && b4;  // false、ショートサーキット論理積
let b6 = b3 || b4;  // true、ショートサーキット論理和

assert_eq!(std::mem::size_of::<bool>(), 1);  // サイズは1バイト
```

＊2　返す値がないときにユニット値が返されるというのは、実行時に無駄な命令が実行されるように思えるかもしれません。しかし実際にはユニット値はコンパイラの最適化によって取り除かれますので、そのような心配は無用です。

4-2-3 固定精度の整数

固定精度の整数型は0、100、-999といった固定長のビット幅で表現される整数値を持ちます。たとえば整数リテラル100はデフォルトでi32型だと解釈されます。i32型は32ビット符号付き整数で、負の値は2の補数で表現します。固定精度整数は大きく分けて、環境に依存しない「ビット幅指定の整数型」と、環境に依存する「アドレス幅の整数型」の2つのグループがあります。

ビット幅指定の整数型

ビット幅指定の整数型はi32型やu8型のように名前でビット幅を示します。これらは順に、32ビット、8ビットのデータサイズを持ちます。

指定可能なビット幅は8、16、32、64、128で、CPUアーキテクチャなどの環境に依存しません[*3]。つまりi32型は、どの環境をターゲットにコンパイルしても、常に32ビット（4バイト）のメモリを使用し、表現できる値の範囲も一定です。またi32のような符号付き整数型（integer）と、u32のような符号なし整数型（unsigned integer）があります。

なお128ビット整数はRust 1.26.0で導入されましたので、それより前のバージョンでは使用できません。

アドレス幅の整数型

アドレス幅の整数型はターゲットとするCPUのメモリアドレスのビット幅によってそのサイズが決まります。符号付きと符号なしがあり、前者はisize型、後者はusize型になります。usize型は配列のインデックスや長さなど広範囲で使われています。

値の範囲

固定精度整数のビット幅と値の範囲について、**表4.1**にまとめました。

＊3　ただしエンディアンという上位バイトと下位バイトをメモリに格納する順番は環境に依存します。

表4.1 固定精度整数のビット幅と値の範囲

型	ビット幅	表現できる値の範囲	備考
i8	8	− 128 .. 127	
u8	8	0 .. 255	
i16	16	− 32,768 .. 32,767	
u16	16	0 .. 65,535	
i32	32	− 2,147,483,648 .. 2,147,483,647	
u32	32	0 .. 4,294,967,295	
i64	64	− 9,223,372,036,854,775,808 .. 9,223,372,036,854,775,807	
u64	64	0 .. 18,446,744,073,709,551,615	
i128	128	−(2の127乗) .. 2の127乗 − 1 (2の127乗は170,141,183,460,469,231,731,687,303,715,884,105,728)	Rust 1.26.0から利用可
u128	128	0 .. 2の128乗 − 1	同上
isize	アドレスのビット幅	32ビットならi32と同じ、64ビットならi64と同じ	
usize	アドレスのビット幅	32ビットならu32と同じ、64ビットならu64と同じ	

整数リテラル

整数リテラルはデフォルトでi32型と解釈されますが、型推論によって別の型になることもあります。型を指定したいときは0u8のようにサフィックスとして型名を付与します。

また整数リテラルには読みやすさのためにアンダースコア（_）を含められます。

ch04/ex04/examples/ch04_03_integer.rs

```
let n1 = 10_000;      // i32型（整数リテラルのデフォルトの型）
let n2 = 0u8;         // u8型（サフィックスで型を指定）
let n3 = -100_isize; // isize型（同上）

// 型推論が働く例
let n4 = 10;          // n4はisize型になる。なぜなら、
let n5 = n3 + n4;     // ここでisize型のn3に加算しているから
```

整数リテラルはデフォルトで10進数として解釈されますが、プレフィックスとして0x、0o、0bを付けると、順に16進数、8進数、2進数として解釈されます。

ch04/ex04/examples/ch04_03_integer.rs

```
let h1 = 0xff;                    // i32型、16進数
let o1 = 0o744;                   // i32型、8進数
let b1 = 0b1010_0110_1110_1001; // i32型、2進数
```

また以下のように書くとASCII文字に対応する文字コードが得られます。型はデフォルトでu8になります。

ch04/ex04/examples/ch04_03_integer.rs

```
let n6 = b'A';  // ASCII文字'A'の文字コード65u8を得る
assert_eq!(n6, 65u8);
```

代表的な整数演算

整数型がサポートしている主な演算を**表4.2**にまとめました。

表4.2 整数型がサポートしている主な演算

種類	演算子	演算の内容
算術演算	+、-、*、/、%	加算、減算、乗算、除算、剰余
ビット演算	&、|、^、~	ビット積（and）、ビット和（or）、排他的論理和（xor）、ビットごとの否定（not）
	<<、>>	符号あり左シフト、符号あり右シフト
複合代入演算	+=、&=など	左辺の変数に右辺を加算し左辺に代入、など
比較演算	<、<=、>、>=、==、!=	左辺が右辺未満、以下、左辺が右辺より大きい、以上、等しい、等しくない

^はC言語風にビット演算のxorを意味し、べき乗ではありませんので注意してください。べき乗はたとえば2の32乗なら`2usize.pow(32)`のように`pow()`メソッドを使います。またビット演算のnotは~を使います。

C言語などにみられる以下の演算子はありません。

- 単項のインクリメント、デクリメント演算子（`i++`、`++i`など）
- 3項演算子（`条件式 ? 式1 : 式2`）

Rustでは前者は複合代入演算子を使い`i += 1`のように書きます。後者は`if`式を使って`if 条件式 { 式1 } else { 式2 }`と書きます。

整数型のメソッドや定数

整数型には多彩なメソッドやいくつかの定数が用意されており、標準ライブラリのAPIドキュメント[*4]に記載されています。たとえば`i32`型なら「i32 (primitive type)」と「std::i32」のページがあります。

例を挙げると以下のようなメソッドや定数があります。

- 数学的演算：べき乗`pow()`、絶対値`abs()`など
- ビット演算：左シフトして左端のビットが右端に戻る`rotate_left()`など
- 型変換：文字列スライスからのパース`from_str()`や、文字列への変換`to_string()`など
- 桁あふれを想定した演算：`checked_add()`など。次の項で説明します
- 定数：最大値`MAX`など

整数演算の桁あふれ

先ほどの表のように固定精度の整数型では表現できる値の範囲が決まっています。もし演算で得られた値が、その範囲を超えてしまったらどうなるでしょうか？ 以下のプログラムを実

*4 標準ライブラリのAPIドキュメントはターミナルから`rustup doc --std`を実行するとWebブラウザで表示されます。詳しくは「3-4-3 大小比較可能な型に限定する」を参照してください。

行してみましょう。

ch04/ex04/examples/ch04_04_overflowed1.rs

```
let n1 = std::u8::MAX;  // u8型の最大値は255u8
let n2 = 1u8;
// 答えは256だがu8型では表現できない（オーバーフロー）
let n3 = n1 + n2;
println!("{}", n3);
```

デバッグモードで実行するとパニックします。

```
$ cargo run
     Running `target/debug/int_calc`
thread 'main' panicked at 'attempt to add with overflow', src/main.rs:4
note: Run with `RUST_BACKTRACE=1` for a backtrace.
```

理由として「オーバーフローの起こる加算を試みた」と表示されました。**オーバーフロー**（桁あふれ）とは、演算の結果がその型のビット幅で表現できる範囲を超えて、正しく演算できないことを指します。

一方、リリースモードで実行するとパニックせず、誤った値`0u8`が得られます。

```
$ cargo run --release
     Running `target/release/int_calc`
0
```

このように四則演算やシフト演算などはリリースモードでは桁あふれが検出されません[*5]。桁あふれが起こりうるときは以下の演算の利用を検討してください。

- **検査付き演算**：桁あふれが発生しなければ`Some(値)`を返し、発生したら`None`を返す。メソッド名は`checked_`で始まる
- **飽和演算**：最大値を上回った場合は最大値を、最小値を下回った場合は最小値を返す。メソッド名は`saturating_`で始まる
- **ラッピング演算**：桁あふれを無視する。結果として、値の範囲をぐるぐると周回しているように振る舞う。メソッド名は`wrapping_`で始まる
- **桁あふれ演算**：ラッピング演算と同様に桁あふれを無視するが、演算結果の値と一緒に桁あふれが発生したかを`bool`値で返す。メソッド名は`overflowing_`で始まる

これらを使うと以下のようになります。

＊5　この振る舞いは`rustc`の`-C overflow-checks`フラグで制御されます。

ch04/ex04/examples/ch04_05_overflowed2.rs

```
let n1 = 200u8;
let n2 = 3u8;

// n1 x n2 = 600を計算する
// std::u8::MAXは255なので桁あふれする

// 検査付き乗算 → Noneになる。
assert_eq!(n1.checked_mul(n2), None);

// 飽和乗算 → u8の最大値255にはり付く
assert_eq!(n1.saturating_mul(n2), std::u8::MAX);

// ラッピング乗算 → 600を256で割った余りの88になる
assert_eq!(n1.wrapping_mul(n2), 88);

// 桁あふれ乗算 → 88と桁あふれを示すtrueのペアを返す
assert_eq!(n1.overflowing_mul(n2), (88, true));
```

このようにオーバーフローを想定したメソッドを用いることで、デバッグモードとリリースモードで一貫性のある動作を実現できます。

4-2-4 固定精度の浮動小数点数

固定精度の浮動小数点数型は`0.0`、`-12.34`、`3.14159`といった固定長のビット幅で表現される小数の値を持ちます。`f32`型と`f64`型の2種類があり、それぞれIEEE 754形式の単精度と倍精度の浮動小数点数に対応しています。

小数リテラル`0.0`はデフォルトで`f64`型になります。整数リテラルと同様、サフィックスに型名を指定したり、読みやすさのために`_`を含めたりできます。さらに`578.6E+77`のように指数部も指定できます。

ch04/ex04/examples/ch04_06_float.rs

```
let f1 = 10.0;           // f64型（小数リテラルのデフォルトの型）
let f2 = -1_234.56f32; // f32型（サフィックスで型を指定）
let f3 = 578.6E+77;    // f64型（指数部も指定できる）
```

なお16進数などを表す`0x`、`0o`、`0b`のプレフィックスは使用できません。

浮動小数点数型にも以下のような多彩なメソッドや定数が用意されています。

- 数学的演算。乗算加算`mul_add()`（`(self * a) + b`を小さな誤差で計算）、2数の最大値`max()`、べき乗`powi`と`powf()`、平方根`sqrt()`、対数`log()`、三角関数`sin()`など

- 整数への丸め処理。ceil()、round()、floor()など
- 分類。is_nan()、is_infinite()など
- 角度単位変換。to_radians()など
- 型変換。文字列スライスからのパースfrom_str()や、文字列への変換to_string()など
- 定数。浮動小数点数の相対誤差EPSILON、最大値MAX、円周率consts::PIなど

4-2-5 文字

文字型（char type）は値としてUnicodeの1文字（正確には1つのUnicodeスカラ値）を持ちます。charリテラルはシングルクオート（'）で作れます。

ch04/exc04/examples/ch04_07_char.rs

```
let c1 = 'A';                  // char型
let c2 = 'a';
assert!(c1 < c2);              // 文字コード順で大小比較
assert!(c1.is_uppercase()); // 大文字か検査

let c3 = '0';
assert!(c3.is_digit(10));     // 10進数の数字か検査

let c4 = '\t';                 // タブ文字
let c5 = '\n';                 // 改行（LF）文字
let c6 = '\'';                 // シングルクオート（'）
let c7 = '\\';                 // バックスラッシュ（\）
let c8 = '\x7F';               // 制御文字delを8ビットコードで表現（16進数で2桁）

let c9 = '漢';                 // ソースコードに直接漢字も書ける（ファイルはUTF-8形式で
                               // エンコードしておくこと）
let c10 = '\u{5b57}';          // '字'をユニコードのエスケープコードで表現（16進数で最大6桁）
let c11 = '\u{1f600}';         // 絵文字 😀*6
```

char型は1文字を表すのに、たとえ英数字であっても4バイト使います。

ch04/ex04/examples/ch04_07_char.rs

```
assert_eq!(std::mem::size_of::<char>(), 4);  // サイズは4バイト
```

Unicodeスカラ値について

Unicodeスカラ値について説明しましょう。現在のUnicode規格では文字を表現する（符号化する）ために21ビットの符号表を使用しています。この符号表で個々の文字に割り当てられ

＊6　絵文字はTwitterのTwemojiを使用（CC-BY 4.0ライセンス）https://twemoji.twitter.com

た位置（21ビットの番地）をコードポイントと呼び、U+16進数で示します（**表4.3**）。

表4.3 Unicodeのコードポイント

文字	コードポイント（16進数）
a	U+61
が	U+304C
😀*7	U+1F600

符号表でコードポイントが割り当てられているのは文字だけではありません。結合文字（U+200D）という2つの文字を結合して1つの文字として表示させるものや、UTF-16エンコーディングのサロゲートペアで使われるコードなどにもコードポイントが割り当てられています。

Unicodeスカラ値はコードポイントのうちサロゲートペアで使われるコードを除いたものを指します。具体的にはU+0からU+D7FFまでと、U+E000からU+10FFFFまでの値を取ります。char型はUnicodeスカラ値のみを受け付けます。

表示上の一文字とコードポイントの違い

Unicodeでは表示上の一文字が複数のコードポイントで構成されることもあります（**表4.4**）。たとえば「が」のような濁点の付いた文字は、**表4.3**のように1つのコードポイントで表すこともできますし、「か」と「゙ 」（濁点文字）の2つのコードポイントに分解することもできます。また国旗や家族の絵文字などは常に複数のコードポイントを組み合わせて作られます。

表4.4 複数のコードポイントで構成される文字

文字	コードポイント（16進数）	説明
が	U+304B U+3099	ひらがな「か」＋濁点文字
🇯🇵	U+1F1EF U+1F1F5	国旗文字「J」＋国旗文字「P」
👨‍👩‍👧	U+1F468 U+200D U+1F469 U+200D U+1F467	成人男性＋結合文字＋成人女性＋結合文字＋女児

char型の値は1つのUnicodeスカラ値を表しますので、このような文字でcharリテラルを作ろうとするとコンパイルエラーになります。

```
$ cargo check
...
error: character literal may only contain one codepoint:
 --> src/main.rs:2:13
  |
```

＊7　表4.3、表4.4の絵文字はTwitterのTwemojiを使用（CC-BY 4.0ライセンス）https://twemoji.twitter.com

```
2 |     let c = '📷';
  |             ^^
```

*8

4-2-6 参照

参照型（reference type）はメモリ安全なポインタです。

ポインタはデータが格納されている場所を示します。場所というのは具体的にはメモリのアドレス（番地）のことで、usizeと同じビット幅の整数で表されます。

ch04/ex04/examples/ch04_08_reference1.rs

```
// 関数f1は呼び出し元の値のコピーを引数nに束縛し、1に変更する
fn f1(mut n: u32) {
    n = 1;
    println!("f1:        n = {}", n);
}

// 関数f2は呼び出し元の値を指すポインタを受け取り、ポインタが指す
// 場所に2を格納する
fn f2(n_ptr: &mut u32) {
    println!("f2:    n_ptr = {:p}", n_ptr);

    // *を付けると参照先にアクセスできる。これを参照外し（dereference）と呼ぶ
    *n_ptr = 2;
    println!("f2:  *n_ptr = {}", *n_ptr);


    ut n = 0;
    n!("main:     n = {}", n);


    !("main:     n = {}", n);

    n`でnの値を指す可変のポインタを作成する
    );
    'main:     n = {}", n);
```

は以下のとおりです。

のTwemojiを使用（CC-BY 4.0ライセンス）https://twemoji.twitter.com

```
main:      n = 0             # f1の実行後、mainのnには変化なし
f2:   n_ptr = 0x7ffc3b45c8a4 # mainのnに割り当てられたアドレス（実行ごとに変わる）
f2:  *n_ptr = 2
main:      n = 2             # f2の実行後、mainのnが変化した
```

参照はポインタで指したい値に&や&mutを付けることで作成できます。型は&T、&mut Tのように表記します。Tのところには指したい値の具体的な型が入ります。たとえばchar型の値を指す参照は&charや&mut charになります。

ch04/ex04/examples/ch04_09_reference2.rs

```
let c1 = 'A';          // char型
let c1_ptr = &c1;      // &char型。イミュータブルな参照（不変の参照）
assert_eq!(*c1_ptr, 'A');

let mut n1 = 0;        // i32型
let n1_ptr = &mut n1; // &mut i32型。ミュータブルな参照（可変の参照）
assert_eq!(*n1_ptr, 0);

// 可変の参照では参照先の値を変更できる
*n1_ptr = 1_000;
assert_eq!(*n1_ptr, 1_000);
```

&Tは**イミュータブルな参照**（不変の参照）で、参照先の値の読み出しだけが可能
Tは**ミュータブルな参照**（可変の参照）で、参照先の値の読み出しと書き込みの両方

ポインタが指す値を取り出したり、ポインタが指す値を変更したりするときに
の先頭に*を付けます。これを**参照外し**またはディレファレンス（dereference）

参照はメモリ安全性を保証するために、7章で学ぶ所有権システムと密接
す。所有権システムでは参照のことを借用とも呼びます。これは参照がその
ータを所有していないからです。

4-2-7 生ポインタ

生ポインタ型（raw pointer type）*9はメモリ安全ではないポインタ
は*const T型、可変の生ポインタは*mut T型となります。

*9 標準ライブラリのAPIドキュメントのページ名は「pointer (primitive type)」にな
してください。本章では一般的な意味のポインタ（データのアドレスを指す値）と
から明確な12章などでは単に「ポインタ」と呼ぶこともあります。

ch04/ex04/examples/ch04_10_raw_pointer.rs

```
let c1 = 'A';                      // char型
// `&`で参照を作り、型強制で生ポインタに変換する
let c1_ptr: *const char = &c1;  // *const char型。不変の生ポインタ
// 生ポインタの参照外しはunsafeな操作
assert_eq!(unsafe { *c1_ptr }, 'A');

let mut n1 = 0;                    // i32型
let n1_ptr: *mut i32 = &mut n1; // *mut i32型。可変の生ポインタ
assert_eq!(unsafe { *n1_ptr }, 0);

// 可変の生ポインタでは参照先の値を変更できる
unsafe {
    *n1_ptr = 1_000;
    assert_eq!(*n1_ptr, 1_000);
}
```


生ポインタはポインタを他の言語との間で受け渡したり、所有権システムの管理から外したいときなどに使います。コンパイラは以下の操作の安全性を保証しません。そのためそれらについてはunsafeブロック内に書く必要があります。

- 参照外し
- 他のポインタ型への変換

4-2-8 関数ポインタ

関数ポインタ型（fn pointer type）[*10]は関数を指すポインタです。たとえば、`fn double(n: i32) -> i32`という関数を指す関数ポインタは`fn(i32) -> i32`と表記します。

ch04/ex04/examples/ch04_11_fn_pointer.rs

```
// この関数は引数を2倍した値を返す
fn double(n: i32) -> i32 {
    n + n
}

// この関数は引数の絶対値を返す
fn abs(n: i32) -> i32 {
    if n >= 0 { n } else { -n }
}

// 変数に型注釈として関数ポインタ型を指定することで、関数名から関数ポインタを得られる
```

＊10 標準ライブラリのAPIドキュメントのページ名は「fn (primitive type)」です。

```
let mut f: fn(i32) -> i32 = double;
assert_eq!(f(-42), -84); // double関数で2倍された

f = abs;
assert_eq!(f(-42), 42); // abs関数で絶対値を得た
```

関数ポインタはポインタの一種ですので、そのサイズはusize型と同じです。

ch04/ex04/examples/ch04_11_fn_pointer.rs

```
let mut f: fn(i32) -> i32 = double;

// 関数ポインタのサイズはusizeと同じ（x86_64アーキテクチャなら8バイト）
assert_eq!(std::mem::size_of_val(&f), std::mem::size_of::<usize>());
```

変数fに型注釈fn(i32) -> i32が必要だったことに注意してください。もし型注釈がないと**関数定義型**（fn item type）と推論され、以下のようにコンパイルエラーになります。

ch04/ex04/examples/ch04_11_fn_pointer.rs

```
// 変数に型注釈を付けないと関数ポインタ型（fn pointer）ではなく
// 関数定義型（fn item）だと推論される
let mut f_bad = double;

// 関数定義型は関数ごとに異なる型になるので、変数f_badに別の関数定義型を
// 束縛できない
f_bad = abs;  // 型が合わず、コンパイルエラーになる
// → error[E0308]: mismatched types（型の不一致）
//    expected type `fn(i32) -> i32 {double}`
//    found type `fn(i32) -> i32 {abs}`
```

関数ポインタのサイズはusizeと同じでしたが、関数定義のサイズは0バイトです。

ch04/ex04/examples/ch04_11_fn_pointer.rs

```
// 関数定義型の値のサイズは0バイト
assert_eq!(std::mem::size_of_val(&f_bad), 0);
```

なぜかというと、関数定義型は関数ごとに異なる型になりますので、追加の情報がなくてもコンパイラには正しい関数が分かるからです。なおエラーではfn(i32) -> i32 {double}のように仮名で表示されますが、関数定義型はいわば匿名の型として扱われ、プログラム中で型の名前として使用することはできません。

ch04/ex04/examples/ch04_11_fn_pointer.rs

```
// このように書くとコンパイルエラー（文法エラー）になる。
let mut f_bad: fn(i32) -> i32 {double} = double;
// → error: expected one of `!`, `(`, `::`, `;`, `<`, or `=`, found `{`
```


column コラム

関数ポインタとクロージャ

2章と3章でクロージャを使いました。クロージャは|n| n + xのような構文をしており、捕捉した環境と関数からなるデータ構造です。

ch04/ex04/examples/ch04_12_fn_pointer_vs_closure.rs

```
let x = 4; // 変数xを4に束縛する

// クロージャを定義する。するとxがクロージャの環境に捕捉される（キャプチャされる）
let adder = |n| n + x;
assert_eq!(adder(2), 4 + 2);

let mut state = false;
// 別のクロージャを定義する。このクロージャは引数を取らない
let mut flipflop = || {
    // stateが補足される
    state = !state; // 状態を反転する
    state
};

// クロージャを呼ぶたびに返る値が反転する
assert!(flipflop());  // true
assert!(!flipflop()); // false
assert!(flipflop());  // true

// クロージャが返す値だけでなく、stateの値も変化している
assert!(state); // true
```

上のコードをコンパイルすると、コンパイラはクロージャの環境を表現するために匿名の型（匿名の構造体）を生成します。最初のクロージャadderはxを捕捉しますので、xの参照をフィールドに持つ構造体が作られます。2つ目のflipflopではstateの参照をフィールドに持つ構造体が作られます。以下のようなイメージです。

```
// 環境を表す構造体の擬似的なコード。実際にはコンパイラが自動生成するので外からは見えない

// adderの環境
struct adder_env {
    x_ref: &i32, // xの不変の参照
}

// flipflopの環境
struct flipflop_env {
    state_ref: &mut bool, // stateの可変の参照
}
```

このようにクロージャを定義するごとにそれ専用の匿名の型が作られます。以下の2つのクロージャのように同じ変数を捕捉していても別の構造体が作られ、異なる型になります。

ch04/ex04/examples/ch04_12_fn_pointer_vs_closure.rs

```
let b = 5;

// クロージャは1つ1つが独自の匿名の型を持つため、変数fの型はこのクロージャの匿名型になる
let mut f = |a| a * 3 + b;
// 別のクロージャでは変数fと型が合わず、コンパイルエラーになる
f = |a| a * 4 + b;
// → error[E0308]: mismatched types
//   = note: expected type `[closure@src/main.rs:5:17: 5:30 b:_]`
//              found type `[closure@src/main.rs:6:9: 6:22 b:_]`
//   = note: no two closures, even if identical, have the same type
//      (2つのクロージャは、たとえ見た目が同じでも、同じ型を持つことはない)
```

匿名型はプログラム中で型の名前として使用できません。クロージャを関数の引数として受け取ったり関数から返したりするには、8章で紹介するジェネリクス、implトレイト、トレイトオブジェクトなどを使用することになります。

●一部のクロージャは関数ポインタ型になれる

クロージャには環境に何も捕捉しないもの、つまり空の環境を持つものもあります。そのようなクロージャは環境を持たない普通の関数と同等ですので関数ポインタ型になれます。

ch04/ex04/examples/ch04_12_fn_pointer_vs_closure.rs

```
// 環境になにも捕捉しないクロージャは関数ポインタ型になれる
let mut f: fn(i32) -> i32 = |n| n * 3;
assert_eq!(f(-42), -126);

// 環境になにかを捕捉するクロージャは関数ポインタ型になれない
let x = 4;
f = |n| n * x;  // xを捕捉している
// → error[E0308]: mismatched types
//   expected fn pointer, found closure
//   (関数ポインタを期待しているのに、クロージャが見つかった)
```

●クロージャが要求される場面で関数ポインタを渡す

逆にクロージャが求められる場面で関数ポインタを渡すこともできます。なぜならunsafeキーワードが付いていない関数ポインタは、クロージャのトレイトFn、FnMut、FnOnceを自動的に実装するしくみになっているからです。

たとえばイテレータのmap()メソッドは引数としてFnMutトレイトを実装したクロージャを取ります。普通にクロージャで書いてみましょう。

ch04/ex04/examples/ch04_12_fn_pointer_vs_closure.rs

```
let v = vec!["I", "love", "Rust!"]
    .into_iter()
    .map(|s| s.len())  // &str型の引数sを取るクロージャ
    .collect::<Vec<_>>();
assert_eq!(v, vec![1, 4, 5]);
```

このmap()メソッドの引数は関数ポインタで置き換えられます。

ch04/ex04/examples/ch04_12_fn_pointer_vs_closure**

```
// len()メソッドは&str型の引数を1つだけ取るので、len()メソッドへの
// 関数ポインタでも型が一致する
    .map(str::len)
```

どちらの書き方をしてもコンパイラの最適化によって同等のバイナリが生成されることが期待されます。どちらで書くかは好みの問題といってよさそうです。

4-3 プリミティブな複合型

ここからは複合型の中でプリミティブ型に属するものを説明します。

- タプル（tuple）
- 配列（array）
- スライス（slice）
- 文字列スライス（str）

4-3-1 タプル

タプル型（tuple type）とは`(88, true)`や`(0.0, -1.0, 1.0)`のように、カンマで区切った要素の組を持ちます。各要素の型は異なっても構いません。また`((0, 5), (10, -1))`のように、タプルの要素として別のタプルを取ることもできます。

タプルの型は先ほどの例なら`(i32, bool)`、`(f64, f64, f64)`、`((i32, i32), (i32, i32))`と表記します。

タプルの要素の数を要素数またはアリティと呼びます。要素数はコンパイル時に決まり、実行時には変更できません。たとえば要素数が2つのタプルに、3つ目の要素を追加することはできません。

言語仕様上、タプルの要素数に上限はないようです[*11]。しかし要素数が多いと、どの要素が何を表しているか分かりにくくなります。そんなときは5章で説明する構造体を用いるといいでしょう。

要素数が2つか3つのタプルは非常によく使われます。要素数が2つのものをペア（組）、3つのものをトリプル（3つ組）と呼ぶこともあります。要素数が1つのタプルも作れますが、文法上の曖昧さを避けるため`(1,)`のようにカンマ付きで記述する必要があります。もっともこのようなタプルを使う機会はまずないでしょう。

要素へのアクセス

タプルの要素を取り出したり変更したりする方法は2つあります。フィールド名を使う方法と、パターンマッチで分解する方法です。

＊11 試しに要素数400のタプルを作ってみましたが、問題なくコンパイル、実行できました

◎ フィールド名を使う

フィールド名は0始まりの要素番号になります。要素の取り出しは以下のようにします。

ch04/ex04/examples/ch04_13_tuple.rs

```
let t1 = (88, true);

// フィールド0の要素(左から数えて最初の要素)を取り出す
assert_eq!(t1.0, 88);

// フィールド1の要素(2番目の要素)を取り出す
assert_eq!(t1.1, true);

// フィールド名にはコンパイル時の定数のみ使える。変数は不可
let i = 0;
let t1a = t1.i;
//    → コンパイルエラー
//        no field `i` on type `({integer}, bool)`
//       `({整数}, bool)`型には`i`という名のフィールドはありません
```

要素の書き換えは以下のようにします。

ch04/ex04/examples/ch04_13_tuple.rs

```
// 要素を書き換えるので、変数t1にmutを付けて可変にする
let mut t1 = (88, true);

// フィールド0の要素を書き換える
t1.0 += 100;  // 現在の値に100を足す

assert_eq!(t1, (188, true));
```

◎ パターンマッチで分解する

2つ目の方法はパターンマッチで分解することです。たとえばlet文ではパターンマッチを行えます。要素の取り出しは以下のようにします。

ch04/ex04/examples/ch04_13_tuple.rs

```
let (n1, b1) = (88, true);
assert_eq!(n1, 88);
assert_eq!(b1, true);

let ((x1, y1), (x2, y2)) = ((0, 5), (10, -1));
assert_eq!(x1, 0);
assert_eq!(y1, 5);
assert_eq!(x2, 10);
```

```
assert_eq!(y2, -1);

// 不要な値はアンダースコアを使うと無視できる
let ((x1, y1), _) = ((0, 5), (10, -1));
```

このように左辺のタプル内の変数が右辺の対応するタプル値の要素に束縛されます。パターンマッチについて詳しくは6章で説明します。

もちろん要素の書き換えもできます。要素を指す可変の参照を得るために、左辺にref mutキーワードが必要です。

ch04/ex04/examples/ch04_13_tuple.rs

```
// 要素を書き換えるので、変数t1にmutを付けて可変にする
let mut t1 = ((0, 5), (10, -1));

// 要素を指す可変の参照を得るためにref mutを追加する
let ((ref mut x1_ptr, ref mut y1_ptr), _) = t1;

// *を付けることでポインタが指すアドレスにあるデータにアクセスできる
*x1_ptr += 3;
*y1_ptr *= -1;

assert_eq!(t1, ((3, -5), (10, -1)));
```


4-3-2 配列

配列型（array type）は配列を値に持ちます。配列は[false, true, false]、[0.0, -1.0, 1.0, 0.5]のように同じ型の要素を並べ、0から始まる番号を付けたものです。配列の要素はメモリ上の連続した領域に格納されます。これにより、どの要素に対しても一定の時間でアクセスできます。配列は要素として別の配列を取ることもできます。たとえば[['a', 'b'], ['c', 'd']]のようにすれば、2次元の配列が作成できます。

配列の要素数を長さと呼びます。配列の型は要素の型と長さで表します。先ほどの例なら順に[bool; 3]、[f64; 4]、[[char; 2]; 2]となります。

ch04/ex04/examples/ch04_14_array.rs

```
let a1 = [false, true, false];      // [bool; 3]型
let a2 = [0.0, -1.0, 1.0, 0.5];     // [f64; 4]型

// `len()`で配列の長さを得られる
assert_eq!(a2.len(), 4);

// 長さ100の配列を作り、全要素を0i32で初期化する
```

```
// (要素の型はCopyトレイトを実装していなければならない)
let a3 = [0; 100];                  // [i32; 100]型
assert_eq!(a3.len(), 100);

// 配列は入れ子にできる
let a4 = [['a', 'b'], ['c', 'd']]; // [[char; 2]; 2]型。2次元配列

// 配列は同じ型の要素の並び。異なる型の要素は持てない
let a5 = [false, 'a'];
// → error[E0308]: mismatched types
// expected bool, found char
```

配列の長さはコンパイル時に決まり、実行時には変えられません。たとえば長さ3の配列に、4つ目の要素を追加することはできません。もし実行時に長さを決めたい、あるいは要素を追加・削除したい場合は5章で紹介するベクタ(Vec<T>型)を使用するとよいでしょう。

ch04/ex04/examples/ch04_14_array.rs

```
// 配列の長さは実行時に指定できない
let size = 100;
let a1 = [0; size];
// → コンパイルエラー E0435:
// コンパイル時定数が要求される場所に定数でない値がある

// ベクタなら実行時に長さを指定できる
let mut v1 = vec![0; size];    // Vec<i32>型
assert_eq!(v1.len(), 100);     // 長さは100

// ベクタには要素を追加したり、削除したりできる。
v1.push(1);                    // ベクタの最後尾に要素を追加する
assert_eq!(v1.len(), 101);     // 長さは101になる
assert_eq!(v1.pop(), Some(1)); // ベクタの最後尾から要素を取り除く
assert_eq!(v1.len(), 100);     // 長さは100に戻る
```

要素へのアクセス

配列の要素を取り出したり書き換えたりする方法は大きく分けて2種類あります。**インデックス**を使う方法と、**イテレータ**を使う方法です。

インデックスを使う

インデックスは[ ]の中に0から始まる要素番号を書きます。インデックスは定数でなくても構いません。

ch04/ex04/examples/ch04_14_array.rs

```
let array1 = ['H', 'e', 'l', 'l', 'o'];
assert_eq!(array1[1], 'e');

let mut array2 = [0, 1, 2];
array2[1] = 10;
assert_eq!(array2, [0, 10, 2]);

// インデックスは定数でなくてもかまわない
let mut index = 0;
assert_eq!(array2[index], 0);
index += 1;
assert_eq!(array2[index], 10);
```

インデックスの範囲は常にチェックされ、範囲外にアクセスしようとするとコンパイル時に分かるならそのままコンパイルエラーになり、分からなければ実行時にパニックします。

ch04/ex04/examples/ch04_14_array.rs

```
let array3 = [0, 1];
array3[2];
// → エラー: インデックスが範囲外: 長さは2だがインデックスが2である
let index = 2;
array3[index];
// → コンパイルエラーにはならず、実行時にパニックする
```

値を取り出すときは、より安全な(パニックしない)get()メソッドも使えます。

ch04/ex04/examples/ch04_14_array.rs

```
assert_eq!(array3.get(1), Some(&1));  // get()はインデックスが範囲内のときはSome(&値)を返す
assert_eq!(array3.get(2), None);      // さもなければNoneを返す
```

◎ イテレータを使う

配列要素の範囲にアクセスしたいときは、インデックスよりもイテレータの方が直感的です。またイテレータを使えば、範囲外のインデックスにアクセスしないか心配しなくてもよくなります。

ch04/ex04/examples/ch04_14_array.rs

```
let array4 = ['a'; 50];     // 長さ50

// iter()で要素が不変のイテレータを作成
for ch in array4.iter() {
    print!("{},", *ch);
}
```

```
let mut array5 = [1; 50];  // 長さ50

// iter_mut()で要素が可変のイテレータを作成
for n in array5.iter_mut() {
    *n *= 2;
}
```

スライスへの暗黙的な型強制

これまで配列について、インデックスによるアクセスや、len()、get()、iter()などのメソッドを紹介してきましたが、実はこれらの機能は配列自体に備わっているのではありません。実際には次の節で説明するスライスに備わっています。Rustでは配列に対してスライスのメソッドを呼び出そうとすると、その配列をスライスへと暗黙的に型強制（type coercion）するしくみになっているのです。

こうした理由からドキュメントのarrayのページにはこれらのメソッドが記載されていません。sliceのページも見るとよいでしょう。

型強制については5章で説明します。

4-3-3 スライス

スライス型（slice type）は配列要素の範囲に効率よくアクセスするためのビューです。配列といってもスライスが対象とするデータ構造は配列だけではありません。連続したメモリ領域に同じ型の要素が並んでいるデータ構造なら、どれでも対象にできます。このようなデータ型にはベクタや、Rust以外の言語で作成した配列なども含まれます。

スライスには不変・可変の参照かBoxというポインタの一種を経由してアクセスします。そのため型は&[bool]、&mut [bool]、Box<[bool]>のように表記します。かぎ括弧の部分は配列の型[bool; 3]と似ていますが、長さが含まれないことに注目してください。なぜならスライスの長さはコンパイル時ではなく、実行時に決まるからです。

ch04/ex04/examples/ch04_15_slice1.rs

```
// この関数は&[char]型のスライスを引数に取り、その情報を表示する
fn print_info(name: &str, sl: &[char]) {
    println!("  {:9} - {}, {:?}, {:?}, {:?}",
        name,
        sl.len(),     // 長さ（バイト数）  usize型
        sl.first(),   // 最初の要素        Option<char>型
        sl[1],        // 2番目の要素       char型
        sl.last()     // 最後の要素        Option<char>型
    );
}
```

```
// 配列
let a1 = ['a', 'b', 'c', 'd'];        // 参照元のデータ。[char; 4]型
println!("a1: {:?}", a1);

print_info("&a1[..]",   &a1[..]);     // &[char]型。全要素のスライス
print_info("&a1",       &a1);         // 同上
print_info("&a1[1..3]", &a1[1..3]);   // bとcを要素とする長さ2のスライス

// ベクタ
let v1 = vec!['e', 'f', 'g', 'h'];    // 参照元のデータ。Vec<char>型
println!("\nv1: {:?}", v1);

print_info("&v1[..]",   &v1[..]);     // &[char]型。全要素のスライス
print_info("&v1",       &v1);         // 同上
print_info("&v1[1..3]", &v1[1..3]);   // &[char]型。fとgを要素とする長さ2のスライス
```

この例では[char; 4]型の配列とVec<char>型のベクタの2種類のデータ構造から同じ&[char]型のスライスを作成しprint_info()関数に渡しています。スライスにはlen()やfirst()のようなメソッドが用意されており、ここで定義したprint_info()関数では元となるデータ構造の詳細を知ることなく共通の操作を適用できます。

実行結果は以下のとおりです。

```
a1: ['a', 'b', 'c', 'd']
  &a1[..]   - 4, Some('a'), 'b', Some('d')
  &a1       - 4, Some('a'), 'b', Some('d')
  &a1[1..3] - 2, Some('b'), 'c', Some('c')

v1: ['e', 'f', 'g', 'h']
  &v1[..]   - 4, Some('e'), 'f', Some('h')
  &v1       - 4, Some('e'), 'f', Some('h')
  &v1[1..3] - 2, Some('f'), 'g', Some('g')
```

ところで&a1[1..3]と範囲指定したときにインデックス3の要素が含まれなかったことに注意してください。Rustではbegin..endで範囲を指定した際、beginは含みますがendは含みません。ここはRustに慣れてきても間違えることがあるので、よく覚えておいてください。endを含めたい場合はbegin..=endを使います。またbegin..や..endといった指定もできます。

範囲については5-1-5でもう少し詳しく説明します。

イミュータブルなスライスとミュータブルなスライス

配列a1に対して&a1[1..3]とすると**イミュータブルなスライス**（不変のスライス）が作られます。不変のスライスでは要素を変更できません。

要素を変更したいときは&mut a1[1..3]として**ミュータブルなスライス**（可変のスライス）を作ります。

ch04/ex04/examples/ch04_16_slice2.rs

```
let mut a1 = [5, 4, 3, 2];      // 配列。[i32; 4]型
let s1 = &mut a1[1..3];         // 可変のスライス。&mut[i32]型
s1[0] = 6;                      // スライスの最初の要素を6にする
s1[1] *= 10;                    // 2番目の要素を10倍する
s1.swap(0, 1);                  // 要素を交換する
assert_eq!(s1, [30, 6]);        // スライスの内容を確認

// 参照元の配列の内容を確認
assert_eq!(a1, [5, 30, 6, 2]);  // スライスを通じて配列の内容が変更された
```

スライスに対する主な操作

スライスには数十個のメソッドが用意されています。ごく一部を紹介しましょう。まずは不変のスライスと可変のスライスで共通の操作です。

ch04/ex04/examples/ch04_16_slice2.rs

```
let a2: [i32; 0] = [];
let s2 = &a2;                                // 不変のスライスを作成
assert!(s2.is_empty());                      // 空のスライス
assert_eq!(s2.len(),   0);                   // 長さは0
assert_eq!(s2.first(), None);                // 最初の要素は存在しない

let a3 = ["zero", "one", "two", "three", "four"];
let s3 = &a3[1..4];                          // 不変のスライスを作成
assert!(!s3.is_empty());                     // 空ではない
assert_eq!(s3.len(),   3);                   // 長さは3
assert_eq!(s3.first(), Some(&"one"));        // 最初の要素

assert_eq!(s3[1],      "two");               // 2番目の要素
// assert_eq!(s3[3],   "?");                 // 4番目の要素。存在しないのでpanicする
assert_eq!(s3.get(1),  Some(&"two"));        // 2番目の要素を得る別の方法
assert_eq!(s3.get(3),  None);                // 4番目の要素。存在しないのでNone

assert!(s3.contains(&"two"));                // "two"を要素に持つ
assert!(s3.starts_with(&["one", "two"]));   // "one", "two"で始まる
assert!(s3.ends_with(&["two", "three"]));   // "two", "three"で終わる
```

次は可変のスライスだけで可能な操作です。

ch04/ex04/examples/ch04_16_slice2.rs

```
let mut a4 = [6, 4, 2, 8, 0, 9, 4, 3, 7, 5, 1, 7];

// 一部の要素を昇順にソートする
&mut a4[2..6].sort();
assert_eq!(&a4[2..6], &[0, 2, 8, 9]);

// スライスを2つの可変スライスへ分割する
let (s4a, s4b) = &mut a4.split_at_mut(5);

// 前半を逆順にする
s4a.reverse();
assert_eq!(s4a, &[8, 2, 0, 4, 6]);

// 後半を昇順にソートする
s4b.sort_unstable();
assert_eq!(s4b, &[1, 3, 4, 5, 7, 7, 9]);

// sort()とsort_unstable()の違い
// sort()は安定ソートなので同順なデータのソート前の順序がソート後も保存される
// soft_unstable()は安定ソートではないが、一般的にsort()より高速
```

上の例では説明のために&mut a6[2..6].sort()のように&mutを付けて可変スライスを作りましたが、実際にはこう書く必要はありません。以下のように書けば型強制によって自動的にスライスが作られます。

ch04/ex04/examples/ch04_16_slice2.rs

```
// &mutを省略しても結果は同じ。型強制によって自動的にスライスが作られる
a4[2..6].sort();
let (s4a, s4b) = a4.split_at_mut(5);
```

ここで紹介したメソッドはほんの一部です。ぜひスライスのリファレンスに目を通してください。

ボックス化されたスライス

使う機会はあまりなさそうですが、**ボックス化されたスライス**Box<[T]>という型もあります。

&[T]や&mut[T]といった一般的なスライスはポインタの一種で、それ自身はデータの実体は持ちません。代わりに配列といった別の場所で作られたデータ構造を参照します。これをRustの所有権システムの用語では「データを所有せず、借用している」といいます。スライスのライフタイムが尽きてメモリから削除されても、それが借用していた実データはそのままメモリに残ります。

一方、Box<[T]>はデータを所有します。実データはヒープと呼ばれるメモリ領域に格納され、このスライスのライフタイムが尽きると実データがメモリから削除されます。

Box<[T]>を使うと配列やベクタと似たデータ構造が得られます。これらのデータ構造の違いについては、5章でベクタを紹介したあとに比較します。

4-3-4 文字列スライス

str型はUnicodeの文字で構成された文字列です。ほとんどの場合strにはスライスを通じてアクセスします。そのためstrは**文字列スライス型**と呼ばれ、&strか&mut strと表記します。

strリテラルはダブルクオート(")で作り、型は&'static strです。'staticはライフタイム指定子と呼ばれ、7章で説明します。

ch04/ex04/examples/ch04_17_str.rs

```
let s1 = "abc1";    // &'static str型
let s2 = "abc2";
assert!(s1 < s2);
assert!(s1 != s2);

let s3 = "文字列を複数行に渡って書くと
    改行やスペースが入る";
let s4 = "行末にバックスラッシュを付けると\
          改行などが入らない";

assert_eq!(s3, "文字列を複数行に渡って書くと\n    改行やスペースが入る");
assert_eq!(s4, "行末にバックスラッシュを付けると改行などが入らない");

let s5 = "文字列に\"と\\を含める";  // バックスラッシュでエスケープ
let s6 = r#"文字列に"と\を含める"#; // raw文字列リテラル。正規表現などに便利
assert_eq!(s5, s6);

let s7 = r###"このように#の数を増やすと"##"があっても大丈夫"###;
assert_eq!(s7, "このように#の数を増やすと\"##\"があっても大丈夫");

let s8 = "もちろん絵文字\u{1f600}も使える"; // もちろん絵文字😀も使える*12
```

strの値は**UTF-8形式**でエンコードされています。UTF-8ではアルファベットや数字などは1バイトで表現し、日本語などの文字は1つのコードポイントにつき2バイトから4バイトの可変長で表現します(**表4.5**)。

＊12 コードブロック、**表4.5**の絵文字はTwitterのTwemojiを使用(CC-BY 4.0ライセンス) https://twemoji.twitter.com

表4.5 UTF-8エンコーディング

文字	コードポイント（16進数）	UTF-8エンコーディング（16進数）
a	U+61	61
あ	U+3042	E3 81 82
😀	U+1F600	F0 9F 98 80
🇯🇵	U+1F1EF U+1F1F5	F0 9F 87 AF F0 9F 87 B5

strには文字列を扱うのに便利なメソッドが用意されています。

ch04/ex04/examples/ch04_17_str.rs

```
let fruits = "あかりんご, あおりんご\nラズベリー, ブラックベリー";

// lines()メソッドは改行コード（\n）を含む文字列から1行ずつ
// 取り出せるイテレータを作る
let mut lines = fruits.lines();
// イテレータのnext()メソッドで次の行を得る。
let apple_line = lines.next();
assert_eq!(apple_line,   Some("あかりんご, あおりんご"));
assert_eq!(lines.next(), Some("ラズベリー, ブラックベリー"));
// 次の行がないならNoneが返る。
assert_eq!(lines.next(), None);

// りんごの行（Some(..)）の中身を取り出す。
if let Some(apples) = apple_line {
    // 「あか」で始まるかチェック
    assert!(apples.starts_with("あか"));
    // 「りんご」の文字を含むかチェック
    assert!(apples.contains("りんご"));
    // 「あお」が最初に出現する位置（UTF-8表現で何バイト目）を得る
    assert_eq!(apples.find("あお"), Some(17)); // 0始まりなので18バイト目

    // 文字列をカンマ（,）で分割するイテレータを作る
    let mut apple_iter = apples.split(",");
    assert_eq!(apple_iter.next(), Some("あかりんご"));

    let green = apple_iter.next();
    // 左側に余白がある。
    assert_eq!(green, Some(" あおりんご"));
    // Some(..)の内容にstrのtrim()メソッドを適用して余白を取り除く
    assert_eq!(green.map(str::trim), Some("あおりんご"));

    assert_eq!(apple_iter.next(), None);
} else {
    unreachable!();  // もしここに到達したらパニックで強制終了する
}
```

strの長さ

strにはその長さを取得するためのlen()メソッドがあります。このメソッドが返す値は表示する際の文字数ではなく、UTF-8のバイト数となりますので注意してください[*13]。

ch04/ex04/examples/ch04_17_str.rs

```
// s1からs4はどれも画面上では1文字として表示される
                    // UTF-8表現
let s1 = "a";    // 61
let s2 = "あ";   // E3 81 82
let s3 = "😀";   // F0 9F 98 80
let s4 = "🇯🇵";   // F0 9F 87 AF F0 9F 87 B5

// len()メソッドはUTF-8のバイト数を返す
assert_eq!(s1.len(), 1);
assert_eq!(s2.len(), 3);
assert_eq!(s3.len(), 4);
assert_eq!(s4.len(), 8);
```

Unicodeには組み合わせ文字などがありますので、それらを考慮すると表示上の文字数を正確に数えることは意外に複雑な作業となります。標準ライブラリにはそのようなことをするメソッドは用意されていません。

また同様の理由からstrの何文字目の文字を取り出す方法もありません。何文字目ではなく、UTF-8の何バイト目から何バイト目という取り出し方をします。

ch04/ex04/examples/ch04_17_str.rs

```
let s = "abcあいう";
assert_eq!(s.get(0..1), Some("a"));
assert_eq!(s.get(3..6), Some("あ"));
assert_eq!(s.get(3..4), None);  // UTF-8として解釈できない場合
```

strと他の型の変換

chars()でstrからchar型のイテレータを取り出せます。

ch04/ex04/examples/ch04_17_str.rs

```
let s = "かか\u{3099}く";  // \u{3099}は濁点文字
println!("{}", s);         // かがく

let mut iter = s.chars();
assert_eq!(iter.next(), Some('か'));
assert_eq!(iter.next(), Some('か'));
```

＊13 絵文字はTwitterのTwemojiを使用（CC-BY 4.0ライセンス）https://twemoji.twitter.com

```
assert_eq!(iter.next(), Some('\u{3099}'));
assert_eq!(iter.next(), Some('く'));
assert_eq!(iter.next(), None);
```

chars()の代わりにchar_indices()を使うとcharとstr上の開始バイトがペアになったタプルが得られます。

バイトのスライス（&[u8]型）からstrを作れます。ただしUTF-8として解釈できないバイト列を与えるとエラーが返されます。

ch04/ex04/examples/ch04_17_str.rs

```
let utf8: [u8; 4] = [0x61, 0xe3, 0x81, 0x82];
assert_eq!(std::str::from_utf8(&utf8), Ok("aあ"));

let bad_utf8: [u8; 2] = [0x81, 0x33];  // でたらめなバイト列
let result2 = std::str::from_utf8(&bad_utf8);
assert!(result2.is_err());
println!("{:?}", result2);
// → "Err(Utf8Error { valid_up_to: 0, error_len: Some(1) })"
```

なおcharの並びからstrを直接作ることはできません。別の文字列型であるStringでしたら作れます。5章で説明します。

可変のstr

&strは不変スライス経由のアクセスですので、文字の追加・変更・削除はできません。

&mut strは可変スライス経由のアクセスですので、UTF-8バイト列の要素は変更できます。しかし要素の追加や削除はできないなどの制限があるため用途が限られています。

ch04/ex04/examples/ch04_17_str.rs

```
// 文字列リテラル（&'static str）から&mut strは直接得られない
// まず文字列リテラルをStringへ変換し、そこから&mut strを取り出す
let mut s1 = "abcあいう".to_string();  // String型

// &mut strを得る。これはStringが持つUTF-8バイト列を指す可変スライス
let s2 = s1.as_mut_str();          // &mut str型

// 英小文字を大文字に変更
s2.make_ascii_uppercase();
assert_eq!(s2, "ABCあいう");

// &mut strのUTF-8バイト列を直接操作して"あ"（3バイト）を"*a*"に変更する
let b = unsafe { s2.as_bytes_mut() };
```

```
b[3] = b'*';
b[4] = b'a';
b[5] = b'*';

// 大元のStringが変更されている
assert_eq!(s1, "ABC*a*いう");
```

文字列の内容を自由に変更するにはString型を使います。

第 5 章

ユーザ定義型

本章ではユーザ定義型に関連する以下のことについて学びます。

1. プログラム実行時のメモリ領域について（スタック領域とヒープ領域）
2. 標準ライブラリの主な型
3. 新しい型の定義方法
4. 型変換：ある型の値を別の型の値へと変換する方法

型の話とメモリ領域の話は無縁に思えるかもしれませんが、システムプログラミングに対応できるRustでは、型の定義がスタック領域やヒープ領域と密接に結びついています。たとえば文字列を表現する型は基本的なものだけでも`str`と`String`の2種類があり、メモリ領域との関係が異なります。メモリ領域について知っておくと、それぞれの型の特徴が理解しやすくなります。

型変換では型キャストによる明示的な変換のほか、型強制というコンパイラが暗黙的に変換するしくみも学びます。

5-1 スタック領域とヒープ領域

ユーザ定義型の説明に入る前に、メモリ上の**スタック領域**（stack area）と**ヒープ領域**（heap area）について簡単に説明します。

プログラムのランタイムではメモリがいくつかの領域に分けられています（**表5.1**）。

表5.1 メモリの領域

領域	リンカで用いられる名称	用途
プログラム領域	text	プログラムのマシンコードが置かれる
静的領域	data、bss	プログラムの起動時に確保されグローバル変数や文字列リテラルなどが置かれる
スタック領域	stack	関数の引数やローカル変数が置かれる
ヒープ領域	heap	動的に確保されプログラム内で共有されるデータが置かれる

スタック領域はスレッドごとに用意されるメモリ領域で、関数の引数やローカル変数など関数内やスレッド内だけで使われるデータが格納されます。関数から抜けたり、スレッドが終了すると、スタックの内容は破棄されます。

ヒープ領域はプログラム内で共有されるデータを格納するメモリ領域で、必要なときに確保と解放ができます。

スタック領域は複雑なしくみを使わずに管理できるため確保と解放が高速に行えます。ヒープ領域の管理は複雑で、アロケータと呼ばれるライブラリを通して確保・解放するため、スタック領域の確保・解放と比べると遅くなります。

スタック領域は高速な反面、サイズがあまり大きくありません。もしスタック領域に値が格納しきれなくなると、スタックオーバーフローというエラーが起こりスレッドの実行が打ち切られます。一方、ヒープ領域はサイズが非常に大きく、大量の値を格納できます。

表5.2 スタック領域とヒープ領域

領域	確保のタイミング	解放のタイミング	確保・解放の速さ	領域の大きさ
スタック領域	関数の呼び出し時	関数から戻るとき	速い	小さい
ヒープ領域	任意の時点	任意の時点	スタックと比べると遅い	大きい

スタック領域のほうが確保と解放が速いことから、Rustはデフォルトで値をスタック領域に置きます。一方、以下のような型はデータの一部をヒープ領域に置きます。

- Boxポインタ（`Box<T>`）
- `Vec<T>`や`HashMap<K, V>`のような要素数が可変のコレクション型の要素
- `String`や`OSString`のような文字の追加や削除が可能な文字列型の要素

Boxポインタは通常はスタック領域に置かれる値をヒープ領域に格納したり、トレイトオブジェクトという値を作るのに使われたりします。

それ以外の型は概ね実行時に大きさが変更できるデータ構造になっています。Rustではコンパイル時にサイズが決定できないデータをスタック領域に置けません[*1]。そういうデータを持つ型はヒープ領域を使用します。

＊1　将来置けるようになるかもしれません。詳細は次のURLから確認してください。 https://github.com/rust-lang/rust/issues/48055

5-2 標準ライブラリの主な型

標準ライブラリで定義されている複合型の中から、特によく使うものを紹介していきます。

5-2-1 Box(std::boxed::Box<T>)

Box<T>はメモリ安全なポインタで、以下の特徴を持ちます。

- 対象のデータをヒープ領域に置く
- ポインタでありながら、対象のデータを所有する

Boxポインタを作ってみましょう。

ch05/ex05/examples/ch05_01_box.rs

```
let t1 = (3, "birds".to_string());  // (i32, String)型のタプル。スタックに置かれる
let mut b1 = Box::new(t1);           // Boxポインタを作る。タプルがヒープに移動する
(*b1).0 += 1;                        // *で参照外し
assert_eq!(*b1, (4, "birds".to_string()));
```

Box::new(t1)を実行する直前のメモリの状態は**図5.1**のとおりです。

図5.1 Box::new()前

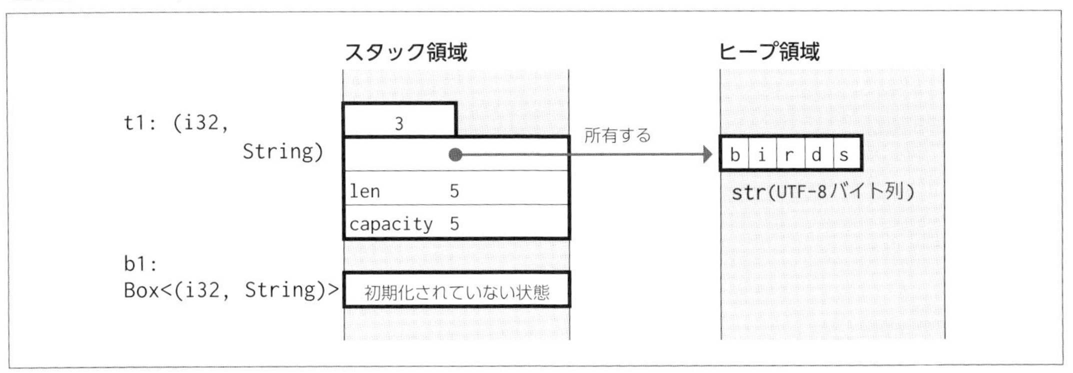

スタック領域に変数t1とb1のためのスペースが用意されていて、t1のスペースには(i32, String)型のタプルが格納されています。b1のスペースは確保されていますが、まだ初期化されていません。

t1のスペースに格納されているタプルについて詳しく見てみましょう。i32は4バイトのスペースに収まり、Stringはヒープ領域にあるUTF-8バイト列を指すポインタ、長さ(len)、キャパシティ(capacity)の3つのフィールドで構成されています。各フィールドの大きさは64ビ

ットCPUなら8バイトずつになります。なお、ヒープの再割り当てなしで格納できる最大の要素数のことを**キャパシティ**と呼びます。Stringのキャパシティは UTF-8 バイト長で表現します。

Box::new(t1)の実行後は**図5.2**のようになります。

図5.2 Box::new()後

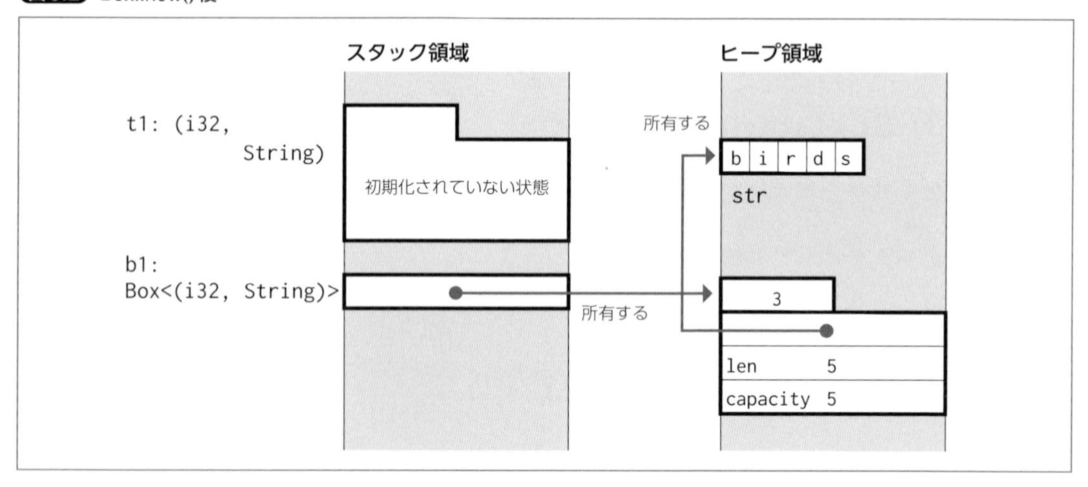

(i32, String)型のタプルはヒープ領域に移動し、b1がそれを指しています。t1は初期化されていない状態になりました。この時点でt1にアクセスしようとすると、コンパイルエラーになります。

ch05/ex05/examples/ch05_01_box.rs

```
// Box::new()の実行後にt1にアクセスしようとするとコンパイルエラーになる
println!("{:?}", &t1);
//    → error[E0382]: borrow of moved value: `t1`
```

関数の実行が終わるとt1、b1ともにスタック領域のスペースが解放されます。Boxポインタが削除され、それが所有していたヒープ上のタプルが削除されます。またタプル内のStringが所有していたUTF-8バイト列も削除されます。

Boxポインタは以下のような場面で使われます。

- コンパイル時にデータサイズが決まらない型を扱うとき。たとえば再帰的なデータ構造を実現するにはBoxやRcのような値を所有するポインタが必要になる
- 大きなデータをコピーすることなく、その所有権を他者へ移動したいとき
- トレイトオブジェクトを作成したいとき(8章で説明)

5-2-2 ベクタ(std::vec::Vec<T>)

ベクタは配列を表現する型です。プリミティブ型の配列に似ていますが、以下の点が異なります。

- 要素の追加や削除ができる
- 配列は(Boxポインタを使わない限り)スタック領域に置かれるが、ベクタはヒープ領域にデータを置く

ベクタを初期化するにはvec![]マクロを使うのが便利です。

ch05/ex05/examples/ch05_02_vec.rs

```
let v1 = vec![false, true, false];    // Vec<bool>型
let v2 = vec![0.0, -1.0, 1.0, 0.5];   // Vec<f64>型

assert_eq!(v2.len(), 4);              // v2ベクタの長さは4

// 長さ100のベクタを作り、全要素を0i32で初期化する
// (要素の型はCloneトレイトを実装していなければならない)
let v3 = vec![0; 100];                // Vec<i32>型
assert_eq!(v3.len(), 100);

// ベクタは入れ子にできる。子の要素数はそれぞれが異なってもかまわない
let v4 = vec![vec!['a', 'b', 'c'], vec!['d']]; // Vec<Vec<char>>型

// ベクタは同じ型の要素の並び。異なる型の要素は持てない
let v5 = vec![false, 'a'];
// → error[E0308]: mismatched types
```

ベクタの型はVec<要素の型>で表し、入れ子になったベクタではVec<Vec<要素の型>>となります。配列と異なり、型に長さが含まれていないことに注目してください。

ベクタには値を追加・削除する方法がいくつか用意されています。

ch05/ex05/examples/ch05_02_vec.rs

```
let mut v6 = vec!['a', 'b', 'c'];      // Vec<char>型
v6.push('d');                          // 最後尾に値を追加
v6.push('e');
assert_eq!(v6, ['a', 'b', 'c', 'd', 'e']);  // v6の現在の値

assert_eq!(v6.pop(), Some('e'));       // 最後尾から値を取り出し
v6.insert(1, 'f');                     // インデックス1の位置に要素を挿入
assert_eq!(v6.remove(2), 'b');         // インデックス2の要素を削除。戻り値は削除した値
assert_eq!(v6, ['a', 'f', 'c', 'd']);  // v6の現在の値
```

```
let mut v7 = vec!['g', 'h'];           // 別のベクタv7を作成
v6.append(&mut v7);                    // v6の最後尾にv7の全要素を追加
assert_eq!(v6, ['a', 'f', 'c', 'd', 'g', 'h']);
assert_eq!(v7, []);                    // v7は空になった（全要素がv6へ移動した）

let a8 = ['i', 'j'];                   // 配列a8を作成
v6.extend_from_slice(&a8);             // v6の最後尾にa8の全要素を追加
assert_eq!(v6, ['a', 'f', 'c', 'd', 'g', 'h', 'i', 'j']);
assert_eq!(a8, ['i', 'j']);            // a8は変更なし（a8の要素がコピーされた）
```

空のベクタを作るときはnew()メソッドを使います。また事前に大まかな要素数が分かっているときはwith_capacity(要素数)メソッドを使うといいでしょう。ベクタに要素を追加していく際のメモリ再割り当てのオーバヘッドが削減できますので、大量の要素を追加するときはnew()よりも実行時間が短くなることが期待できます。

配列やスライスとの比較

これまでに配列を表現する型として配列、スライス、ベクタについて学びました。これらの違いをまとめてみましょう（**表5.3**）。

表5.3 配列を表現する型

型	役割	実データを格納するメモリ領域	要素数が決定されるタイミング	要素の追加・削除	実データを所有するか
ベクタVec<T>	サイズ可変の配列	ヒープ領域	実行時	可	所有する
配列[T; n]	サイズ固定の配列	スタック領域	コンパイル時（型に現れる）	不可	所有する
ボックス化されたスライスBox<[T]>	サイズ固定の配列	ヒープ領域	実行時	不可	所有する
その他のスライス&[T]、&mut [T]	ベクタや配列へのアクセスを抽象化	ヒープまたはスタック。参照先に依存	実行時	不可	所有しない

メモリレイアウトは**図5.3**のようになります。

図5.3 ベクタ、配列、スライスのメモリレイアウト

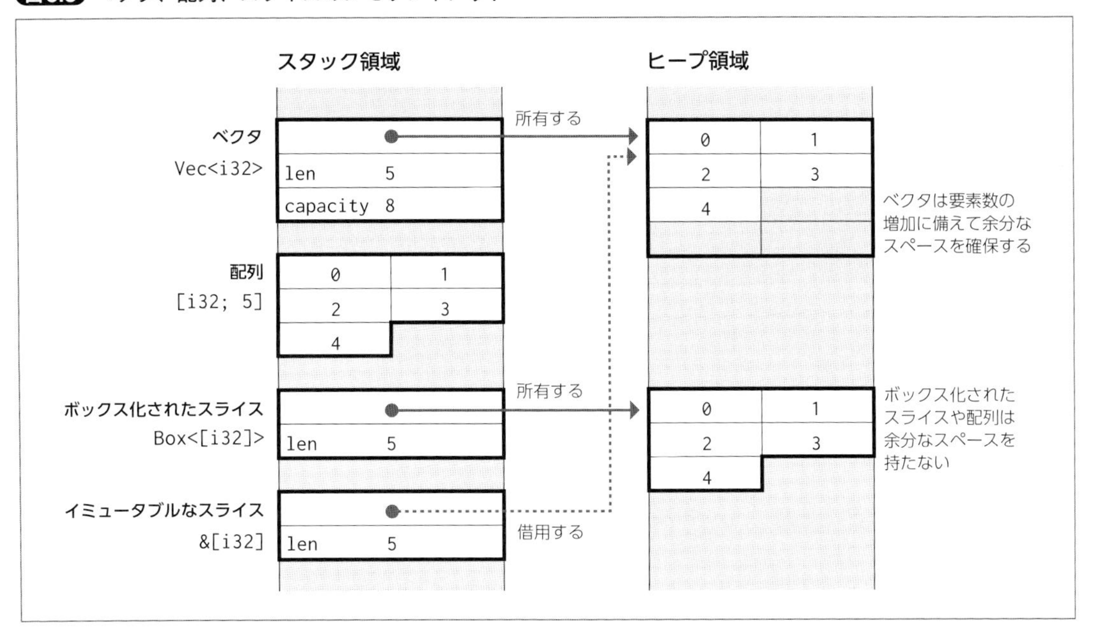

ベクタVec<T>とボックス化されたスライスBox<[T]>（4-3-3項）は実データをヒープ領域に格納し、配列はスタック領域に格納します。スペースの確保と解放はヒープよりもスタックの方が高速ですので、その点では配列が有利です。その一方でスタック領域の大きさは限られていますので、あまり大きな配列は作れません。

Box<[T]>はベクタと配列の中間的なデータ構造です。ベクタから変換して作りますので、要素数は実行時に決まり、実データはヒープ領域に格納されます。その一方で、配列と同じく要素の追加・削除はできません。別の言い方をすると、Vec<T>ではベクタに用意されたメソッドとスライスに用意されたメソッドの両方が使えますが、Box<[T]>ではスライスに用意されたメソッドだけが使えます。

Vec<T>には要素を追加できますので、それに備えて余分なメモリが確保されます。Box<[T]>は余分なメモリを持ちません。

ch05/ex05/examples/ch05_03_boxed_slice.rs

```
// 4要素のベクタVec<i32>を作り、要素を1つ足して5要素に拡張する
let mut v1 = vec![0, 1, 2, 3];
v1.push(4);
println!("v1 len: {}, capacity: {}", v1.len(), v1.capacity());
// → 「v1 len: 5, capacity: 8」と表示される。5要素だが8要素分のメモリを確保している

// Box<[i32]>に変換する。余分なメモリを持たなくするためにVecのshrink_to_fit()
// メソッドが実行されてからBox化される
let s1 = v1.into_boxed_slice();
```

```
// 余分なメモリを持ってないことを確認するためにVec<i32>に戻す
let v2 = s1.into_vec();
println!("v1 len: {}, capacity: {}", v2.len(), v2.capacity());
// →「v2 len: 5, capacity: 5」と表示される。5要素ぴったりのメモリを確保していることが分かる
```

とはいえ余分なメモリを削ぎ落とすことはVec<T>でも可能で、shrink_to_fit()メソッドで実現できます。Box<[T]>が必要になるのは、ヒープ領域に任意の大きさのスペースを確保し、要素の変更は許すが追加や削除は許さない用途になるでしょう。

不変スライス&[T]と可変スライス&mut [T]は実データを所有せず、参照（借用）します。**図5.3**では不変スライスが、ベクタの実データを借用しています。このスライスの寿命が尽きてスタック領域から解放されても、借用先の実データは解放されずに残ります。

5-2-3 その他のコレクション型

コレクション型はベクタのような値の集合を格納する型の総称です。std::collectionsモジュールにはベクタと並んでよく使う、以下のコレクション型が定義されています。

- マップ：HashMap（ハッシュマップ）、BTreeMap（BTreeを使用した順序付きマップ）
- セット：HashSet（ハッシュセット）、BTreeSet（BTreeを使用した順序付きセット）
- キュー：VecDeque（循環バッファ）、BinaryHeap（優先順位付きキュー）
- リスト：LinkedList（双方向連結リスト）

例としてHashMapを紹介します。

ch05/ex05/examples/ch05_04_hash_map.rs

```
use std::collections::HashMap;

let mut m1 = HashMap::new();          // またはwith_capacity(要素数)

// 要素を2つ追加する
m1.insert("a", 1);                    // キー："a"、バリュー：1
m1.insert("b", 3);
assert_eq!(m1.len(), 2);              // 要素数は2

// キーに対応する値を取り出す
assert_eq!(m1.get("b"), Some(&3));
assert_eq!(m1.get("c"), None);        // キーが存在しないのでNone

// "d"が存在するならその値への参照を得る。存在しないなら"d"に対して0を登録してから参照を返す
let d = m1.entry("d").or_insert(0);
*d += 7;
```

```
assert_eq!(m1.get("d"), Some(&7));
```

HashMapを固定値で初期化したいときはイテレータのcollect()メソッドを使うのが簡単です。以下のようにペア（2要素タプル）の並びからHashMapを構築できます。

ch05/ex05/examples/ch05_04_hash_map.rs

```
let m2 = vec![("a", 1), ("b", 3)].into_iter().collect::<HashMap<_, _>>();
```


ハッシュアルゴリズムの性能

HashMapとHashSetはキーをもとに生成されたハッシュ値によってデータの格納先を決定します。デフォルトではこのハッシュ値の生成にSipHashという暗号強度のハッシュアルゴリズム*2を使用しています。これによりhashdos*3というハッシュテーブルの特性を悪用したサービス妨害攻撃（DoS攻撃）への耐性を確保しています。

SipHashは暗号強度を持つアルゴリズムの中では高速な部類に入りますが、ハッシュ値を求めるために多くの計算を必要とします。hashdosのような攻撃を受ける心配がなく、ハッシュの速度が重要な用途には、暗号強度はなくても高速なハッシュアルゴリズムを使いたくなるかもしれません。FNVクレート*4はそのような実装の1つで、特にキーの長さが短いときに効果が大きいようです。もしHashTableやHashSetの性能が悪いと感じたら、FNVのようなハッシュアルゴリズムの使用を検討してみてください。

5-2-4 String(std::string::String)

String型はプリミティブ型のstr型と対をなす型です。strは主に&strとしてアクセスされるので不変でした。一方Stringは文字の変更はもちろん追加や削除もできます。&strとStringの関係は、不変のスライスとベクタのそれに似ています。

実データはUTF-8形式でエンコードされており、ヒープに格納されます。

ch05/ex05/examples/ch05_05_string1.rs

```
// strリテラルからStringを作る。どちらの方法でも結果は同じ
let mut s1 = "ラズベリー".to_string();
let mut s2 = String::from("ブラックベリー");

// Rust 1.19より前のバージョンでは性能上の理由からto_string()よりも
// to_owned()が推奨されていた。現在のバージョンではそのような配慮は不要
let s3 = "ストロベリー".to_owned();
```

*2 Jean-Philippe Aumasson & Daniel J. Bernstein [2012]. "SipHash: a fast short-input PRF," Cryptology ePrint Archive, Report 2012/351

*3 https://events.ccc.de/congress/2011/Fahrplan/attachments/2007_28C3_Effective_DoS_on_web_application_platforms.pdf

*4 https://crates.io/crates/fnv

```
s1.push_str("タルト");     // String型の文字列に&str型の文字列を追加
assert_eq!(s1, "ラズベリータルト");

s2.push('と');            // Stringにcharを追加する

// push_str()が受け付けるのは&str型のみ。以下はコンパイルエラーになる
s2.push_str(s3);          // s3はString型
// → error[E0308]: mismatched types
//   expected &str, found struct `std::string::String`

// &を付けると型強制というしくみによって&Stringから&strへ変換される
s2.push_str(&s3);
assert_eq!(s2, "ブラックベリーとストロベリー");
```

to_string()とparse()

数値型などの値からStringを作るにはto_string()メソッドやformat!()マクロを使います。

ch05/ex05/examples/ch05_06_string2.rs

```
let i = 42;             // i32型
assert_eq!(i.to_string(), "42");

let f = 4.3 + 0.1;     // f64型
assert_eq!(f.to_string(),       "4.3999999999999995");
assert_eq!(format!("{:.2}", f), "4.40");  // format!マクロが便利

let t = (1, "ABC");
// 2要素のタプル型はDebugトレイトを実装しているのでformat!マクロで変換できる
assert_eq!(format!("{:?}", t), r#"(1, "ABC")"#);
```

文字列から数値型の値を作るにはstr型のparse()メソッドを使います。

ch05/ex05/examples/ch05_06_string2.rs

```
let s1 = "42";
assert_eq!(s1.parse::<i32>(), Ok(42)); // &str型からi32型へ変換

let s2 = "abc";
let r2: Result<f64, _> = s2.parse();   // 変数の型から型推論できるならparseの型パラメータは不要
assert!(r2.is_err());                   // 数値として解釈できないときはエラーが返る
println!("{:?}", r2);                   // → Err(ParseFloatError { kind: Invalid })
```

charやバイト列からStringへ

4-3-4項の「strと他の型の変換」で説明したとおり、charの並びからstrは作れません。Stringなら作れます。

ch05/ex05/examples/ch05_06_string2.rs

```
let cs = ['t', 'r', 'u', 's', 't'];       // [char; 5]型
assert_eq!(cs.iter().collect::<String>(),       "trust");
assert_eq!(&cs[1..].iter().collect::<String>(), "rust" );
```

またUTF-8として不正な値を含むバイト列からでもStringを作れます。

ch05/ex05/examples/ch05_06_string2.rs

```
let bad_utf8: [u8; 7] = [
    b'a',              // a
    0xf0, 0x90, 0x80,  // でたらめなバイト列
    0xe3, 0x81, 0x82,  // あ
];

// 不正なバイト列はUnicodeのU+FFFD Replacement Characterに置き換わる
let s = String::from_utf8_lossy(&bad_utf8);
assert_eq!(s, "a\u{fffd}あ");
```

Stringとstrの比較

Stringとstrの違いをまとめてみましょう（**表5.4**）。

表5.4 Stringとstr

型	役割	実データ（UTF-8バイト列）を格納するメモリ領域	文字の追加・削除	実データを所有する？
String	サイズ可変のUTF-8文字列	ヒープ領域	可	所有する
&str、&mut str	サイズ固定のUTF-8文字列	ヒープ領域、スタック領域、静的領域のいずれか。参照先に依存	不可	所有しない

Stringは実データ（UTF-8バイト列）を所有します。一方、&strは不変スライスで、実データを所有せずに借用（参照）しています。参照先がどこにあるかは&strの作成方法によって異なります。

- 文字列リテラルから作成した場合：実データは静的領域に置かれている
- Stringから作成した場合：Stringがヒープ領域に置いている実データを参照する
- バイト列から作成した場合：ヒープ領域またはスタック領域に置かれているバイト列を実データとして参照する

これらの関係を**図5.4**にしました。スタック領域には3つの値が格納されています。

1. 文字列リテラル"cat"を指す&'static str
2. String型の"rabbit"
3. Stringから作った&str

図5.4 Stringと&str

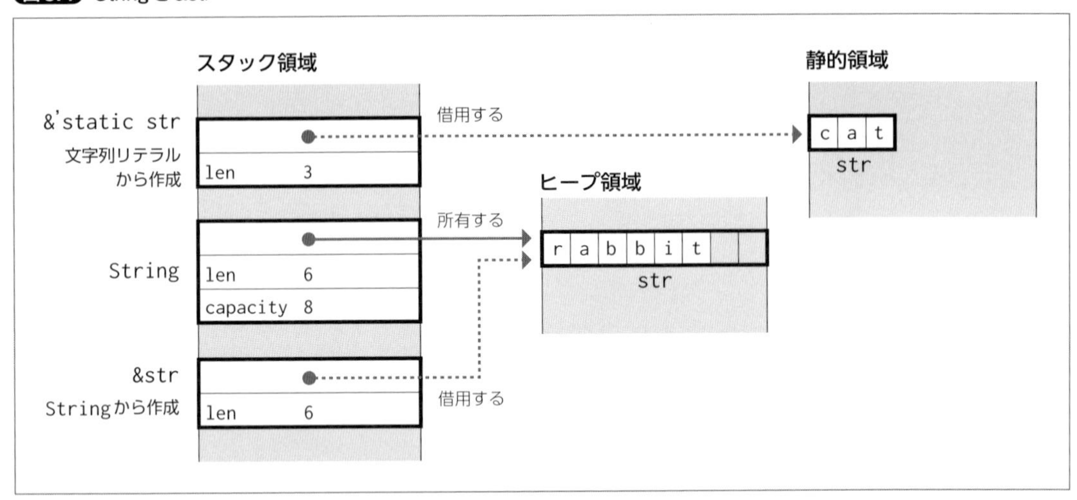

Stringから&strを作るときは、Stringが所有する実データへの不変のスライス、つまりポインタの一種を作るだけです。そのため文字列の長さに関係なく、一定のごく短い実行時間で作成できます。一方で得られた文字列は不変になります。

反対に&strからStringを作るときは、&strが参照しているUTF-8バイト列がStringが所有する実データ用のスペースへコピーされます。そのため文字列の長さに比例する実行時間がかかります。しかし一度Stringを作ってしまえば、文字の追加・変更・削除が自由に行えるようになります。

関数の引数として文字列をとるとき、文字列が不変でかまわないなら作成コストの低い&strにするべきです。可変でないと困るなら&mut String、さらに所有権も必要ならStringになります。なお8-8-1項ではStringを引数にとるときに便利なテクニックが紹介されています。

&strは参照先のUTF-8バイト列よりも短い期間しか生存できません。そのため関数から返すときは注意が必要です。以下のコードはコンパイルエラーになります。

ch05/ex05/examples/ch05_07_string3.rs

```
// この関数は引数として&str型の名前を取り、&str型の"Hello, 名前!"を返す
fn f1(name: &str) -> &str {
    let s = format!("Hello, {}!", name); // format!はStringを作る
    &s   // Stringから&strを作成し、戻り値として返す
    // → コンパイルエラー：`s` does not live long enough.（sの生存期間が不十分）
}
```

これはformat!で新たに作ったStringが、関数を抜けるときにライフタイムが尽きて削除されることが原因です。&sとして&strを作っていますが、それが参照しているUTF-8バイト列はStringが所有しています。関数を抜けるとバイト列にアクセスできなくなることをコンパイラが検出し、エラーになるのです。

正しい方法はformat!で作ったStringをそのまま返すことです。以下のようにするとコンパイルできます。

ch05/ex05/examples/ch05_07_string3.rs

```
fn f1(name: &str) -> String {
    format!("Hello, {}!", name)
}
```


その他の文字列型

StringとstrはUTF-8形式のUnicode文字列ですが、C言語で用いられている文字列などを使いたいときもあります。標準ライブラリには以下の型が用意されています。

- std::ffiモジュールのCStringとCStr：C言語で用いられるヌル終端文字列。CStringは可変で実データを所有し、CStrは不変スライスになっており、Stringと&strの関係に対応している
- std::ffiモジュールのOsStringとOsStr：OSネイティブの文字列。Windowsでは1文字が2バイトでUTF-16として解釈される。UnixライクOSではバイト列でほとんどがUTF-8として解釈される。Stringと&strの関係に対応
- std::pathモジュールのPathBufとPath：ファイルシステムのパスを表現する文字列。パスからのファイル名の取り出しや、UnixライクOSとWindowsのパス区切文字（/、\）の差異の吸収などを行う。Stringと&strの関係に対応

UTF-16形式の文字列など上記に該当しない文字列を扱いたいときはu16かu8のベクタや配列に格納し、必要に応じてStringに変換します。たとえばVec<u16>に格納したUTF-16形式の文字列からStringへの変換は以下のようにします。

ch05/ex05/examples/ch05_08_string4.rs

```
let utf16: Vec<u16> = vec![0x61, 0x62, 0x6f22, 0x5b57];

// Vec<u16>の値をUTF-16と解釈しStringを作成する（UTF-8へ変換される）
if let Ok(s) = String::from_utf16(&utf16) {
    assert_eq!(s, "ab漢字");
} else {
    unreachable!();
}
```

バイト文字列リテラルでは文字列からu8の配列（&'static [u8; n]）が作れます。

ch05/ex05/examples/ch05_08_string4.rs

```
// バイト文字列リテラル。ASCII文字以外のバイトは「\x2桁の16進数」で記述する
let bs1 = b"abc\xe3\x81\x82";  // &[u8; 6]型。UTF-8表現で"abcあ"
assert_eq!(bs1, &[b'a', b'b', b'c', 0xe3, 0x81, 0x82]);

// rawバイト文字列リテラル。エスケープ文字（\）を特別扱いしないので、\nは
// 改行文字ではなく文字どおり\nと解釈される
let bs2 = br#"ab\ncd"#;         // &[u8; 6]型
assert_eq!(bs2, &[b'a', b'b', b'\\', b'n', b'c', b'd']);
```

5-2-5 範囲（std::ops::Range）

範囲はstart..end、start..=end、start..、..endなどの形をとり、数列の作成やスライスの範囲指定などで使われます。専用の構文があるのでプリミティブ型のように見えますが、ユーザ定義型として実現されています。6つある構文のそれぞれが別の型に対応しています。

ch05/ex05/examples/ch05_09_range.rs

```
let a = ['a', 'b', 'c', 'd', 'e'];

// 糖衣構文と実際の範囲の対応
assert_eq!(a[ ..  ], ['a', 'b', 'c', 'd', 'e'] );
assert_eq!(a[ .. 3], ['a', 'b', 'c',          ] );
assert_eq!(a[ ..=3], ['a', 'b', 'c', 'd'     ] );
assert_eq!(a[1..  ], [     'b', 'c', 'd', 'e'] );
assert_eq!(a[1.. 3], [     'b', 'c'          ] );
assert_eq!(a[1..=3], [     'b', 'c', 'd'     ] );

// 糖衣構文とRange*型の対応
assert_eq!(   ..   , std::ops::RangeFull                     );
assert_eq!(   .. 3 , std::ops::RangeTo { end: 3 }            );
assert_eq!(   ..=3 , std::ops::RangeToInclusive { end: 3 } );
assert_eq!(  1..   , std::ops::RangeFrom { start: 1 }        );
assert_eq!(  1.. 3 , std::ops::Range { start: 1, end: 3 }  );
assert_eq!(  1..=3 , std::ops::RangeInclusive::new(1, 3)    );
```

関数の引数や戻り値として範囲を受け渡すこともできます。6つのRange*型のすべてに対応できるジェネリクスな関数を定義するにはRangeBoundsトレイトを使います。

 5-2-6 オプション(std::option::Option<T>)

オプション型Option<T>は値があるかどうか分からないことを表す型です。列挙型として定義されておりSome(T型の値)とNoneの2つのバリアントを持ちます。T型の値があるときはSomeで包み、ないときはNoneを使います。

他の言語には値がないときはnullを用いるものもあります。しかしこの方法では関数の戻り値などの型を見てもnullになる場合があるかは判断できません。関数を利用する側で必要なnullチェックが行われず意図しないエラーが発生する危険性があります。Rustではオプション型を使うことで値が存在しない場合を意識しつつも、nullチェックのような煩雑なコーディングを行わずに値を処理できます。

オプション型の値がSome(値)とNoneのどちらのバリアントなのか調べるにはmatch式やif let式を使います。

ch05/ex05/examples/ch05_10_option.rs

```
let a1 = ['a', 'b', 'c', 'd'];
assert_eq!(a1.get(0), Some(&'a'));  // インデックス0は配列a1の範囲内なのでSome(&値)が返る
assert_eq!(a1.get(4), None);        // インデックス4は範囲外なのでNoneが返る

let mut o1 = Some(10);              // Option<i32>型
match o1 {                          // match式でバリアントが判別できる
    Some(s) => assert_eq!(s, 10),   // パターンマッチで中の値を取り出す
    None => unreachable!(),
}

o1 = Some(20);
if let Some(s) = o1 {                // if let式でもバリアントの判別と値の取り出しができる
    assert_eq!(s, 20);
}
```

このようにパターンマッチによってSome(値)をアンラップ(開封)し、中の値が取り出せます。

オプション型にはアンラップに便利なメソッドがいくつか定義されています。

ch05/ex05/examples/ch05_10_option.rs

```
let mut o2 = Some(String::from("Hello"));  // Option<String>型
assert_eq!(o2.unwrap(), "Hello");          // unwrap()でSomeの中の値が取り出せる

// しかしunwrap()はNoneのときにpanicするので、できるだけ使わない方がいい
o2 = None;
o2.unwrap();
// → thread 'main' panicked at 'called `Option::unwrap()` on a `None` value'
```

```
// unwrap_or_else()ならNoneでもpanicしないので安心して使える
// Noneのときはクロージャを実行し、Noneの代わりになる値を得る
assert_eq!(o2.unwrap_or_else(|| String::from("o2 is none")), "o2 is none");
```

unwrap()はNoneのときにpanicするので、できるだけ使わない方がいいでしょう。unwrap_or_else()ならNoneのときもpanicせず、代わりの値が返せるので安心です。

アンラップするのではなく、Someで包まれたまま中の値を加工したいこともあります。map()やand_then()といったコンビネータ・メソッドが便利です。

ch05/ex05/examples/ch05_10_option.rs

```
// Someで包まれた値を操作するならmap()やand_then()などのコンビネータが便利

// map()はSome(値)のときは値にクロージャを適用し、クロージャが返した値をSomeで包み直す
let mut o3 = Some(25);
assert_eq!(o3.map(|n| n * 10), Some(250));

// Noneならなにもせずに返す
o3 = None;
assert_eq!(o3.map(|n| n * 10), None);

o3 = Some(10);
assert_eq!(
    o3.map(|n| n * 10)
        // and_then()はSome(値)のときは値にクロージャを適用し
        // クロージャが返した値(Some(新しい値)、または、None)をそのまま返す
        .and_then(|n| if n >= 200 { Some(n) } else { None }),
    None
);
```

複数のオプション値がすべてSomeのときに処理を実行したいなら、?演算子が便利です。

ch05/ex05/examples/ch05_10_option.rs

```
fn add_elems(s: &[i32]) -> Option<i32> {
    // 複数のOption値を扱うときは?演算子が便利
    // Some(値)なら値を取り出し、Noneならこの関数からすぐに戻る(Noneを返す)
    let s0 = s.get(0)?;
    let s3 = s.get(3)?;
    Some(s0 + s3)
}

// インデックス0と3の両方に値があるので、それらの合計がSomeで包まれて返される
assert_eq!(add_elems(&[3, 7, 31, 127]), Some(3 + 127));
```

```
// インデックス3がないのでNoneが返される
assert_eq!(add_elems(&[7, 11]), None);
```

?演算子はオプション値がSomeならアンラップし、Noneならreturn Noneで関数から早期リターンします。

 5-2-7 リザルト(std::result::Result<T, E>)

リザルト型Result<T, E>は処理の結果がエラーになる可能性を暗示する型です。列挙型として定義されており、Ok(T型の結果を示す値)とErr(E型のエラーを示す値)の2つのバリアントを持ちます。

エラーが起こったことを示すのに例外(exception)を投げる言語もありますが、Rustではリザルトのような値を返すことで表現します。オプション型でもNoneを返すことで処理の失敗を示せます。しかしNoneだけでは失敗した理由までは伝えられません。リザルト型ではErr(エラーを表す値)によってその理由を伝えられます。

ch05/ex05/examples/ch05_11_result.rs

```
// str::parse()は文字列を指定した型(ここではi32型)に変換する
assert_eq!("10".parse::<i32>(), Ok(10));    // 変換できたらOK(値)が返される
let res0 = "a".parse::<i32>();              // 変換できなかったら`Err(エラーを表す値)`が返される
assert!(res0.is_err());
println!("{:?}", res0); // → Err(ParseIntError { kind: InvalidDigit })
```

オプション値と同様に、複数のリザルト値を扱うときは?演算子が便利です。

ch05/ex05/examples/ch05_11_result.rs

```
// 複数のResult値を扱うときは?演算子が便利
// Ok(値)なら値を取り出し、Err(エラーを表す値)ならこの関数からリターンする
fn add0(s0: &str, s1: &str) -> Result<i32, std::num::ParseIntError> {
    let s0 = s0.parse::<i32>()?;
    let s1 = s1.parse::<i32>()?;
    Ok(s0 + s1)
}

assert_eq!(add0("3", "127"), Ok(3 + 127));
assert!(add0("3", "abc").is_err());
```

古いRustのコードではtry!というマクロが使われていることがあります。try!マクロはリザルト型限定ですが?演算子と同じ働きをします。?演算子はtry!マクロをさらに柔軟なものにするためにRust 1.13.0で導入されました。現在では?演算子の利用が推奨されています。

リザルト型にもmap()、and_then()、or_else()といったコンビネータが定義されています。map_err()コンビネータを使うとエラーを書き換えられます。

ch05/ex05/examples/ch05_11_result.rs

```
// map_err()コンビネータを使うとErr(エラーを表す値)のときに別のエラーに変換できる
fn add1(s0: &str, s1: &str) -> Result<i32, String> {
    let s0 = s0.parse::<i32>().map_err(|_e| "s0が整数ではありません")?;
    let s1 = s1.parse::<i32>().map_err(|_e| "s1が整数ではありません")?;
    Ok(s0 + s1)
}

assert_eq!(add1("3", "abc"), Err("s1が整数ではありません".to_string()));
```

標準ライブラリではstd::num::ParseIntErrorやstd::io::Errorなど、さまざまなエラー型が定義されています。もしライブラリを開発して誰かに使ってもらうなら、これらのエラーが起こったときにそのまま返さないほうがいいでしょう。独自のエラー型を定義して、それに変換してから返すほうが利用者にとって使いやすくなることが多いです。

独自のエラー型を定義する際は、std::convert::Fromという型変換用のトレイトを実装するのがお勧めです。こうすると?演算子が関数の戻り値の型に合うようにエラーを変換してくれます。つまり、いちいちmap_err()で変換する必要がなくなります。

独自のエラー型の定義を含むエラー処理全般については9章で説明します。

Option<T>型とResult<T, E>型の変換

?演算子やコンビネータを使っていると、Option<T>型の値からResult<T, E>型の値への変換や、その逆向きの変換が必要になることがあります。そういうときに便利なメソッドが用意されています。

- Option<T>のok_or_else()メソッド：Option<T>からResult<T, E>へ変換する
- Result<T, E>のok()メソッド：Result<T, E>からOption<T>へ変換する

5-3 新しい型の定義と型エイリアス

ここからは私たち自身で複合型を定義する方法を学びます。

Rustで複合型を定義するには**構造体**（struct）や**列挙型**（enum）を使います*5。

また**型エイリアス**を使うと既存の型に別名を付けられます。まずは型エイリアスから見てみましょう。

5-3-1 型エイリアス

型エイリアスは型に付けられる別名でtypeキーワードで定義します。コンパイラは型エイリアスを元の型と同じものとして扱います。

ch05/ex05/examples/ch05_12_type_alias.rs

```
type UserName = String;
type Id = i64;
type Timestamp = i64;
type User = (Id, UserName, Timestamp);

fn new_user(name: UserName, id: Id, created: Timestamp) -> User {
    (id, name, created)
}

let id = 400;
let now = 4567890123;
let user = new_user(String::from("mika"), id, now);
```

型エイリアスあくまでも別名ですので新しい型を定義するのとは違います。以下のような間違いをしてもコンパイルエラーになりません。

ch05/ex05/examples/ch05_12_type_alias.rs

```
// IdとTimestampは同じi64型なので、間違えてもエラーにならない
let bad_user = new_user(String::from("kazuki"), now, id); // nowとidが逆
```

型エイリアスは型のネストが深くなったときに使うと便利です。

---

*5　Rust 1.19以降では共用体（union）というC言語の共用体と互換性のある型も定義できます。しかし用途が限られていることから本書では扱いません。unionについて詳しくはこちらを参照してください。 https://github.com/rust-lang/rfcs/blob/master/text/1444-union.md

```
use std::cell::RefCell;
use std::collections::HashMap;
use std::rc::Rc;

pub type SharedMap<K, V> = Rc<RefCell<HashMap<K, V>>>
```

また型エイリアスは型パラメータを具象型で固定するのにも使えます。たとえばstd::ioモジュールでは多くの関数がResult<T, std::io::Error>型を返すことからstd::io::Result<T>という型エイリアスを定義しています。

```
// 標準ライブラリのstd::ioモジュールのソースコードより引用
// https://github.com/rust-lang/rust/blob/master/src/libstd/io/error.rs
pub type Result<T> = result::Result<T, Error>;
```

 5-3-2 構造体（struct）

構造体（struct）は複数の関連する値を1つにまとめたデータ構造です。英語で構造を意味するstructureから来ています。

構造体には3つの種類があります。

- 名前付きフィールド構造体
- タプル構造体
- ユニット構造体

```
// 名前付きフィールド構造体
struct Polygon {
    vertexes: Vec<(i32, i32)>,
    stroke_width: u8,
    fill: (u8, u8, u8),
}

// タプル構造体
struct Triangle(Vertex, Vertex, Vertex);
struct Vertex(i32, i32);

// ユニット構造体
struct UniqueValue;
// または
// struct UniqueValue {}
// struct UniqueValue();
```

名前付きフィールド構造体

名前付きフィールド構造体は以下のように定義します。

ch05/ex05/examples/ch05_13_struct1.rs

```
struct Polygon {
    vertexes: Vec<(i32, i32)>,  // 頂点の座標
    stroke_width: u8,           // 輪郭の太さ
    fill: (u8, u8, u8),         // 塗りつぶしのRGB色
}
```

この例ではPolygon型という多角形を表す型を構造体を使って定義しました。Polygonにはvertexes、stroke_width、fillの3つのフィールドがあり、それらの型は順にVec<(i32, i32)>、u8、(u8, u8, u8)です。構造体のフィールドでは型指定は省略できません。

値の初期化

値を作るには以下のようにします。フィールドの並び順は定義のときと違っても構いません。

ch05/ex05/examples/ch05_13_struct1.rs

```
// Polygon型の値を作り、変数triangleを束縛する
let triangle = Polygon {
    vertexes: vec![(0, 0), (3, 0), (2, 2)],
    fill: (255, 255, 255),
    stroke_width: 1,
};
```

Rust 1.17でフィールド初期化略記構文（field init shorthand syntax）が導入され、以下のような省略形が使えるようになりました。

ch05/ex05/examples/ch05_13_struct1.rs

```
// フィールド名と同じ名前の関数引数やローカル変数があるときは以下のような
// 省略形も使える（Rust 1.17以降）
fn new_polygon(vertexes: Vec<(i32, i32)>) -> Polygon {
  let stroke_width = 1;
  let fill = (0, 0, 0);
  Polygon { vertexes, stroke_width, fill }
}

let quadrangle = new_polygon(vec![(5, 2), (4, 7), (10, 6), (8, 1)]);
```

フィールドへのアクセス

構造体の要素を取り出したり書き換えたりする方法は2つあります。フィールド名を使う方法と、パターンマッチで分解する方法です。

ch05/ex05/examples/ch05_13_struct1.rs

```
// フィールド名でアクセス
assert_eq!(triangle.vertexes[0], (0, 0));
assert_eq!(triangle.vertexes.len(), 3);
assert_eq!(triangle.fill, (255, 255, 255));

// パターンマッチでアクセス。不要なフィールドは..で省略できる
let Polygon { vertexes: quad_vx, .. } = quadrangle;
assert_eq!(4, quad_vx.len());

// :以降を省略すると、フィールドと同じ名前の変数が作られフィールド値に束縛される
let Polygon { fill, .. } = quadrangle;
assert_eq!((0, 0, 0), fill);

// 構造体の値を変更するにはmutが必要
let mut polygon = new_polygon(vec![(-1, -5), (-4, 0)]);
assert_eq!(polygon.vertexes.len(), 2);
polygon.vertexes.push((2, 8));
assert_eq!(polygon.vertexes.len(), 3);
```

◎ 既存の値から新しい値を作る

すでにある値を元にして、その一部を使った新しい値を作れます。

ch05/ex05/examples/ch05_13_struct1.rs

```
let triangle1 = Polygon {
    vertexes: vec![(0, 0), (3, 0), (2, 2)],
    fill: (255, 255, 255),
    stroke_width: 5,
};

// triangle1を元にvertexesだけ異なる新しい値を作る
let triangle2 = Polygon {
    vertexes: vec![(0, 0), (-3, 0), (-2, 2)],
    .. triangle1
};
```

この構文は関数型レコードアップデート構文（functional record update syntax）と呼ばれます。

◎ デフォルト値の設定

先ほどの構造体の定義では値を作る際にフィールドの値を省略できません。なぜならフィールドのデフォルト値がないからです。

```
// コンパイルエラーになる
let bad_polygon = Polygon {
    vertexes: vec![(0, 0), (3, 0), (2, 2)],
};
// → error[E0063]: missing fields `fill`, `stroke_width` in
//   initializer of `Polygon`
```

構造体に対してDefaultトレイト（std::default::Default）を実装するとフィールドのデフォルト値が設定できます。deriveアトリビュートで自動導出しましょう。

ch05/ex05/examples/ch05_14_struct2.rs

```
#[derive(Default)]
struct Polygon {
    vertexes: Vec<(i32, i32)>,
    stroke_width: u8,
    fill: (u8, u8, u8),
}
```

これで以下のように初期化できます。

ch05/ex05/examples/ch05_14_struct2.rs

```
// すべてのフィールドがデフォルト値を持つPolygonを作成する
let polygon1: Polygon = Default::default();

// vertexesフィールドだけ別の値に設定し、他はデフォルト値にする
let polygon2 = Polygon {
    vertexes: vec![(0, 0), (3, 0), (2, 2)],
    .. Default::default()
};
```

Defaultを自動導出するためには、構造体のすべてのフィールドの型がDefaultトレイトを実装している必要があります。自動導出できないときや自動導出とは異なるデフォルト値を持たせたいときは、implブロックでDefaultトレイトを実装します。

ch05/ex05/examples/ch05_14_struct2.rs

```
impl Default for Polygon {
    fn default() -> Self {
        Self {
            stroke_width: 1,               // デフォルト値を1にする
            vertexes: Default::default(),  // Vec<(i32, i32)>のDefault実装を使う
            fill: Default::default(),      // (u8, u8, u8)のDefault実装を使う
        }
    }
}
```

タプル構造体

タプル構造体（tuple-like struct）はその名のとおりタプルのような構造体です。フィールドに名前を与えず、0から始まる連番のフィールド名を用います。

ch05/ex05/examples/ch05_15_struct3.rs

```
struct Triangle(Vertex, Vertex, Vertex);
struct Vertex(i32, i32);

let vx0 = Vertex(0, 0);
let vx1 = Vertex(3, 0);
let triangle = Triangle(vx0, vx1, Vertex(2, 2));

assert_eq!((triangle.1).0, 3);
```

タプル構造体の便利な使い方の1つにnewtype＊6と呼ばれるデザインパターンがあります。これは型エイリアスの代わりにフィールドが1つのタプル構造体を定義することで、コンパイラの型チェックを強化するテクニックです。

ch05/ex05/examples/ch05_12_type_alias.rs

```
// IdとTimestampは同じi64型なので、間違えて渡してもエラーにならない
let bad_user = new_user(String::from("kazuki"), now, id); // nowとidが逆
```

型エイリアスの代わりにフィールドが1つのタプル構造体を使うと解決できます。

ch05/ex05/examples/ch05_16_struct4.rs

```
struct UserName(String);
struct Id(u64);
struct Timestamp(u64);
type User = (Id, UserName, Timestamp);

fn new_user(name: UserName, id: Id, created: Timestamp) -> User {
    (id, name, created)
}

let id = Id(400);
let now = Timestamp(4567890123);

// nowとidの順番を間違えるとコンパイルエラーになってくれる
let bad_user = new_user(UserName(String::from("kazuki")), now, id);
// error[E0308]: mismatched types
// expected type `Id`, found type `Timestamp`
```

＊6 https://doc.rust-lang.org/1.0.0/style/features/types/newtype.html

フィールドが1つのタプル構造体はゼロコスト抽象化の対象になり、そのメモリ上の表現は包んでいる型の表現と基本的に同じになります。たとえば上のId(400)のメモリ上のサイズは、u64型の400のメモリ上のサイズと同じ8バイトになるはずです。ただしコンパイラはデフォルトではメモリ上の表現が同一であることを保証しません。それを保証するためには構造体の定義に#[repr(transparent)]アトリビュートを付けます*7。

ユニット構造体

フィールドを持たない構造体も定義できます。これらはユニット構造体（unit-like struct）と呼ばれます。

ch05/ex05/examples/ch05_17_struct5.rs

```
// assert_eq!で使うためにDebugとPartialEqの実装が必要
#[derive(Debug, PartialEq)]
struct UniqueValue;
// 以下の形式も可能
// struct UniqueValue {}
// struct UniqueValue();

// フィールドがないので作れる値は1つのみ
let uv1 = UniqueValue;
let uv2 = UniqueValue;
assert_eq!(uv1, uv2);
```

このようにただ1つの値を持つ型となります。ユニット型が()という1つの値しか持たないことと似ています。ユニット構造体が必要となる場面は少なそうですが、フィールドとして持つ値がないもののトレイトを実装したいときには役立ちます。

 5-3-3 列挙型（enum）

列挙型（enum）は異なる種類の値を1つにまとめた型を定義するためのものです。C/C++やJavaのenumと同じこともできますが、それらよりもずっと複雑なデータ構造であってもエレガントに表現できます。関数型言語で代数的データ型と呼ばれるものに相当します。

異なる種類の値を1つにまとめた、とはどういうことでしょうか。例として標準ライブラリのOption<T>型が挙げられます。Option<T>型は列挙型として定義されており、Some(T)とNoneの2つの異なる種類の値を持ちます。

列挙型は再帰的なデータ構造の表現も得意です。たとえばファイルシステムの階層ディレクトリ構造も「ファイル」と「任意の数の子を持つディレクトリ」の組み合わせで表現できます。

---

*7 https://github.com/rust-lang/rfcs/blob/master/text/1758-repr-transparent.md

列挙型はこのようなデータ構造を1つの型として定義できます。

C言語風の列挙型

列挙型を定義してみましょう。まずはC言語のenum風のデータ型です。

ch05/ex05/examples/ch05_18_enum1.rs

```
// 平日を表すWeekday型を定義する
// Debugトレイトを自動導出すると"{:?}"で表示できるようになる
// PartialEqトレイトを自動導出すると==演算子が使えるようになる
#[derive(Debug, PartialEq)]
enum Weekday {
    // Weekday型には以下のバリアントがある。
    Monday, Tuesday, Wednesday, Thursday, Friday,
}
```

列挙型Weekdayの値はMondayからFridayまでの5つの異なる形態（バリアント、variant）を持ちます。Weekdayを使ってみましょう。

ch05/ex05/examples/ch05_18_enum1.rs

```
fn say_something(weekday: Weekday) {
    if weekday == Weekday::Friday {
        println!("TGIF!"); // Thank God, it's Friday（やっと金曜日だ）
    } else {
        println!("まだ{:?}か", weekday);
    }
}

say_something(Weekday::Friday);
```

データを持たない列挙型では個々のバリアントにisize型の整数値を割り当てられます。

ch05/ex05/examples/ch05_18_enum1.rs

```
// 月を表すMonth型を定義する
enum Month {
    // バリアントにisize型の整数値を割り当てられる
    January = 1, February = 2, March = 3, /* 中略 */  December = 12,
}

assert_eq!(3, Month::March as isize); // isize型にキャストすると割り当てた値が得られる
```

このようにasでisize型にキャスト（型変換）すると割り当てた値が得られます。なお定義時に整数値を与えなかったときは0から始まる正の整数が割り当てられます。

データを持つ列挙型

バリアントには構造体と同じ文法でフィールドを持たせられます。

ch05/ex05/examples/ch05_19_enum2.rs

```
type UserName = String;

#[derive(Debug)]
enum Task {
    Open,
    AssignedTo(UserName),
    Working {
        assignee: UserName,
        remaining_hours: u16,
    },
    Done,
}
```


Task型として4つのバリアントを定義しました。AssignedToはタプル構造体と同じ文法で1つのフィールドを持ちます。Workingは名前付きフィールド構造体と同じ文法で2つのフィールドを持ちます。

ch05/ex05/examples/ch05_19_enum2.rs

```
// use宣言でTaskが持つバリアントをインポートするとバリアント名が直接書けるようになる
use crate::Task::*;

// Task型の値を3つ作り、ベクタに格納する
let tasks = vec![
    // もし上のuse宣言がなかったらTask::AssignedToと書かないといけない
    AssignedTo(String::from("junko")),
    Working {
        assignee: String::from("hiro"),
        remaining_hours: 18,
    },
    Done,
];

// 個々のタスクの状況をレポートする
for (i, task) in tasks.iter().enumerate() {
    // match式によるパターンマッチでバリアントを識別し、フィールド値を取り出す
    match task {
        AssignedTo(assignee) => {
            println!("タスク{}は{}さんにアサインされています", i, assignee)
        }
        Working { assignee, remaining_hours } => {
            println!("タスク{}は{}さんが作業中です。残り{}時間の見込み",
```

```
                i, assignee, remaining_hours)
        }
        _ => println!("タスク{}はその他のステータス（{:?}）です", i, task)
    }
}
```

このようにmatch式を使うとバリアントの識別と同時にフィールドの値（たとえばAssignedToのassignee）を変数に束縛できます。

実行結果は以下のとおりです。

```
タスク0はjunkoさんにアサインされています
タスク1はhiroさんが作業中です。残り18時間の見込み
タスク2はその他のステータス（Done）です
```

デフォルト値の設定について

列挙型でも構造体のようにDefaultトレイトを実装することでデフォルト値を設定できますが、以下のような制限があります。

- 列挙型がバリアントをいくつ持っていようとも設定できるデフォルト値は1つだけ
- #[derive(Default)]による自動導出ができない
- 構造体のような関数型レコードアップデート構文は使えない

5-3-4 構造体と列挙型のより詳しい情報

ここでは構造体と列挙型について、実践的なプログラミングで必要となる事柄について説明します。

- フィールドの可視性
- フィールドに参照を持たせる
- ジェネリクス
- 内部表現とrepr(C)

フィールドの可視性

構造体や列挙型の可視性はデフォルトで非公開（private）です。そのため他のモジュールからはアクセスできません。

```
// shapeモジュール内にPolygon構造体を定義
mod shape {
    #[derive(Default)]
    struct Polygon {
```

```
        vertexes: Vec<(i32, i32)>,
        stroke_width: u8,
        fill: (u8, u8, u8),
        internal_id: String,
    }
}

// shapeモジュールの外側でPolygonを使いたい
use shape::Polygon;
// → コンパイルエラー：error[E0603]: struct `Polygon` is private
```


モジュール外からアクセスできるようにするにはpubキーワードを追加します。

```
#[derive(Default)]
pub struct Polygon {     // この構造体にモジュール外からアクセスできるようになる
    pub vertexes: Vec<(i32, i32)>,
    pub stroke_width: u8,
    pub fill: (u8, u8, u8),
    internal_id: String, // このフィールドだけはモジュール外からのアクセス不可
}
```

このように構造体では構造体自体の可視性だけでなく、フィールドごとの可視性も制御できます。

列挙型では列挙型自体の可視性だけが制御でき、バリアントやバリアントの持つフィールドの可視性は制御できません。もし列挙型自体をpubに設定したら、それらもpubになります。

フィールドに参照を持たせたい

構造体や列挙型のフィールドに参照を持たせることもできます。その際はライフタイム指定子という所有権に関連する情報を明示しなければなりません。構造体での例を以下に示します。

```
// ライフタイム指定子（'a）が必要
struct StrRefs<'a> {
    s1: &'a str,
    s2: &'a str,
}
// もし指定しなかったらコンパイルエラーになる（error[E0106]: missing lifetime specifier）
```

ライフタイム指定子については7章で学びます。

ジェネリクス化

3章でジェネリクスな関数を使用しました。

```
// ジェネリクスな関数の例
pub fn sort<T: Ord>(x: &mut [T], up: bool) { ... }
```

構造体や列挙型もジェネリクスにできます。

ch05/ex05/examples/ch05_20_adv_types1.rs

```
#[derive(Default)]
pub struct Polygon<T> {
    pub vertexes: Vec<T>,
    // 他のフィールドは省略
}

// 座標
trait Coordinates {}

// デカルト座標
#[derive(Default)]
struct CartesianCoord {
    x: f64,
    y: f64,
}
impl Coordinates for CartesianCoord {}

// 極座標
#[derive(Default)]
struct PolarCoord {
    r: f64,
    theta: f64,
}
impl Coordinates for PolarCoord {}

let vertexes = vec![
    CartesianCoord {x:  0.0, y:  0.0},
    CartesianCoord {x: 50.0, y:  0.0},
    CartesianCoord {x: 30.0, y: 20.0}
];

// Polygon<CartesianCoord>型
let poly = Polygon { vertexes, .. Default::default() };
```

内部表現とrepr(C)

Rustの言語仕様では構造体や列挙型の内部表現を定義していません。

構造体がメモリにどのように格納されるか調べてみましょう。以下のコードを実行すると、構造体のサイズと各フィールドが格納されているアドレスが表示されます。

ch05/ex05/examples/ch05_21_adv_types2.rs

```
#[derive(Default)]
struct A { f0: u8, f1: u32, f2: u8 }

let a: A = Default::default();
println!("struct A ({} bytes)\n  f0: {:p}\n  f1: {:p}\n  f2: {:p}\n",
        std::mem::size_of::<A>(), &a.f0, &a.f1, &a.f2);
```


x86_64アーキテクチャの環境で実行してみました。Rust 1.17.0と1.18.0での結果を横に並べてみましょう。

```
$ cargo +1.17.0 run
struct A (12 bytes)
  f0: 0x7ffeeb8faf08
  f1: 0x7ffeeb8faf0c
  f2: 0x7ffeeb8faf10
```

```
$ cargo +1.18.0 run
struct A (8 bytes)      # 1.18.0の方が小さい
  f0: 0x7ffeebf44f3c    # 1.18.0ではf0とf1のアドレスが逆転
  f1: 0x7ffeebf44f38
  f2: 0x7ffeebf44f3d
```

これを図で表すと**図5.5**のようになります。1.17.0ではフィールドが定義したとおりの順番でメモリに格納されています。x86_64アーキテクチャでは`i32`は4の倍数のアドレスにアラインされていることを要求しますので、これだと無駄が多く12バイトの領域を使用しています。1.18.0では無駄を減らすためにフィールドが格納される順番が変わっています。これにより8バイトの領域に収まるようになりました。

図5.5 構造体のレイアウト

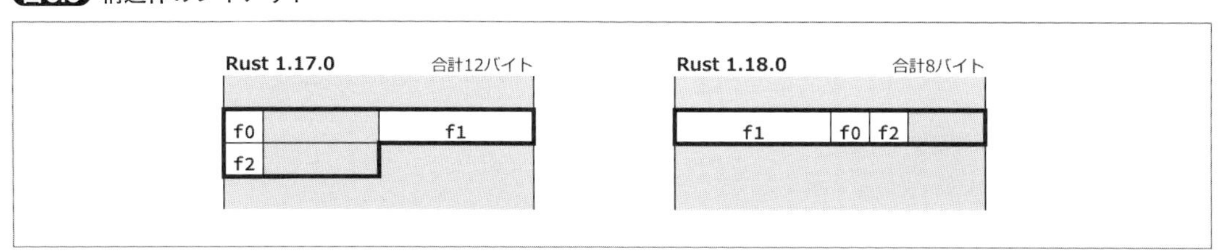

構造体の内部表現をあえて公開しないことで、既存のプログラムが壊れることを心配せずにコンパイラの改良が施せるわけです。

しかし内部表現が分からないと困る場面もあります。それはFFIを通じて他の言語に構造体を渡したり受け取ったりするときです。構造体に`#[repr(C)]`アトリビュートを付けると構造体の内部表現がC言語の仕様どおりになり、FFIで安全に受け渡せるようになります。

5-4 型変換

Rustには、ある型の値を別の型の値へと変換する方法がいくつか用意されています。

- 型キャスト（type cast）：as 型を使用した明示的な型変換。データ変換を伴い、スカラ型同士を変換できる
- Transmute：コンパイラ・イントリンシック（組み込み命令）であるstd::mem::transmuteを使用した明示的かつアンセーフな型変換。データ変換を伴わない
- 型強制（type coercion）：コンパイラによる暗黙的な型変換。データ変換を伴う

5-4-1 型キャスト

型キャストはas 型を使った明示的な型変換です。

ch05/ex05/examples/ch05_22_type_cast1.rs

```
let i1 = 42; // i32型
let f1 = i1 as f64 / 2.5;  // i32型からf64型へキャスト

let c1 = 'a';
assert_eq!(97, c1 as u32); // char型からu32型へキャスト
```

型キャストは桁あふれ（オーバーフロー）はチェックしないことに注意してください。

```
let i2 = 300;        // i32型
let u1 = i2 as u8;  // u8型へキャスト

// 300はu8型の最大値を超えているので桁あふれして44になる（300を256で割った余りは44）
assert_eq!(44, u1);
```

5-4-2 複合型の型変換

asはスカラ型同士の型変換だけをサポートしており、タプルや配列のような複合型の変換には使えません。以下のキャストはコンパイルエラーになります[*8]。

＊8　コンパイルエラーでは「non-primitive cast」と表示されますが、スカラ型同士の型変換しかサポートしていませんので「non-scalar cast」の方が適切に思えます。

ch05/ex05/examples/ch05_23_type_cast2.rs

```
let t1 = ('a', 42);
let t2 = t1 as (u32, u8);
// → error[E0605]: non-primitive cast: `(char, i32)` as `(u32, u8)`

let v1 = vec![b'h', b'e', b'l', b'l', b'o']; // Vec<u8>型
let v2 = v1 as Vec<u16>;
// → error[E0605]: non-primitive cast:
//   `std::vec::Vec<u8>` as `std::vec::Vec<u16>`
```

このような場合は、面倒ですが以下のように要素を1つずつキャストします。

ch05/ex05/examples/ch05_23_type_cast2.rs

```
let t3 = (t1.0 as u32, t1.1 as u8);
let v3 = v1.iter().map(|&n| n as u16).collect::<Vec<u16>>();
```

また標準ライブラリには複合型を型変換するためのFromトレイト（std::convert::From）が用意されていますので、一部の複合型同士の変換はFrom::from()で実現できます。

ch05/ex05/examples/ch05_23_type_cast2.rs

```
// &str型はVec<u8>型への変換を対象としたFromトレイトを実装している
let v4: Vec<u8> = From::from("hello");
assert_eq!(v1, v4);
```

5-4-3 Transmute（std::mem::transmute）

std::mem::transmuteは明示的かつアンセーフな型変換のしくみで、コンパイラのイントリンシック（組み込み関数）として実現されています。メモリ上の表現（ビット列）のサイズさえ同じなら、どんな型同士でも変換できます。

ch05/ex05/examples/ch05_24_transmute.rs

```
let p1 = Box::new(10);  // Box<i32>型

// boxポインタを生ポインタ*mut i32型に変換したいが型キャストできない
let p2 = p1 as *mut i32;
// → error[E0605]: non-primitive cast: ...

// Boxポインタと*mutポインタはどちらも同じビット幅なのでtransmuteできる
let p3: *mut i32 = unsafe { std::mem::transmute(p1) };
```

ただしこれを型変換と呼ぶのは語弊があるかもしれません。transmuteはコンパイラが追跡している情報のうち、値の型に関する情報を変更しますが、値自体の変換はしません。上の例

ではコンパイラがいままでBox<i32>型と認識していた値を、transmute以降は*mut i32型だと認識するようになるだけです。

f32型からi32型への変換を例に、型キャストとtransmuteの違いを見てみましょう。

ch05/ex05/examples/ch05_24_transmute.rs

```
let f1 = 5.6789e+3_f32;  // 5678.9

// f32型からi32型へ型キャストする。小数点以下は切り捨てられる
let i1 = f1 as i32;
println!("{}", i1);   // 5678と表示される

// f32型からi32型へtransmuteする
let i2: i32 = unsafe { std::mem::transmute(f1) };
println!("{}", i2);   // 浮動小数点数を整数として再解釈した値1169258291が表示される
```

このようにビット列が変換先の型にとって無意味だとしてもコンパイルエラーにはなりません。

5-4-4 型強制

型強制（type coercion）はコンパイラが必要に応じて行う暗黙的な型変換です。Rustプログラムの簡潔性に大いに貢献していますが、自動的に行われるため振る舞いを把握しづらいのが難点です。型強制を理解することで型に関する一見不可解なコンパイルエラーに悩まされることが少なくなるでしょう。

実は型強制はいままでのコード片の中でも何度も使われています。いくつか例を挙げましょう。

ch05/ex05/examples/ch05_25_type_coercion1.rs

```
// 整数リテラル3、4、5は通常はi32型と解釈されるが、
// 型アノテーション（型注釈）によってu8型へと型強制されている
let v1: Vec<u8> = vec![3, 4, 5];

// もし型強制がなかったらこう書かなければならない
// let v1 = vec![3u8, 4u8, 5u8];

// Vec<u8>型からスライス&[u8]型へ型強制されることによって
// スライスに備わったfirst(&self)メソッドが使用できる
assert_eq!(Some(&3u8), v1.first());

// もし型強制がなかったらこう書かなければならない
// assert_eq!(Some(&3u8), (&v1[..]).first());
```

```
let mut s1 = String::from("Type coercion ");
let s2 = String::from("is actually easy.");

// push_str()のシグネチャはpush_str(self: &mut String, s: &str)
// 型強制によってs1がString型から&mut String型へ変換され、
// &s2は&String型から&str型へ変換される
s1.push_str(&s2);

// もし型強制がなかったらこう書かなければならない
// (&mut s1).push_str(s2.as_str());
```


型強制が行われる場所

型強制が行われる場所（coercion site）は以下のとおりです。

- let、static、const 文：`let foo: U = e`ではeがU型へと型強制される
- 関数の引数：`fn bar(x: U) { ... }`を`bar(e);`のように呼び出すとeがU型へ型強制される
- 構造体やバリアントのフィールドへの値の設定：`struct Baz { x: U }`の値を`Baz { x: e }`のように初期化するとeがU型へ型強制される
- タプルリテラル：`let foo: (U, ..) = (e, ..)`
- 配列のリテラル：`let foo: [U; 10] = [e, ..]`
- 関数の戻り値：`fn bar() -> U { e }`

なお型推論により型が決まっている変数に別の値を再束縛するときも型強制が起こります。

ch05/ex05/examples/ch05_25_type_coercion1.rs

```
let mut i1 = 0u8;  // i1はu8型だと型推論される
i1 = 255;          // よって255はu8型へ型強制される
```

推移的な作用

型強制は推移的（transitivity）に作用します。たとえばT1型からT2型へ型強制でき、さらにT2型からT3型へ型強制できるならば、T1からT3へ一気に型強制できます。

ch05/ex05/examples/ch05_25_type_coercion1.rs

```
let p1 = &&&&[1, 2, 3, 4];  // &&&&[i32; 4]型

// 型強制が&&&&a1 → &&&a1 → &&a1 → &a1の順に推移的に作用する
let p2: &[i32; 4] = p1;
```

ただし推移的な作用はそのすべてがコンパイラに実装されているわけではないようです。執筆時点ではたとえば以下の型強制に失敗します。

ch05/ex05/examples/ch05_25_type_coercion1.rs

```
let p3 = &&[1, 2, 3, 4];  // &&[i32; 4]型

// 配列への参照&&[i32; 4]型からスライス&[i32]型まで段階を踏むと型強制できる
let p4: &[i32; 4] = p3;
let p5: &[i32] = p4;

// しかし一度にはできない（rustc 1.31.0）
let p6: &[i32] = p3;
// → error[E0308]: mismatched types
//   expected type `&[i32]`, found type `&&[i32; 4]`
```

型強制の種類

型強制には以下の種類があります。

1. Derefによる型強制。例：&String → &str、&Vec<i32> → &[i32]
2. ポインタの弱体化。例：&mut [u8] → &[u8]
3. サイズの不定化。例：&[i32; 4] → &[i32]、Box<Some<i32>> → Box<dyn Debug>
4. 環境が空のクロージャ → 関数ポインタ型
5. ! → 任意の型

また、メソッドレシーバだけに適用される型強制もあります。4.については4章のコラム「関数ポインタとクロージャ」を参照してください。5.の!（never type）は執筆時点では正式な型ではありませんが[*9]、この記号は呼出元に制御を返さない関数を定義するときに戻り値型のところに書かれます（6-5-3項）。便宜上!は任意の型へ型強制できますが、実行時に関数から値が返ることがないのでデータ変換は起きません。

残りの型強制の種類については次項から詳しく見ていきます。

Derefによる型強制

Derefによる型強制（deref coercion）はDerefトレイトを実装しているときに可能です。もしT型がDeref<Target = U>を実装しているなら、&T型から&U型へ変換できます。また同様にT型がDerefMut<Target = U>を実装しているなら、&mut T型から&mut U型へ変換できます。

ch05/ex05/examples/ch05_26_type_coercion2.rs

```
fn f1(n: &mut usize, str: &str, slice: &[i32]) {
    *n = str.len() + slice.len()
}

let mut b1 = Box::new(0);  // Box<usize>型
```

---

*9　https://github.com/rust-lang/rfcs/blob/master/text/1216-bang-type.md

```
let s1 = String::from("deref");
let v1 = vec![1, 2, 3];

// Derefによる型強制が起こる：
// - &mut Box<usize> → &mut usize
// - &String → &str
// - &Vec<i32> → &[i32]
f1(&mut b1, &s1, &v1);
assert_eq!(8, *b1);
```


ポインタの弱体化

ポインタの弱体化（pointer weakening）は、あるポインタ型を、機能がより制限された別のポインタ型へと型強制できるルールです。

- 可変性（mutability）の除去。例：&mut T型から&T型へ。*mut T型から*const T型へ
- 生ポインタへの変換。例：&mut T型から*mut T型へ。&T型から*const T型へ

ch05/ex05/examples/ch05_27_type_coercion3.rs

```
fn f1(slice: &[usize]) -> usize {
    slice.len()
}

fn f2(slice: &mut [usize]) {
    // ポインタの弱体化により&mut [usize]型から&[usize]型へ型強制される
    let len = f1(slice);
    slice[0] = len;
}

let mut v = vec![0; 10];
f2(&mut v[..]);
assert_eq!(10, v[0]);
```

サイズの不定化

サイズの不定化（unsizing）はポインタで指された配列などに関連する型強制ルールです。8章で学ぶトレイトオブジェクトもこの方法で作られます。

たとえば配列への参照&[T; N]型は、スライス&[T]型へ変換できます。

ch05/ex05/examples/ch05_28_type_coercion4.rs

```
fn f1(p: &[i32])      -> i32 { p[0] }
fn f2(p: Box<[i32]>) -> i32 { p[0] }

let a1 = [1, 2, 3, 4];
assert_eq!(1, f1(&a1));            // &[i32; 4] → &[i32]
```

```
assert_eq!(1, f2(Box::new(a1)));  // Box<[i32; 4]> → Box<[i32]>
```

スライス[T]の要素数は実行するまで分かりませんので、コンパイル時にはデータサイズが決定できません。このような型は**サイズ不定型**（unsized type）に分類されます*10。サイズの不定化はサイズが決まっている配列のような型からサイズ不定型に変換します。

トレイトオブジェクトもサイズ不定型の一種ですので、あるトレイトを実装した型からトレイトオブジェクトへ変換できます。

ch05/ex05/examples/ch05_28_type_coercion4.rs

```
// dの型をDebugトレイトのトレイトオブジェクトに指定する
let mut d: Box<std::fmt::Debug>;

// Debugトレイトを実装する型はトレイトオブジェクトへ型強制できる
d = Box::new([1, 2]);    // Box<[i32; 2]>  → Box<Debug>
d = Box::new(Some(1));  // Box<Some<i32>> → Box<Debug>
```

サイズ不定化の規則は以下のようになります。

T型がトレイトUnsize<U>を実装しており、ポインタ<T>型がトレイトCoerceUnsized<ポインタ<U>>を実装しているなら、ポインタ<T>型はポインタ<U>型へ型変換できる。

メソッドレシーバの型強制

メソッド呼び出しの際、レシーバには特別な型強制（receiver coercion）が適用されます。レシーバとはメソッド呼び出しの受け手となる値、つまり、オブジェクト指向プログラミングにおけるオブジェクトのことです。以下の例でfirst()メソッドのレシーバは、変数v1に束縛されたVec<u8>型の値です。

ch05/ex05/examples/ch05_29_type_coercion5.rs

```
let v1: Vec<u8> = vec![3, 4, 5];
assert_eq!(v1.first(), Some(&3u8));  // first()メソッドのレシーバはv1が束縛されたベクタ
```

この例ではレシーバの型強制が起きています。first()メソッドのレシーバはVec<u8>型ですが、その型にfirst()は定義されていません。レシーバがスライス&[u8]型へと暗黙的に型強制されることで、スライス型に定義されたfirst()メソッドが呼び出されます。

レシーバの型をTとしたとき、第1引数（self）の型がレシーバと一致するメソッドが見つかるまで、コンパイラは以下の順番でレシーバの型強制を行います。

---

*10 動的サイズ型（dynamically sized types）とも呼ばれます。

1. selfにレシーバの型（T型）のメソッドがあるならそのメソッドを使用する
2. T型のトレイトメソッドがあるなら、それを使用
3. &T型のメソッドがあるなら、&Tへ型強制してから使用
4. &T型のトレイトメソッドがあるなら、&Tへ型強制してから使用
5. &mut T型のメソッドがあるなら、&mut Tへ型強制してから使用
6. &mut T型のトレイトメソッドがあるなら、&mut Tへ型強制してから使用
7. 一致するメソッドが見つからないなら、Derefによる型強制かサイズの不定化を行い、1から6を繰り返す

型強制を繰り返してもメソッドが見つからないときや、逆に型が一致するトレイトメソッドが複数見つかったときはコンパイルエラーになります。

ここで行われる型強制は、Tから&Tや&mut Tへの変換、Derefによる型強制、サイズの不定化の3種類です。Tから&Tや&mut Tへの変換はRustコンパイラ内部ではautorefdと呼ばれます*11が、ここでは「レシーバの参照化」と呼ぶことにします。

先ほどのVec<u8>の例では、以下のように型強制が行われます。

1. Derefによる型強制：Vec<u8> → [u8]
2. レシーバの参照化：[u8] → &[u8]

通常のDerefによる型強制では変換元がポインタであること（&T、&mut T、Box<T>など）が要求されます。一方、レシーバは単にT型であってもDerefによる型強制の対象になります。

*11 automatically referenced（自動的な参照化）の略と思われます。

第 6 章

基本構文

本章では、Rustの基本的な構文について学びます。これまでの章でもRustの構文はたくさん出てきましたが、本章でまとめて整理して、続く7章「所有権システム」、8章「トレイトとポリモーフィズム」という難所に臨みましょう。

6-1 準備

6-1-1 パッケージの作成

本章ではRustの基本的な構文について説明します。まずはCargoを使って本章で使うパッケージを作りましょう。パッケージの名前はleap-yearとします。

```
$ cargo new leap-year
     Created binary (application) `leap-year` package
$
```

Cargoによってleap-yearというディレクトリが作られました。leap-yearディレクトリの構造は次のようになっています。

```
leap-year
 ├─── .git/
 |    └─── （省略）
 ├─── .gitignore
 ├─── Cargo.toml
 └─── src
     └─── main.rs
```

6-1-2 パッケージの構造

これからsrcディレクトリの中のmain.rsファイルにコードを書いていきますが、その前にRustのパッケージの基本的な構造について少し説明します。

Rustではコンパイルとリンクの単位を**クレート**と呼びます。Rustコンパイラはエントリポイントとなるソースファイルをコマンドライン引数に取り、そのファイルとそこから参照されている他のソースファイルをコンパイルし、1つのクレートを生成します。クレートの中は**モジュール**という単位で階層化されていて、クレートの最上位には匿名のモジュールがあるという建前になっています[*1]。Cargoはパッケージのsrcディレクトリの中にmain.rsファイルがあると、そのパッケージをバイナリパッケージ、つまり実行可能ファイルを持つパッケージだと判断し、main.rsファイルから実行可能ファイルを生成しようとします。実行可能ファイルを生成するには、main.rsファイルにmain()関数が必要です。クレートについて、詳しくは10章「パッケージを作る」で説明します。

先ほど作成したleap-yearパッケージはバイナリパッケージとして作成されています。そのため、srcディレクトリにmain.rsファイルがあり、main.rsファイルにはサンプルのmain()関数が用意されています。cargo newに--libオプションを付けると、Cargoはライブラリパッケージ、つまり実行可能ファイルを持たないパッケージを作成します。

本章で取り扱うパッケージは小さいので、main.rsファイルだけを使い、モジュールを新たに作ることもしません。main.rsファイルに書いたコードはmain.rsファイルから生成されたクレートの中の最上位の匿名のモジュールの中に収まります。

6-2 コメント

早速main.rsファイルにコードを書いていきますが、先にコメントの説明をします。Rustのコメントには**行コメント**と**ブロックコメント**があります。行コメントは//で始まり、行末までがコメントとして取り扱われます。ブロックコメントは/*で始まり、*/までがコメントとして取り扱われます。ブロックコメントは入れ子にすることができます。

一般的には、ブロックコメントよりも行コメントの方が好まれています[*2]。

```
// これは行コメント
```

*1 https://doc.rust-lang.org/reference/crates-and-source-files.html
*2 https://github.com/rust-dev-tools/fmt-rfcs/blob/master/guide/guide.md#comments

```
/* これはブロックコメント。
   複数行に渡って書くことができる */

/* ブロックコメントは /* 入れ子 */ にすることもできる */
```

///で始まる行コメント、/**で始まるブロックコメント、//!で始まる行コメント、/*!で始まるブロックコメントはドキュメンテーションコメントと呼ばれ、特別な取り扱いを受けます。ドキュメンテーションコメントについて、詳しくは10章「パッケージを作る」で説明します。

6-3 うるう年と平年

それでは、leap-yearパッケージのmain.rsファイルを示します。実際にエディタで入力していく、いわゆる「写経」を行うことで、Rustのプログラムの構造が何となく見えてくるかもしれません。

ch06/leap-year/src/main.rs

```
// 第6章 基本構文
// 入力された年がうるう年かどうかを判断するプログラム

// std::io 名前空間を io としてインポート
use std::io;
// std::io::Write トレイトを使う
use std::io::Write;

// エントリポイントとなる関数
fn main() {
    let mut year = String::new();
    print!("Please input a year to check if it is a leap year: ");
    io::stdout().flush().unwrap();
    io::stdin().read_line(&mut year).unwrap();
    let year = year.trim().parse::<u32>().unwrap();

    if is_leap_year(year) {
        println!("{} is a leap year!", year);
    } else {
        println!("{} is not a leap year.", year);
    }
}
```

```
// うるう年の場合は true 、平年の場合は false を返す関数
fn is_leap_year(year: u32) -> bool {
    year % 4 == 0 && !(year % 100 == 0 && year % 400 != 0)
}
```

このコードは、標準入力から西暦で入力された年についてそれがうるう年に当たるのか、または平年に当たるのかを判断し、標準出力にメッセージを出力するものです。

ある年がうるう年に当たるのか、または平年に当たるのかは次のように判断します[*3]。

1. 西暦が4で割り切れる年をうるう年とする
2. 1の例外として、西暦が100で割り切れて400で割り切れない年は平年とする

このコードは、2つのuse宣言、2つの関数定義という4つのプログラム要素から成り立っています。このようにモジュールの中に入れることのできるプログラム要素のことをRustでは**アイテム**と呼びます。

6-4 use宣言

use宣言は、他の名前空間にあるプログラム要素の別名を作ります。use宣言を使うことで、他の名前空間にあるプログラム要素への参照を短く書けるようになります。

たとえば、leap-yearパッケージのコードでは次のようなuse宣言があります。

```
// std::io 名前空間を io としてインポート
use std::io;
```

このuse宣言によって、std::io名前空間の別名としてioが作られます。つまり、フルパスだとstd::io::stdin()という形で参照しなければならない関数がio::stdin()と書けるようになるということです。

＊3 「質問3-6）どの年がうるう年になるの？（国立天文台）」https://www.nao.ac.jp/faq/a0306.html

6-5 関数

6-5-1 関数定義

関数とは、引数を受け取り、戻り値を返すひとかたまりの処理です。Rustでは関数は基本的に次の構文で定義します。

```
// 基本となる構文
// [] で囲っている部分は省略できる場合がある
//
// fn 名前([引数リスト]) [-> 戻り値の型] {
//      関数本体
// }

// 例1
fn is_leap_year(year: u32) -> bool {
    // 関数本体は省略
}
```

`fn`は関数を定義するためのキーワードです。関数の引数リストには0個以上の引数を書くことができ、引数が2個以上の場合には`,`（カンマ）で区切ります。関数の引数リストの中の引数は、`名前: 型`の形で書きます。関数の戻り値の型は、その関数が`()`（ユニット）を返す場合には省略できます。関数定義から`{ 本体 }`を除いた部分を関数の**シグネチャ**と呼ぶことがあります。

つまり、leap-yearパッケージのコードでは`fn is_leap_year(year: u32) -> bool`というシグネチャを持つ関数と`fn main()`というシグネチャを持つ関数の2つの関数が定義されていることになります。

6-5-2 式と文

関数の本体は0個以上の文の集まりで、最後は式でもよいとされています。ここで、式と文という言葉が出てきましたので、式と文について説明します。

文とは、`()`を返すプログラム要素を指します。文の末尾には`;`（セミコロン）を付けます。文には大きく分けて宣言文と式文とがあります。宣言文にはアイテムを宣言するアイテム宣言と変数を導入する`let`文とがあります。`use`宣言や関数定義はアイテム宣言の1つです。`let`文については「束縛とミュータビリティ」の節で説明します。**式文**とは、式の末尾に`;`を付けることで式を文に変換したものです。ただし、式文については「6-8 分岐」の節で説明する`if`式、`match`式、`if let`式、「6-9 繰り返し」の節で説明する`loop`式、`while`式、`while let`式、`for`式のように式の末尾の;を省略できるものがあります。**式**とは、()以外の値を返すプログラム要素を指します。基本的に文以外のものはすべて式と考えて問題ありません。

leap-yearパッケージのコードでいえば、is_leap_year()関数の本体は1つの式で成り立っていて、main()関数の本体は6つの文（if文はif 条件式 { true節 } else { false節 }で1つの文として数えています）で成り立っていることになります。

6-5-3 関数の実行

関数を実行すると結果として関数の戻り値が得られます。関数を実行するには次の構文を使います。

```
// 基本となる構文
//
// 名前([引数リスト])

// 例2
is_leap_year(2019);
```

関数定義のときとは異なり、関数を実行するときには、関数の引数リストの中の引数に型を付ける必要はありません。関数に渡すことのできる引数の型は、関数定義のときにすでに決められているからです。

leap-yearパッケージのコードでいえば、is_leap_year(year)でis_leap_year()関数を実行しています。yearはu32型の変数で、is_leap_year()関数に引数として渡されています。なお、leap-yearパッケージのコードではprintln!([引数リスト])という形のプログラム要素がいくつか見られますが、名前の末尾が!（エクスクラメーション）になっているものはマクロの呼び出しであって、関数の実行ではありません。**マクロ**とは、引数を受け取り、戻り値ではなくコード片を返すものです。何を言っているのか分からないかもしれませんが、何らかの処理が行われるという点では関数の実行とさほど変わらないので今は気にしないことにしましょう。

関数の実行では、基本的に関数の本体に含まれる文が前から後ろに向かって順に実行されていきます。関数の実行は、**return**文の実行により終了します。return文の構文は次のとおりです。

```
// 基本となる構文
//
// return [戻り値];

// 例3
return true;
```

戻り値が()の場合には戻り値を省略できます。

ところで、leap-yearパッケージのコードにはreturn文が出てきません。Rustは式指向言語であり、プログラム要素は基本的に式、つまり値を返すものになります。そのため、多くの場合、関数では関数の本体の式を実行した結果の値がそのまま関数の戻り値となり、明示的にreturn文を書く必要はありません。関数の本体が複数の文または式で構成されている場合には、関数の本体の最後の式を実行した結果の値が関数の戻り値になります。

leap-yearパッケージのコードであれば、is_leap_year()関数の戻り値は、is_leap_year()関数の本体に当たる大きな1つの論理式を実行した結果の値になります。また、main()関数は複数の文または式で構成されているので、main()関数の戻り値は、main()関数の本体の最後の式を実行した結果の値、()になります。

なお、関数の本体の最後のreturn文は省略する方がRustらしいとされているので、関数の本体の最後にreturn文が明示的に置かれたコードはあまり見られません。return文が使われるのは、関数の途中で終了する場合がほとんどでしょう。

また、戻り値として()を返すのではなく、本当に値を返さない関数があります。そのような関数を**発散する関数**と呼びます。発散する関数は、そもそも呼出元に制御を返しません。発散する関数を定義するときには、関数の戻り値のところに!を書きます。関数の本体の最後の文または式が自動的にreturn文と同じものとして取り扱われるのであれば、値を返さない関数などあり得ないようにも思えますが、次のようなときに発散する関数を使います。

```
// 例4
fn end_function() -> ! {
    std::process::exit(0);
}
```

exit関数はその場で現在のプロセスを引数の終了コードで終了させる関数です。そのため、end_function()関数は呼出元に制御を返すことはなく、もちろん値を返すこともありません。

その他に、いわゆる無限ループを構成する関数も呼出元に制御を返すことはないため発散する関数として定義することがあります。無限ループを構成する関数は、組み込みシステムなどでプログラムを動かし続けるとき、割込みによるコンテキストスイッチが起きるまでの間、CPUを待機状態にしておくときなどに用いられることがあります。

6-5-4 メソッド

leap-yearパッケージでは使われていませんが、関数の一種にメソッドがあります。**メソッド**とは、構造体などの中に定義された関数の一種です。構造体以外にも、列挙型やトレイトなどの中にもメソッドを定義できます。メソッドは、メソッドの定義された構造体などのインスタンスに関連付けられ、メソッドでは、メソッドの関連付けられたインスタンス、つまりレシーバの持つ情報を使うことができます。

構造体のメソッドを定義する例を見ましょう。構造体のメソッドの定義は構造体の定義の中に直接書くのではなく、implブロックの中に書きます。

```
// 例5
struct Circle {
    radius: u32,
}

impl Circle {
    fn diameter(&self) -> u32 {
        self.radius * 2
    }
}

fn main() {
    let circle1 = Circle { radius: 10 };
    println!("Circle1's diameter: {}", circle1.diameter());
}
```

メソッドを定義するには、implブロックの中で通常の関数の定義と同様にfnキーワードを使います。メソッドの第1引数にはメソッドのレシーバが渡されます。例5ではメソッドの第1引数を&selfとしているので、Circle::diameterメソッドの中ではCircle構造体のインスタンスをselfという名前のイミュータブルな参照として使うことができます。メソッドの中でメソッドのレシーバをミュータブルな参照として使いたいときは、メソッドの第1引数を&mut selfとします。メソッドの第1引数を単にselfとすれば、メソッドのレシーバの所有権がメソッドに移動します。

メソッドの第1引数の型は省略できます。これはメソッドの第1引数がメソッドの定義されている構造体などであることが明らかだからです。

メソッドの実行には.(ドット)を使います。**構造体などのインスタンス.メソッド(引数リスト)**でメソッドを実行できます。例5の場合、Circle::diameterメソッドの第1引数は&selfなので、本来は(&circle).diameter()という形で実行しなければならないのですが、メソッドの呼び出しについてはRustコンパイラが自動的にcircle.diameter()を(&circle).diameter()に変換してくれるので、私たちはメソッドの第1引数が何であるかを気にすることなく単純にcircle.diameter()と書くことができます。

6-5-5 関連関数

メソッドは、メソッドの定義された構造体などのインスタンスに関連付けられた関数でしたが、Rustでは構造体などのインスタンスではなく構造体などデータ型そのものに関数を関連付けることもできます。構造体などそのものに関連付けられた関数を**関連関数**と呼びます。

関連関数を定義するには、メソッドを定義する場合と同様にimplメソッドの中でfnキーワードを使うのですが、関連関数の第1引数はselfにはしません。

```
// 例6
struct Circle {
    radius: u32,
}

impl Circle {
    // Circle::diameterメソッド
    fn diameter(&self) -> u32 {
        self.radius * 2
    }

    // small_circle関連関数
    fn small_circle() -> Circle {
        Circle { radius: 1 }
    }
}

fn main() {
    // Circleの関連関数small_circleの呼び出し
    let circle1 = Circle::small_circle();
    println!("Circle1's diameter: {}", circle1.diameter());
}
```

関連関数の実行には::を使います。構造体など::関連関数(引数リスト)で関連関数を実行できます。

6-6 束縛とミュータビリティ

6-6-1 束縛とは

leap-yearパッケージのmain()関数本体の最初は次のような文になっています。

```
    let mut year = String::new();
```

これは**let**文と呼ばれる文です。let文は**変数**を導入します。let文の基本的な構文は次のとおりです。

```
// 基本となる構文
//
// let パターン[: 型] [= 初期化式];

// 例1
let date_string = "2019-01-06"; // 型を省略できる
let pi: f64 = 3.14;             // 型を明示してもよい
let not_initialized;            // 初期化しなくてもよい
let (a, b) = (19, 79);          // パターンは単なる変数ではない
```

例1の第1文では、date_stringという名前の変数を導入し、"2019-01-06"という文字列と結び付けています。変数と値とを結び付けることをRustでは「変数を値に**束縛**する」と表現します。例1の第1文では、date_string変数を"2019-01-06"に束縛しているわけです。

例1の第1文のdate_string変数は"2019-01-06"に束縛されているため、私たちはdate_string変数が&str型であることを簡単に推論できます。Rustコンパイラにも型の推論を行う能力があり、変数の型が推論できる場合には型を明示する必要はありません。例1の第1文のdate_string変数の型はRustコンパイラも推論できるので、型を明示する必要はありません。実際にはRustコンパイラは多くの場合で変数の型を推論できてしまうので、型を明示しなければならないことはそれほどありません。Rustコンパイラから求められない限り、基本的にlet文では型を明示しないと思っておいてよいでしょう。

例1の第2文では、pi変数を導入し、これを3.14という浮動小数点数に束縛しています。浮動小数点数についてはf64型がデフォルトなので、例1の第2文での型の明示は不要ですが、あえて明示することもできます。

例1の第3文では初期化式が省略されています。そのため、not_initialized変数は導入されますが、値のない状態になり、後から値を束縛することになります。値のない状態の変数を使用することはできないので、変数を使用するまでには変数を値に束縛しておく必要があります。もっとも、値のない状態の変数を使用しようとするとRustコンパイラはエラーを出してくれるので、このことがそれほど問題になることはありません。変数を導入する時点で値に束縛できるのであれば、基本的にlet文に初期化式を書いておくべきでしょう。

let文は変数を導入しますが、let文で指定できるのは単なる変数ではなく**パターン**と呼ばれるものです。例の第4文はパターンを活用してa変数に19を、b変数に79をそれぞれ束縛しています。パターンについて、詳しくは「6-9 繰り返し」の節で説明します。

6-6-2 ミュータビリティ

let文による変数の導入について説明しましたが、通常のlet文で導入された変数は**イミュータブル**、つまり変更ができません。通常のlet文で導入された変数がイミュータブルだということは、Rustでは変数は原則としてイミュータブルであってほしいという思想の表れだと考

えられます。そこで、特に必要がない限りは通常のlet文でイミュータブルな変数を導入して使用していくことにしましょう。とはいえ、多くのプログラムでは**ミュータブル**な変数、つまり変更のできる変数が必要になります。そのようなときのために、Rustではミュータブルな変数を導入する構文も用意されています。

```
// 基本となる構文
//
// let mut パターン[: 型] [= 初期化式];

// 例2
let mut mutable_string = String::from("String"); // 文字列に束縛
mutable_string = String::from("Hello");          // 別の文字列に束縛
mutable_string.push_str(", world!");             // 文字列を変更する操作
mutable_string = 2019;                           // エラー！異なる型の値に束縛し直すことはできない
```


ミュータブルな変数を導入するには、let文のletキーワードのすぐあとに**mut**キーワードを付けます。例2の第1文でミュータブルなmutable_string変数を導入し、"String"に束縛しています。例2の第2文ではmutable_string変数を"Hello"という別の文字列に束縛し直しています。例2の第3文ではmutable_string変数の内容を変更する操作を行っています。例2の第2文と第3文については値を変更しているので、もしmutable_string変数がイミュータブルであったならば、Rustコンパイラはエラーを出していたでしょう。

ミュータブルとはいえ、変数の型は初期化した時点で決定されてしまうので、その型とは別の型の値を束縛し直すことはできません。例2の第4文について、Rustコンパイラはエラーを出します。

6-6-3 スコープ

変数には有効範囲があります。変数の有効範囲のことを**スコープ**と呼びます。Rustでは変数は導入されたブロックの中でだけ有効です。

```
// 例3
fn scope_example() {        // | scope_example()のブロックの始まり
    let x = 10;             // | xのスコープはこの文からscope_example()のブロックが終わるまで
                            // |
    if x == 10 {            // | | if式のtrue節のブロックの始まり
        let y = 20;         // | | yのスコープはこの文からif式のtrue節のブロックが終わるまで
        println!("{}", y);  // | | スコープの中なのでyは使用できる
    }                       // | | if式のtrue節のブロックの終わり
                            // |
                            // | スコープの外なのでyは使用できない
```

```
                        // |
    {                   // | | ブロックの始まり
        let z = 30;     // | | zのスコープはこの文からこのブロックが終わるまで(つまりこの文のみ)
    }                   // | | ブロックの終わり
                        // |
                        // | スコープの外なのでzは使用できない
                        // |
    println!("{}", x);  // | スコープの中なのでxは使用できる
}                       // | scope_example()のブロックの終わり
                        //
fn another_fn() {       // | another_fn()のブロックの始まり
                        // | スコープの外なのでxは使用できない
}                       // | another_fn()のブロックの終わり
```

ブロックとは{と}で囲まれたプログラム要素のことです。関数定義の中の関数本体やif式のtrue節なども{と}で囲まれているのでブロックの一種です。また、ブロックは好きなところで作成できます。変数のスコープを限定したいときにブロックを作成してスコープを分けることもできます。なお、ブロックなどに含まれていない、最も外側のスコープのことを**グローバルスコープ**と呼びます。

6-6-4 シャドウイング

変数は同じ名前で複数作ることができます。

```
// 例4
fn shadowing_example() {   // |
    let x = 10;            // | xを導入
    let x = 20;            // | | もう一度新しいxを導入
    let x = "String";      // | | | 新しい変数を導入して値に束縛するので、変数の型が
                           // | | | 変わっても問題ない
                           // | | |
    println!("{}", x);     // | | | xは"String"
                           // | | |
    {                      // | | | |
        let x = 30;        // | | | | ブロックの中だけで有効なx
        println!("{}", x); // | | | | xは30
    }                      // | | | |
                           // | | |
    println!("{}", x);     // | | | xは"String"
}                          // | | |
```

同じ名前の変数を後から導入した場合、実際にその名前で使用できる変数は最後に導入した

変数です。このように、新しく導入した変数で前に導入した変数を隠してしまうことを**シャドウイング**と呼びます。単に隠してしまうだけなので、新しく導入した変数のスコープから外れれば、また前に導入した変数を使用できるようになります。ただし、同じブロック内で同じ名前の変数を複数導入した場合には、最後に導入した変数以外の変数は事実上使用する手段を失ってしまいます。シャドウイングは導入した変数の束縛先を変更するものではなく、まったく別の新しい変数を導入するものなので、変数のミュータビリティとは別の話です。

6-6-5 定数とスタティック変数

定数

Rustでは変数の他にも**定数**を定義できます。定数は一度定義されると、それ以降は値の変更が一切できません。定数を定義するには、**const**文を使います。

```
// 基本となる構文
//
// const 名前: 型 = 定数式;

// 例5
const SECRET_NUMBER: i32 = 25;
```

const文では、定数の型を明示しなければなりません。const文はグローバルスコープを含む、どのスコープにでも置くことができます。定数を定義するときに使う定数式には、コンパイル時に値が確定するものしか使うことができません。

なお、const文で定義された定数はコンパイル時に一度だけ計算され、定数を参照している場所にその値が埋め込まれることになります。

スタティック変数

Rustで**スタティック変数**を定義するには、**static**文を使います。

```
// 基本となる構文
//
// static [mut] 名前: 型 = 定数式;

// 例6
static GLOBAL_COUNTER: i32 = 0;
```

const文と同様に以下のような特徴があります。

- スタティック変数の型を明示しなければならないこと

- グローバルスコープを含む、どのスコープにでも置くことができること
- 定義するときに使う定数式にはコンパイル時に値が確定するものしか使うことができないこと

static文で定義されたスタティック変数は定数とは異なり、値が埋め込まれることはなく、使われるたびに参照されます。

スタティック変数は、定義するときにmutキーワードを使うことでミュータブルにすることができます。ミュータブルなスタティック変数に値を代入するときは、コンパイル時に値が確定するものでなくても構いません。ただし、ミュータブルなスタティック変数は、他のスレッドによって値を変更される可能性があるため、その読み書きはunsafeブロックの中で行わなければなりません。

```
// 例7
// 定義に使う値はコンパイル時に値が確定するものでないといけない
static mut v: Option<Vec<i32>> = None;

// ミュータブルなスタティック変数を扱うときは代入も参照もunsafeブロックの中で行わないといけない
unsafe {
    // 代入するときはコンパイル時に値が確定するものでなくてもよい
    v = Some(vec![1, 2, 3]);
    println!("{:?}", v);
}
```

6-7 演算子

他の多くのプログラミング言語と同様に、Rustでもたくさんの演算子が用意されています。

四則演算をはじめとする算術演算子は、他の多くのプログラミング言語と概ね同じようなものを使うことができます。

```
// 例1
let answer1 = (10 + 20) * 30 / 4;
println!("(10 + 20) x 30 / 4 = {}", answer1);
// => (10 + 20) x 30 / 4 = 225
```

```
// 例2
// 数値リテラルについては、読みやすくするために好きな場所に_を入れることができる
let mut answer2 = 5_000;
```

```
answer2 += 600_000;
println!("5000 + 600000 = {}", answer2);
// => 5000 + 600000 = 605000
```

ただし、多くの2項演算子は、異なる型の被演算子を一緒に取り扱うことができるようにはなっていません。被演算子の型は合わせる必要があります。

```
// 例3 エラーあり
let answer3 = 70 + 8.9;
println!("70 + 8.9 = {}", answer3);
```

例3をコンパイルすると、次のようなエラーが出ます。

```
error[E0277]: cannot add a float to an integer
 --> src/main.rs:3:22
  |
3 |     let answer3 = 70 + 8.9;
  |                      ^ no implementation for `{integer} + {float}`
  |
  = help: the trait `std::ops::Add<{float}>` is not implemented for `{integer}`
```

被演算子の型を浮動小数点数に揃えることで、このエラーを解消できます。

```
// 例4
let answer4 = 70.0 + 8.9;
println!("70.0 + 8.9 = {}", answer4);
// => 70.0 + 8.9 = 78.9
```

論理演算子についても、他の多くのプログラミング言語と概ね同じようなものを使うことができます。論理演算子が取り扱うことのできる被演算子はbool型の値のみです。

```
// 例5
let answer5 = !((true || false) && false);
println!("NOT ((true OR false) AND false) = {}", answer5);
// => NOT ((true OR false) AND false) = true
```

ビット演算についても、他の多くのプログラミング言語と概ね同じようなものを使うことができます。

```
// 例6
let answer6 = 0b11110000 & 0b01010000 | 0b00001010;
```

```
// bは数値を2進数表記で出力するためのフォーマット文字列
println!("11110000 & 01010000 | 00001010 = {:b}", answer6);
// => 11110000 & 01010000 | 00001010 = 1011010
```

なお、右シフト演算については、符号なしの整数型に対しては論理右シフト演算、符号ありの整数型に対しては算術右シフト演算になるため少し注意が必要です。

```
// 例7
#![allow(overflowing_literals)]
let unsigned: u8 = 0b11111111;
let signed: i8 = 0b11111111;
println!("Unsigned right shift: {:08b}", unsigned >> 2);
println!("Signed right shift: {:08b}", signed >> 2);
// => Unsigned right shift: 00111111
// => Signed right shift: 11111111
```

6-8 分岐

分岐と繰り返しはプログラムの基本的な構造です。ここではRustで使うことのできる分岐の例として、if式、if let式、match式を取り上げます。

6-8-1 if式

まずはif式です。**if**式を使うと、条件によってプログラムを分岐させることができます。if式の構文の基本形は次のとおりです。

```
// 基本となる構文
//
// if 条件式 {
//     条件がtrueの場合に実行される節 ( true 節 )
// } else {
//     条件がfalseの場合に実行される節 ( false 節 )
// }

// 例1
let a = 11;

if a % 2 == 0 {
```

```
    println!("{} is an even number", a); // aが偶数の場合
} else {
    println!("{} is an odd number", a);  // aが奇数の場合
}
// => 11 is an odd number
```

条件式の戻り値がtrueの場合にはtrue節だけが実行され、falseの場合にはfalse節だけが実行されます。条件式の戻り値はbool型でなければなりません。

例1では11が奇数なので、11 is an odd numberと出力されます。

if式は「式」なので値を返します。そのため、例1は次のように書くこともできます。


```
// 例2
let a = 12;

let even_or_odd = if a % 2 == 0 {
    "an even"
} else {
    "an odd"
};

println!("{} is {} number", a, even_or_odd);
// => 12 is an even number
```

例2では12が偶数なので、even_or_odd変数が"an even"に束縛され、12 is an even numberと出力されます。この場合のif式はlet文の一部なので、if式の後にはlet文の末尾としての;が付いています。例1のif式は戻り値が捨てられていて、末尾に;がないので式文にもなっておらず不完全なようにも見えますが、これはtrue節とfalse節の戻り値が()の場合にはif式の末尾に;がなくても式文と同様に取り扱う特例によって、構文上正しいということになっています。

また、if式には戻り値があるため、true節の戻り値とfalse節の戻り値の型は同じでなければなりません。

```
// 例3 エラーあり
let a = 13;

let result = if a % 2 == 0 {
    'E'      // char 型
} else {
    "AN ODD" // &str 型
};
```

例3ではif式の条件式の戻り値がtrueの場合にはchar型、falseの場合には&str型になるため、result変数の型が確定できません。それでは困るので、Rustではこのようなif式の使い方はできないようになっています。例3をコンパイルすると次のようなエラーが出ます。

```
error[E0308]: if and else have incompatible types
 --> src/main.rs:5:18
  |
5 |       let result = if a % 2 == 0 {
  |  __________________^
6 | |         'E'      // `char` 型
7 | |     } else {
8 | |         "AN ODD" // `&str` 型
9 | |     };
  | |_____^ expected char, found &str
  |
  = note: expected type `char`
             found type `&str`
```

これはtrue節とfalse節とが互換性のない型を持っていることを示すエラーです。

if式のfalse節は省略することもできます。前述のとおりif式のtrue節とfalse節の戻り値の型は同じでなければなりませんが、false節を省略した場合にはfalse節の戻り値は()として取り扱われます。

```
// 例4
let a = 14;

if a % 2 == 0 {
    println!("{} is an even number", a); // 文なので戻り値は()
}
// => 14 is an even number
// false節はないが、false節の戻り値は()として取り扱われる
// そのため、if式の戻り値は()
```

6-8-2 match式とパターン

match式の基本

match式と**パターン**は、**パターンマッチ**と呼ばれる分岐のしくみを実現するための構文です。match式を使った例を見てみましょう。

```
// 基本となる構文
//
// match検査される値 {
```

```
//     パターン1 => 式1,
//     パターン2 => 式2,
//     パターン3 => 式3,
//     ...
// }

// 例1
let value = 100;

match value {
    1 => println!("One"),
    10 => println!("Ten"),
    100 => println!("One hundred"),
    _ => println!("Something else"),
}
// => One hundred
```


match式では、パターンとそのパターンがマッチしたときに実行したい式との組合せを列挙します。例1では、1つ目から3つ目までのパターンとしてリテラルを使っています。パターンにリテラルが使われている場合には、検査される値とリテラルの値が同一の場合にパターンにマッチします。4つ目のパターンに使われているパターン_はいわゆるワイルドカードで、どんな値にもマッチします。パターンマッチにおけるパターンの優先順位は、上に書かれたものが優位になるため、パターンと式との組合せはマッチしてほしい順番に書きます。

例1では、まずvalue変数がパターン1にマッチするかどうかの検査が最も優位となり、パターン10にマッチするかどうかの検査が2番目、パターン100にマッチするかどうかの検査が3番目の優先順位となり、パターン_にマッチするかどうかの検査の優先順位が最も下ということになります。例1での検査の対象となる値はvalue変数が束縛されている100なので、value変数は2番目の優先順位を持つパターン100にマッチして、パターン100に対応する式が実行されます。value変数が束縛されている100は最も下の優先順位を持つパターン_にもマッチしますが、より上に書かれているパターン100が優先されるのです。

match式は「式」なので、値を返します。

```
// 例2
let number = 10;

let string = match number {
    1 => "One",
    10 => "Ten",
    100 => "One hundred",
    _ => "Something else",
};
```

```
println!("{}", string);
// => Ten
```

なお、if式の場合と同様に、match式の返す値の型は揃えておく必要があります。

網羅性の検査

match式では、「どのパターンにもマッチしない」という結果は認められません。次のコードはコンパイルできません。

```
// 例3 エラーあり
let character = 'C';

let something = match character {
    'A' => "Apple",
    'B' => "Bear",
    'C' => "Computer",
};

println!("{}", something);
```

例3のコードをコンパイルすると、次のようなエラーが出ます。

```
error[E0004]: non-exhaustive patterns: `_` not covered
 --> src/main.rs:5:27
  |
5 |     let something = match character {
  |                           ^^^^^^^^^ pattern `_` not covered
```

character変数にはchar型のすべての値が入り得るので、'A'、'B'、'C'以外の値が入っていた場合も考慮しなければなりません。Rustコンパイラの助言にしたがい、パターン_を含めることでエラーを解消できます。

```
// 例4
let character = 'C';

let something = match character {
    'A' => "Apple",
    'B' => "Bear",
    'C' => "Computer",
    _ => "Something else",
};
```

```
println!("{}", something);
// => Computer
```

パターンが網羅されているかの判断は、検査される値の型によって変わります。どんなときでも最後に必ずパターン_を書かなくてはならないわけではなく、検査される値の型が取り得るすべての値を網羅できていればよいわけです[*4]。char型の場合は、すべての値を1文字ずつ場合分けしていくのは大変なのでパターン_を使いましたが、列挙型の場合であれば取り得るすべてのバリアントについてパターンを書くことができるかもしれません。


```
// 例5
enum Light {
    Red,
    Yellow,
    Green,
}

let light = Light::Green;

// すべての可能性を列挙しているのでワイルドカードパターンがなくてもエラーにならない
let action = match light {
    Light::Red => "Stop",
    Light::Yellow => "Proceed with caution",
    Light::Green => "Go",
};

println!("Green: {}", action);
// => Green: Go
```

パターン

ここまでの例では、パターンとしてリテラルとパターン_を使ってきました。もう少し複雑な例を見てみましょう。列挙型については、パターンを使ってバリアントに関連付けられた値を取り出すことができます。

```
// 例6
let unknown = Some("Apple");

let string = match unknown {
    Some(something) => String::from("Hi, ") + something,
```

---

*4　少なくとも、整数型と文字型については、すべての値を列挙すれば網羅型の検査をパスできるようになっています。ちなみに、このような形で網羅性の検査をパスできるようになったのはRust 1.33.0からです。
https://github.com/rust-lang/rust/pull/56362。

```
    None => String::from("Nothing"),
};

println!("{}", string);
// => Hi, Apple
```

例6では、検査される値はOption型です。パターンSome(something)を使うことで、検査される値がバリアントOption::Someであった場合に、バリアントに関連付けられている値にsomething変数が束縛されます。something変数はパターンSome(something)に対応する式の中だけをスコープとする変数です。このように、複合的な型の値からその中の値を取り出すことを**分配束縛**と呼びます。パターンを使うと、列挙型以外にも構造体、タプル、そして参照についても分配束縛を行うことができます。

&を使うと、参照に対して分配束縛を行う、つまり参照を外すことができます*5。

```
// 例7
let ten = 10;
let ten_reference = &ten;

match ten_reference {
    number => assert_eq!(&10, number), // numberは参照
};

match ten_reference {
    &number => assert_eq!(10, number), // numberは参照ではない
};
```

パターンには、パターンを連結したものや、範囲を指定したものを使うこともできます。

```
// 例8
let number = 42;

let string = match number {
    // パターンの連結
    1 | 2 | 3 => "One or two or three",
    // 範囲のパターン
    40 ... 50 => "From 40 to 50",
    _ => "Something else",
};

println!("{}", string);
```

*5 参照を作るものではない点に注意しましょう。参照を作るための ref キーワードというものもありますが、refキーワードの使用は推奨されていません。

```
// => From 40 to 50
```

パターンを連結するには | を使います。パターンとして範囲を指定するには、... を使います。

パターンには条件を付けることができます。パターンに付ける条件のことを**ガード**と呼びます。

```
// 例9
let string = Some("This is a very long string");

let message = match string {
    Some(s) if s.len() >= 10 => "Long string",
    Some(_) => "String",
    None => "Nothing",
};

println!("{}", message);
```

ガードはifキーワードの後に書きます。例9の1つ目のパターンにはif s.len() >= 10というガードが付いているため、Someバリアントで、かつバリアントに関連付けられている&str型の変数の長さが10以上の場合にだけ1つ目のパターンにマッチします。

このように、パターンにはいろいろな使い方があります。パターンをうまく使いこなせば、より簡潔で分かりやすいコードを書くことができるようになります。

6-8-3 if let式

if let式は、一部のmatch式に対する糖衣構文です。if let式ではパターンを1つだけ書くことができ、パターンマッチが成功した場合と失敗した場合とでプログラムを分岐させることができます。

```
// 基本となる構文
//
// if let パターン = 変数 {
//     パターンマッチが成功したときに実行される節(true節)
// } else {
//     パターンマッチが失敗したときに実行される節(false節)
// }

// 例10
let score = Some(100);
```

```
if let Some(100) = score {
    println!("You got full marks!");
} else {
    println!("You didn't get full marks.")
}
// => You got full marks!
```

通常のif式と同様に、false節は省略できます。

また、通常のif式と同様に、true節とfalse節の戻り値の型は一致させなければなりません。

6-9 繰り返し

繰り返しの話をしましょう。ここでは、loop式、while式、while let式、そしてfor式を取り上げます。

6-9-1 loop式

loop式はループの本体を無限に繰り返します。

```
// 基本となる構文
//
// loop {
//     ループ本体
// }

// 例1
loop {
    println!("Infinite loop!");
}
// => Infinite loop!
// => Infinite loop!
// => Infinite loop!
// => ...
```

loop式から抜けるためには、**break**式を使います。loop式の中でbreak式が実行されると、ループを抜けてloop式の次の式や文の実行に移ります。loop式が入れ子になっている場合には、break式が実行されると、最も内側のループから抜けることになります*6。

```
// 例2
let mut counter = 10;

loop {
    println!("{}", counter);

    if counter == 0 {
        break;
    }

    counter -= 1;
}
// => 10
// => 9
// => 8
// => ...
// => 2
// => 1
// => 0

println!("Lift off!");
// => Lift off!
```

loop式は式なので、値を返します。loop式の返す値は、ループを抜けるときに実行されるbreak式のbreakキーワードの後ろの式の値になります。

```
// 例3
let mut counter = 0;

let ten = loop {
    if counter == 10 {
        break counter;
    }

    counter += 1;
};

println!("{}", ten);
```

continue式を使うと、loop式のループの本体の途中でループの本体の先頭に戻ることができ

＊6　**ループラベル**という機能を使えば、最も内側以外のループから抜けることもできます。

ます。loop式が入れ子になっている場合には、continue式が実行されると、最も内側のループの本体の先頭に戻ることになります[*7]。

```
// 例4
loop {
    println!("This is executed");
    continue;
    println!("This is not executed");
}
// => This is executed
// => This is executed
// => This is executed
// => ...
```

6-9-2 while式

while式を使うと、条件付きのループを作ることができます。while式では、ループの本体を実行する前に条件式を実行し、条件式の返す値がtrueの場合はループの本体を実行し、条件式の返す値がfalseの場合はループを抜けてwhile式の次の式や文の実行に移ります。

```
// 基本となる構文
//
// while 条件式 {
//     ループ本体
// }

// 例5
let mut counter = 0;

while counter != 10 {
    println!("{}", counter);
    counter += 1;
}
// => 0
// => 1
// => 2
// => ...
// => 7
// => 8
// => 9
```

＊7 break式と同様に、ループラベルという機能を使えば、最も内側以外のループの本体の先頭に戻ることもできます。

loop式と同様に、while式の中でもbreak式やcontinue式を使うことができます。ただし、while式ではbreak式で値を返すことはできず、while式の返す値は常に()です。

 6-9-3 while let式

if式に対応したif let式があるように、while式にも対応したwhile let式があります。**while let**式ではパターンマッチが行われ、パターンマッチに成功した場合はループの本体を実行し、パターンマッチに失敗した場合はループを抜けてwhile let式の次の式や文の実行に移ります。


```
// 基本となる構文
//
// while let パターン = 変数 {
//     ループ本体
// }

// 例6
let mut counter = Some(0);

while let Some(i) = counter {
    if i == 10 {
        counter = None;
    } else {
        println!("{}", i);
        counter = Some(i + 1);
    }
}
// => 0
// => 1
// => 2
// => ...
// => 7
// => 8
// => 9
```

条件がパターンマッチの成否である点以外、while let式は基本的にwhile式と同じです。while let式のループ本体でもbreak式やcontinue式を使うことができます。break式で値を返すことはできず、while let式の返す値が常に()であることもwhile式と同様です。

6-9-4 for式

for式を使うと、ベクタなどのコレクションに対して繰り返しを適用できます。for式では、指定されたイテレータから要素を受け取り、ループ本体を実行します。

```
// 基本となる構文
//
// for 要素の名前 in イテレータ {
//     ループ本体
// }

// 例7
let vector = vec!["Cyan", "Magenta", "Yellow", "Black"];

for v in vector.iter() {
    println!("{}", v);
}
// => Cyan
// => Magenta
// => Yellow
// => Black
```

ベクタのiter()関数はイテレータを返すので、これを**in**キーワードの後ろに書きます[*8]。loop式と同様に、for式の中でもbreak式やcontinue式を使うことができます。ただし、for式ではbreak式で値を返すことはできず、for式の返す値は常に()です。

6-10 クロージャ

関数を定義したときに、関数の定義の外にある変数を捕捉する関数を一般的に**クロージャ**と呼びます。Rustにおけるクロージャは無名関数であり、関数ポインタ型（fn型）の値と同じように変数に束縛したり、関数の引数に指定したりできます。クロージャは、作成されたスコープにある変数を捕捉します。

＊8 厳密には、inキーワードの後ろの値はIntoIterator::into_iter()関数によってイテレータに変換されるため、inキーワードの後ろに書くべき値は「IntoIterator::into_iter()関数でイテレータに変換できる型の値」ということになります。 https://doc.rust-lang.org/std/iter/index.html#for-loops-and-intoiterator

```
// 基本となる構文
//
// | 引数リスト | {
//     クロージャ本体
// }

// 例1
let one = 1;
let plus_one = |x| {
    x + one
};

println!("10 + 1 = {}", plus_one(10));
// => 10 + 1 = 11
```

通常の関数と異なり、クロージャの引数リストでは推論可能な限り、型を明示する必要はありません。

この例だとone変数の値をクロージャが保持しているということが分かりにくいので、クロージャを作った後にone変数の値を変えてみましょう。

```
// 例2 エラーあり
let mut one = 1;
let plus_one = |x| {
    x + one
};

one += 1;
println!("10 + 1 = {}", plus_one(10));
```

例2はコンパイルできません。次のようなエラーが出ます。

```
error[E0506]: cannot assign to `one` because it is borrowed
 --> src/main.rs:8:5
  |
4 |     let plus_one = |x| {
  |                    --- borrow of `one` occurs here
5 |         x + one
  |             --- borrow occurs due to use in closure
...
8 |     one += 1;
  |     ^^^^^^^^ assignment to borrowed `one` occurs here
9 |     println!("10 + 1 = {}", plus_one(10));
  |                             -------- borrow later used here
```

これは、クロージャを作成するときにone変数をクロージャに貸してしまっているからです。クロージャにone変数を貸すのではなく、コピーしてあげればこのエラーを解消できます。クロージャに変数の値をコピーするには**move**キーワードを使います。moveキーワードを使うと、変数の所有権がクロージャに移転しますが、整数などCopyトレイトを持つ型の変数については変数の値がクロージャにコピーされます。

```
// 例3
let mut one = 1;
let plus_one = move |x| {
    x + one
};

one += 1;
println!("10 + 1 = {}", plus_one(10));
// => 10 + 1 = 11
```

plus_one(10)の実行の前にone変数の値は2に変更されていますが、plus_one(10)の戻り値は11です。これは、クロージャが作成されたときにスコープにあったone変数の値を保持しているからです。

6-11 アトリビュート

アトリビュートは、アイテム宣言にメタデータを付けるためのものです。アトリビュートの構文には、対象となるアイテム宣言の前に書く方法と中に書く方法とがあります。対象となるアイテム宣言の前に書く場合には#[アトリビュート]、中に書く場合には#![アトリビュート]と書きます。

```
// 対象となるアイテム宣言の前に書く方法
#[test]
fn test1() {
    // 本体は省略
}

fn test2() {
    // 対象となるアイテム宣言の中に書く方法
    #![test]
    // 本体は省略
}
```

testアトリビュートは関数に付けることのできるアトリビュートで、testアトリビュートの付いた関数はRustコンパイラに--testオプションを渡したときだけコンパイルされるようになります。

同じクレートの中の別のモジュールで定義されたマクロを読み込むには、macro_useアトリビュートをmodキーワードの前に付けます。

```
// macrosモジュールに含まれるマクロを読み込む
#[macro_use] mod macros;

// 外部のクレートで定義されているマクロを読み込むには、単にuseキーワードを使えばよい
// logクレートからdebugマクロ、errorマクロを読み込む
use log::{debug, error};
```

cfgアトリビュートを使うと、条件によってコンパイルするかどうかを決めることができるようになります。

```
// ターゲットのOSがUnix系の場合にだけコンパイルする
#[cfg(unix)]
fn something_for_unix() {
    // 本体は省略
}

// ターゲットのOSがWindowsの場合にだけコンパイルする
#[cfg(windows)]
fn something_for_windows() {
    // 本体は省略
}
```

Rustコンパイラに--cfgオプションでコンフィグレーションオプションを渡すこともできます。

```
// Rustコンパイラに--cfg allfnsオプションを渡したときだけコンパイルされる
#[cfg(allfns)]
fn rarely_used_fn() {
    // 本体は省略
}

// Rustコンパイラに--cfg color="blue"オプションを渡したときだけコンパイルされる
#[cfg(color = "blue")]
fn blue_fn() {
    // 本体は省略
}
```

deriveアトリビュートを使うと、deriveアトリビュートに対応したトレイトの実装を、自動的に構造体や列挙型に実装してもらえます。

```
// Point構造体にDebugトレイトが自動的に実装される
#[derive(Debug)]
struct Point {
    x: i32,
    y: i32,
    z: i32,
}

let some_point = Point {x: 10, y: 20, z: 0};
// Debugトレイトのfmt関数が自動的に実装されているので、:?フォーマット文字列を使うことができる
println!("Debug: {:?}", some_point);
```

deriveアトリビュートの詳細については、8章「トレイトとポリモーフィズム」を参照してください。

allowアトリビュートと**deny**アトリビュートはリントチェックを制御するためのアトリビュートです。allowアトリビュートで指定されたリントチェックは無視されるようになり、denyアトリビュートで指定されたリントチェックはエラーとして扱われます。

```
// unused_importsリントチェックの結果を無視する
// unused_importsは使われていないクレートをインポートしていないかどうかのリントチェック
#[allow(unused_imports)]

// dead_codeリントチェックへの違反をエラーとして取り扱う
// dead_codeは使われていない、エクスポートもされていないコードがないかどうかのリントチェック
#[deny(dead_code)]
```

アトリビュートにはよく使うものからあまり使わないものまで幅があります。必要になったものをその都度覚えていけばよいでしょう。

6-12 モジュールとアイテムの可視性

 6-12-1 modキーワードとpubキーワード

leap-yearパッケージは1つのモジュールから構成されていますが、複雑なプログラムを書くときにはパッケージを複数のモジュールに分割した方がプログラムの見通しがよくなることがあります。

プログラムを複数のモジュールに分割するには、**mod**キーワードを使います。

```
// ここはルートモジュール

mod server {
    // この中は server モジュール
    fn echo() {
        // これはserver::echo()関数
        println!("Server");
    }
}

mod client {
    // この中はclientモジュール
    fn echo() {
        // これはclient::echo()関数
        println!("Client");
    }
}
```

ここではserverという名前のモジュールとclientという名前のモジュールを作成し、それらのモジュールの中にそれぞれecho()という関数を作成しました。

作成したモジュールの中のアイテムを使うためには、名前空間を指定する必要があります。

```
mod server {
    fn echo() {
        println!("Server");
    }
}

mod client {
    fn echo() {
        println!("Client");
```

```
    }
}

fn main() {
    // serverモジュールの中のecho()関数の呼び出し
    server::echo(); // エラー！
    // clientモジュールの中のecho()関数の呼び出し
    client::echo(); // エラー！
}
```

名前空間は正しく指定できていますが、実はこの例は正しく動きません。次のようなエラーが出ます。

```
error[E0603]: function `echo` is private
  --> src/main.rs:15:13
   |
15 |     server::echo(); // エラー！
   |             ^^^^

error[E0603]: function `echo` is private
  --> src/main.rs:17:13
   |
17 |     client::echo(); // エラー！
   |             ^^^^
```

これは、server::echo()関数とclient::echo()関数が**プライベート**であることを示すエラーです。モジュールの中のアイテムは、特に指定しない限りはモジュールの内側からしかアクセスできない、プライベートなアイテムとして作成されます。モジュールの中のアイテムをモジュールの外側からアクセスできる、**パブリック**なアイテムとして作成するためには、アイテムを定義するときに**pub**キーワードを使います。

```
mod server {
    pub fn echo() {
        // server::echo()はパブリックな関数
        println!("Server");
    }
}

mod client {
    pub fn echo() {
        // client::echo()はパブリックな関数
        println!("Client");
    }
```

```
}

fn main() {
    server::echo();
    client::echo();
}
```

pubキーワードを使うと、特に指定しない限りはどこからでもアクセスできる、完全にパブリックなアイテムが作成されます。pubキーワードにオプションを付けると、一部の場所に対してだけパブリックなアイテムを作成することもできます。


```
mod server {
    pub(crate) fn echo() {
        // server::echo()はserverモジュールの含まれるクレートに対してはパブリックな関数
        println!("Server");
    }
}

mod client {
    pub(in app::network) fn echo() {
        // client::echo()はapp:networkモジュールに対してはパブリックな関数
        println!("Client");
    }
}
```

なお、モジュールの中のアイテムを指定するときに使う名前空間は、原則として相対指定です。例外として、外部のクレートの中のモジュールを指定するとき、**crate**を使うときは絶対指定になります。

```
// randは外部のクレート(https://crates.io/crates/rand)なので、これは絶対指定
// randクレートのpreludeモジュールの中のすべてのアイテムを使う
use rand::prelude::*;

// ここはルートモジュールの中

mod network {
    // ここはnetworkモジュールの中
    pub fn ping() {
        // これはnetworkモジュールの中のping()関数
        println!("Ping");
    }
}
```

```
fn main() {
    // ここはルートモジュールの中
    // ルートモジュールからの相対指定で、networkモジュールの中のping()関数の呼び出し
    network::ping();
    // crateはクレートのルートモジュールを指す特別な名前
    // 次のように書くこともできる
    crate::network::ping();
    // selfは現在地のモジュールを指す特別な名前
    // 現在地はルートモジュールなので、次のように書くこともできる
    self::network::ping();
    // その他に、現在地のモジュールの親に当たるモジュールを指すsuperという特別な名前もある
    // 現在地はルートモジュールなので、親に当たるモジュールはない
}
```

6-12-2 モジュールをファイルとして切り出す

モジュールは、別のファイルに切り出すことができます。たとえば、src/network.rsというファイルを作成すれば、その内容はnetworkモジュールとして取り扱われます。また、ディレクトリを使って階層を表現することもできます。src/network/server.rsというファイルを作成すれば、その内容はnetwork::serverモジュールとして取り扱われます。ただし、単にファイルを作成しただけでは、Rustコンパイラがそれらのファイルをコンパイルの対象だと認識してくれません。Rustコンパイラにコンパイルの対象として認識してもらうには、modキーワードを使います。

```
// src/network.rs

pub fn ping() {
    println!("Ping");
}
```

```
// src/main.rs

mod network; // これでsrc/network.rsの内容がnetworkモジュールとしてコンパイルされる

fn main() {
    network::ping();
}
```

第 7 章

所有権システム

所有権システムはRustを特徴づける機能の1つで、ガベージコレクタが不要になるなど、多くの利点があります。

本章ではまず簡単なコード例を使って、所有権、借用、ライフタイムといった所有権システムを構成する基本的な概念について学びます。次に簡単なベクタの実装を通して所有権の中で特につまずきやすいライフタイムを中心に理解を深めます。またコンパイラによる静的検査では対応しづらいデータ構造を実現するために、参照カウントと内側のミュータビリティについても学びます。最後にクロージャが捕捉する環境と所有権の関係についても確認します。

7-1 所有権システムの利点

所有権システムには以下のような利点があります。

- **ガベージコレクタ**が不要になる。プログラムのランタイムが軽量化されるだけでなく、応答時間やメモリ使用量が予測しやすくなる
- メモリ安全性がコンパイル時に保証される
- メモリだけでなく、ファイルやロックなどのリソースが使い終わった時点で自動解放できる

7-1-1 ガベージコレクタが不要になる

プログラムが必要に応じてメモリ領域を割り当てたり、開放したりすることをメモリ管理と呼びます。現在の多くのプログラミング言語では、このメモリ管理の中心的なしくみとして**ガベージコレクション**（Garbage Collection、以降、GC）を採用しています。GCは直訳すると「ごみ収集」で、プログラムが動的に確保したメモリ領域の中で不要になった部分（ガベージ）を自動的に見付け出して解放します。GCは言語のランタイムに用意されたガベージコレクタと呼ばれる機能によって実現されます。

GCがあると私たち開発者がメモリ管理のためのコードを書かなくてすみますので、メモリ管理にまつわる厄介なバグを防げます。

その一方でGCは実行時の性能に少なからず影響を与えます。たとえばJavaの主なランタイム環境であるJava HotSpot VMでは、マークスイープGCとコピーGCを発展させたGCアルゴリズムがデフォルトで選択されます。この手法ではガベージを即座には検出できず、メモリの空きが少なくなってきてからガベージの探索を始めるため、全体的なメモリの使用量が増える傾向があります。またGCの実行中はプログラムの処理速度が目に見えて低下したり、少しの間、応答がなくなったりすることもあります。

Pythonの主なランタイム環境であるCPythonでは参照カウントGCが採用されています。ガベージが即座に検出されて解放されますのでJavaなどのGCでみられる問題は起こりにくくなります。その一方でオブジェクトごとに被参照数のカウンタを頻繁に増減させる必要があり、プログラムの全体的な実行速度に影響します。また参照カウントGCでは循環参照という複数のオブジェクトが互いに参照しあっている状態のガベージを回収できません。その対策としてCPythonでは時々マークスイープGCを実行します。

RustはWebブラウザのような高い性能が求められるアプリケーションの開発や、OSの記述を含むシステムプログラミングを念頭に置いて設計されました。1.0のリリース前はGCを行う言語でしたが、性能面の懸念から目標とする用途では受け入れられず設計が変更されました。その過程で所有権という概念が採用され、GCを取り除くことに成功しました。

Rustではコンパイル時の解析により個々のメモリ領域が不要になるタイミングが決定され、それらを解放するコードがコンパイラによって自動的に挿入されます。実行時にガベージの探索や参照カウントの増減を行いませんので、余分な負荷がかからず、プログラムの応答時間やメモリ使用量が予測しやすくなります。またプログラムのランタイムも極めてシンプルになっています。

7-1-2 メモリ安全性がコンパイル時に保証される

GCを行わない言語はRustだけではありません。CやC++も同様です。これらの言語では基本的にメモリ管理を開発者が手動で行います。そのため、開発者の不注意から、しばしばメモリ安全でないプログラムが書かれてしまいます。

Rustはこの問題を所有権システムによって解決します。コンパイル時に所有権に基づく分析を行うことで、コンパイルできたプログラムの**メモリ安全性**を保証します。具体的には以下を保証します。

- メモリの2重解放による未定義動作を起こさない
- 不正なポインタ（ダングリングポインタ）を作らない

また値がSyncやSendトレイトを実装しているか確認したり、可変の参照の使われ方を追跡することで、マルチスレッドプログラムにおいてデータ競合が起こらないこともコンパイル時に保証します。

なお、**ダングリングポインタ**（dangling pointer）は解放済みの領域など無効なメモリを指すポインタで、参照外しすると未定義動作を引き起こします。**未定義動作**（undefined behavior）とはRustの言語仕様で定義されていない振る舞いのことです。未定義ですので実際に何が起こるかは、OSなどのプラットフォームやそのときのメモリの状態などにより変わります。未定義動作はプログラムのクラッシュや脆弱性につながりますので避ける必要があります。

7-1-3 リソースの自動解放

GCを採用する言語では、メモリ領域の解放については言語処理系が自動的に行なってくれます。しかしほとんどの言語ではGCがあるにも関わらず、開いたファイル、ネットワークリソース、ロックなどについては、それらを解放するコードを開発者が書かなければなりません。不適切なエラー処理によりファイルがオープンされたまま残ってしまうなどの問題は、特に初心者の書いたコードでよく見られます。

Rustではこれらのリソースもメモリと同じしくみで扱うことで、エラーの有無に関係なく、不要になった時点で自動的に解放します。

7-2 所有権システムの概要

所有権システムの詳細に入る前に役割や用語を簡単に紹介します。このあとサンプルコードをとおして詳しく見ていきますので、いまは何のことかはっきり分からなくて大丈夫です。

まず所有権システムの役割です。

1. リソースの自動解放。値が不要になったら、それが使用していたリソースを速やかに、ただ一度だけ解放する
    - 解放漏れによるリソースリークの防止
    - 2重解放による未定義動作の防止
2. ダングリングポインタの防止

ここでのリソース（資源）は以下のようなものを指します。

- メモリ
- ファイルディスクリプタ（開いているファイルへのハンドル）

- ソケットなどのネットワークリソース
- マルチスレッドプログラミングにおける排他制御用のロック

所有権システムは上記の役割を、所有権、ムーブセマンティクス、ライフタイムの追跡と借用規則によって実現します。いずれもコンパイル時に分析が行われます。
ここで使った用語は以下のような意味です。

所有権（ownership）

- 所有権はある値を所有できる権利のこと。所有権を持つ者をその値の**所有者**（owner）と呼ぶ
- 変数が値の所有者になれるのはもちろん、値自身も他の値の所有者になれる
- 値には所有権が1つだけある。つまり値の所有者はある時点でただ1人だけ存在する
- 所有者は値を指す不変・可変の参照を作ることで、他者に値を貸し出せる
- 所有者は所有権を他者に譲渡（移動）できる。これにより元の所有者は所有権を失う
- 所有者がスコープを抜けるときに値のライフタイムが尽きる。そのタイミングで値が破棄され、使用していたリソースが解放される

不変（イミュータブル）・可変（ミュータブル）の参照はポインタの一種です。4章で学んだとおり、不変の参照は`&`で作り、可変の参照は`&mut`で作ります。

ムーブセマンティクスとコピーセマンティクス（move/copy semantics）

- ある変数から別の変数へ値を代入するとき、値の型によってプログラムの意味（セマンティクス）が変わる
- ムーブセマンティクスでは代入元の変数から代入先の変数へ所有権が移動（ムーブ）する。代入元の変数は値の所有権を失い、代入先の変数が所有権を得る
- コピーセマンティクスでは値が複製（コピー）されたとみなし、所有権は移動しない。代入元の変数は元の値をそのまま所有し、代入先の変数は複製された値を所有する

値に対する所有権を1つに制限し、セマンティクスを明確にしたことで、コンパイル時の解析でリソースを解放すべきタイミングが正確に分かります。

借用（borrow）

- 値を指す参照を作ると、所有権の観点からは値を借用していることになる
- 借用には不変の借用と可変の借用がある

参照と借用の実体は同じもので、見方によって呼び名が変わります。

ライフタイム(lifetime)

- ライフタイムは生存期間の意味
- 値のライフタイムと参照のライフタイムの2種類がある
- 値のライフタイムは、値が構築されてから破棄されるまでの期間を指す
- 参照のライフタイムは、値への参照が使用される期間を指す

値のライフタイムと参照のライフタイムは似ていますが、所有権システムを理解するには明確に区別する必要があります。表記上の混乱を避けるために、本章では値のライフタイムを**値のスコープ**と呼ぶことにします。Rustコンパイラの開発者たちも同じ用語を使っています。

借用規則

コンパイラは以下の規則が守られているか検査することで、メモリ安全性を保証します。

1. 不変・可変を問わず参照のライフタイムが値のスコープよりも短いこと
2. 値が共有されている間(不変の参照が有効な間)は値の変更を許さない。つまり、ある値Tについて以下のいずれかの状態のみを許す
   - 任意個の不変の参照&Tを持つ
   - ただ1つの可変の借用&mut Tを持つ

それぞれについてサンプルコードをとおして詳細に見ていきましょう。

7-3 値の所有者

まず値の所有者について確認しましょう。以下のようにParentとChildの2つの構造体を定義します。

ch07/ex07/examples/ch07_01_value_scope.rs

```
// 構造体を定義する
// println!の"{:?}"で表示できるようにDebugトレイトを自動導出しておく
#[derive(Debug)]
struct Parent(usize, Child, Child); // Parentはusizeに加えてChildを2つ持つ

#[derive(Debug)]
struct Child(usize);
```

いくつかの変数を導入し、値に束縛します。

ch07/ex07/examples/ch07_01_value_scope.rs

```
let p1 = Parent(1, Child(11), Child(12));

{   // ブロックを作りp2はその中で導入する
    let p2 = Parent(2, Child(21), Child(22));
    println!("(a)  p1: {:?}, p2: {:?}", p1, p2);  // (a)の時点
}

println!("(b)  p1: {:?}", p1);                   // (b)の時点
let p3 = Parent(3, Child(31), Child(32));
println!("(c)  p1: {:?}, p3: {:?}", p1, p3);     // (c)の時点
```

5章で学習したように値はChild(11)やParent(1, ...)という式で初期化します。これらの式は値を構築することから**コンストラクタ**と呼ばれます。

変数p1の初期化のコードを見て、値の所有者が誰なのかを調べましょう。

```
let p1 = Parent(1, Child(11), Child(12));
```

ここではまずChild(11)とChild(12)の2つの値を作り、それらをParent(1, ..)に持たせました。このことからChild(11)とChild(12)の所有者はParent(1, ..)になります。

Parent(1, ..)は変数p1に持たせました。つまりParent(1, ..)の所有者は変数p1になります。

このように変数p1が値の所有者になれるのはもちろんですが、Parentのような値自身も別の値の所有者になれます。たとえばベクタ型Vec<T>のようなコレクション型の値は、格納されている要素を所有します。

7-4 値のスコープ

個々の値のスコープ（値のライフタイム）について確認しましょう。これは値が構築されてから破棄されるまでの期間を指します。

値はその（最後の）所有者がスコープを抜けたときにライフタイムが尽きて破棄されます。スコープとは変数などが有効な範囲を指します。前節のコードブロックをもう一度見てください。この中でp2はブロック{ .. }で囲まれており、その中でのみ有効です。つまりp2のスコープはlet p2 = ...で導入された時点からこのブロックを抜ける直前までです。

ここで(b)の時点について考えてみましょう。以下のようになるはずです。

- p1が所有する値は変化なし
- p2はスコープから抜けるためp2が所有する値は破棄される

これを確認してみましょう。構造体や列挙型では値が破棄される直前に終了処理を行うための特別な関数を定義できます。この関数は値を解体することから**デストラクタ**と呼ばれ、Dropトレイト（std::ops::Drop）を通して実装できます。デストラクタ内でprintln!を使ってメッセージを表示すれば、その値がいつ破棄されるかが分かります。

ch07/ex07/examples/ch07_01_value_scope.rs

```
use std::ops::Drop;

// Parent構造体にデストラクタを実装する
impl Drop for Parent {
    fn drop(&mut self) {
        println!("Dropping {:?}", self);
    }
}

// Child構造体にデストラクタを実装する
impl Drop for Child {
    fn drop(&mut self) {
        println!("Dropping {:?}", self);
    }
}
```


dropメソッドは値が破棄される直前に暗黙的に呼ばれます。もしChild(11).drop()のように明示的に呼ぼうとするとコンパイルエラー（E0040）になります。

プログラムを実行すると以下のように表示されます。

```
(a)  p1: Parent(1, Child(11), Child(12)), p2: Parent(2, Child(21), Child(22))
Dropping Parent(2, Child(21), Child(22))
Dropping Child(21)
Dropping Child(22)
(b)  p1: Parent(1, Child(11), Child(12))
(c)  p1: Parent(1, Child(11), Child(12)), p3: Parent(3, Child(31), Child(32))
Dropping Parent(3, Child(31), Child(32))
Dropping Child(31)
Dropping Child(32)
Dropping Parent(1, Child(11), Child(12))
Dropping Child(11)
Dropping Child(12)
```

予想どおり(b)の時点でp2が所有する値がすでに破棄されています。また(c)以降に注目してください。p3が所有する値が最初に破棄され、p1が所有する値はその次に破棄されています。このように同じブロック内では後から導入された変数が先にスコープを抜けます。

column
コラム

値の破棄の意図的な遅延とリソースリーク

これまで見てきたように、所有権システムの枠組みのもとでは値はスコープを抜けると自動的に破棄されます。しかし特殊な用途では破棄のタイミングを遅延させたり、デストラクタを実行させたくないこともあります。Rustにはそのための方法がいくつか用意されています。

- std::mem::forget
  - この関数に値を渡すとコンパイラはその値のことを忘れる。デストラクタが実行されなくなるが、値は破棄されることがある。たとえば値がスタック領域にあるときは、現在の関数からリターンしたときにスタックが巻き戻され破棄される(その場合でもデストラクタは実行されない)。標準ライブラリAPIドキュメントのforgetのページで解説されているような特殊な用途で必要になる
- Box::into_raw
  - この関連関数にボックス化された値(Box<T>、ヒープ領域に置かれている)を渡すと、ボックスポインタが可変の生ポインタ(*mut T)に変換される。コンパイラは生ポインタのライフタイムを追跡しないため、値は破棄されず、したがってデストラクタも呼ばれなくなる。FFIなどで便利
- Box::leak
  - 内部でBox::into_rawを呼び、戻り値(*mut T)を可変の参照(&mut T)に変換する便利な関連関数

もしBox::into_rawやBox::leakを用いた際に適用済みの値を破棄したくなったら、Box::from_raw関連関数を使ってBox<T>に戻します。こうすることで値が再び所有権システムの管理下に置かれ、スコープから抜けたときに破棄できます。

ところで7-2節で所有権システムの役割として以下を説明しました。

1. リソースの自動解放。値が不要になったら、それが使用していたリソースを速やかに、ただ一度だけ解放する
   - 解放漏れによるリソースリークの防止
   - 2重解放による未定義動作の防止
2. ダングリングポインタの防止

所有権システムの枠組みの中にいる限りは、基本的に1.と2.は保証されます。ただしforgetやinto_rawのように、その枠組みから外れる操作も可能ですので、解放漏れによるリソースリークにつながることがあります。一般的にリソースリークは好ましくありませんが、脆弱性に直結するものではありません。Rustではリソースリークをメモリ安全性が保たれた状態だとみなします。

このことからforgetやinto_rawはアンセーフな操作には分類されず、unsafeブロックが不要な関数として定義されています。

7-5 ムーブセマンティクス

これまでに変数や値自体が別の値の所有者になれることと、所有者がスコープを抜けるときに値が破棄されることを学びました。

しかしここで重要なルールがあります。ある値を所有できるのは1時点で1人だけなのです。たとえば先のコード片にあったp1とp2が同じ値を同時に所有することはできません。個々の

値にはそれを所有できる権利、すなわち所有権が1つだけあります。p1が所有する値をp2に所有させたかったら、その値の所有権をp1からp2に譲渡する必要があります。所有権を譲渡することを「所有権をムーブする」と呼びます。

この動作を別のコードで確認しましょう。

ch07/ex07/examples/ch07_02_move_semantics.rs

```
let mut p1 = Parent(1, Child(11), Child(12));
let p2 = p1;                // 値の所有権をp1からp2にムーブする
println!("p2: {:?}", p2);
println!("p1: {:?}", p1);  // p1は値の所有権を失ったためアクセス不可
// → error[E0382]: borrow of moved value: `p1`

p1 = Parent(2, Child(21), Child(22)); // p1を別の値に束縛する
println!("p1: {:?}", p1);  // p1は別の値の所有権を持つためアクセスできる
```


let p2 = p1の直前・直後のメモリの状態は**図7.1**のとおりです。

図7.1 let p2 = p1の直前・直後のメモリの状態（ムーブセマンティクス）

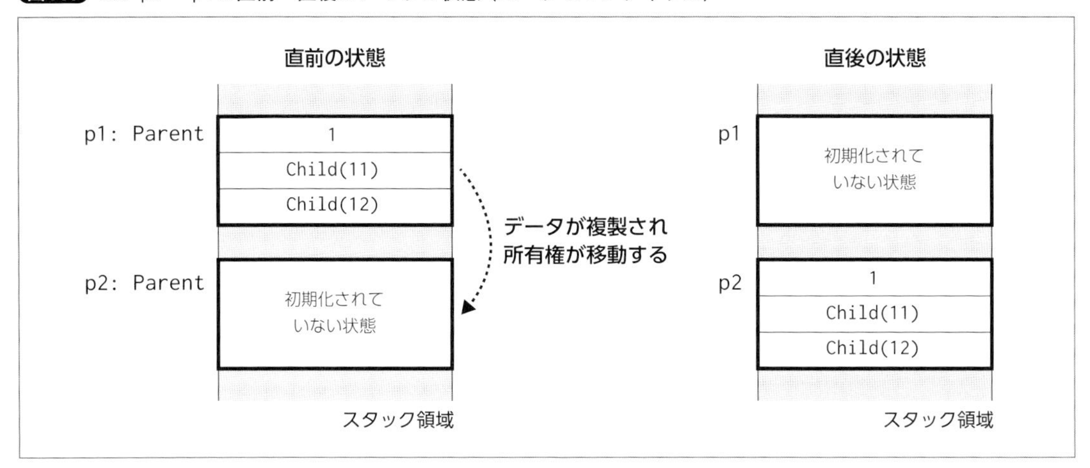

let p2 = p1によってParent値が変数p1から変数p2へ複製されます。このときParent値の所有権が変数p1から変数p2へムーブしたと考えます。

このように値の所有権が異なる所有者の間でムーブされる振る舞いをムーブセマンティクスと呼びます。

実は代入後も変数p1の場所には元の値が残っているはずですが、コンパイラは変数p1から値が立ち退いた（ムーブアウトした）とみなします。変数p1は初期化されていないときと同じに扱われますので、そこから値を読み出そうとするとコンパイルエラー（E0382）になります。

さてここでムーブは移動の意味ですが、セマンティクスはなんでしょうか？ これは意味論などと訳され、プログラミング言語ではソースコードがどういう意味を持つかを決めるルールを指します。これと対比される用語にシンタックス（syntax、構文）があります。こちらは

ソースコードをどう記述するかを決めるルールです。

要するにlet p2 = p1というシンタックスで書くと所有権がムーブするという意味になるのがムーブセマンティクスです。

所有権のムーブを伴う操作は以下のとおりです。

- パターンマッチ（match式だけでなくlet文による変数の束縛も含む）
- 関数呼び出し
- 関数やブロックからのリターン
- コンストラクタ
- moveクロージャ

7-6 コピーセマンティクス

構造体や列挙型にCopyトレイト（std::marker::Copy）を実装すると、値がムーブするのではなく、コピーされるようになります。つまり同じlet p2 = p1というシンタックスが、型によってはコピーセマンティクスに変わります。

先ほどのParentとChild構造体の定義を修正してCopyトレイトを実装しましょう。対象の構造体や列挙型が以下のすべての条件を満たすときCopyトレイトを実装できます。

- 条件1. その型（構造体や列挙型）のすべてのフィールドの型がCopyトレイトを実装している。たとえばi32型はCopyトレイトを実装している
- 条件2. その型自身とすべてのフィールドの型がデストラクタ（Dropトレイト）を実装していない。ヒープ領域を使用するデータ型、たとえばBox<T>型、Vec<T>型、String型はデストラクタを持つため、フィールドにそれらの型を持つときはCopyトレイトは実装不可となる
- 条件3. その型自身がCloneトレイト（std::clone::Clone）を実装している

ParentとChild構造体の修正ですが、まずCopyトレイトとCloneトレイトを自動導出します（条件1と3）。次にDropトレイトの実装をコメントアウトします（条件2）。

```
// CopyトレイトとCloneトレイトを自動導出する
#[derive(Copy, Clone, Debug)]
struct Parent(usize, Child, Child);

#[derive(Copy, Clone, Debug)]
```

```
struct Child(usize);

// impl Drop for Parent {  // デストラクタの実装をコメントアウトする
// impl Drop for Child {
```

コード片を再度コンパイルすると、今度はlet p2 = p1した後にp1にアクセスしてもコンパイルエラーになりません。

```
let p1 = Parent(1, Child(11), Child(12));
let p2 = p1;  // p1が所有する値がコピーされ、コピーされた方をp2が所有する
println!("p2: {:?}", p2);
println!("p1: {:?}", p1);  // p1は元の値を所有するので問題ない
```

let p2 = p1の実行直後のメモリは**図7.2**のようになります。

図7.2 let p2 = p1の直後のメモリの状態（コピーセマンティクス）

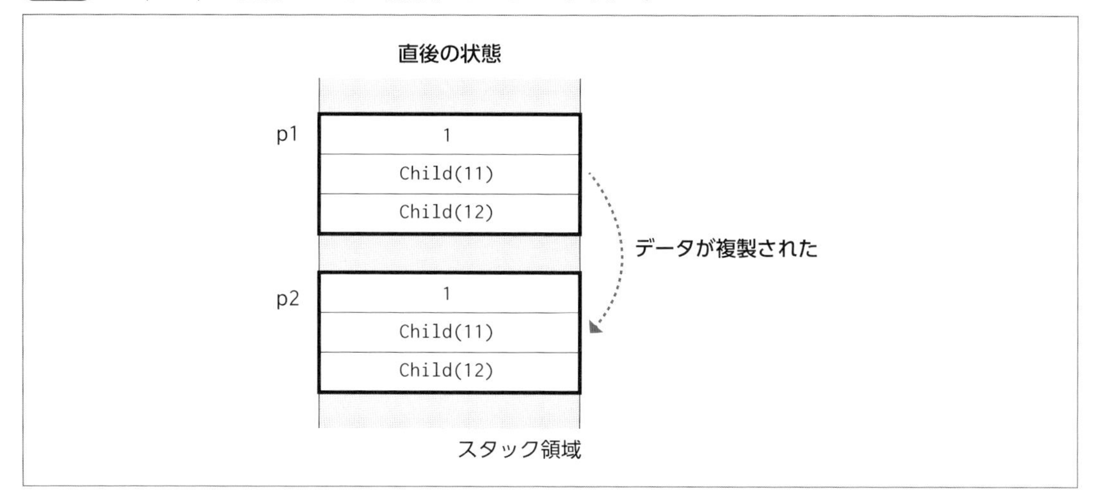

p1は元の値をそのまま所有し、p2は複製された方の値を所有します。

7-6-1 Copyトレイトを実装する主な型

Copyトレイトを実装する主な型を紹介します。

- すべてのスカラ型。たとえばbool、char、i32、usize、f64型
- 不変の参照&T型、生ポインタ*const T型と*mut T型。（可変の参照&mut TはCopyを実装しないことに注意）
- 関数ポインタ（fn pointer）型と関数定義（fn item）型
- すべての要素にCopyな型（Copyを実装した型）を持つタプル型と配列型

- 環境に何も捕捉しない、または、Copyな型だけを捕捉したクロージャ型。なお不変の参照として捕捉した変数は元の型が何であれCopyを実装する。一方、可変の参照として捕捉した場合はCopyを実装しない
- すべての要素がCopyな型を持つOption<T>型とResult<T, E>型
- std::cmp::Ordering、std::net::IpAddr、std::marker::PhantomData<T>型、など

標準ライブラリでCopyトレイトを実装した型の一覧は、標準ライブラリAPIドキュメントの「std::marker::Copy」のページにあります。

7-6-2 CopyトレイトとCloneトレイトの違い

Copyトレイトを実装する要件の1つにCloneトレイトを実装していることがありました。Cloneトレイトはcloneメソッドを定義しており、このメソッドは対象の値をコピーした値を返します。CopyトレイトとCloneトレイトはどちらも値を複製しますが、**表7.1**のような違いがあります。

表7.1 CopyトレイトとCloneトレイト

トレイト	コピーの実行	コピーの処理内容	コピーの実行時コスト
Copy	暗黙的。所有権がムーブする場面でムーブの代わりにコピーされる	単純なバイトレベルのコピー。ロジックのカスタマイズはできない	低い
Clone	明示的。cloneメソッドによりコピーされる	シンプルなロジックから複雑なロジックまで自由に実装できる	低いか高いかは処理内容と値に依存

自分の型を定義した際にCopyトレイトを実装できる要件が揃っているなら、一般的にはCopyトレイトを実装することが推奨されます。ただし、その型を一度APIとして公開すると、あとになってからCopyトレイトの実装を取りやめるのは少し困難になります。なぜならその型を使っている既存のコードがコンパイルできなくなる可能性があるためです。自分の型が多くのユーザに使われる見込みがあるなら、Copyトレイトを実装するかどうか十分に検討する必要がありそうです。

7-7 借用：所有権を渡さずに値を貸し出す

ParentとChild構造体の最初の定義（Copyトレイトを実装していない定義）に戻りましょう。これらの型はムーブセマンティクスにしたがいますので、関数に引数として与えると所有権がムーブしてしまいます。

ch07/ex07/examples/ch07_02_move_semantics.rs

```
fn f1(p: Parent) {
    println!("p:  {:?}", p);
}

let p1 = Parent(1, Child(11), Child(12));
f1(p1);                        // 所有権が関数の引数にムーブする
println!("p1: {:?}", p1);   // p1は値の所有権を失ったのでアクセス不可
// → error[E0382]: borrow of moved value: `p1`
```

関数の呼び出し後にp1にアクセスしようとするとムーブ済みを表すコンパイルエラーになりました。これでは不便ですので参照を使いましょう。以下のようにすればコンパイルできます。

ch07/ex07/examples/ch07_02_move_semantics.rs

```
// Parentへの不変の参照を引数にとる
fn f1(p: &Parent) {
    println!("p:  {:?}", p);
}

// Parentへの可変の参照を引数にとる
fn f2(p: &mut Parent) {
    p.0 *= -1;
}

let mut p1 = Parent(1, Child(11), Child(12));
f1(&p1);                       // f1には所有権をムーブせず、不変の参照を渡す
f2(&mut p1);                   // f2には所有権をムーブせず、可変の参照を渡す
println!("p1: {:?}", p1);   // p1は値の所有権を失っていないのでアクセスできる
```

この例では関数f1はParentへの不変の参照をとり、f2は可変の参照をとります。値の参照を得ることを借用と呼びます。なぜなら値の所有権を持たず、所有者から値を一時的に借りているからです。

f1を呼び出すときのメモリの状態は**図7.3**のとおりです。

図7.3 f1を呼び出すときのメモリの状態

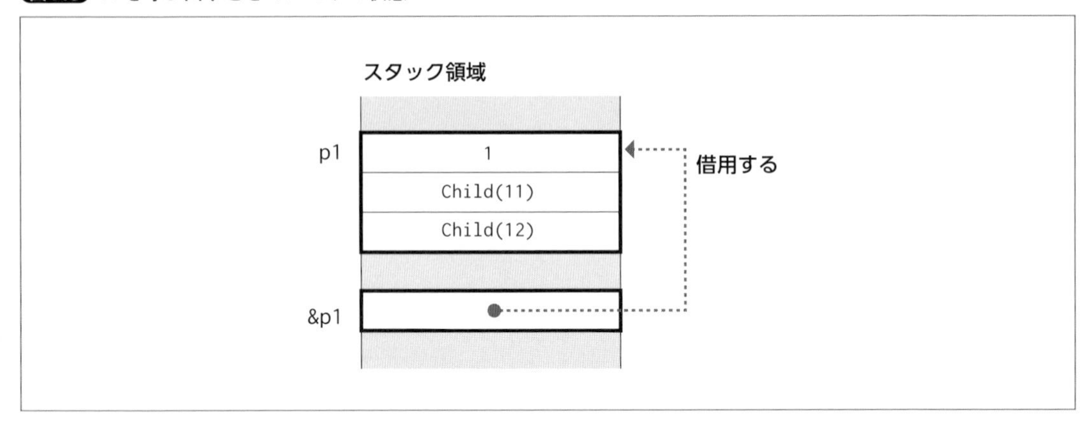

&p1はf1の引数pに渡されます。&p1自体はf1から抜けるときにライフタイムが尽きて破棄されますが、借用元のp1の値には影響を与えません。

7-8 参照のライフタイムと借用規則

メモリ安全性を保証するため、参照を使う際は以下の借用規則を満たさなければなりません。

1. 不変・可変を問わず参照のライフタイムが値のスコープよりも短いこと
2. 値が共有されている間（不変の参照が有効な間）は値の変更を許さない

この規則が守られているかはコンパイラの**借用チェッカ**（borrow checker）によって検査されます。

7-8-1 新旧2種類の借用チェッカ

執筆時点ではRustコンパイラの中に2つの借用チェッカの実装があり、参照のライフタイムの推論方法が異なります。

1. 従来の借用チェッカ：レキシカルスコープ（lexical scope）に基づくライフタイムの推論を行う
2. 新しい借用チェッカ：通称**NLL**（Non-Lexical Lifetime）。制御フローグラフに基づくライフタイムの推論を行う

新しい借用チェッカ（NLL）の方が開発者の目線から自然な結果が得られます。以下のコー

ドはNLLでは問題なくコンパイルできます。

ch07/ex07/examples/ch07_03_nll.rs

```
use std::collections::HashMap;

// この関数はHashMapにキーに対応する値がある場合はそれを変更し
// ない場合はデフォルト値を挿入する
fn process_or_default(key: char, map: &mut HashMap<char, String>) {
    // get_mutが返す可変の参照が生存している間はmapの可変の借用が有効
    match map.get_mut(&key) {
        // valueが可変の参照に束縛される
        // つまりvalueが生存している間はmapの可変の借用が有効となる
        Some(value) => value.push_str(", world!"),
        None => {  // このブロック内ではselfの可変の借用は終了している
            // insertはselfの可変の借用をとる
            map.insert(key, Default::default());
        }
    }
}

let mut map = HashMap::new();
map.insert('h', "Hello".to_string());
process_or_default('h', &mut map);
```


このコードではmapの可変の借用をとるメソッドが2つ使われています。1つ目はget_mutで2つ目はinsertです。借用規則によりmapに対する可変の借用が2つ同時に存在することは許されませんので、これらの借用のライフタイムが重ならないようにしなければなりません。

get_mutはOption<&mut String>型の値を返します。この戻り値（可変の参照）が生存している間はmapの可変の借用が有効です。match式のSome(value)の腕ではvalueを戻り値に束縛していますので、この腕の中までmapの可変の借用が有効になります。一方、Noneの腕では戻り値に何も束縛していません。つまりNoneの腕の中ではget_mutによる可変の借用は終了しており、insertは問題なく可変の借用をとれます。

現在のRustコンパイラはソースコードの解析によってMIR（Mid-level Intermediate Representation）という中間表現を作ります。これは制御フローグラフというコンパイラ中間表現の一種で、match式の腕などRustがサポートするすべての制御構造を的確に表現できます。NLLではMIRに基づいて参照のライフタイムを推論するため、上のようなコードが期待どおりコンパイルできます。

一方、同じコードを従来の借用チェッカにかけるとコンパイルエラーになります。

```
error[E0499]: cannot borrow `*map` as mutable more than once at a time
   |
4  |     match map.get_mut(&key) {
   |           --- first mutable borrow occurs here
...
6  |             map.insert(key, Default::default());
   |             ^^^ second mutable borrow occurs here
...
10 |     }
   |     - first borrow ends here
```

mapに対する可変の借用を同時に2つ以上とろうとしたという内容です。これは従来の借用チェッカがレキシカルスコープという構文構造に基づいて参照のライフタイムを推論するためです。この借用チェッカでは以下に示すとおりget_mutが返す参照のライフタイム（'lifetime）は単純にmatch式全体に広がります。そのためNoneの腕の中でinsertを呼べません。

```
    match map.get_mut(&key) { // ---------------------+ 'lifetime
        Some(value) => value.push_str(", world!"), // |
        None => {                                   // |
            map.insert(key, Default::default());   // |
        }                                           // |
    } // <---------------------------------------------+
```

NLLが導入されたのは2018年12月にリリースされたRust 1.31.0です。このバージョンでは2018 Editionを選んだときだけNLLが用いられ、そうでないときは従来の借用チェッカが用いられます。今後もNLLは熟成を重ね、十分安定した時点で2015 Editionでも用いられるようになる予定です。

NLLの導入以前は借用チェッカを満足させるために不自然なコードを書く必要があり、使いにくさが目立ちました。この状況は現在では大きく改善されたといえるでしょう。

7-9 ライフタイムの詳細：簡単なベクタの実装

ライフタイムについて詳しく学ぶために、標準ライブラリのVec<T>に似たベクタ型を実装します。以下のようなVec<T>と同じ機能を持たせます。

- ベクタの要素は連続したメモリ領域に格納する。この領域（elementsと呼ぶことにします）はヒープ領域に確保する

- pushメソッドで要素を追加できる。elementsの容量（キャパシティ）を超えたときは現在の2倍のキャパシティをもつ領域を確保し直す
- getメソッドによる要素の借用に加えて、popメソッドによる要素の取り出し（所有権のムーブアウト）もサポートする
- イテレータをサポートする

簡易的な実装ですのでVec<T>と比べると非効率なところがあります。実用性が低いことからToyVec<T>（おもちゃベクタ）という名前にしました。プログラムはch07/toy-vecディレクトリにあります。

なおこの「ライフタイムの詳細」の一連の節を執筆するにあたって以下のスライド資料を参考にしました。

Advanced Rust, by Nicholas Matsakis（RustConf 2016のハンズオン資料の1つ）
http://www.rust-tutorials.com/RustConf16/3-Advanced-Lifetimes.pdf

筆者がRustに入門して半年ほど経った2016年後半にこのスライドを読み、ライフタイムに対する理解を深めることができました。本節の執筆にあたって全体の構成や教えるべき内容などを参考にしましたので共通する部分も多いのですが、これから作成するToyVecプログラム、説明の文章、図などはすべて筆者によるオリジナルです。

スライドの作者であるNicholas Matsakis氏はRustコンパイラのコア開発者の1人で、Rustに所有権システムを実装するにあたり中心的な役割を果たした人物です。

7-9-1 構造体の定義

ToyVec<T>型はpublicな構造体として定義します。フィールドは非公開にして利用者が触れないようにします。

ch07/toy-vec/src/lib.rs

```
pub struct ToyVec<T> {
    elements: Box<[T]>,  // T型の要素を格納する領域。各要素はヒープ領域に置かれる
    len: usize,          // ベクタの長さ（現在の要素数）
}
```

ToyVecの要素はBox<[T]>型のelementsフィールドに格納します。Box<[T]>型はボックス化されたスライス型で実データをヒープ領域に置きます。5-2-2項で説明したとおりBox<[T]>の値は一度作ったらサイズが変更できません。

標準ライブラリのVec<T>ではBox<[T]>には頼らず、アロケータというunsafeなAPIを使ってヒープ領域にスペースを確保します。今回はBox<[T]>を使うことで以下のように実装がシンプルになり、ライフタイムの学習に集中できます。

- ヒープ領域の確保と解放をBox<[T]>に任せられる
    - アロケータAPIを使用しなくてよい（unsafeな操作）
    - デストラクタを実装しなくてよい
- 要素にアクセスするときに生ポインタ関連の操作を行わなくてすむ（unsafeな操作）

もちろんデメリットもあります。

- Box<[T]>の作成時に全要素を初期化する必要がある
    - 初期化にはT型のデフォルト値を使うことにするので、Defaultトレイトを実装した型だけがToyVecに格納できる
    - せっかくデフォルト値で初期化しても、その値はいずれはpushメソッドに渡された本当の要素で上書きされる。そのためデフォルト値は一度も読まれることなく破棄され、初期化の作業が無駄になる

なおRust公式ドキュメントの1つ「Rustonomicon[*1]」ではアロケータAPIとunsafeなコードを使用したベクタの実装例が紹介されています。もし効率的なベクタの実装方法について興味があるなら参考になるでしょう。

7-9-2 new関連関数とwith_capacity関連関数

ToyVecに関連関数やメソッドを実装していきましょう。まずは関連関数のnewとwith_capacityです。どちらも新しいベクタを作ります。

ch07/toy-vec/src/lib.rs

```
// implブロック内に関連関数やメソッドを定義していく。トレイト境界としてDefaultを設定する
impl<T: Default> ToyVec<T> {

    // newはキャパシティ（容量）が0のToyVecを作る
    pub fn new() -> Self {
        Self::with_capacity(0)
    }

    // with_capacityは指定されたキャパシティを持つToyVecを作る
    pub fn with_capacity(capacity: usize) -> Self {
        Self {
            elements: Self::allocate_in_heap(capacity),
            len: 0,
        }
    }
```

*1 https://doc.rust-lang.org/nomicon/vec.html

newはwith_capacity(0)を呼んで、キャパシティが0のToyVecを作ります。with_capacityはBox<[T]>を得るためにallocate_in_heapを呼びます。これは非公開な関連関数で、指定された長さのBox<[T]>を作ります。Box<[T]>の全要素はT型のデフォルト値で初期化されます。

ch07/toy-vec/src/lib.rs

```
// T型の値がsize個格納できるBox<[T]>を返す
fn allocate_in_heap(size: usize) -> Box<[T]> {
    std::iter::repeat_with(Default::default)
        .take(size)              // T型のデフォルト値をsize個作り
        .collect::<Vec<_>>()     // Vec<T>に収集してから
        .into_boxed_slice()      // Box<[T]>に変換する
}
```

T型のデフォルト値を得るためにはT型がDefaultトレイトを実装している必要があります。そのためこれらの関連関数を囲むimplブロックにはT型のトレイト境界としてDefaultを設定しました。

allocate_in_heapはVec<T>を作ってからBox<[T]>に変換します。一時的とはいえ私たちのベクタ（ToyVec）が別のベクタ（Vec）を使うのは残念な感じがしますが、これがBox<[T]>を作る効率の良い方法なのでしかたありません。

7-9-3 lenメソッドとcapacityメソッド

次はToyVecの長さ（要素数）を返すlenメソッドと、現在のキャパシティを返すcapacityメソッドです。いずれも引数として&self、つまりToyVec構造体を取ります。さきほどと同じimplブロックに書いていきます。

ch07/toy-vec/src/lib.rs

```
// ベクタの長さを返す
pub fn len(&self) -> usize {
    self.len
}

// ベクタの現在のキャパシティを返す
pub fn capacity(&self) -> usize {
    self.elements.len()   // elementsの要素数（len）がToyVecのキャパシティになる
}
```

戻り値のusize型はCopyトレイトを実装していますので、所有権のムーブではなく、値がコピーされます。

なお、これらのメソッドはDefaultトレイトを必要としないので、トレイト境界のないimplブロック（impl<T> ToyVec<T> { ... }）に書くこともできます。ただDefaultトレイトを実装していない型ではnewとwith_capacityが使えませんので、そもそもToyVecが作れずlenなどを使う機会がありません。implブロックを分ける意味がないので、今回はトレイト境界としてDefaultを持つimplブロック内にすべての関連関数とメソッドを書くことにしました。

7-9-4 pushメソッドとgetメソッド

次はpushメソッドとgetメソッドです。pushはToyVecに要素を追加し、getはインデックスで指定した要素に対する不変の参照を返します。まずはシグネチャを見て所有権に関する部分を確認しましょう。

ch07/toy-vec/src/lib.rs

```
pub fn push(&mut self, element: T);
// 第1引数に&mut selfをとるため、ToyVec構造体の内容を変更することが分かる
// 第2引数はT型のため、所有権がこのメソッドへムーブすることが分かる（そして、
// 構造体へムーブするだろうと想像できる）

pub fn get(&self, index: usize) -> Option<&T>;
// Option<&T>を返すため、selfが所有する値の不変の参照を返すことが分かる
```

pushメソッドは第1引数に&mut selfをとるため、対象のToyVec構造体の内容を変更することが分かります。また第2引数elementはTのため所有権がこのメソッドへムーブすることが分かります。そしてpushメソッドの役割から、elementは最終的には構造体へムーブするだろうと想像できます。

getメソッドの第1引数は&selfですのでToyVec構造体の内容は変更されないことが分かります。第2引数はusizeですので値がコピーされます。戻り値の型はOption<&T>ですのでTの所有権はムーブしません。ToyVec構造体が所有する値への不変の参照が返されることが分かります。

メソッド本体の実装は以下のとおりです。

ch07/toy-vec/src/lib.rs

```
pub fn push(&mut self, element: T) {
    if self.len == self.capacity() {  // 要素を追加するスペースがないなら
        self.grow();  // もっと大きいelementsを確保して既存の要素を引っ越す
    }
    self.elements[self.len] = element; // 要素を格納する（所有権がムーブする）
    self.len += 1;
}

pub fn get(&self, index: usize) -> Option<&T> {
    if index < self.len {            // インデックスが範囲内なら
```

```
            Some(&self.elements[index]) // Some(不変の参照)を返す
        } else {
            None                        // 範囲外ならNoneを返す
        }
    }

    fn grow(&mut self) { /* 本体は省略 */ }

} // implブロックの終わり
```

pushメソッドはcapacityメソッドによって現在elementsにセットされているBox<[T]>のサイズを調べ、もしこれ以上の要素が格納できないならgrowメソッドでBox<[T]>を作り直します。growの実装はもう少し後になってからのほうが理解しやすいので、いまは仕様だけを紹介します。

- self.capacityが0のときは、allocate_in_heap(1)で長さ1のBox<[T]>を作成しself.elementsにセットする
- self.capacityが1以上のときは、allocate_in_heap(self.capacity() * 2)で現在の2倍の長さのBox<[T]>を作成しself.elementsにセットする。既存の全要素を新しいBox<[T]>へムーブしたあと、古いBox<[T]>を破棄する

こうして十分なキャパシティが確保できたら、pushメソッドはself.elements[self.len] = elementで要素をBox<[T]>へムーブします。

getメソッドはインデックスが範囲内なら&self.elements[index]で要素への不変の参照を作り、Someで包んで返します。

7-9-5 参照のライフタイムを確認する

ToyVecを使ってみましょう。examples/toy_vec_01.rsに以下のコードが書かれています。

ch07/toy-vec/examples/toy_vec_01.rs

```
use toy_vec::ToyVec;

let mut v = ToyVec::new();
v.push("Java Finch".to_string());  // 桜文鳥
v.push("Budgerigar".to_string());  // セキセイインコ
let e = v.get(1);
assert_eq!(e, Some(&"Budgerigar".to_string()));
```

このコードはcargo run --example toy_vec_01で実行できます。

ここでは変数vをToyVec<String>型のベクタに束縛し、"Java Finch"と"Budgerigar"という2つのStringを格納しました。v.get(1)の実行直前のメモリの状態は**図7.4**のようになります。

図7.4 v.get(1)を実行する直前のメモリの状態（その1）

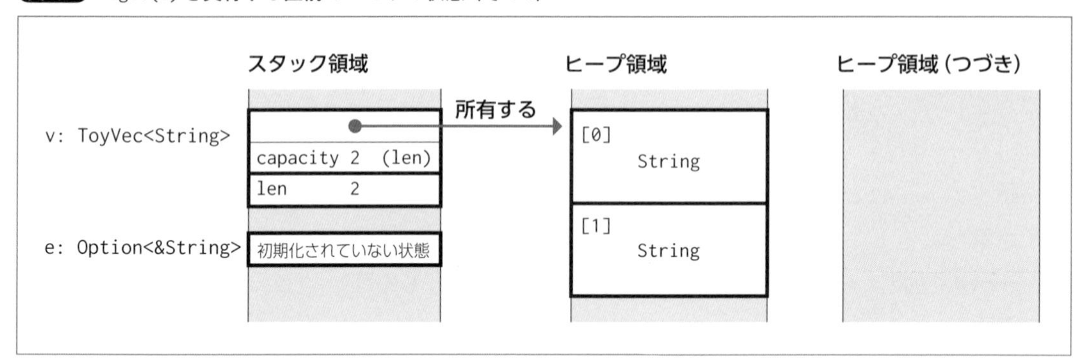

スタック領域にはvとeのためのスペースが用意されており、eはまだ初期化されていません。vにはToyVecの構造体が格納されています。これは以下のように定義しました。

ch07/toy-vec/src/lib.rs

```
pub struct ToyVec<T> {
    elements: Box<[T]>,  // T型の要素を格納する領域。各要素はヒープ領域に置かれる
    len: usize,          // ベクタの長さ（現在の要素数）
}
```

図7.4ではToyVec<String>の構造体がスタック領域で3行占めており、上の2行がBox<[String]>型のelementsフィールド、下の1行がlenフィールドです。lenフィールドはベクタの要素数で、いまは2になっています。elementsフィールドの中身はスライスを実現するデータ構造で、スライスの先頭要素を指すポインタとスライスの要素数からなるファットポインタです。ToyVecではcapacityとして、図では(len)で示したスライスの要素数を使っています。(len)もいまは2ですので、このBox<[String]>はポインタが指すヒープ領域に2つのStringを格納できます。

図7.4では2つのStringの中身が描かれていません。これらについても見てみましょう。標準ライブラリのString構造体は以下のように定義されています。

```
// 標準ライブラリのソースコードから引用
// https://github.com/rust-lang/rust/blob/master/src/liballoc/string.rs
pub struct String {
    vec: Vec<u8>,
}
```

Stringの中身はVec<u8>ですので、ToyVecとそっくりの構成となります。2つのStringの中身も描くと**図7.5**のようになります。

図7.5 v.get(1)を実行する直前のメモリの状態（その2）

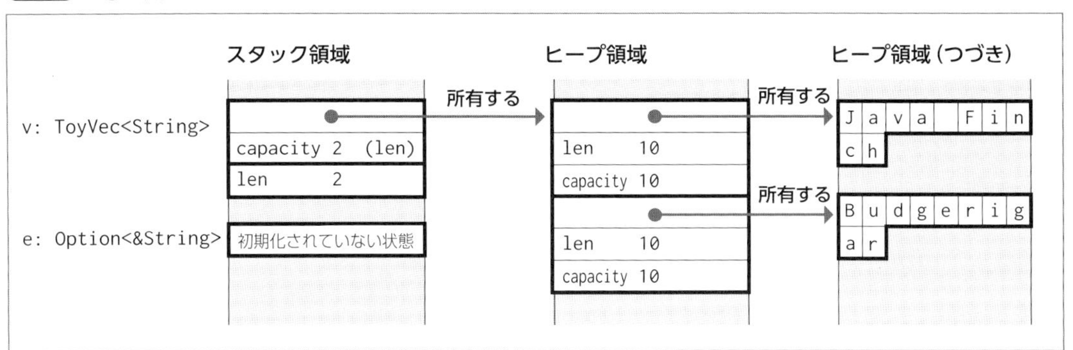

このように図の中央のヒープ領域に2つのString構造体（実体はVec<u8>）が収まり、それぞれのString構造体はヒープ領域のまた別の場所（図では右側）にあるstr（UTF-8形式のバイト列）を所有しています。

v.get(1)の実行直後は**図7.6**のようになります。

図7.6 v.get(1)を実行した直後のメモリの状態

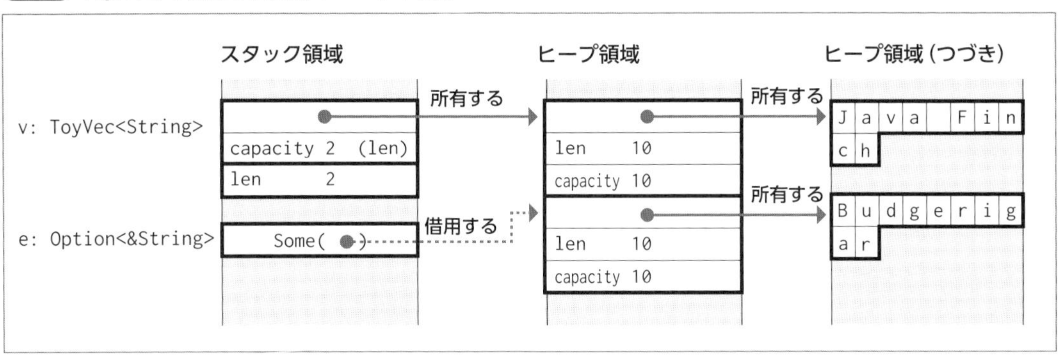

ToyVecのインデックスは0から始まりますので、v.get(1)では2番目の要素がSome(2番目の要素への不変の参照)の形で返され、eに格納されます。その結果eはヒープ領域にある2番目のStringを借用します。

それではeが持つ借用のライフタイムと、vが持つベクタのスコープについて調べましょう。eはvよりもあとに導入されましたので、vよりも早くスコープを抜けます。つまりeのライフタイムは借用元となるvのスコープよりも短くなりますので以下の借用規則が守れます。

1. 不変・可変を問わず参照のライフタイムが値のスコープよりも短いこと

次はこの規則を破ってみましょう。eのライフタイムの方を長くします。これはコンパイルエラーになります。

ch07/toy-vec/examples/toy_vec_02.rs

```
use toy_vec::ToyVec;

let e: Option<&String>;
{
    let mut v = ToyVec::new();
    v.push("Java Finch".to_string());
    v.push("Budgerigar".to_string());

    e = v.get(1);  // コンパイルエラーになる
    // → error[E0597]: `v` does not live long enough
} // ここでvがスコープから抜け、ToyVec構造体が破棄される

// eは解放後のメモリを参照している
assert_eq!(e, Some(&"Budgerigar".to_string()));
```

vの生存期間が不十分という意味のエラーになりました。もしこれがエラーにならなかったらeは解放済みのメモリを指すダングリングポインタになってしまいます。コンパイラがメモリ安全性を守ってくれました。

ところでコンパイラはどうしてeがスコープ内の間はvが借用されると分かるのでしょうか？getのシグネチャをもう一度見ましょう。

```
    pub fn get(&self, index: usize) -> Option<&T>;
```

引数の&selfはこのメソッドの呼び出し元が所有する値を指す参照です。toy_vec_02.rsではvが所有するToyVec<String>構造体です。

では戻り値に含まれる&Tは何を参照しているのでしょうか？ 5-2-4項で説明しましたが、関数内で構築した値への参照は返せません。ということは関数の呼び出し元が所有する値（の全体または一部）を参照しているはずです。つまり以下が成り立ちます。

1. 関数の呼び出し元が所有する値について、その参照が引数として渡されている
2. 戻り値はその引数が指す値への参照、または、その値が所有する値への参照になる

これをtoy_vec_02.rsにあてはめると以下のようになります。

1. getメソッドの呼び出し元のvが所有するToyVec<String>構造体について、その参照が引数&selfとして渡されている
2. 戻り値は&selfが指すToyVec<String>構造体の、elements（Box<[T]>）が所有する値への参照になる

これは以下を意味します。

- getメソッドの戻り値が有効な間はselfは借用中である
- 借用規則によると、戻り値のライフタイム（eのスコープ）がselfのライフタイム（vのスコープ）よりも短くなければならない

このようにコンパイラの借用チェッカは関数のシグネチャを頼りに引数や戻り値のライフタイムを推論し、借用規則が守られているか検証します。

7-9-6 ライフタイムの省略

getメソッドでは引数の中で&selfだけが参照型でした。参照型の引数が複数あるケースも見てみましょう。getメソッドはインデックスが範囲外のときにNoneを返します。範囲外のときに代わりの値を返すget_orというメソッドを定義しましょう。代わりの値は&T型の引数defaultとして与えます。

```
impl<T: Default> ToyVec<T> {
    // インデックスが範囲内なら要素への参照を返し、さもなければdefaultで与えた別の値への参
照を返す
    pub fn get_or(&self, index: usize, default: &T) -> &T {
        match self.get(index) {
            Some(v) => v,
            None => default,
        }
    }
}
```

これをコンパイルするとmatch式が返す値について「error[E0495]: cannot infer an appropriate lifetime」（適切なライフタイムが推論できない）というエラーになります。このエラーはコンパイラが推論した戻り値&Tのライフタイムと、match式が返す値のライフタイムが一致しないことを意味します。

戻り値&Tは何の参照でしょうか。match式の返す値より以下のとおりだと分かります。

- インデックスが範囲内のときは&selfが指すToyVec<T>構造体が所有する要素への参照
- インデックスが範囲外のときはdefault

関数の引数と戻り値に参照が現れるとき、それらの関係を示すために**ライフタイム指定子**（lifetime specifier、単にライフタイムとも呼びます）を付けられます。getもget_orもライフタイム指定子が省略されており、コンパイラは以下の規則に基づいてライフタイムを推論します。この規則を**ライフタイムの省略**（lifetime elision）と呼びます。

- 関数の戻り値の型が参照型のとき

- ○ 引数の中で参照型が1つだけなら、その引数から借用する
- ○ 第1引数が&selfまたは&mut selfのメソッドなら、（他に参照型の引数があっても）selfから借用する
- ○ それ以外の場合はライフタイムは省略できない。コンパイルエラーになる

get_orについてコンパイラが推論したライフタイムを明示してみましょう。ライフタイムは'aや'bのようにシングルクォート（'）から始まる識別子で示します。

```
// ライフタイムの省略規則にしたがい、selfと戻り値のライフタイムが同一（'a）になる
pub fn get_or<'a, 'b>(&'a self, index: usize, default: &'b T) -> &'a T {
    match self.get(index) {
        Some(v) => v,      // selfが所有する値（elements）からの借用なので'a
        None => default,   // defaultのライフタイムは'b。戻り値のライフタイムと合わない
    }
}
```

戻り値は'aを期待するのにdefaultは'bになっており、ライフタイムが一致しないためにエラーになっていました。

以下のように修正すればコンパイルできます。

ch07/toy-vec/src/lib.rs

```
// self、default、戻り値のライフタイムを同じにする
pub fn get_or<'a>(&'a self, index: usize, default: &'a T) -> &'a T {
    // ちなみに上のmatch式はunwrap_orコンビネータで置き換えられる
    self.get(index).unwrap_or(default)
}
```

selfと戻り値のライフタイムだけでなく、defaultのライフタイムも同じにして、self**または**defaultからの借用を返すことを指定しました。これは戻り値が有効な間はselfとdefaultの**両方が**借用中であることを意味します。

なおライフタイムはwhere節を使って以下のようにも指定できます。

```
pub fn get_or<'a, 'b>(&'a self, index: usize, default: &'b T) -> &'a T {
where
    'b: 'a  // 'bは'aより長く生存するという意味
{
    // valueのライフタイム'bは戻り値の'aより長い（'aを含んでいる）ので問題なく返せる
    self.get(index).unwrap_or(default)
}
```

今回はここまでする必要はありませんが、覚えておくと役に立つかもしれません。

7-9-7 'staticライフタイム

ToyVecでは使いませんが、'staticライフタイムについて説明します。

'staticライフタイムは特別なライフタイムです。プログラムの終了時まで続き、ほかのどのライフタイムよりも長く生存します。'staticライフタイムを持つ参照は、基本的にstatic変数の値、または、リテラルなどのコンパイル時に値が確定するものからしか作れません*2。

ch07/ex07/examples/ch07_04_static_lifetime.rs（前半）

```
static I0: i32 = 42;          // static変数。'staticスコープを持つ

let mut s0: &'static str;
let s1 = "42";                // &str型。文字列リテラルへの参照（データは静的領域にある）
let s2 = 42.to_string();      // String型（データはヒープ領域にある）
s0 = s1;                      // 文字列リテラルへの参照は'staticライフタイムを持つ
s0 = &s2;                     // コンパイルエラー。String型から&'static strは作れない
// → error[E0597]: `s2` does not live long enough
```

なお、ジェネリクスにライフタイム境界を付けたとき、その影響を受けるのは参照やフィールドに参照を持つ構造体や列挙型になります。たとえば以下のように'static境界を要求する関数に&Stringは渡せませんが、Stringは参照ではないので渡せます。

ch07/ex07/examples/ch07_04_static_lifetime.rs（後半）

```
// この関数は'staticライフタイムを持つ任意の型を引数にとる
fn take_static<T: 'static>(_x: T) { }

let s1 = "42";                // &'static str型
let s2 = 42.to_string();      // String型

take_static(s1);              // &'static str型。OK
take_static(&s2);             // &String型。コンパイルエラー（'static要求を満たせない）
take_static(s2);              // String型。OK
```

もちろんこのStringが厳密な意味での'staticスコープを持つわけではありません。ただ、このような「所有している値」はそれを保持している限り解放されることはないため、借用規則は考えなくてよくなります。ライフタイムを追跡しなくてもメモリ安全性が保証できますのでコンパイルできるわけです。

なおstd::thread::spawnというスレッドを起動する関数は、引数に'staticスコープを持つクロージャを取ります。これについては7-12節で扱います。

---

2 生ポインタを経由するとStringのような値からでも'staticライフタイムを持つ参照が作れます。ただしコンパイラはメモリ安全性を保証できませんので、unsafeブロックが必要となります。たとえばch07_04_static_lifetime.rs（前半）のコードブロックでは、s0 = &s2;のところをs0 = unsafe { &(&s2 as *const String) };に変えるとコンパイルできます。

7-9-8 popメソッドと借用からのムーブアウト

popメソッドを実装しましょう。popはToyVecの最後の要素を取り出し、ToyVecの長さは1つ短くなります。シグネチャは以下のとおりです。

```
pub fn pop(&mut self) -> Option<T>;  // 戻り値が参照でないことに注目。所有権ごと返す
```

getメソッドでは戻り値の型がOption<&T>になっており要素への不変の参照を返しましたが、popではOption<T>になっており要素を所有権ごと返します。

まずは以下のように素直に実装してみます。

ch07/toy-vec/src/lib.rs

```
pub fn pop(&mut self) -> Option<T> {
    if self.len == 0 {
        None
    } else {
        self.len -= 1;
        let elem = self.elements[self.len];
        Some(elem)
    }
}
```

しかしこれはコンパイルできません。self.elements[self.len]のところで「error[E0507]: cannot move out of borrowed content」(借用の文脈ではムーブアウトできません)になります。これは借用(&mut self)経由では、それが所有する値の所有権を奪えないことが原因です。

解決方法として最初に思い浮かぶのはcloneメソッドで要素をコピーすることかもしれません。しかしこれは以下の理由から避けるべきです。

1. cloneするためにはT型がCloneトレイトを実装している必要がある。(追加のトレイト境界が必要でToyVecの汎用性が低下する)
2. Tの具象型(実際の型)によってはcloneはコストが高くつく
3. そもそもToyVecはこのあとすぐに要素の所有権を失うのにcloneするのは無駄

2についてですが、たとえばTの具象型がStringだったとしましょう。するとclone後は**図7.7**のようになります。

図7.7 clone後の状態

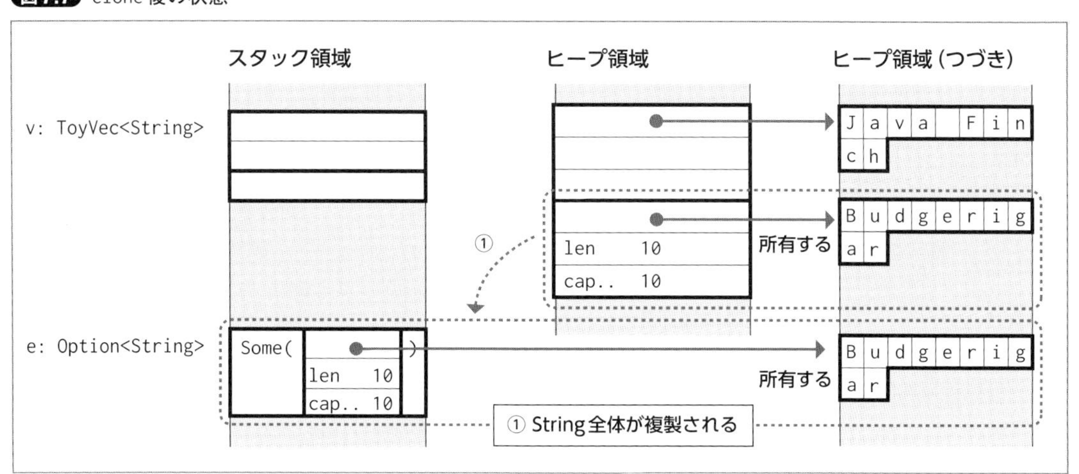

このようにcloneによってString構造体と図の右側にあるstrバイト列の両方が複製されます。この例ではstrが10バイトと小さいのでコストは微々たるものですが、strが長くなるとコストが増加します。

別の方法をとりましょう。可変の借用（&mut）経由では値の所有権を一方的に奪うことはできませんが、所有権を交換する、つまり別の値と交換するのならできるのです。エラーになった行を以下のように書き換えるとコンパイルできるようになります。

ch07/toy-vec/src/lib.rs

```
// 代わりの値となら交換できる（ここではデフォルト値を使用）
let elem = std::mem::replace(&mut self.elements[self.len], Default::default());
```

std::mem::replaceは第1引数の場所にある値を第2引数の値で置き換え、置き換え前の値を返します。ここでは第2引数としてT型のデフォルト値を与えました。もしT型がStringならデフォルト値は空の文字列になります。一般的にStringのようなサイズが可変の型のデフォルト値では、メモリ使用量が最小になるよう考慮されています。

図7.8のように中央のヒープ領域の列にあるString構造体はeに移動し、元の場所には長さ0の空文字列が入ります。右のstrバイト列は複製されませんので、その分コストが節約できます。

図7.8 ムーブ後の状態

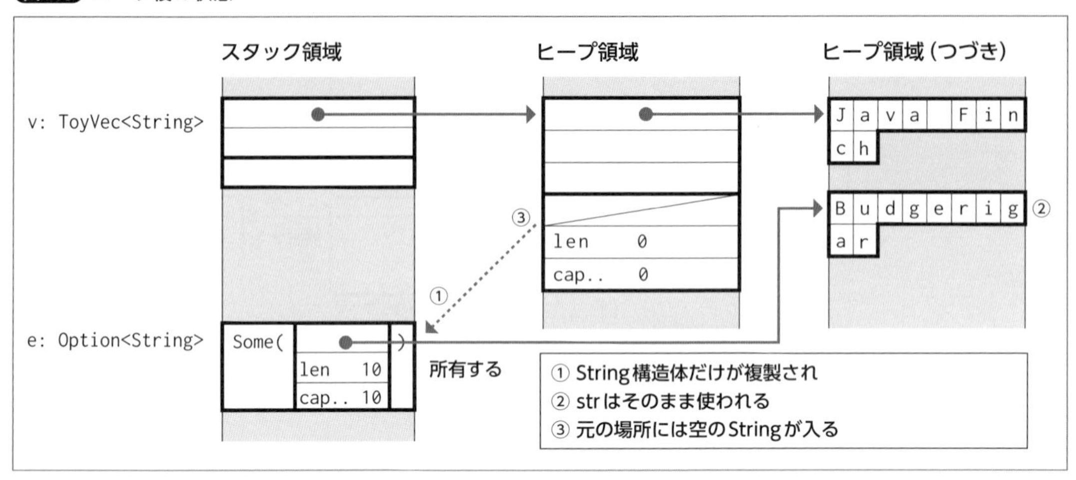

余談ですがstd::mem::replaceによる置き換えはOption型でよく使われます。そのためOption型には以下の便利メソッドが定義されています。

```
// 現在の値をムーブアウトし、元の場所にはNoneを残す
pub fn take(&mut self) -> Option<T>;

// 現在の値をムーブアウトし、元の場所にはSome(value)を残す
pub fn replace(&mut self, value: T) -> Option<T>;
```

column
コラム

列挙型とnullableポインタ最適化

Option<T>などの列挙型はSome(T)やNoneなど複数のバリアントを持つのが普通です。ある列挙型の値がどのバリアントなのかは実行時にしか分からないため、列挙型の値はバリアントを識別するためにタグと呼ばれるフィールドを持ちます。たとえばOption<i32>型の値のサイズはi32で4バイト、タグで4バイトとりますので、合計8バイトになります。

```
assert_eq!(size_of::<Option<i32>>(), 8);  // i32で4バイト、タグで4バイト
```

本章のメモリ内容を表す図では1行が8バイト分の大きさがあります。**図7.6**と**図7.7**ではそれぞれ変数eにOption<&String>、Option<String>を格納していますが、タグのためのスペースがありません。これは列挙型に対してコンパイラが行う**nullableポインタ最適化**によってタグが不要になるためです。

```
// 64ビット環境（ポインタサイズが8バイト）での例
assert_eq!(size_of::<Option<&String>>(), 8);  // &Stringで8バイト、タグなし
assert_eq!(size_of::<Option<String>>(), 24);  // Stringで24バイト、タグなし
```

列挙型が以下のすべての条件を満たすときnullableポインタ最適化が適用されます。

1. 2つのバリアントを持つ
2. 一方のバリアントはデータフィールドを持たない
3. もう一方のバリアントはデータフィールドを持つが、全ビットが0の状態はそのデータ型にとって不正な値である

たとえばnullポインタは全ビットが0のポインタです。参照&Stringは必ず有効なアドレスを指しますのでnullにはなりません。つまりOption<&String>はすべての条件を満たしています。nullableポインタ最適化の適用後は、&Stringデータフィールドの値が0のときはSome(..)はあり得ないのでNoneとみなし、そうでないときはSome(..)だとみなします。

同様にString構造体もフィールドとして参照ではありませんがnullにならないポインタを持ちます。そのポインタは指す値がないときは0以外の固定のアドレスを指すようになっています。そのためOption<String>にもnullableポインタ最適化が適用されます。

7-9-9 growメソッド

先延ばしにしていたgrowメソッドの実装を見てみましょう。仕様は以下のようになっていました。

- self.capacityが0のときは長さ1のBox<[T]>を作成しself.elementsにセットする
- self.capacityが1以上のときは現在の2倍の長さのBox<[T]>を作成しself.elementsにセットする。既存の全要素を新しいBox<[T]>へムーブしたあと、古いBox<[T]>を破棄する

実装は以下のとおりです。

ch07/toy-vec/src/lib.rs

```
impl<T: Default> ToyVec<T> {
    fn grow(&mut self) {
        if self.capacity() == 0 {
            // 1要素分の領域を確保する
            self.elements = Self::allocate_in_heap(1);
        } else {
            // 現在の2倍の領域を確保する
            let new_elements = Self::allocate_in_heap(self.capacity() * 2);
            // self.elementsを置き換える
            let old_elements = std::mem::replace(&mut self.elements, new_elements);
            // 既存の全要素を新しい領域へムーブする
            // Vec<T>のinto_iter(self)なら要素の所有権が得られる
            for (i, elem) in old_elements.into_vec().into_iter().enumerate() {
                self.elements[i] = elem;
            }
        }
    }
}
```

else節の内容について注意が必要です。else節の最初の2行ですが、他のプログラミング言語に慣れていると以下のように書くかもしれません。

```
            // 現在のelementsを退避する
            let old_elements = self.elements;
            // 現在の2倍のスペースを確保する
            self.elements = Self::allocate_in_heap(self.capacity() * 2);
```

しかしこれだと最初の行がエラー「error[E0507]: cannot move out of borrowed content」になります。なぜならselfの型が&mut selfなのでelementsにセットされているBox<[T]>の所有権を奪えないからです。ここでもstd::mem::replaceで置き換えるのが正解です。

else節の3行目から始まるfor式ではold_elementsの全要素を新しく確保したBox<[T]>にムーブしています。into_vecメソッドでBox<[T]>をVec<T>に変換し、into_iterメソッドで各要素の所有権をとるイテレータを作成しています。なおドキュメントを見ると分かりますが、Box<[T]>::into_vecとVec<T>::into_iterはどちらもデータをコピーせずにその場で型変換してくれる効率の良い実装になっています。

次項ではイテレータと所有権の関係について説明します。

7-9-10 イテレータと所有権

Vec<T>を含む標準ライブラリのコレクション型には、イテレータを得るための3つのメソッドが実装されています。

- iter(&self)：各要素を&T型で返すイテレータが得られる
- iter_mut(&mut self)：各要素を&mut T型で返すイテレータが得られる
- into_iter(self)：各要素をT型で返すイテレータが得られる

into_iterメソッドは引数がselfですので、コレクションの所有権をムーブします。つまり一度into_iterメソッドを呼ぶと、そのコレクションにはアクセスできなくなります。前節のgrowメソッドでは、old_elements（から変換したVec<T>）の全要素の所有権をムーブしたかったことと、old_elementsは処理直後に破棄したかったことを考慮して、into_iterが最適なメソッドでした。

なおスライス型（&[T]、&mut [T]）にもinto_iterメソッドがありますが、これらで作ったイテレータは要素をT型では返してくれませんので注意してください。

- &[T]のinto_iter(self)：各要素を&T型で返すイテレータが得られる
- &mut [T]のinto_iter(self)：各要素を&mut T型で返すイテレータが得られる

Box<[T]>はメソッドレシーバの型強制によって&[T]か&mut [T]のinto_iterを使えますが、それでは各要素をT型で返すイテレータが得られないので、growメソッドではold_elements.into_vec()を呼んでBox<[T]>からVec<T>へ変換する必要がありました。

7-9-11 可変の参照と不正なポインタの回避

借用規則を再度確認しましょう。ダングリングポインタを避けるための規則です。

1. 参照のライフタイムが値のスコープよりも短いことを要求する
2. 値が共有されている間（不変の参照が有効な間）は値の変更を許さない
   - 任意個の不変の参照&Tを持つ
   - または、ただ1つの可変の借用&mut Tを持つ

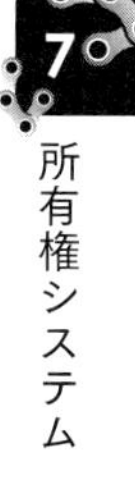

1の規則は7-9-5項で確認済みです。値はスコープを抜けると破棄されますので、それを指す参照が値のスコープよりも長いライフタイムを持っていたらダングリングポインタになるのは明白です。

ここでは2の規則が必要になる例を紹介します。以下のコードはコンパイルエラーになります。

```
let mut v: ToyVec<usize> = ToyVec::new();
v.push(100);
let e = v.get(0);            // 不変の参照（不変の借用）を取得
v.push(200);                 // ベクタを変更する（pushは可変の参照をとる）
assert_eq!(e, Some(&100));   // ここで不変の参照にアクセス
```

仮にこれがコンパイルできたとしましょう。v.push(200)の実行直前のメモリの状態は**図7.9**のようになります。

図7.9 v.push(200)の直前のメモリの状態

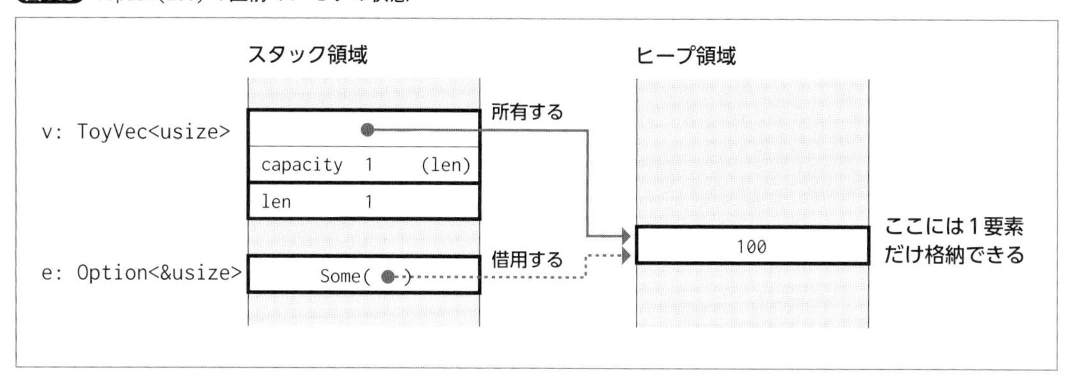

この時点でToyVecのキャパシティ（capacity）は1になっており、ヒープ領域に確保したスペースにはusizeが1つだけ格納できます。eはそのusizeの値100を指す参照を持ちます。

v.push(200)の実行直後は**図7.10**のように変わります。

図7.10 v.push(200) 直後のメモリの状態

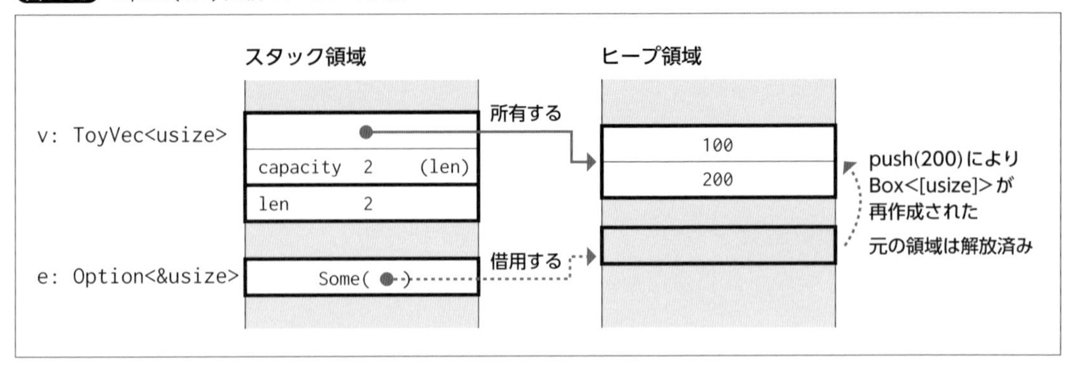

push(200)によってキャパシティが不足し、growメソッドによってBox<[usize]>が再作成されました。元のusizeの値があった領域は解放され、eの持つ参照はダングリングポインタになりました。

もちろんToyVecに十分なキャパシティがあれば再割り当てが起きず、ダングリングポインタにはなりません。しかし実際にどうなるかは実行してみないと分かりません。どんな状況でも安全が保証できるように、値が共有されている間は値の変更を許さないという規則になっているのです。

7-9-12 構造体や列挙型のライフタイム

構造体や列挙型では参照型のフィールドを持たせられます。その際はライフタイム指定子を付ける必要があります。

例としてToyVecの要素をイテレートするイテレータを実装します。ここでは7-9-10項で紹介した3種類のイテレータの中からiter(&self)のコードを紹介します。他の2つのイテレータiter_mut(&mut self)とinto_iter(self)の実装は、GitHubから取得したサンプルコードに含まれています。

イテレータは構造体として定義します。名前はIterにしました。src/lib.rsに続けて書いていきます。

ch07/toy-vec/src/lib.rs

```
// ライフタイムの指定により、このイテレータ自身またはnext()で得た&'vec T型の値が
// 生存してる間は、ToyVecは変更できない
pub struct Iter<'vec, T> {
    elements: &'vec Box<[T]>,   // ToyVec構造体のelementsを指す不変の参照
    len: usize,                 // ToyVecの長さ
    pos: usize,                 // 次に返す要素のインデックス
}
```

このイテレータは後で実装するnextメソッドが呼ばれるたびに、ToyVecのelementsの次の要素への参照（Option<&T>）を返します。それを実現するために、フィールドとしてToyVecのelementsへの不変の参照、ToyVecの長さ、次に返す要素の位置（インデックス）を持たせました。ToyVecのelements（Box<[T]>型）への不変の参照（&Box<[T]>）ではライフタイム指定子を省略できません。そのためIterには型パラメータTに加え、ライフタイムパラメータ'vecを与えました。

ToyVecにIter<T>を返すメソッドを定義しましょう。iterメソッドを追加します。

ch07/toy-vec/src/lib.rs

```
impl<T: Default> ToyVec<T> {
    // 説明のためにライフタイムを明示しているが、本当は省略できる
    pub fn iter<'vec>(&'vec self) -> Iter<'vec, T> {
        Iter {
            elements: &self.elements,  // Iter構造体の定義より、ライフタイムは'vecになる
            len: self.len,
            pos: 0,
        }
    }
}
```

説明のためにライフタイムを明示しましたが、本当は省略できます。&selfとIter<T>のライフタイムを同一にしました。これはイテレータが生存している間はToyVecが借用されていることを意味します。

Iter<T>にIteratorトレイトを実装します。

ch07/toy-vec/src/lib.rs

```
impl<'vec, T> Iterator for Iter<'vec, T> {
    // 関連型（トレイトに関連付いた型）で、このイテレータがイテレートする要素の型を指定する
    // 関連型は8章で説明
    type Item = &'vec T;

    // nextメソッドは次の要素を返す
    // 要素があるなら不変の参照（&T）をSomeで包んで返し、ないときはNoneを返す
    fn next(&mut self) -> Option<Self::Item> {
        if self.pos >= self.len {
            None
        } else {
            let res = Some(&self.elements[self.pos]);
            self.pos += 1;
            res
        }
    }
}
```

Itemという関連型（トレイトに関連付いた型）でnextの戻り値の型とライフタイムを指定しました。戻り値のライフタイムはIter<T>のライフタイムと同じです。これは戻り値が生存している間はIter<T>とToyVecが借用されていることを意味します。

イテレータを使ってみましょう。

ch07/toy-vec/examples/toy_vec_03.rs

```
use toy_vec::ToyVec;

let mut v = ToyVec::new();
v.push("Java Finch".to_string());      // 桜文鳥
v.push("Budgerigar".to_string());      // セキセイインコ

let mut iter = v.iter();

// v.push("Hill Mynah".to_string());  // 九官鳥。コンパイルエラーになる
// → error[E0502]: cannot borrow `v` as mutable because it is
//   also borrowed as immutable
// pushは可変の参照を得ようとするが、iterが生存しているので不変の参照が有効

assert_eq!(iter.next(), Some(&"Java Finch".to_string()));
v.push("Canary".to_string());  // カナリア。iterはもう生存していないので変更できる
```

変数iterが生存している間はToyVec<String>にpushできません。つまり変更が禁止されています。期待どおりの振る舞いが得られました。

余談ですがToyVec<T>にIntoIteratorというトレイトを実装すると、for式での繰り返しができるようになります。

ch07/toy-vec/src/lib.rs

```
// IntoIteratorトレイトを実装するとfor式での繰り返しができるようになる
impl<'vec, T: Default> IntoIterator for &'vec ToyVec<T> {
    type Item = &'vec T;              // イテレータがイテレートする値の型
    type IntoIter = Iter<'vec, T>;  // into_iterメソッドの戻り値の型

    // &ToyVec<T>に対するトレイト実装なので、selfの型はToyVec<T>ではなく&ToyVec<T>
    fn into_iter(self) -> Self::IntoIter {
        self.iter()
    }
}

// &ToyVec<T>にIntoIteratorを実装し、Iter<T>を返すようにしたので以下のように使える
let mut v = ToyVec::new();
v.push("Hello, ");
v.push("World!\n");
for msg in &v {
```

```
    print(msg);
}
```

ToyVecの実装はこれで終わりです。ToyVecでは所有権システムの中で特にライフタイムに焦点をあてて学習しました。GitHubからダウンロードしたソースコードには誌面では紹介できなかった他のイテレータの実装だけでなく、CloneトレイトやPartialEqトレイトなどの実装もあります。興味があったらコードを読んでみてください。

7-10 共同所有者を実現するポインタ：Rc型とArc型

プログラムのほとんどの場面では、いままで学習した所有権の枠組み、つまり1つのリソース（値やファイルデスクリプタなど）に対して単一の所有者を持たせ、必要なときに借用することで十分対応できます。しかしデータ構造やプログラムの構成によっては対応しきれないこともあります。本章のこれ以降の節では、そのような場面で活用できるデータ構造やテクニックを紹介していきます。

最初は標準ライブラリのRc<T>ポインタとArc<T>ポインタです。RcはReference Counted（参照カウントされた）の略で、リソースに対して複数の所有者を持たせられるポインタです。以下のように動作します。

1. Rc::new(対象のリソース)で新しいRcポインタを作る。対象のリソースは参照カウンタとともにヒープ領域に格納される
2. 新しい所有者（共同所有者）を追加するときはRc::cloneでRcポインタを複製する。参照カウントが1つ増える
3. Rcポインタがスコープを抜けるとRcポインタのデストラクタ（Drop::drop）が呼ばれ、参照カウントが1つ減る
4. 参照カウントが0になったとき、つまり最後の所有者がスコープを抜けたときにリソースが解放される

Arc（Atomically Reference Counted）もRcとよく似た機能を提供しますが、Syncトレイトを実装しており複数スレッドで共有できます。Rcは複数スレッドでの共有はできませんが、Arcよりも処理速度上のオーバーヘッドが少なくなっています。ポインタをスレッド間で共有する必要がないときはRcを使います。

これらのポインタはグラフ構造のように複数のノードから指されるノードを表現するときや、リソースが複数スレッドで共有され、最後の所有者が誰になるか決まらないときなどに便

利です。

ここではRcを例に基本的な使い方を紹介します。

ch07/ex07/examples/ch07_05_rc.rs

```
use std::rc::Rc;

let mut rc1 = Rc::new(Child(1));  // Rcポインタ経由でChild値をヒープ領域に格納する
// strong_countでこのChild値の参照カウント（共同所有者の数）が得られる
println!("(a) count: {}, rc1: {:?}", Rc::strong_count(&rc1), rc1);
{
    let rc2 = Rc::clone(&rc1);  // cloneで共同所有者を作る。参照カウントが増える
    println!(
        "(b) count: {}, rc1: {:?}, rc2: {:?}",
        Rc::strong_count(&rc1), rc1, rc2
    );
}  // rc2がスコープを抜け、参照カウントが減る
println!("(c) count: {}, rc1: {:?}", Rc::strong_count(&rc1), rc1);

// 参照カウントが1のときは可変の参照が得られる。そうでないときはNoneが返る
if let Some(child) = Rc::get_mut(&mut rc1) {
    child.0 += 1;
}
println!("(d) count: {}, rc1: {:?}", Rc::strong_count(&rc1), rc1);

let weak = Rc::downgrade(&rc1);  // Rc::downgradeでWeakポインタが得られる
println!(
    "(e) count: {}, rc1: {:?}, weak: {:?}",
    Rc::strong_count(&rc1),  // 参照カウントは1。Weakポインタはカウントされない
    rc1,
    weak,
);

// WeakをRcにアップグレードするとChild値にアクセスできる
if let Some(rc3) = weak.upgrade() {
    println!(
        "(f) count: {}, rc1: {:?}, rc3: {:?}",
        Rc::strong_count(&rc1),
        rc1,
        rc3,
    );
}

// rc1をドロップする（スコープを抜けたのと同じ） 参照カウントが0になりChildは破棄される
std::mem::drop(rc1);
println!("(g) count: 0, weak.upgrade(): {:?}", weak.upgrade());
```

対象のリソース（ここでは本章の冒頭で定義したChild構造体の値）をRc::new関連関数に与えることでRcポインタを作ります。Box<T>と同様、リソースはヒープ領域に移動します。

共同所有者を追加したいときはRc::clone関連関数でポインタを複製します。複製されるのはポインタだけで、リソースは複製されません。またこのとき参照カウントが1つ増えます。参照カウントはRc::strong_count関連関数で得られます。

Rc::get_mut関連関数は参照カウントが1のときはSome(値を指す可変の参照)を返し、そうでないときはNoneを返します。こうして得られた可変の参照を通してリソースを変更できます。もし参照カウントが2以上のときも変更したいなら、次の節で紹介するRefCell<T>ポインタ型などと組み合わせます。

Rc::downgrade関連関数はWeakポインタを返します。これはリソースの共同所有権を持たないポインタで、参照カウント（strong_count）とは別にweak_countとしてカウントされます。リソースはweak_countとは関係なくstrong_countが0になったときに解放されます。そのためWeakポインタが指すリソースはすでに解放されていることがあります。

Weakポインタからリソースにアクセスする際はupgradeメソッドでRcポインタに変換します。このメソッドはリソースがまだ存在するならSome(Rcポインタ)を返し、解放済みならNoneを返します。

実行結果は以下のとおりです。

```
(a) count: 1, rc1: Child(1)
(b) count: 2, rc1: Child(1), rc2: Child(1)
(c) count: 1, rc1: Child(1)
(d) count: 1, rc1: Child(2)
(e) count: 1, rc1: Child(2), weak: (Weak)
(f) count: 2, rc1: Child(2), rc3: Child(2)
Dropping Child(2)
(g) count: 0, weak.upgrade(): None
```

(b)で表示された内容から2つのRcポインタrc1とrc2が同じChild値を参照していることが確認できます。(b)の時点のメモリの状態は**図7.11**のとおりです。

図7.11 (b)の時点

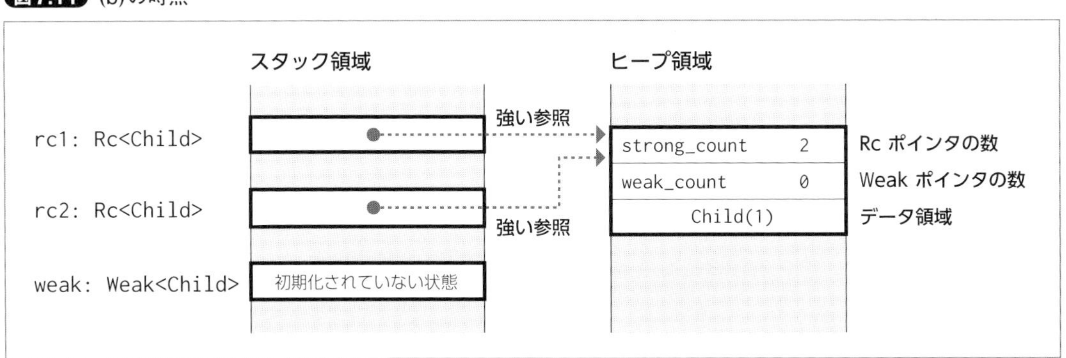

図ではスタック領域にあるポインタとヒープ領域にあるデータの関係を「強い参照」と表現しましたが、コンパイラの所有権システムにはそういう概念はありません。これはRustコードとして実装されているRcが独自に持つ概念となります。RcとWeakポインタは参照&Tや値を所有するポインタBox<T>などを使用せず、代わりに生ポインタをベースにしたデータ構造を使っています。コンパイラは生ポインタの所有権を追跡しないためRc独自の実行時の振る舞い（共同所有者を作る、強い参照と弱い参照を持たせるなど）が実現できるわけです。

結果をさらに見ていきましょう。(d)では参照カウントが1のためrc1を経由した値の更新に成功しています。

(f)でWeakポインタをupgradeしてRcポインタrc3を作りました。これもrc1と同じChild値を参照しています。しかしその直後にstd::mem::drop(rc1)が実行されると参照カウントが0になり、Weakポインタがあるにもかかわらずchild値が破棄されました。その時点の状態は**図7.12**のとおりです。

図7.12 (f)の直後の時点

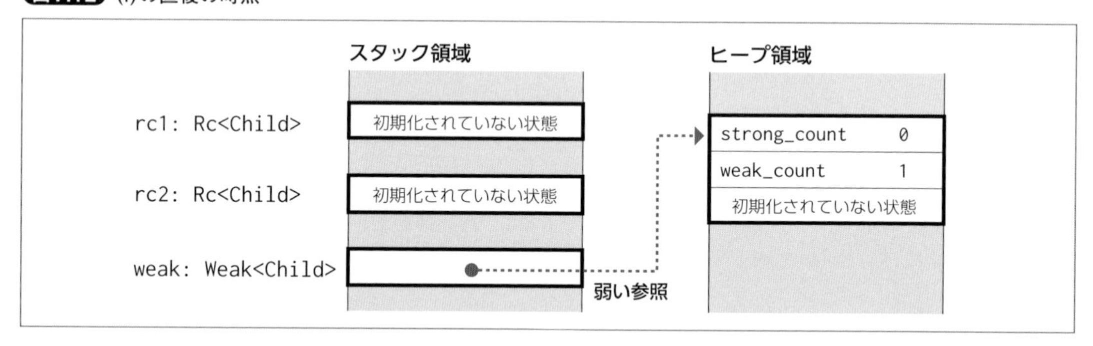

(g)でWeakポインタを再びupgradeしますが、Child値がすでに破棄されておりNoneが返りました。

7-10-1 循環参照の問題

RcやArcを使う際には循環参照に注意しなければなりません。これは2つ以上の参照カウントポインタが直接的または間接的にお互いを参照しあっている状態です。循環参照が起こると参照カウントが0にならず、リソースが解放できません。

循環参照ができてしまったときには、参照の1つをWeakポインタにすると解消できることがあります。ただしWeakにすることで、逆に期待しているタイミングより早くリソースが解放されてしまうこともあるため注意が必要です。また複雑なデータ構造では循環参照があること自体にすぐに気づけないという問題もあります。

実現しようとしているデータ構造によっては参照カウントポインタよりもアリーナ・アロケータの方が適していることもあります。詳しくは本章のコラム「アリーナ・アロケータ」を参照してください。

7-11 内側のミュータビリティ

内側のミュータビリティ（interior mutability）はコンパイル時の借用チェックを迂回してデータを可変にするしくみです。たとえば以下のように構造体Aに不変の参照経由でアクセスするとき、借用規則のもとではAのフィールドは変更できません。

ch07/ex07/examples/ch07_06_simple_refcell.rs

```
struct A {
    c: char,
    s: String,
}

let a = A { c: 'a', s: "alex".to_string() };
let r = &a;       // 不変の参照を作る
r.s.push('a');    // 不変の参照経由でフィールドを変更しようとするとコンパイルエラーになる
// → error[E0596]: cannot borrow `r.s` as mutable, as it is behind a `&` reference
```

このようなときでも内側のミュータビリティを使うとデータを可変にできます。標準ライブラリにはこれを実現する型がいくつか用意されていますが、そのなかの1つRefCellを使うと以下のようになります。

ch07/ex07/examples/ch07_06_simple_refcell.rs

```
use std::cell::RefCell;

struct B {
    c: char,
    s: RefCell<String>,    // StringをRefCellで包む
}

let b = B { c: 'a', s: RefCell::new("alex".to_string()) };
let rb = &b;
rb.s.borrow_mut().push('a');      // フィールドsのデータに対する可変の参照をとる
{
    let rbs = b.s.borrow();       // 不変の参照をとる
    assert_eq!(&*rbs, "alexa");

    // RefCellでは他の参照が有効な間に可変の参照をとろうとすると実行時にパニックする
    b.s.borrow_mut();  // この時点で不変の参照rbsがまだ有効
    // → thread 'main' panicked at 'already borrowed: BorrowMutError'

    // try_borrow_mutならパニックせずErrを返してくれる
```

```
    assert!(b.s.try_borrow_mut().is_err());  // Errが返る
}   // rbsはここでスコープを抜ける
assert!(b.s.try_borrow_mut().is_ok());       // Okが返る
```

構造体の定義を変更してフィールドsが持つStringをRefCellで包みました。RefCellのborrow_mutメソッドやtry_borrow_mutメソッドは包んでいるデータへの可変の参照を返し、borrowメソッドは不変の参照を返します。

ここでもし借用が無制限に作れてしまうと、メモリ安全性が保証できなくなります。それでは不便ですので、RefCellは実行時に貸し出しの数をカウントして借用規則にしたがっているかをチェックしてくれます。たとえば上のコード例にあるように他の参照が有効なときにborrow_mutを呼ぶとパニックします。一方try_borrow_mutはResult型の値を返すことで借用の成否を伝えます。

内側のミュータビリティはコンパイラの機能ではなく、生ポインタを応用したデータ構造として実現されています。コンパイラは生ポインタの借用チェックをしないため、このような振る舞いが実現できるわけです。

内側のミュータビリティを実現する型には、シングルスレッド向けのものとマルチスレッド向けのものがあります。シングルスレッド向けにはRefCell型とCell型があります。これらはSyncトレイトを実装しておらず複数スレッドで共有しようとするとコンパイルエラーになります。マルチスレッド向けには、たとえばMutex型、RwLock型があります。またAtomicUsize、AtomicI32など名前がAtomicで始まる型もマルチスレッド向けです。

7-11-1 使用例：TLSとRefCellでスレッド固有の可変の値を持つ

内側のミュータビリティの利用例をいくつか紹介しましょう。まずはシングルスレッドでアクセスされるデータの例です。スレッドローカルストレージ（TLS）に可変のデータを格納します。

TLSはマルチスレッドプログラムにおいてスレッド固有のデータを格納できるメモリ領域です。あるスレッドがTLSに格納した値は、そのスレッドが実行するすべての関数からアクセスできます。そしてスレッドの終了時にTLSは破棄されます。TLSを使うとスレッド内だけで有効なグローバル変数のようなものが実現できます。たとえば3章で使用したrandクレートでは乱数生成器の状態をTLSに格納します。

TLSに格納した値は（外向きに）不変になります。そのためデータを可変にするにはRefCell型かCell型で包むことになります。以下の例ではRefCellを使ってTLSに格納したHashSetを可変にします。

ch07/ex07/examples/ch07_07_tls_refcell.rs

```
use std::cell::RefCell;
use std::collections::HashSet;

thread_local!(
    // TLSに変数RABBITSを作成する。thread_localマクロはmutキーワードをサポートしない
    static RABBITS: RefCell<HashSet<&'static str>> = {
        // 初期化のコードはそのスレッドでRABBITSが初めてアクセスされたときに実行される
        // ここでは2要素のHashSetを作成し、可変にするためにRefCellで包んでいる
        let rb = ["ロップイヤー", "ダッチ"].iter().cloned().collect();
        RefCell::new(rb)
    }
);

// TLSに置いた値にアクセスするにはwithを使う。mainスレッドのRABBITSが得られる
RABBITS.with(|rb| {   // &RefCell<HashSet<'static str>>型
    assert!(rb.borrow().contains("ロップイヤー"));
    rb.borrow_mut().insert("ネザーランド・ドワーフ");  // 要素を追加
});

std::thread::spawn(||   // 別スレッドを起動し、そこでも要素を追加する
    RABBITS.with(|rb| rb.borrow_mut().insert("ドワーフホト"))
).join().expect("Thread error");   // スレッドの終了を待つ

// mainスレッドのRABBITSにアクセスする
RABBITS.with(|rb| {
    assert!(rb.borrow().contains("ネザーランド・ドワーフ"));
    // RABBITSはスレッドごとに持つので、別スレッドで追加した要素はここにはない
    assert!(!rb.borrow().contains("ドワーフホト"));
});
```

標準ライブラリのthread_local!マクロを使い、TLSに変数RABBITSを作成しました。thread_local!マクロではstatic変数を真似た構文で変数を導入しますが、可変を示すmutキーワードは使えません。RABBITSを可変にするために、HashSet<&'static str>型の値をRefCellで包んでいます。

RABBITSはスレッドごとに個別の値を持ちます。ここではstd::thread::spawn関数を使用してmainスレッドとは別のスレッドを起動し、2つのスレッドから順番にRABBITSにアクセスしています。これによりRABBITSに対してmainスレッド用と別スレッド用の2つの値が作られます。

RABBITSの値にはwithメソッドでアクセスできます。値を初期化するコードは、スレッドが初めてRABBITS.with(..)を呼んだときに実行されます。そしてスレッドが終了するときに、そのスレッドの持つRABBITSの値がドロップ（破棄）されます。

withを呼ぶとRefCellへの不変の参照（&RefCell<HashSet<'static str>>型）が得られます。ここまでくれば1つ前のコード例と同様に、RefCellのborrowやborrow_mutメソッドを使ってHashSetへの不変の参照や可変の参照が得られます。

最後のwithではmainスレッドの持つ値を確認しています。別スレッドで追加した要素はここには存在せず、期待通りRABBITSがスレッドごとに個別の値を持つことが確認できます。

7-11-2 使用例：RwLockで可変の値を複数スレッドで共有する

可変な値を複数のスレッドで共有する例も紹介します。同じ目的のプログラムを2通りの方法で実装します。

- 方法1：ArcとRwLockを組み合わせる
- 方法2：static変数とRwLockを組み合わせる

Arcは参照カウントポインタのRcをマルチスレッドに対応させたものです。データをArcで包みArc::cloneすることで、そのデータを複数のスレッドで共同所有できます。Arcに複数の所有者がいる間はデータは不変になりますので、Arcで包んだだけのデータは実質的に不変となります。データは最後の共同所有者がスコープを抜けたときにドロップされます。

RwLockは内側のミュータビリティを提供するデータ構造で、スレッド間のデータ競合を防ぐための排他制御を行います。読み出し（read）のロックと書き込み（write）のロックを実行時に個別にカウントし、所有権の借用規則とよく似た振る舞いを実現します。方法1ではデータをRwLockで包んでからArcで包むことで、可変のデータを複数スレッドで共有できます。

static変数はプログラム全体で共有できるグローバル変数で、'staticライフタイムを持ちます。データはスタック領域やヒープ領域とは別の「静的領域」に置かれ、コンパイル時の定数で初期化されます。static変数にmutキーワードを付けると可変にできますが、その場合はunsafeブロック内でしかでデータにアクセスできません。これは複数スレッドによるデータ競合が起きないことが静的に検証できず、コンパイラが安全性を保証できないためです。それでは不便ですので、方法2では不変のstatic変数にRwLockを組み合わせることで、内側のミュータビリティとスレッド間の排他制御を実現します。

方法1：ArcとRwLockを組み合わせる

方法1の実装は以下のようになります。

ch07/ex07/examples/ch07_08_arc_rwlock.rs

```
use std::collections::HashSet;
use std::error::Error;
use std::sync::{Arc, RwLock};
```

```
// ?演算子を使うためmain関数からResult型を返すようにする
fn main() -> Result<(), Box<dyn Error>> {
    let dogs: HashSet<_> = ["柴", "トイプードル"].iter().cloned().collect();
    // HashSetを可変にするためにRwLockで包み、スレッド間で共有するためにArcで包む
    let dogs = Arc::new(RwLock::new(dogs));  // Arc<RwLock<HashSet<&'static str>>>型

    // PoisonErrorをStringに変換するのに便利な関数を定義しておく
    fn stringify(x: impl ToString) -> String { x.to_string() }

    {
        let ds = dogs.read().map_err(stringify)?;    // readロックを取得する
        assert!(ds.contains("柴"));
        assert!(ds.contains("トイプードル"));
    }  // dsがスコープを外れロックが解除される

    // writeロックを取得しHashSetに要素を追加する
    dogs.write().map_err(stringify)?.insert("ブル・テリア");

    let dogs1 = Arc::clone(&dogs);
    std::thread::spawn(move ||
        // 別のスレッドでwriteロックを取得しHashSetに要素を追加する
        dogs1.write().map(|mut ds| ds.insert("コーギー")).map_err(stringify)
    ).join().expect("Thread error")?;   // スレッドの終了を待つ

    // このスレッドと別スレッドの両方で追加した要素が見える
    assert!(dogs.read().map_err(stringify)?.contains("ブル・テリア"));
    assert!(dogs.read().map_err(stringify)?.contains("コーギー"));
    Ok(())
}
```

この例ではHashSet<&'static str>型の値を複数のスレッドから変更するためにArcとRwLockで包みました。dogs変数の型はArc<RwLock<HashSet<&'static str>>>になります。プログラムの後半でstd::thread::spawnを使い別スレッドを起動していますが、そのスレッドにArc::cloneで複製したArcポインタを渡すことでHashSetを共有しています。

Arcは内包するデータの型（ここではRwLock）へのDerefを実装していますので、メソッドレシーバの型強制（5-4-4項）によりRwLockのメソッドを直に呼べます。RwLockではデータへの不変の参照を得るにはreadメソッドを使い、可変の参照を得るにはwriteメソッドを使います。これらはreadロックまたはwriteロックを取得しResult型の値を返します。なおロックが取得できないときは取得できるまで現在のスレッドがブロックされます。コード例では使いませんでしたが、ロックが取得できないときにすぐに戻るtry_readやtry_writeメソッドもあります。

RwLockが内包するデータへはガードと呼ばれるデータ構造を経由してアクセスします。readとwriteメソッドはロックが取得できるとOk(ガード)を返しますので?演算子でアンラ

ップします。ガードは内包するデータの型（ここではHashSet<&'static str>）へのDerefを実装していますので、containsやinsertなどのHashSetのメソッドを直に呼べます。そしてガードがスコープを外れるとロックが解除されます。

RwLockはreadロックを複数取得することを許します。これはデータを変更せずに読み出すだけのときは、複数スレッドによるアクセスがあってもデータの不整合は起こらないからです。

- readロックを取得すると不変の参照が得られる。readロックはある時点で複数取得できる
- writeロックを取得すると可変の参照が得られる。writeロックは排他的なので、ある時点で1つだけ取得できる
- readロックが1つでも有効な間はwriteロックは取得できない。writeロックの要求はすべてのreadロックが解除されるまで待たされる
- writeロックが有効な間はreadロックや別のwriteロックは取得できない。新たなロックの要求は現在のwriteロックが解除されるまで待たされる

不変の参照が同時に複数作れて、可変の参照は1時点に1つだけです。借用規則と似ていますね。

ところでコード例では起こりませんがreadとwriteメソッドはErr(PoisonError(ガード))を返すことがあります。これはwriteロックを持つスレッドがpanicした後に起こり、RwLockで守られているデータの整合性が保証できないことを意味します。コードを修正してPoisonErrorを起こしてみましょう。std::thread::spawn以降を以下のように書き換えます。

```
    std::thread::spawn(move || {
        // writeロックを掴んだまま、このスレッドをpanicさせる
        let _guard = dogs1.write();
        panic!();
    }).join().expect_err("");    // スレッドの終了を待つ（Errが返ることを期待）

    // ここでErr(PoisonError(ガード))が返り、mainスレッドがpanicするはず
    dogs.read().expect("Cannot acquire read lock");
```

実行すると以下のようになります。

```
thread '<unnamed>' panicked at 'explicit panic'
thread 'main' panicked at 'Cannot acquire read lock: "PoisonError { inner: .. }"'
```

最初に別スレッド（<unnamed>）がpanicし、mainスレッドのdogs.read()で期待どおりPoisonErrorが返りました。なおPoisonErrorのinto_innerメソッドを使うとガードが取り出

せますので、それを経由して（不整合があるかもしれない）内包するデータにアクセスできます。

本質的な部分ではありませんが、コード例ではmain関数内で?演算子を使うためにmain関数の戻り値をResult<(), Box<dyn Error>>型にしています。しかしPoisonErrorをそのまま返そうとすると、ガードがデータへの参照を持っているためライフタイムのエラーになりコンパイルできません。そこでmap_err(stringify)とすることでPoisonErrorのto_stringメソッドを呼び、PoisonError(ガード)からエラーの文字列表現に変換しています。こうすれば参照がなくなりmain関数から返せるようになります。

方法2：static変数とRwLockを組み合わせる

続いて方法2の実装です。Rustプロジェクトが公式にサポートするLazy Staticクレートを使用します。

ch07/ex07/Cargo.toml

```
[dependencies]
lazy_static = "1.2"
```

コードは以下のとおりです。

ch07/ex07/examples/ch07_09_static_rwlock.rs

```
use lazy_static::lazy_static;
use std::collections::HashSet;
use std::error::Error;
use std::sync::RwLock;

lazy_static! {
    // staticな変数DOGSを導入する。この変数はプログラム全体で共有される
    // refは束縛モードと呼ばれ、不変の参照を意味する
    // lazy_staticではDOGSが初めて参照外しされたときに以下の初期化コードが実行される
    pub static ref DOGS: RwLock<HashSet<&'static str>> = {
        // HashSetを可変にするためにRwLockで包む
        let dogs = ["柴", "トイプードル"].iter().cloned().collect();
        RwLock::new(dogs)
    };
}

fn main() -> Result<(), Box<dyn Error>> {
    {
        let dogs = DOGS.read()?;  // readロックを取得する
        assert!(dogs.contains("柴"));
        assert!(dogs.contains("トイプードル"));
    }  // dogsがスコープを外れreadロックが解除される
```

```
    fn stringify(x: impl ToString) -> String { x.to_string() }

    // writeロックを取得しHashSetに要素を追加する
    DOGS.write()?.insert("ブル・テリア");

    std::thread::spawn(||
        // 別のスレッドでwriteロックを取得しHashSetに要素を追加する
        DOGS.write().map(|mut ds| ds.insert("コーギー")).map_err(stringify)
    ).join().expect("Thread error")?;   // スレッドの終了を待つ

    // このスレッドと別スレッドの両方で追加した要素が見える
    assert!(DOGS.read()?.contains("ブル・テリア"));
    assert!(DOGS.read()?.contains("コーギー"));
    Ok(())
}
```

Lazy Staticクレートのlazy_static!マクロを使ってstatic変数DOGSを定義しました。Rustの素のstatic変数は執筆時点ではコンパイル時の定数でしか初期化できず、関数呼び出しなどはできません。そのため普通に書いたのではHashSetが作れません。lazy_static!マクロはstatic変数に関数呼び出しを含む初期化のコードを持たせるためのものです。lazy_static!マクロが生成するコードは、Derefのしくみを応用して、変数に初めてアクセスしたときに初期化のコードを実行するようになっています。

なおstatic変数はプログラムの終了時まで生存しますが、プログラムの終了時にデストラクタ（dropメソッド）を呼ばない仕様になっています。これはlazy_static!マクロで定義した変数についても同様です。デストラクタでなんらかの終了処理を行っている場合には注意が必要です。

static変数DOGSはすべてのスレッドからアクセスできます。Arcを使用した例と同様にRwLockのreadやwriteメソッドでHashSetにアクセスしています。なおこちらの例ではDOGSは'staticライフタイムを持つので、Err(PoisonError(ガード))がmain関数から返せます。そのためmain関数内のmap_err(stringify)が不要となりました。

コード例で見てきたとおり、RcやArcなどの参照カウントポインタ型とRefCellやRwLockなどの内側のミュータビリティを提供する型を組み合わせることで、要件に一致するデータ構造が組み立てられます。この方法は柔軟性が高いものの型が複雑になります。たとえば方法1で共有したデータの型はArc<RwLock<HashSet<&'static str>>>でした。コード例では型推論が働くため特に不便はありませんでしたが、関数の引数や戻り値として渡そうとすると関数のシグネチャが複雑になります。

このようなときは5章で紹介した型エイリアスを定義するとよいでしょう。

```
pub type SharedHashSet<T> = Arc<RwLock<HashSet<T>>>;
```

column
コラム
アリーナ・アロケータ

これまで紹介してきた方法、つまり通常の所有権の枠組みに加え、参照カウントポインタと内側のミュータビリティを使えばさまざまなデータ構造が実現できます。

しかし複雑なデータ構造を扱おうとすると面倒なのも事実です。たとえば参照カウントはグラフ構造のような循環参照を持つデータ構造を苦手としており、本文で説明したとおりRcとWeakポインタをうまく組み合わせないとリソースが解放できなくなります。もし循環参照がない場合でも、グラフを構成する無数のノードがそれぞれ違ったライフタイムを持ちますので管理が複雑になります。

アリーナ・アロケータはこのようなケースで役立つデータ構造です。これはヒープ領域にアリーナと呼ばれる領域を確保して関連するすべての値を格納する方法です。アリーナはそれに属する値を所有し、ある値が不要になっても単独では破棄せずに残します。そしてアリーナがスコープから抜けるときに、そこに属するすべての値が一括して破棄されます。アリーナ上のすべての値が同一のライフタイムを持ちますので、値同士の関係は単一のライフタイムを持つ参照で表現できて管理が楽になります。余談ですがアリーナ（arena）という英単語には（屋内の）競技場という意味や、競技場のグラウンド内に特設された観客席という意味があります。試合やコンサートが終わると観客が一斉に退場しますよね。データを観客にたとえるとアリーナ・アロケータの動作もこれによく似ています。

アリーナ・アロケータを使用するとライフタイムの管理が楽になるだけでなく、ヒープ領域をある程度のまとまった単位で確保・解放できるため、大量データを扱うときの性能向上も期待できます。

アリーナ・アロケータにはアリーナごとに単一の型の値のみを格納できる「typed arena」と、異なる型の値を混在して格納できる「arena」の2種類あります。前者でよく使われているのはtyped-arenaクレートでしょう。これはRustコンパイラ内部で使われているアリーナ・アロケータのコードをベースにしたライブラリで、アリーナの内部構造として`Vec<Vec<T>>`を使用しています。

後者についてデファクトスタンダード的なクレートはいまのところないようですが、toolshedクレートは実用性が高そうです。これはアリーナ・アロケータにSet、Map、List（単方向の連結リスト）といったよく使うデータ構造をセットにしたものです。またenumで定義する再帰的なデータ構造もBoxなどのポインタを使わずに実現できます。アリーナ用のメモリ領域は内部的にはアロケータAPIで管理し、64KB単位で確保することで高速性を狙っています。

複雑なデータ構造や大量のデータを扱うときは、アリーナ・アロケータの利用を検討するとよいでしょう。

7-12 クロージャと所有権

クロージャに関連する所有権について見てみましょう。クロージャは関数と環境に捕捉した変数からなるデータ構造です。4章のコラム「関数ポインタとクロージャ」では、クロージャの環境は匿名の構造体として実現されていることを説明しました。

クロージャが実装するトレイト（**表7.2**）にはFn、FnMut、FnOnceの3つがあり、どれを実装するかは環境に捕捉した外部の変数（**自由変数**と呼ばれます）をクロージャの本体がどう使うかによって決まります。

表7.2 クロージャが実装するトレイト（○：実装する、×：実装しない）

環境を表す匿名構造体の使い方	Fn	FnMut	FnOnce
環境が空（何も捕捉していない）	○	○	○
読むだけ。すべてのフィールドに不変の参照（&T）経由でアクセス	○	○	○
変更する。1つ以上のフィールドに可変の参照（&mut T）経由でアクセス、かつ、所有権をムーブするフィールドがない	×	○	○
消費する。1つ以上のフィールドからクロージャの本体へ所有権をムーブする	×	×	○

Fnトレイトはクロージャが不変の環境を持つことを示します。Fnトレイトを実装するクロージャは何度でも実行でき、また、3章でしたようにSyncトレイトを実装すれば複数スレッドでの同時実行もできます。Fnを実装するクロージャはFnMutとFnOnceトレイトも実装しますので、それらが要求される場所でも使えます。

FnMutトレイトはクロージャが可変の環境を持つことを示します。FnMutトレイトを実装するクロージャは何度でも実行できますが、複数スレッドで同時実行するにはクロージャだけでなく環境のすべてのフィールドの型がSyncトレイトを実装している必要があります。FnMutを実装するクロージャはFnOnceトレイトも実装しますので、それが要求される場所でも使えます。

FnOnceトレイトは環境からクロージャの本体へ所有権がムーブすることを示します。そのためFnOnceトレイトを実装したクロージャは一度しか実行できません。

コードで試してみましょう。まず関数を3つ定義し、順にFn、FnMut、FnOnceを要求するようにトレイト境界を設定します。

ch07/ex07/examples/ch07_10_closure.rs

```
// この関数はクロージャFとcharを引数にとる
// FはFnを実装し、引数にcharを取り、boolを返す
fn apply_fn<F>(f: &F, ch: char) where F: Fn(char) -> bool {
    assert!(f(ch));  // chにクロージャを適用する。trueが返されればOK
}

// この関数はFnMutを実装したクロージャFとcharを引数にとる（Fの関数シグネチャは上と同じ）
fn apply_fn_mut<F>(f: &mut F, ch: char) where F: FnMut(char) -> bool {
    assert!(f(ch));
}

// この関数はFnOnceを実装したクロージャFとcharを引数にとる（Fの関数シグネチャは上と同じ）
fn apply_fn_once<F>(f: F, ch: char) where F: FnOnce(char) -> bool {
    assert!(f(ch));
}
```

3つの関数は、クロージャに要求するトレイトが違うものの、クロージャのとる引数と返す値の型は同じです。

クロージャを定義しましょう。まずは環境から読むだけにします。

ch07/ex07/examples/ch07_10_closures.rs

```
let s1 = "read-only";
let mut lookup = |ch| s1.find(ch).is_some();  // find(&self)は&strを読むだけ
```

このクロージャはFn、FnMut、FnOnceのすべてを実装するはずです。先ほど定義した3つの関数に与えてみましょう。これらは問題なくコンパイルできます。

ch07/ex07/examples/ch07_10_closures.rs

```
apply_fn(&lookup, 'r');
apply_fn_mut(&mut lookup, 'o');  // Fnを実装するクロージャはFnMutも実装する
apply_fn_once(lookup, 'y');      // FnMutを実装するクロージャはFnOnceも実装する
assert_eq!(s1, "read-only");     // 環境に取り込まれた文字列（&str型）は変更されてない
```

2つ目のクロージャを定義しましょう。今度は環境を変更します。

ch07/ex07/examples/ch07_10_closures.rs

```
let mut s2 = "append".to_string();
let mut modify = |ch| {
    s2.push(ch);  // push(&mut self, char)はStringを可変の参照経由で変更する
    true
};
```

このクロージャはFnMut、FnOnceを実装するはずです。3つの関数に与えるとFnをとる関数だけがコンパイルエラーになります。

ch07/ex07/examples/ch07_10_closures.rs

```
apply_fn(&modify, 'e');            // Fnをとる関数はコンパイルエラーになる
//   → error[E0525]: expected a closure that implements the `Fn` trait,
//                   but this closure only implements `FnMut`

apply_fn_mut(&mut modify, 'e');    // FnMutをとる関数はOK
apply_fn_once(modify, 'd');        // FnOnceをとる関数はOK
assert_eq!(s2, "appended");        // 環境に取り込まれた文字列（String型）が変更された
```

最後のクロージャは環境から本体へと所有権をムーブします。

ch07/ex07/examples/ch07_10_closures.rs

```
let s3 = "be converted".to_string();
let mut consume = |ch| {
    let bytes = s3.into_bytes();  // into_bytes(self)はStringを消費する（所有権をとる）
    bytes.contains(&(ch as u8))
};
```

このクロージャは1回しか実行できないFnOnceを実装します。コンパイルエラーで確認しましょう。

ch07/ex07/examples/ch07_10_closures.rs

```
apply_fn(&consume, 'b');           // Fnをとる関数はコンパイルエラー
//   → error[E0525]: expected a closure that implements the `Fn` trait,
//                   but this closure only implements `FnOnce`
```

```
apply_fn_mut(&mut consume, 'c');  // FnMutをとる関数もコンパイルエラー
//    → error[E0525]: expected a closure that implements the `FnMut` trait,
//                    but this closure only implements `FnOnce`

apply_fn_once(consume, 'd');      // FnOnceをとる関数ならOK

assert_eq!(s3, "error");          // s3はムーブ済み。コンパイルエラー
//    → error[E0382]: borrow of moved value: `s3`
```

ところで、6章でmoveキーワードを持つクロージャを紹介しました。このキーワードは所有権をムーブさせるためのものです。FnOnceトレイトを実装するクロージャも所有権をムーブしますが、これらの違いは何でしょうか。実は所有権をムーブする場所が違います。moveキーワードはクロージャを取り囲むスコープからクロージャの環境へムーブさせるもので、FnOnceはクロージャの環境から本体へムーブするものになります。

moveキーワードが必要な例を見てみましょう。最初に定義したのと同じFnトレイトを実装するクロージャを定義して、スレッドを起動するspawn関数に渡してみます。

ch07/ex07/examples/ch07_10_closures.rs

```
// Fnトレイトを実装するクロージャを定義する
let lookup = || assert!(s1.find('d').is_some());
// クロージャをspawnに渡す。クロージャにmoveがないのでコンパイルエラーになる
let handle = std::thread::spawn(lookup));
// → error[E0373]: closure may outlive the current function, but it
//                 borrows `s1`, which is owned by the current function
```

このようにコンパイルエラーになります。

spawnのシグネチャを確認するとクロージャFに'static境界が付いています。

```
pub fn spawn<F, T>(f: F) -> JoinHandle<T> where
    F: FnOnce() -> T,
    F: Send + 'static,
    T: Send + 'static;
```

'staticを要求される場面で渡せるのは以下のいずれかの条件を満たすクロージャです。

- 環境に捕捉したすべての参照が'staticライフタイムを持つ
- 環境に参照を捕捉していない

エラーになったクロージャはs1が所有するStringへの不変の参照&Stringを環境に捕捉します。'staticライフタイムの節（7-9-7項）で学んだとおり、'staticライフタイムを持つ参照は'staticスコープを持つ値からしか作れません。&Stringはこれに該当しません。

ではなぜspawnのクロージャは'staticを要求するように定義されているのでしょうか？ spawnに渡されるクロージャは別スレッドで実行されますが、参照のライフタイムが尽きる前に元のスレッドで参照元の値（上のコードならs1が束縛されたString）がスコープを抜けて解放されてしまう可能性があります。2つのスレッドがどんなタイミングで実行されるかはコンパイル時に決定できません。'static境界を付けることで、&Stringのようないつ解放されるか分からない値を指す参照を受け付けないようにしているのです。

このエラーはmoveキーワードでs1の所有権をクロージャの環境にムーブすれば解決します。これにより&Stringではなく、String型のフィールドとして捕捉され、ライフタイム要求が満たせます。

ch07/ex07/examples/ch07_10_closures.rs

```
// moveを付けるとs1が環境へムーブする
// クロージャがs1を所有するのでライフタイム要件を満たせる
let lookup = move || assert!(s1.find('d').is_some());
let handle = std::thread::spawn(move || assert!(s1.find('d').is_some()));
handle.join().expect("Failed to run thread.");
```

本章ではサンプルコードやToyVecの実装をとおして所有権システムに関連する重要な概念について学習しました。またコンパイラによる静的検査では対応しづらいデータ構造を実現するために、参照カウント、内側のミュータビリティ、アリーナ・アロケータなども紹介しました。これまでの内容で所有権システムと付き合っていく上で必要となる知識はカバーできたはずです。

しかし所有権システムを使いこなすには知識だけでは不十分で、ある程度の練習が必要です。初期のプログラミングではコンパイルエラーを直すのがやっとで、コードが冗長になったり、実行時の効率が悪くなったりすることがあるかもしれません。

所有権システムの枠組みにそって動作するエレガントで効率的なコードを書くには、たくさんのコードを書いて何が改善できるか学んだり、先輩たちの書いたコードを読んだりすることが不可欠です。RLSのようなツールを活用してストレスを減らしつつ、本書後半のプログラム例や有名なクレートのソースコードなどを参考にして、Rust流の考え方を少しずつ身につけていってください。また困ったときは巻頭にあげたRustの日本語コミュニティなどで質問するのもいいでしょう。

第 8 章

トレイトとポリモーフィズム

トレイトはRustでアドホックポリモーフィズムを実現する手段です。アドホックポリモーフィズムとは型によって振る舞いを変えるポリモーフィズムです。アドホックポリモーフィズムの代表的な例はオーバーロードですが、Rustのトレイトはオーバーロードよりも自由度の高いシステムで、他言語では型クラスと呼ばれることもあります。トレイトの振る舞いはオーバーロードの類型ではありますが、メソッド呼び出し構文があることや、関連型、関連関数、関連定数などの機能、マーカーとしての機能などから使い勝手は他言語でMix-inやインターフェースと呼ばれるものに似ています。Rustにおいては継承に代わりポリモーフィズムを実現する手段として中心的な位置にある強力な機能です。

本章ではRustのトレイトの基本事項や細かな部分、応用的な使い方など幅広く紹介します。

8-1 トレイトの基本

まずはトレイトの基本や使い方を解説していきます。具体例から入ったほうが分かりやすいと思うので、コードを使ってどのようなものか見ていきましょう。

8-1-1 基本的な使い方

トレイトは型に対して実装すべきメソッドを定義したものです。トレイトを使うにはまずトレイトを定義し、それを型に対して実装します。トレイトを実装した型でトレイトのメソッドや関連アイテムが使えるようになります。トレイトは`trait トレイト名 { トレイト定義 }`で定義します。トレイト定義内のメソッド定義は`fn 名前(引数..) -> 戻り値型;`と本体を書かずに`;`で終わらせることでそれぞれの型に実装を委ねます。定義したトレイトは`impl トレイト名 for 型名 { 実装 }`で型に対して実装できます。

それではトレイトを使ってみましょう。5章で少し出てきた座標に再度登場してもらいます。デカルト座標系（直交座標系、要は普段使っている座標系）の座標と極座標系（原点からの距離rと、x軸からの角度θで点を表す方式）の座標です。

ch08/ex08/examples/ch08_01_trait_basics.rs

```
// デカルト座標
struct CartesianCoord {
    x: f64,
    y: f64,
}

// 極座標
//          y
//          ^
//          |
// r sin θ +   +
//          | r/
//          | /
//          |/)θ
//          +---+--------> x
//         O    r cos θ
struct PolarCoord {
    r: f64,
    theta: f64,
}
```

これらは同じ点を別の表現で表しているだけなので同様に扱いたいです。座標を表すCoordinatesを定義しましょう。ここでは「デカルト座標と相互に変換できるものは座標である」と定義します。

ch08/ex08/examples/ch08_01_trait_basics.rs

```
// トレイトを定義する

// 座標
trait Coordinates {
    // 関数の本体は書かない
    fn to_cartesian(self) -> CartesianCoord;
    fn from_cartesian(cart: CartesianCoord) -> Self;
}
```

このトレイトをそれぞれの座標に実装します。

ch08/ex08/examples/ch08_01_trait_basics.rs

```
// トレイトをそれぞれの型に実装する

// デカルト座標はそのまま
```

```
impl Coordinates for CartesianCoord {
    fn to_cartesian(self) -> CartesianCoord {
        self
    }
    fn from_cartesian(cart: CartesianCoord) -> Self {
        cart
    }
}

// 極座標は変換が必要
impl Coordinates for PolarCoord {
    fn to_cartesian(self) -> CartesianCoord {
        CartesianCoord {
            x: self.r * self.theta.cos(),
            y: self.r * self.theta.sin(),
        }
    }
    fn from_cartesian(cart: CartesianCoord) -> Self {
        PolarCoord {
            r: (cart.x * cart.x + cart.y * cart.y).sqrt(),
            theta: (cart.y / cart.x).atan(),
        }
    }
}
```


トレイトの定義と型への実装ができました。

トレイトは自分で定義した型だけでなくプリミティブ型などの既存の型にも実装できます。たとえば(f64, f64)のタプルをデカルト座標として解釈できるようにしてみましょう。

ch08/ex08/examples/ch08_01_trait_basics.rs

```
// タプルにもトレイトを実装できる
impl Coordinates for (f64, f64) {
    fn to_cartesian(self) -> CartesianCoord {
        CartesianCoord {
            x: self.0,
            y: self.1,
        }
    }
    fn from_cartesian(cart: CartesianCoord) -> Self {
        (cart.x, cart.y)
    }
}
```

これらは固有メソッドと同じくメソッドとして呼び出せます。以下のように実行できます。

ch08/ex08/examples/ch08_01_trait_basics.rs

```
// 値を用意する
let point = (1.0, 1.0);

// トレイトのメソッドを呼ぶ
let c = point.to_cartesian();
println!("x = {}, y = {}", c.x, c.y);

// 同じくトレイトの関連関数(後述)を呼ぶ
let p = PolarCoord::from_cartesian(c);
println!("r = {}, θ = {}", p.r, p.theta);
```

このコードを実行すると意図通り変換できていることが分かります。

```
x = 1, y = 1
r = 1.4142135623730951, θ = 0.7853981633974483
```

ここではトレイトの定義、型への実装、使い方について学びました。

8-1-2 トレイト境界

先ほどのCoordinatesトレイトを用いてprint_point関数を定義したいとします。点を(x, y)の形で表示する関数です。対象は特定の型ではなくCoordinatesを実装していればどんな型でもいいのでジェネリクスを使いましょう。しかし単純に以下のように書くとエラーになります。

ch08/ex08/examples/ch08_02_trait_basics.rs

```
fn print_point<P>(point: P) {
    // error[E0599]: no method named `to_cartesian` found for type `P` in the current scope
    let p = point.to_cartesian();
    println!("({}, {})", p.x, p.y)
}
```

ジェネリクスはどんな型も受け付けてしまうのでto_cartesianメソッドを持っていない型も渡せてしまいます。しかし持っていないメソッドは呼べないのでそのような定義はコンパイルエラーになります。ただのジェネリクスだと受け取れる型の範囲が広すぎるのです。そこでジェネリクスで受け取る型に境界、具体的には「トレイトを実装している型」というような境界を定めることができます。これを**トレイト境界**（trait bound）といいます。ここで必要なのは「Coordinatesトレイトを実装している」という境界ですね。

トレイト境界の書き方は3種類あります。1つ目はジェネリクスの型パラメータのところに直接条件を書く方法です。<P: Coordinates>のように型パラメータ名の後に: トレイト名を続けます。この記法を使った以下のコードはコンパイルが通ります。

ch08/ex08/examples/ch08_02_trait_basics.rs

```
fn print_point<P: Coordinates>(point: P) {
    let p = point.to_cartesian();
    println!("({}, {})", p.x, p.y)
}
```

2つ目は関数の型の後にwhere <トレイト境界>を続ける方法です。先ほどのコードを以下のように書き換えてもコンパイルが通ります。

ch08/ex08/examples/ch08_02_trait_basics.rs

```
fn print_point<P>(point: P)
where
    P: Coordinates,
{
    let p = point.to_cartesian();
    println!("({}, {})", p.x, p.y)
}
```

3つ目の記法はimpl Trait構文と呼ばれるものです。関数の引数の型の位置にimpl トレイト名を書くことで、トレイト境界を指定します。impl Trait構文を使うと、型パラメータや具体的な型名に言及せずにトレイト境界を書くことができます。

先ほどのprint_point関数を書き換えてみましょう。以下のように普段なら型を書く位置にimpl Coordinatesと書きます。

ch08/ex08/examples/ch08_02_trait_basics.rs

```
fn print_point(point: impl Coordinates) {
    let p = point.to_cartesian();
    println!("({}, {})", p.x, p.y)
}
```

なお、impl Traitは書く位置によって扱われ方が異なるのですが、関数の引数の型の位置に書くimpl Traitが3つ目のジェネリクスの記法になります。

これらは記法が違うだけで、どれも正しく実装できています。

このprint_point関数を使ってみましょう。Coordinatesを実装している(f64, f64)とPolarCoordは受け取れますが&strは受け取れないことが分かります。

ch08/ex08/examples/ch08_02_trait_basics.rs

```
// Coordinatesを実装している型の値は渡せる
```

```
print_point((0.0, 1.0)); // (0, 1)
print_point(PolarCoord {
    r: 1.0,
    theta: std::f64::consts::PI / 2.0,
}); // (0.00000000000000006123233995736766, 1)

// しかしCoordinatesを実装していない型の値を引数に渡そうとするとコンパイルエラーになる
// print_point("string"); // error[E0277]: the trait bound `&str: Coordinates` is not satisfied
```

1つの型に複数のトレイト境界を付けることもできます。その際は+で複数の境界を区切ります。

ch08/ex08/examples/ch08_02_trait_basics.rs

```
// PにCoordinatesとCloneの2つの境界を付ける
fn as_cartesian<P: Coordinates + Clone>(point: &P) -> CartesianCoord {
    point.clone().to_cartesian()
}
```

column コラム

ジェネリクスの記法の表現力

トレイト境界には3種類の書き方があると説明しました。便宜上<T: Trait>(...)の方をインライン記法、<T>(...) where T: Traitをwhere記法、(..: impl Trait, ..)をimpl Trait記法と呼びます。3つの記法は多少表現力に違いがあります。

impl Traitは他の記法と比較して軽い構文を持ちますが、表現力では少しだけ他の記法に劣ります。同じ型パラメータを複数回使うのはインライン記法かwhere記法でないとできません。

ch08/ex08/examples/ch08_02_trait_basics.rs

```
// Pを2回書くには型パラメータが必要
fn double_point<P: Coordinates>(point: P) -> P {
    let mut cart = point.to_cartesian();
    cart.x *= 2.0;
    cart.y *= 2.0;
    P::from_cartesian(cart)
}
```

逆に最も冗長な記法になるwhere記法は表現は柔軟です。複雑なトレイト境界を書くのにはwhere記法が必要になります。パラメータTそのものではなくそれを使った型、たとえば(T, T)などに境界を付ける場合は、impl Trait記法やインライン記法では書けません。

ch08/ex08/examples/ch08_02_trait_basics.rs

```
// (T, T) のようにTそのものでない型への制約はジェネリクスが必要
fn make_point<T>(x: T, y: T) -> CartesianCoord
where
```

```
    (T, T): Coordinates,
{
    (x, y).to_cartesian()
}
```

他にはトレイト側にジェネリクスの型パラメータが表れる場合にもwhere記法が必要です。

ch08/ex08/examples/ch08_02_trait_basics.rs

```
// ジェネリックトレイトを用意しておく
// 後に説明するがトレイトもジェネリクスにできる
trait ConvertTo<Output> {
    fn convert(&self) -> Output;
}

fn to<T>(i: i32) -> T
where
    // ConvertTo<T> と型パラメータがトレイト側にある
    // where 記法だとi32など具体的な型に制約がかける
    i32: ConvertTo<T>,
{
    i.convert()
}
```

以上のように表現力で違いがあるのでうまく使い分けましょう。

8-1-3 トレイトの継承

トレイトを継承することもできます。継承という名前ですがクラスベースのオブジェクト指向言語にあるような継承とはあまり関係がないようです。トレイトを宣言するときにトレイト名に続けて: 継承するトレイト名を書きます。このトレイトを実装するときは、継承するすべてのトレイトを実装してからでないと目的のトレイトの実装を書けません。

先ほどの座標に対して線形変換を行うトレイトを実装してみましょう。

ch08/ex08/examples/ch08_03_trait_basics.rs

```
// 線形変換に必要な行列を定義しておく
struct Matrix([[f64; 2]; 2]);
// 座標に対して線形変換を定義する
trait LinearTransform: Coordinates {
    fn transform(self, matrix: &Matrix) -> Self;
}
```

このLinearTransformは、すでにCoordinatesを実装しているCartesianCoordに実装できます。

ch08/ex08/examples/ch08_03_trait_basics.rs

```
// 継承するトレイトをすべて実装しているのでLinearTransformをCartesianCoordに実装できる
impl LinearTransform for CartesianCoord {
    fn transform(mut self, matrix: &Matrix) -> Self {
        let x = self.x;
        let y = self.y;
        let m = matrix.0;

        self.x = m[0][0] * x + m[0][1] * y;
        self.y = m[1][0] * x + m[1][1] * y;
        self
    }
}
```

8-1-4 デフォルト実装

トレイトのメソッドはデフォルト実装を持つこともできます。先ほどのLinearTransformに原点回りの回転をするrotateメソッドを追加してみましょう。これはtransformを使って実装できるのでデフォルト実装が持てます。

ch08/ex08/examples/ch08_03_trait_basics.rs

```
trait LinearTransform: Coordinates {
    fn transform(self, matrix: &Matrix) -> Self;

    fn rotate(self, theta: f64) -> Self
    where
        Self: Sized,
    {
        self.transform(&Matrix([
            [theta.cos(), -theta.sin()],
            [theta.sin(), theta.cos()],
        ]))
    }
}
```

rotateにSelf: Sizedの境界があります。Selfをそのまま返しているので値のサイズが分かっている必要があるのです。Sizedトレイトについては後で出てきます。

デフォルトで与えた実装が使われるので、CartesianCoordに何も実装しなくても回転が使えます。

ch08/ex08/examples/ch08_03_trait_basics.rs

```
let p = (1.0, 0.0).to_cartesian();
print_point(p.rotate(std::f64::consts::PI)); // (-1, 0.00000000000000012246467991473532)
```

デフォルト実装は、型にトレイトを実装する際に上書きできます。特別なアノテーションは必要なく、同名のメソッドを定義するだけです。PolarCoordに対してLinearTransformを実装してみましょう。極座標系での回転は、thetaを増やすだけで実装できますし誤差も少なくなります。デフォルト実装を上書きしましょう。

ch08/ex08/examples/ch08_03_trait_basics.rs

```
impl LinearTransform for PolarCoord {
    fn transform(self, matrix: &Matrix) -> Self {
        // ...
    }

    fn rotate(mut self, theta: f64) -> Self {
        self.theta += theta;
        self
    }
}
```

トレイトの継承はデフォルト実装と組み合わせると便利になります。継承したトレイトのメソッドを使えるのです。transformのデフォルト実装も与えてみましょう。

ch08/ex08/examples/ch08_03_trait_basics.rs

```
trait LinearTransform: Coordinates {
    fn transform(self, matrix: &Matrix) -> Self
    where
        Self: Sized,
    {
        // Coordinatesのメソッドto_cartesianが使える
        let mut cart = self.to_cartesian();
        let x = cart.x;
        let y = cart.y;
        let m = matrix.0;

        cart.x = m[0][0] * x + m[0][1] * y;
        cart.y = m[1][0] * x + m[1][1] * y;
        Self::from_cartesian(cart)
    }

    // ...
}
```

座標一般に線形変換を実装できました。

8-1-5 トレイトとスコープ

トレイトで定義した関数は、**トレイト**とそれを実装する**型**が可視であれば他のモジュールからアクセスできます。関数ごとにpubを付ける必要はありません。

```
// 型をパブリックにしておく
pub struct CartesianCoord {
    pub x: f64,
    pub y: f64,
}
pub struct PolarCoord {
    pub r: f64,
    pub theta: f64,
}


// トレイト自身にpubを付ける
pub trait Coordinates {
    // 関数にはpubは必要ない
    fn to_cartesian(self) -> CartesianCoord;
    fn from_cartesian(cart: CartesianCoord) -> Self;
}
```

トレイトのメソッドを利用するには、**トレイト**がスコープにないといけません。別のモジュールでCoordinatesを利用するにはCoordinatesをインポートする必要があります。

```
// Coordinatesをインポートすることでto_cartesianが使える
use crate::some_module::Coordinates;
let p = (1.0, 0.0).to_cartesian();
```

ある型が数多くのトレイトを実装していると、一見どのトレイトのメソッドが呼ばれているのか分かりづらくなりそうですね。しかしそれを使う側は使いたいトレイトだけをインポートして使えるので不要な混乱を避けられます。

8-1-6 トレイト実装のルール

どこで定義したトレイトをどこで定義した型に実装できるかという点については一定のルールがあります。次のような状況を考えてみましょう。

- クレートAでトレイトATraitを定義する
- クレートBでトレイトATraitを型Stringに実装する
- クレートCでもトレイトATraitを型Stringに実装する

ここで、クレートBとクレートCの両方を使おうとすると、トレイトATraitの型Stringへの実装はクレートBのものとクレートCのもののどちらが使われるのでしょうか。

このような実装の曖昧性の問題[*1]を避けるために 、あるトレイトTraitをある型Typeに実装するためには、トレイトTraitまたは型Typeの少なくともどちらか一方の定義のあるクレートで実装しなければならないというルールがあります[*2]。このルールを破るとコンパイルエラーになり、コンパイルできません。先ほどの例だと、型Stringはクレートstdで定義されていて、トレイトATraitはクレートAで定義されているので、クレートBやクレートCでトレイトATraitを型Stringに実装することはできません。トレイトATraitの型Stringへの実装は、クレートAで行う必要があります。

まとめると**表8.1**のようになります。

表8.1 トレイトの実装ルール (○：実装できる、×：実装できない)

	型：自クレート	型：他クレート
トレイト：自クレート	○	○
トレイト：他クレート	○	×

8-1-7 自動導出

いくつかの標準ライブラリのトレイトは#[derive(XXX)]アトリビュートを使うことで型定義時に自動で実装できます。これを**自動導出**(derive)といいます。例を見てみましょう。以下のコードはCartesianCoordに標準ライブラリのトレイトDebugとCloneを自動で実装しています。

```
#[derive(Debug, Clone)]
pub struct CartesianCoord {
    pub x: f64,
    pub y: f64,
}
```

標準ライブラリで導出可能なのはClone、Copy、Debug、Default、Eq、Hash、Ord、PartialEq、PartialOrdです。これらのderiveは可能な限り付けるのが良いとされています[*3]。導出できないトレイトのderiveアトリビュートを型に付けるとコンパイルエラーになります。たとえばf64はEqやOrdを実装していないので、以下のようにEqを導出しようとするとエラーになります。

＊1 Rustではこれはトレイトコヒーレンシー(trait coherency)と呼んでいます。公式ドキュメントの10章を参照してください https://doc.rust-lang.org/book/ch10-02-traits.html#implementing-a-trait-on-a-type

＊2 Rustではこれを孤児規則(orphan rule)と呼んでいます。ジェネリクスも考慮するとルールが複雑になるのですがこちらのインターネット記事に詳しいです https://qnighy.hatenablog.com/entry/2017/07/20/220000

＊3 https://rust-lang-nursery.github.io/api-guidelines/interoperability.html#c-common-traits

```
#[derive(Debug, Clone, PartialEq, Eq)]
pub struct CartesianCoord {
    pub x: f64, // error[E0277]: the trait bound `f64: std::cmp::Eq` is not satisfied
    pub y: f64,
}
```

つまり望ましいCartesianCoordの定義は以下です。

```
#[derive(Debug, Clone, Copy, PartialEq, PartialOrd, Default)]
pub struct CartesianCoord {
    pub x: f64,
    pub y: f64,
}
```

このほか、各種外部ライブラリでもマクロによって自身のライブラリのトレイトをderiveできるようにしてあることがあります。これは**手続きマクロ**と呼ばれる機能を用いて**カスタム自動導出**を定義したものです。詳しくは本書の範囲を超えるのでドキュメント*4を参照してください。

8-2 トレイトのジェネリクス

データ型や関数と同じくトレイトにもジェネリクスがあります。トレイトのジェネリクスもこれらと同様にtrait トレイト名<型パラメータ>で宣言できます。たとえば以下のように宣言できます。

ch08/ex08/examples/ch08_04_trait_generics.rs

```
trait Init<T> {
    // トレイト定義内でTを参照できる
    fn init(t: T) -> Self;
}
```

このトレイトの実装もほとんど今までどおりです。型パラメータを導入する箇所は、トレイト名より前であることに注意してください。

*4 https://doc.rust-lang.org/reference/procedural-macros.html

ch08/ex08/examples/ch08_04_trait_generics.rs

```
// データ型と同じくimpl<T>でパラメータを導入し、続くトレイト名 for 型名でそれを使う
impl<T> Init<T> for Box<T> {
    fn init(t: T) -> Self {
        Box::new(t)
    }
}
```

ジェネリクストレイトを利用するときは以下のようにします。

ch08/ex08/examples/ch08_04_trait_generics.rs

```
// ジェネリクスが推論可能なら省略できる
let data = Box::init("foo");
// トレイトのジェネリクス型を明示するには型名::<型>と書く
let data = Box::<f32>::init(0.1);
// 文脈から型が推論出来る場合は Init とトレイト名でも書ける
let data: Box::<f32> = Init::init(0.1);
let data: Box<_> = Init::<f32>::init(0.1);
```

8-2-1 ジェネリクスの型パラメータと具体的な型

ジェネリクス構造体やジェネリクストレイトの実装を書くときに、型パラメータの部分に特定の型を指定することで複数種類の実装を書き分けることができます。

例を見てみましょう。以下のようにジェネリクストレイトを導入します。

ch08/ex08/examples/ch08_05_trait_generics.rs

```
trait As<T> {
    fn cast(self) -> T;
}
```

このトレイトを実装するときに、As<u64>やAs<u32>など具体的な型名を指定すれば型に応じて異なる振る舞いを記述できます。

ch08/ex08/examples/ch08_05_trait_generics.rs

```
// 実装をジェネリックにせずに個別の型に対して実装する
impl As<u64> for u8 {
    fn cast(self) -> u64 {
        self as u64
    }
}
```

```
// 同じAsをu8に実装しているが、パラメータが異なるので問題ない
impl As<u32> for u8 {
    fn cast(self) -> u32 {
        self as u32
    }
}
```

これは以下のように使えます。

ch08/ex08/examples/ch08_05_trait_generics.rs

```
// トレイト実装で指定した型はcastに指定できる
let one_u32: u32 = 1.cast();
let one_u32: u64 = 1.cast();
// i8は指定していないのでこれはエラー
// error[E0277]: the trait bound `{integer}: As<i8>` is not satisfied
// let one_u32: i8 = 1.cast();
```

少し驚くかもしれませんが、よく見ると今までの使い方と変わっていません。ジェネリックなトレイトは型パラメータを当てはめたAs<u32>などの形で1つのトレイトになるので、1つのトレイトを1つの型に実装しているだけです。トレイトの定義がジェネリックであることと、その型への実装がジェネリックであることは別なので区別しましょう。

column
コラム

トレイトとオーバーロードの関係

冒頭でトレイトはオーバーロードのようなものであると触れたのでそれについて説明します。少しマニアックな話題になるので、本コラムは読み飛ばしていただいても構いません。

C++やJavaなどにあるオーバーロードは、引数の型でメソッドを使い分ける機能です。Rustのトレイトもオーバーロードと同じようにレシーバの型でメソッドを使い分けています。レシーバの型に応じて戻り値を変えるトレイトを定義してみましょう。さらにこのトレイトをi32型とstr型にも実装します。

ch08/ex08/examples/ch08_06_overload.rs

```
trait Overload {
    fn call(&self) -> &'static str;
}

impl Overload for i32 {
    fn call(&self) -> &'static str {
        "i32"
    }
}

impl Overload for str {
    fn call(&self) -> &'static str {
        "str"
    }
}
```

これを使うと型に応じて振る舞いが変わります。

ch08/ex08/examples/ch08_06_overload.rs

```
fn main() {
    assert_eq!(1i32.call(), "i32");
    assert_eq!("str".call(), "str");
}
```

この例だと多くの方に馴染みがあるであろう引数の型で振る舞いが変わる機能には似ていませんね。これは他言語のメソッド呼び出し構文とRustのメソッド呼び出し構文で意味が微妙に違うことに起因します。Rustのメソッド呼び出しはただの糖衣構文なので、トレイトを直接持ち出して以下のようにも書けます。

ch08/ex08/examples/ch08_06_overload.rs

```
fn main() {
    assert_eq!(Overload::call(&1i32), "i32");
    assert_eq!(Overload::call("str"), "str");
}
```

こうすると引数の型でメソッドが切り替わっていることが分かります。これで少し馴染みのあるオーバーロードに近づいたでしょうか。さらにジェネリクスを使えば引数を増やすこともできます。引数を1つ追加した`Overload1<T>`を定義してみましょう。

ch08/ex08/examples/ch08_06_overload.rs

```
trait Overload1<T> {
    fn call(&self, t: T) -> &'static str;
}

impl Overload1<i32> for i32 {
    fn call(&self, _: i32) -> &'static str {
        "(i32, i32)"
    }
}

impl Overload1<char> for i32 {
    fn call(&self, _: char) -> &'static str {
        "(i32, char)"
    }
}
```

`Self`を暗黙のジェネリクスと考えれば、それ以降の引数にジェネリクスが必要なのも納得できるでしょう。これを使うと以下のように馴染みのあるオーバーロードと同じ見た目になります。

ch08/ex08/examples/ch08_06_overload.rs

```
fn main() {
    assert_eq!(1i32.call(2i32), "(i32, i32)");
    assert_eq!(1i32.call('c'), "(i32, char)");
}
```

もちろんこれはRustなので、上の例と同じくレシーバと引数の2つの型でオーバーロードされています。

蛇足ですが、Rustの`1i32.call()`や`"str".call()`のような糖衣構文だけを見ると、これが他の言語のメソッド呼び出し（メソッドディスパッチ）と同じに思えるかもしれません。

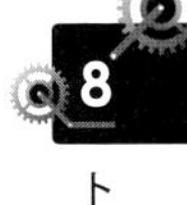

しかし以下のような違いがあります[*5]。

- メソッドディスパッチは、実行時に分かる値でメソッドを使い分ける(動的ディスパッチ)
- オーバーロードは、コード上の型でメソッドを使い分ける(静的ディスパッチ)

Javaでの例になりますが、違いを見てみましょう。メソッドディスパッチは以下のようになります。

ch08/ex08/examples-java/Overload.java

```
List<String> list = new ArrayList<String>();
list.add("hoge");
```

このときlistのコード上の型はListですが、addで呼び出されるメソッドは実際の値に基づいてArrayListのものになります。

一方でオーバーロードだと、コード上の型に基づいてListが選ばれます。以下がその例です。

ch08/ex08/examples-java/Overload.java

```
import java.util.List;
import java.util.ArrayList;



public class Overload {
    public static void main(String[] args) {
        // ArrayListのインスタンスをListのインスタンスとして扱う
        List<String> list = new ArrayList<String>();
        // オーバーロードだとListとして扱われる
        assert "List".equals(Overload.call(list));
    }

    // Listに対して定義する
    static String call(List<String> list) {
        return "List";
    }

    // ArrayListに対して定義する
    static String call(ArrayList<String> list) {
        return "ArrayList";
    }
}
```

あるいは動的型付き言語のCommon Lispでは、静的に分かる型がないのでオーバーロードはなく、引数すべてについて動的ディスパッチ(多重ディスパッチ)を行います。一方でRustでは、後述する動的ディスパッチ以外でコード上の型と実行時の型が異ならない設計です。その設計下では静的ディスパッチが適した方法でしょう[*6]。結局のところ言語に一番フィットしたポリモーフィズムが選択されているのです。

*5 オーバーロードの定義にもいろいろあり、動的に解決するメソッドディスパッチも含める、いわば広義のオーバーロードもあります。ここでは静的に解決するものだけを対象とする、狭義の意味でオーバーロードを用いています。

*6 実際にそういう設計にしたから静的ディスパッチを選択したのか静的ディスパッチをするためにそういう設計にしたのかは作者の胸の内でしょう。

8-3 静的ディスパッチと動的ディスパッチ

これまでの解説ではジェネリクスとトレイト制約をどのように使うかを説明していて、どのように実現されているかを説明しませんでした。ゼロコスト抽象化を掲げるRustでは、ジェネリクスは静的ディスパッチと呼ばれる方法で実現されており、ジェネリクス関数は高速に普通の関数と変わらない速度で動作します。その反面、静的に解決できる情報が必要になったりコードをコピーしたりするので、生成されるバイナリが大きくなりがちというデメリットもあります。この反対の特徴を持った動的ディスパッチもあります。これはRust以外の多くの言語で使われている方法です。Rustでは`dyn Trait`構文を用いて動的ディスパッチと呼ばれる方法も利用できます。本節ではジェネリクスの実現方法、動的ディスパッチの使い方、その実現方法について説明します。

8-3-1 ジェネリクスと静的ディスパッチのしくみ

まずはRustでデフォルトで使われる静的ディスパッチについて説明します。静的ディスパッチはコンパイル時に分かる型でコードを使い分ける方式です。

以下のようなジェネリックな関数を考えます。

ch08/ex08/examples/ch08_07_trait_objects.rs

```
use std::string::ToString;

fn stringify<T: ToString>(t: T) -> String {
    t.to_string()
}
```

これを以下のように呼び出した場合を考えてみましょう。

ch08/ex08/examples/ch08_07_trait_objects.rs

```
stringify(1i32);
```

まずは型推論で型が解決され、i32型が当てはめられます。

ch08/ex08/examples/ch08_07_trait_objects.rs

```
stringify::<i32>(1i32);
```

するとi32専用のstringifyを作り、トレイトのメソッド呼び出しもi32のものに特定されます。

ch08/ex08/examples/ch08_07_trait_objects.rs

```
// i32専用のstringifyを作る
// 実際にはもう少し複雑な名前が生成される
fn stringify_i32(t: i32) -> String {
    // 完全修飾名と呼ばれる記法
    // impl ToString for i32の実装が呼ばれる
    <i32 as ToString>::to_string(t)
}

stringify_i32(1i32);
```

これでジェネリクスが完全になくなり、普通の関数呼び出しと変わらなくなりました。トレイトで抽象化しつつ実行時のオーバーヘッドはゼロの両立を実現しています。また、使われる関数が特定されるとインライン化などさらなる最適化も効くようになるので、単なるオーバーヘッド削減以上の速度面での恩恵があります。

一方、使われる型ごとに関数本体をコピーするので、複数種類の型を呼ぶとコードサイズが大きくなります。たとえば以下のコード例をみてみましょう。

ch08/ex08/examples/ch08_07_trait_objects.rs

```
stringify(1i32);
stringify(1u64);
```

このコードは上記のフローにしたがうと、以下のように2回展開されることになります。

ch08/ex08/examples/ch08_07_trait_objects.rs

```
fn stringify_i32(t: i32) -> String {
    <i32 as ToString>::to_string(t)
}
fn stringify_u64(t: u64) -> String {
    <u64 as ToString>::to_string(t)
}

stringify_i32(1i32);
stringify_u64(1u64);
```

呼ぶ型の種類が増えたら増えただけコードもコピーされます。

ここではジェネリックな関数については説明しましたが、ジェネリックな構造体や列挙型についても同様のことが起きます。1つ違う点は、構造体や列挙型は実行時に定義を持たないのでプログラムがコピーされるわけではなく、データのサイズが変わるだけです。もちろん、固有メソッドは複製されます。

静的ディスパッチには、サイズ面のコスト以外のデメリットとして、トレイトを実装した複数の型を交ぜることができない点が挙げられます。たとえば、Displayトレイトを実装しているbool型の値とi32型の値を同じVecに入れようとするとエラーになります。

ch08/ex08/examples/ch08_07_trait_objects.rs

```
// トレイトを実装している型のベクタを作ろうとする
use std::fmt::Display;
let mut v: Vec<Display> = vec![];
v.push(true);
v.push(1i32);
```

これはそもそもVecを作る時点でエラーになります。

```
error[E0277]: the trait bound `std::fmt::Display: std::marker::Sized` is not satisfied
 --> play.rs:3:16
  |
3 |     let mut v: Vec<Display> = vec![];
  |                ^^^^^^^^^^^^ `std::fmt::Display` does not have a constant size known at
compile-time
  |
  = help: the trait `std::marker::Sized` is not implemented for `std::fmt::Display`
  = note: required by `std::vec::Vec`....
```

どの実体が来るか分からないのでサイズを決定できず、コンパイルできません。

8-3-2 トレイトオブジェクトと動的ディスパッチのしくみ

動的ディスパッチは、実行時に分かる情報からコードを使い分ける方式です。Rustでは動的ディスパッチは**トレイトオブジェクト**で実現されています。

トレイトオブジェクトは同じトレイトを実装している複数の型を統一的に扱えるしくみです。dyn Traitという記法でトレイトオブジェクトの型を表します。先ほどのVecに複数種類の型を入れる例は、トレイトオブジェクトを使うとコンパイルが通るようになります。

ch08/ex08/examples/ch08_07_trait_objects.rs

```
use std::fmt::Display;
// dyn Displayで宣言する。参照にしないといけない点に注意
let mut v: Vec<&dyn Display> = vec![];
v.push(&true);
v.push(&1i32);
```

このように「ある性質を満たすデータ」を型シグネチャを変えずに自由に出し入れできるので、依存の注入なども容易になります。

トレイトオブジェクトは今まで扱ってきたデータ型とは異なり、ユーザの定義したデータの他にいくつかの内部データを持っています。このコード例でいうと、Displayはboolとi32で違う実装を持っていますが同じVecに入れてしまっています。そのままでは適切なDisplayの実装情報やデータサイズなどが分かりません。そこでそれぞれの型のDisplayの実装情報やデータサイズなどをデータと一緒に保持しているのです。

トレイトオブジェクトはジェネリクスとは違い、メソッドの実行はトレイトオブジェクトに格納されている関数ポインタ経由なので実行時に多少のコストがかかります。一方、それを使う関数はどのような実装がきても同じ操作でメソッドを取得、実行できるのでジェネリクスにする必要はなくなり、コードはコンパクトになります。

ch08/ex08/examples/ch08_07_trait_objects.rs

```
fn stringify(t: Box<dyn ToString>) -> String {
    t.to_string()
}

// 上記コードは以下のようなコードに展開される。どの型でも同じコード
// ※ コードはイメージです。実際のものとは異なります
fn stringify(t: Box<dyn ToString>) -> String {
    let data = t.data;
    let to_string = t.to_string;
    to_string(&data)
}
```

節の冒頭で説明したとおり、ジェネリクス（静的ディスパッチ）とトレイトオブジェクト（動的ディスパッチ）はそれぞれトレードオフがあります。適切に使い分けましょう。実際のところは、このようにどうしてもジェネリクスでは表現しきれないケースを除いてジェネリクスが選ばれることが多いようです。

もう少し内部実装が気になる方へ説明しておくと、トレイトオブジェクトの中身は思ったよりも少しだけ複雑になっています。実体のデータの他にトレイトのメソッドを集めたvtableと呼ばれるものが入っています。さらにデストラクタのdropなど管理に必要なデータが格納されています。

また、トレイトオブジェクトを作るには**オブジェクト安全性**と呼ばれる制約を満たさなければなりません。詳しくはドキュメント*7を参照してください。

*7 https://doc.rust-lang.org/book/ch17-02-trait-objects.html#object-safety-is-required-for-trait-objects

8-4 存在impl Trait

関数の引数の位置に書くimpl Trait構文はすでに説明しました。本節では関数の戻り値型の位置に書くimpl Traitと静的ディスパッチの関係について説明します。引数位置impl Traitは**全称impl Trait**とも呼ばれます。一方で戻り値位置impl Traitは存在型を表す**存在impl Trait**になります。

存在impl Traitは全称impl Traitと同じようにimpl トレイト名の構文で使います。戻り値型の位置で以下のように実際の型ではなくその型が実装しているトレイトを書きます。

ch08/ex08/examples/ch08_08_existential_impl_trait.rs

```
fn to_n(n: i32) -> impl Iterator {
    0..n
}

// // impl Traitを使わない場合は以下のような型になる
// use std::ops::Range;
// fn to_n(n: i32) -> Range<i32> {
//     0..n
// }
```

ここでは具体的な型名に言及せずに「戻り値はIteratorを実装した何かしらの型である」と抽象化しました。Rustでは標準ライブラリのイテレータのように、型を細かく分割してそれぞれの型にトレイトを実装する手法が多く使われます。そのようなケースでは、戻り値の具体的な型よりもその型に実装されているトレイトの方が主眼となる情報です。トレイトにのみ興味がある場合にはimpl Traitの方がより実装者の意図を的確に反映します。

それに加えて、複雑なイテレータになると型を書くのも大変です。以下のコード、特に関数の戻り値を見てください。

ch08/ex08/examples/ch08_08_existential_impl_trait.rs

```
use std::iter::Filter;
use std::ops::Range;
fn to_n_even(n: i32) -> Filter<Range<i32>, fn(&i32) -> bool> {
    (0..n).filter(|i| i % 2 == 0)
}
```

戻り値の型が`Filter<Range<i32>, fn(&i32) -> bool>`と複雑化していますね。イテレータはゼロコスト抽象化のために実装が型に如実に表れる設計になっています。代わりに静的ディスパッチのおかげでものすごく最適化されたコードが生成されます。このような内部実装をそのまま反映した型を書くのはコードが見づらくなりますし、内部にちょっとした変更を加えるだけで型が変わってしまい変更に弱くなってしまいます。このようなケースで存在impl Traitを使うとうまく抽象化できます。

ch08/ex08/examples/ch08_08_existential_impl_trait.rs

```
fn to_n_even(n: i32) -> impl Iterator {
    (0..n).filter(|i| i % 2 == 0)
}
```

代わりに、存在impl Traitで表現された値の使用側では元の型の情報が失われます。以下のようにi32型の1を返す関数の戻り値の型を抽象化してみましょう。

ch08/ex08/examples/ch08_08_existential_impl_trait.rs

```
use std::fmt;
fn one() -> impl fmt::Display {
    1i32
}
```

すると以下のように足し算ができなくなります。

ch08/ex08/examples/ch08_08_existential_impl_trait.rs

```
let n = one();
println!("{}", n + n); // binary operation `+` cannot be applied to type `impl
std::fmt::Display`
```

逆に関数内部では匿名化しているだけで1つの型なのは変わりないので、異なる型を混ぜて返すことはできません。

ch08/ex08/examples/ch08_08_existential_impl_trait.rs

```
fn one(is_float: bool) -> impl fmt::Display {
    // error[E0308]: if and else have incompatible types
    if is_float {
        1.0f32
    } else {
        1i32
    }
}
```

この他にも型の同一性やライフタイムなどの細則がいろいろとありますが、ここでは紹介しきれないので注釈で示すインターネットの記事[*8]を参考にしてください。

＊8 https://qnighy.hatenablog.com/entry/2018/01/28/220000

さて、`impl Trait`はもっと重要な意味を持ちます。ただ便利なだけでなく存在`impl Trait`でないと書けないケースがあるのです。

以下の関数の戻り値の型を考えてみましょう。

ch08/ex08/examples/ch08_08_existential_impl_trait.rs

```
fn gen_counter(init: i32) -> ??? {
    let mut n = init;
    move || {
        let ret = n;
        n += 1;
        ret
    }
}
```

この関数の戻り値の型は何になるでしょうか。実はこの関数の戻り値型を書くことはできません。クロージャは4章のコラム「関数ポインタとクロージャ」で説明したとおり匿名型のデータ型になります。匿名である、つまり名前を持たないので戻り値に名前を書けないのです。

この問題はトレイトオブジェクトを使うと解決します。

ch08/ex08/examples/ch08_08_existential_impl_trait.rs

```
// dyn Traitでトレイトオブジェクトにしている
fn gen_counter(init: i32) -> Box<dyn FnMut() -> i32> {
    let mut n = init;
    // トレイトオブジェクトを作っている
    Box::new(move || {
        let ret = n;
        n += 1;
        ret
    })
}
```

これはトレイトオブジェクトを作るコストと呼び出し時の動的ディスパッチのコストがかかるため不満が残ります[*9]。しかし存在`impl Trait`を使えば静的ディスパッチも書けます。

ch08/ex08/examples/ch08_08_existential_impl_trait.rs

```
fn gen_counter(init: i32) -> impl FnMut() -> i32 {
    let mut n = init;
    // impl Traitのおかげでトレイトオブジェクトを作る必要がなくなった
    move || {
        let ret = n;
        n += 1;
```

*9 Rust 1.26まではこれしか方法がありませんでした。古いコードだとトレイトオブジェクトを作っているケースがあります。

```
        ret
    }
}
```

このようにimpl Traitは戻り値位置で重要な役割を果たします。

column
コラム
全称と存在

impl Traitには全称impl Traitと存在impl Traitがあると説明しました。一見すると同じ構文に2種類の機能を割り当てているように見えますが、記法の表す意味は同じものです。どちらも存在の意味です。存在を引数の位置に書くとジェネリクスと同じような振る舞いになるのです。ちなみにこの「全称」、「存在」という言葉は数学でよく見る「すべてのεに対してあるδが存在して〜」の「すべての」、「存在して」と同じような意味で用いられています。

たとえば以下のstringifyを見てみましょう。

```
fn stringify<T: ToString>(t: T) -> String {
    t.to_string()
}
```

これはジェネリクスなので言葉で書くと

「すべてのToStringを実装したTに対して『(T) ->String』が実装できる」

のような意味になります。ジェネリクスは関数の外側に登場します。今度はimpl Traitを用いた定義を見てみましょう。

```
fn stringify(t: impl ToString) -> String {
    t.to_string()
}
```

これは言葉で書くと

「(ToStringを実装したT) ->String」

という意味になります。impl Traitは関数の引数の中に登場します。この違いによって、存在の意味のimpl Traitが引数位置にくるとジェネリクスと同じ意味になるのです。

8-5 トレイトとアイテム

トレイトは値ではなく型に関連付いた関数や定数、型を定義できます。

8-5-1 関連関数

関連関数はselfを引数にとらない関数です。データ型にもある機能ですね。すでに出てきましたが、以下のfrom_cartesianがトレイトの関連関数になります。

```
pub trait Coordinates {
    fn from_cartesian(cart: CartesianCoord) -> Self;
}
```

トレイトの関連関数はデータ型のものと同じく以下のように**型名::関数名**で呼び出せます。

```
let c = CartesianCoord {
    x: 1.0,
    y: 0.0,
};
let p = PolarCoord::from_cartesian(c);
```

あるいは、型が推論可能なら**トレイト名::関数名**でも呼び出せます。

```
let p: PolarCoord = Coordinates::from_cartesian(c);
```

8-5-2 関連定数

こちらもデータ型にある機能ですが、定数をトレイトに関連付けることもできます。trait **トレイト名** { const **定数名**: **型**; }で関連定数を定義できます。以下の例は次元数を表す関連定数DIMENSIONを持ったDimensionを定義します。

ch08/ex08/examples/ch08_09_associated_const.rs

```
trait Dimension {
    const DIMENSION: u32;
}
```

このトレイトをCartesianCoordに実装してみましょう。

ch08/ex08/examples/ch08_09_associated_const.rs

```
// DimensionをCartesianCoordに実装する
impl Dimension for CartesianCoord {
    const DIMENSION: u32 = 2;
}

// 実装された型から定数を取り出す
let dim = CartesianCoord::DIMENSION;
```

また、定数なので定数式としても扱えます。

ch08/ex08/examples/ch08_09_associated_const.rs

```
const DIM: u32 = CartesianCoord::DIMENSION;
```

8-5-3 関連型

関連関数と関連定数はデータ型にもある機能ですが、関連型はトレイトにしかない機能です。トレイトに関連付いた型を定義できます。`trait トレイト名 { type 関連型名 [: トレイト制約] }`で関連型を定義します。

例を見てみましょう。座標の例から離れてサーバの振る舞いを抽象化したServerトレイトを定義します。Serverトレイトを定義してそれに関連づいたResponse関連型とRequest関連型を定義します。Request関連型にはさらにFromStrというトレイト境界を付けてみます。

ch08/ex08/examples/ch08_10_associated_type.rs

```
use std::str::FromStr;

trait Server {
    // type 型名で関連型を宣言できる
    type Response;
    // あるいはtype 型名: トレイト境界 で境界を設定することもできる
    type Request: FromStr;

    // 関連型にはSelf::型名でアクセスする
    fn handle(&self, req: Self::Request) -> Self::Response;
}
```

Serverトレイトと関連するアイテムを定義できました。

この関連型の実装は、Serverトレイトを実装するときに`type 関連型名`で与えてあげます。EchoServer型を定義してServerトレイトを実装してみましょう。

ch08/ex08/examples/ch08_10_associated_type.rs

```
struct EchoServer;
// Serverトレイトを実装する
impl Server for EchoServer {
    // トップレベルと同じようにtype 型名 = 型名で定義できる
    type Response = String;
    // トレイト境界のついた型も同じように定義できる
    // トレイト境界を満たさない型を書くとコンパイルエラーになる
    type Request = String;

    fn handle(&self, req: Self::Request) -> Self::Response {
        req
    }
}
```

また、このServer型の関連型を利用するときは以下のように使います。

ch08/ex08/examples/ch08_10_associated_type.rs

```
// S::Responseのように Serverの関連型を参照できる
// 関連型については特別指定しなければ任意の関連型を受け付ける
fn handle<S: Server>(server: S, req: &str) -> S::Response {
    // 関連型にトレイト境界が付いているのでトレイトの関数を呼び出すこともできる
    let req = S::Request::from_str(&req).unwrap();
    server.handle(req)
}

// あるいは、関連型が特定の型を持っていることを指定したければ、
// トレイト名<関連型名 = 型>のように指定できる
// この場合RequestにStringを持つServerの実装しか受け付けない
fn handle<S: Server<Request = String>>(server: S, req: &str) -> S::Response {
    server.handle(req.to_string())
}
```

column
コラム

ジェネリクスか関連型か

ジェネリクスなトレイトと関連型を持つトレイトでは似たようなことができます。しかし両者は違うものです。ジェネリクスは実装する型と型パラメータが一対多の関係になるのに対して、関連型は実装する型との関係が一対一になります。また、細かい構文も違うのでコード例で詳細に比較してみましょう。

ch08/ex08/examples/ch08_10_associated_type.rs

```
// 定義時にパラメータか名前を付けるかの違いがある
trait Foo<T> {}
trait Bar {type T;}

// 参照するときはTかSelf::Tかが違う
trait Foo<T> {
    fn new(t: T) -> Self;
}
trait Bar {
    type T;
    fn new(t: Self::T) -> Self;
}

// トレイト境界に書くときにジェネリクスは引数の型が必須だが、関連型は推論できるなら省略できる
fn some_fun_foo<S, T: Foo<S>>(t: T) {}
fn some_fun_bar<T: Bar>(t: T) {}

// トレイト境界で特定の型を指定するときも、指定方法が異なる
fn some_fun_foo<T: Foo<u32>>(t: T) {}
fn some_fun_bar<T: Bar<T = u32>>(t: T) {}

// データ型への実装をジェネリックにするときは、ジェネリクスの方は簡単に書けるが、関連型は制約がある
struct Baz;
impl<T> Foo<T> for Baz {}
// これは書けない。implの部分でTが使われていないため
//impl<T> Bar for Baz {type T = T;}
// Qux<T>のように実装するデータ型の方がジェネリクスなら可能
struct Qux<T>{..};
impl<T> Bar for Qux<T> {type T = T;}

// 同じ型へのパラメータを変えた複数の実装はジェネリクスでないと書けない
// ジェネリクスは一対多
impl Foo<i32> for Baz {}
impl Foo<char> for Baz {}
// 関連型は一対一
impl Bar for Baz {type T = i32;}
// 関連型だと2つ目以降はエラー
// impl Bar for Baz {type T = char;}

// 一方、関連型でないとできないこともある
// 関連型は外部からも参照できる
fn get_from_foo<D: Foo<VeryLong<Type, Name>>>(d: D) -> (VeryLong<Type, Name>, VeryLong<Type, Name>) {..}
fn get_from_bar<D: Bar<T = VeryLong<Type, Name>>>(d: D) -> (D::T, D::T) {..}
```

8-6 標準ライブラリのトレイト利用例

トレイトはRustのポリモーフィズム実現のための中心的な機能なので、標準ライブラリでも多様なトレイトが定義され、数多くの型に実装されています。以下ではそれらのうちいくつかを挙げ、トレイト定義、実装の実用的な例を紹介します。

8-6-1 std::io::Write

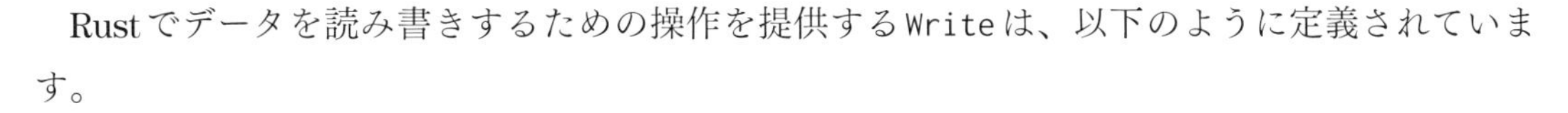

Rustでデータを読み書きするための操作を提供するWriteは、以下のように定義されています。

```
pub trait Write {
    fn write(&mut self, buf: &[u8]) -> Result<usize>;
    fn flush(&mut self) -> Result<()>;

    fn write_all(&mut self, buf: &[u8]) -> Result<()> { ... }
    fn write_fmt(&mut self, fmt: Arguments) -> Result<()> { ... }
    fn by_ref(&mut self) -> &mut Self where Self: Sized { ... }
}
```

writeメソッドとflushメソッド2つを実装するだけで、いくつかメソッドが使えるようになっています。もちろん、デフォルトの実装より効率的に実装できるならオーバーライドすることもできます。

FileやStdoutなどが代表的な実装型です

さて、Writeが実装されている型をみると、以下のようなものがあります。

```
impl Write for Vec<u8>
```

このように、ジェネリックなVec<T>という型であっても、一部の型u8だけに対して実装できます。そしてVecは伸張できるので、Writeを実装することでバイト列のバッファとして機能します。特別なデータ構造を用意することなく頻繁に使う型で欲しい機能が実現できるのです。

8-6-2 std::convert::From

Rustでデータ型を変換するための機能を提供するFromは、以下のように定義されています。

```
pub trait From<T> {
    fn from(T) -> Self;
}
```

ジェネリクスで定義されていますが、Fromを実装する多くの型は特定の型に実装しています。

```
impl From<u8> for u64 { ... }
impl From<u16> for u64 { ... }
impl From<u32> for u64 { ... }
```

このようにとても細かく実装できるので、1つのトレイト定義で多くの仕事をこなせます。

また、std::convert::Intoは以下のように定義されているので、Fromを実装すると自動でintoメソッドが使えるようになります。

```
impl<T, U> Into<U> for T where U: From<T>
```

ですので、多くの場合は以下のようにintoメソッドとして使うことが多いようです。

```
let string: String = "str".into();
```

8-6-3 std::iter::Iterator

Rustの標準的な外部イテレータであるIteratorは、以下のように定義されています。

```
pub trait Iterator {
    type Item;
    fn next(&mut self) -> Option<Self::Item>;

    fn size_hint(&self) -> (usize, Option<usize>) { ... }
    fn count(self) -> usize { ... }
    // ... 他に49個のメソッド
}
```

Iteratorが扱う型は関連型のItemとして表現されています。また、nextを実装するだけで多くのメソッドが利用できるようになります。

それぞれのメソッドを見てみると、固有の構造体を返しているのが分かります。

```
    fn map<B, F>(self, f: F) -> Map<Self, F>;
```

これにはさまざま理由があります。理由の1つは、あくまで「イテレータへの計算の合成」なのでまだmapを行なっているわけではなく中間状態のデータを返さないといけないからです。また別の理由は、型を分けることで特殊化（最適化）が可能になるためです。たとえばMapへのfoldは以下のように特殊化されていて、Iteratorのデフォルト実装よりも効率化されています。

```
impl<B, I, F> Iterator for Map<I, F>
  where F: FnMut(I::Item) -> B, I: Iterator {
    // ...

    fn fold<Acc, G>(self, init: Acc, mut g: G) -> Acc
        where G: FnMut(Acc, Self::Item) -> Acc,
    {
        let mut f = self.f;
        self.iter.fold(init, move |acc, elt| g(acc, f(elt)))
    }

    // ...
}
```

このように、Iteratorは繰り返し処理へのフレームワークとしても機能しています。

8-6-4 std::ops::Eq

Rustの等価性比較の演算子をオーバーロード（演算子のオーバーロードについては後述）するためのトレイトEqは、以下のように定義されています。

```
pub trait Eq: PartialEq<Self> { }
```

PartialEqを継承しているだけで、自身は何もメソッドを持っていません。では、EqとPartialEqの違いはというと、マーカー的な違いです。PartialEqは半同値関係（a = bならばb = a、a = b、b = cならばa = c）が成り立つことを保証しますが、a = aは保証しません。一方Eqは、a = aも成り立つことを保証します。

a = aが成り立たない、つまりPartialEqは実装するけれどもEqを実装しない型としてf64があります。f64にはNaNがあるのでa = aが成り立ちません。

```
// NANは自身同士を比較してもfalseになる
std::f64::NAN == std::f64::NAN // -> false
```

ハッシュマップのキーのように、a = aが成り立たないと困る場面ではEqが要求されるのです。

```
// std::collection::HashMapの実装
impl<K: Hash + Eq, V> HashMap<K, V, RandomState>
```

このように、メソッドは同じでもセマンティクスの違いを表すのにもトレイトが使われます。

8-6-5 std::os::unix::fs::FileExt

std::fs::Fileへの拡張機能を提供するFileExtは、以下のように定義されています。

```
pub trait FileExt {
    fn read_at(&self, buf: &mut [u8], offset: u64) -> Result<usize>;
    fn write_at(&self, buf: &[u8], offset: u64) -> Result<usize>;
}
```

std::os::unix::fsのモジュールパスから分かるように、UNIX系OSでのみ定義されているトレイトです。このように環境に応じて追加で使えるメソッドをトレイトにまとめることで、useを使ってプログラム上で制御できるようになります。このFileExtを使わない限り、環境依存のメソッドを使用していないことが分かるのです。

8-6-6 std::marker::Sized

型のサイズがコンパイル時に決定できることを表すSizedは、以下のように定義されています。

```
pub trait Sized { }
```

本体は空で、ユーザが実装をすることもできません。このトレイトはコンパイラが自動で付与します。RustではSizedでない値の受け渡しができません。受け渡しができる型のマーカとしてSizedが使われているのです。Sizedを実装して**いない**典型的な型はstrと[T]です。これらの型の値をそのまま変数に入れようとするとコンパイルエラーになります。

```
let s = "aaa";
let s = *s; // error[E0277]: the size for values of type `str` cannot be known at compilation time
```

Sizedではない型の参照も特別な扱いを受けます。参照にサイズ情報が付与されるので、普通の参照よりデータサイズが大きくなります。

ch08/ex08/examples/examples/ch08_11_sized.rs

```
use std::mem::size_of;

println!("{}", size_of::<&i32>()); // -> 8
println!("{}", size_of::<&str>()); // -> 16
```

このようにコンパイラで特別扱いされる型のマーカーとしてもトレイトが利用されます。

Sizedはコンパイラで特別扱いされますが、ユーザレベルで似たような役割をするトレイトもあります。たとえばデータがスレッド間で共有可能であることを表すSyncなどです。このようなトレイトはopt-in build-in traits(OIBITs)と呼ばれ*10、標準ライブラリでもいくつか定義されています。

8-7 演算子のオーバーロード

Rustは演算子のオーバーロードの機能を提供します。すでにオーバーロードの機能についてはいくつかふれました。

```
1 + 1;
1.0 + 1.0;
"abc".to_string() + "def";
```

+演算子がオーバーロードされているため、複数の型に対して演算できます。この演算子のオーバーロードもトレイトで制御されています。+に対応するトレイトAddを実装することでオーバーロードできます。

```
// RHS = Selfという記法はパラメータのデフォルト値を設定している
pub trait Add<RHS = Self> {
    type Output;
    fn add(self, rhs: RHS) -> Self::Output;
}
```

このAddを以下のように実装することで、それぞれの演算ができるのです。

```
impl Add<isize> for isize { ... }
```

*10 https://github.com/rust-lang/rfcs/blob/master/text/0019-opt-in-builtin-traits.md

```
impl Add<f64> for f64 { ... }
impl<'a> Add<&'a str> for String { ... }
```

自分で定義した型でもオーバーロードできます。

```
use std::ops::Add
struct MyInt(i64);

impl Add<MyInt> for MyInt {
  type Output = Self
  fn add(self, rhs: MyInt) -> Self::Output { MyInt(self.0 + rhs.0)}
}

let one = MyInt(1);
let two = MyInt(2);
let i = one + two;
```

総合代入演算子の+=をオーバーロードすることもできます。そのときはAddAssignトレイトを使います。こちらは同じ型同士でのみ加算できます。

```
use std::ops::AdAssign
impl AddAssign for MyInt {
  fn add_assign(&mut self, other: Self) {
    self.0 += other.0;
  }
}
```

std::opsにはこのようなトレイトが多数定義されています。各種二項演算の他、単項-のNegや否定!のNot、参照外し*のDeref、配列やハッシュマップのインデクシング[]のIndexなどです。たとえばインデクシングについてですが、Vecへのインデクシングは以下のように複数種類ありました。

```
vec[0]
vec[1..]
vec[..]
```

これはVecがIndexをusize、RangeFrom、FullRangeで実装しているため実現できるのです。

```
impl<T> Index<usize> for Vec<T> {..}
impl<T> Index<RangeFrom<usize>> for Vec<T> {..}
impl<T> Index<RangeFull> for Vec<T> {..}
```

ちなみに、Rustが提供しているのはあくまでオーバーロードなので、既存の演算子だけに利用できます。たとえば新たなユーザ定義演算子を作ることはできません。また、優先順位についても変更できません。

演算子のオーバーロードは便利な反面、使い過ぎると可読性が下がります。

パーサコンビネータのDSL[*11]を作ることもできますが、直感に反する定義をするとユーザが混乱するだけなので乱用はやめましょう。

8-8 トレイトのテクニック

ここではトレイトを使うときの便利なテクニックを紹介します。

8-8-1 StringとInto<String>

Stringを受け取る関数に文字列リテラルを渡そうとすると少し不便です。

```
fn take_string(_s: String) {}

// 文字列リテラルは渡せないのでto_stringを呼ぶ必要がある
take_string("some_string".to_string());
```

かといって&strを受け取って内部でto_stringを呼ぶと、Stringを渡したいときに二重にコストが掛かってしまいます。

```
fn take_string(s: &str) {
    let _s = s.to_string()
}

let arg = "string".to_string();
take_string(arg.as_str());
```

こういうときはInto<String>を指定することで、どちらでも受け取ることができます。

＊11 https://github.com/J-F-Liu/pom

```
fn take_string(s: impl Into<String>) {
    let _s = s.into()
}

// 文字列リテラルも渡せる
take_string("some_string");
// Stringも渡せる
let arg = "string".to_string();
take_string(arg);
```

もちろんゼロコスト抽象化なので、Stringを渡す場合は変換コストがありません。

8-8-2 オプショナル引数

同じくIntoを使うことで、オプショナル引数のようなものも実現できます。OptionにはFromトレイトがimpl<T> From<T> for Option<T>のように実装されています。これを使えばSomeを省略できます。

```
// minとmaxをオプショナルにする
fn range(min: impl Into<Option<usize>>, max: Into<Option<usize>>)
{
    //..
}

// minには値を渡し、maxに渡さない場合はこのように書く
// 値を渡すときにSome(1)としなくて済む。
range(1, None);
```

8-8-3 パスネーム

Rustでのパスネームの扱いは厄介です。パスネームはOSに依存した表現なのでRustの文字列と互換性があるとは限らないからです。そのためさまざまな型が「パスネームっぽく」振る舞います。具体的にはPath、PathBuf、&str、String、OsStr、OsStringなどが「パスネームっぽく」振る舞います。これらはすべてAsRef<Path>を実装しているので、以下のようなトレイト境界を作ることで統一的に扱えます。

```
fn hello_to_file(path: impl AsRef<Path>) -> io::Result<()> {
    let mut file = File::new(path.as_ref())?;
    write!(file, "Hello, File")?;
    Ok(())
}
```

8-8-4 &strとstr

今まで&strという参照の形になった型ばかり扱ってきましたが、str単体で扱うケースもあります。トレイトを実装するときです。トレイトのメソッドは多くの場合&selfや&mut selfをレシーバにとるので、strに実装するとレシーバがちょうど&strや&mut strになるのです。またこうすることで、Box<str>などでもDerefを通じてレシーバを&strに変換できるので汎用性が上がります。

```
trait SomeTrait{ fn take_ref(&self); }

// 実装はstrに対して書く
impl SomeTrait for str {
    fn take_ref(&self) {}
}

// &strに対して自然にメソッドが呼べる
let s = "hoge";
s.take_ref();

// Box<str>に対しても呼べる
let box_s = Box::new(*s);
box_s.take_ref();
```

8-8-5 Newtypeによるトレイト実装制約の回避

外部クレートの型に外部クレートのトレイトは実装できないと説明しました。この制約を迂回する方法があります。一度タプル構造体で包んであげれば自分のクレートで定義した型になるので、トレイトを実装できるようになるのです。少し抽象的ですが、外部ライブラリで定義された構造体ExLibStructに別の外部ライブラリで定義されたトレイトExLibTraitを実装したいとします。しかしこれはトレイトの実装ルールにより禁止されています。この場合は以下のように一度ExLibStructWrapperを定義してあげることで実装できます。

```
struct ExLibStructWrapper(ExLibStruct);

// ExLibStructWrapperは自身で定義した型なのでトレイトを実装できる
impl ExLibTrait for ExLibStructWrapper { .. }

let els = ExLibStructWrapper(ExLibStruct::new());
// ExLibTraitトレイトのメソッドが呼べるようになる
els.method()
```

8-8-6 列挙型を使った型の混合

あるトレイトを実装した複数の型を混ぜて使うには、トレイトオブジェクトが必要と説明しました。しかし登場する型をプログラムで把握していれば、トレイトオブジェクトを使わなくても混合できます。列挙型でまとめることができるのです。例を見てみましょう。Vecに Displayを実装した2種類の型の値を保持したいとします。そういうときはまず2つのバリアントを持った列挙型を定義します。

ch08/ex08/examples/ch08_12_trait_techniques.rs

```
#[derive(Debug)]
enum Either<A, B> {
    A(A),
    B(B),
}
```

そして型パラメータのA、B両方ともがDisplayを実装している場合にEitherにもDisplayを実装します。

ch08/ex08/examples/ch08_12_trait_techniques.rs

```
use std::fmt;

impl<A, B> fmt::Display for Either<A, B>
where
    A: fmt::Display,
    B: fmt::Display,
{
    fn fmt(&self, f: &mut fmt::Formatter) -> fmt::Result {
        match self {
            Either::A(a) => a.fmt(f),
            Either::B(b) => b.fmt(f),
        }
    }
}
```

するとboolとi32を混ぜてVecに挿入できますし、Displayでも使えるようになります。

ch08/ex08/examples/ch08_12_trait_techniques.rs

```
// Vec<Either<bool, i32>>として宣言しておく
let mut v: Vec<Either<bool, i32>> = vec![];
// Eitherの値を入れる
v.push(Either::A(true));
v.push(Either::B(1i32));

// すると `{}` で表示できる
for e in v {
    println!("{}", e);
}
// -> true
// -> 1
```

第2部

実践編

第9章

パーサを作る

本章では簡単な電卓を作りながらRustでの手続の抽象化やエラーの扱いをみていきます。ここで扱うのは主に構文解析ですがそのあとに続くインタプリタ／コンパイラも作ります。

パーサはよくみると似たような処理が多くあります。たとえば数値（e.g. 1234）と識別子（e.g. abcd）はどちらも数字、あるいはアルファベットが1つ以上並んだものです。どちらを解析するコードも似たようなものになることが予測されます。これは手続きの抽象化、つまりコンビネータの利用でコードの重複を避けることができます。また構文解析は入力されたデータにもコード自身にもエラーが付き物です。内部でのエラーの扱いと最終的なエラーメッセージの表示、両方の良い練習題材になるでしょう。

9-1 四則演算の処理系の作成

本節では以下のように使用できる簡易電卓を作っていきます。

```
$ cargo run
> 1 + 1
2
> 2 * 3 / (4 - 5)
-6
> 13+21
34
```

この電卓の動作を分解してみましょう。

まず、ユーザが 13+21 と入力しエンターキーを押すとプログラムにその文字列が渡されます。

Rustからみると 13+21 などの入力は**図9.1**のような1文字ずつの列です。

図9.1 Rustに渡される文字列

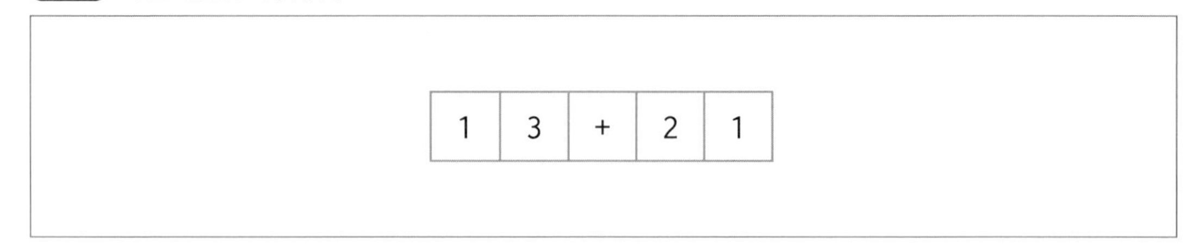

ここから図9.2のように文法構造を組み立てます。

図9.2 電卓の文法構造

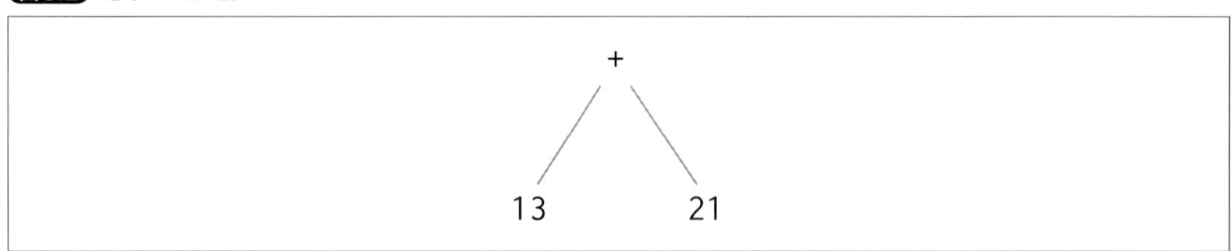

そして、これを解釈して13 + 21という計算を行い、34という結果を得ます。最終的にこの34という値を文字列にして出力しているわけです。

まずはこの構造を組み立てるまでの機能、**パーサ**を作っていきます。

9-1-1 パーサを構成する要素

パーサの仕事はいくつかのフェーズに分けて考えることができます。文字をある程度の意味のかたまりに分ける**字句解析**と文法構造を組み立てる**構文解析**です。字句解析を行う機能のことを字句解析器、あるいはレキサ(lexer)といいます。構文解析を行う機能のことを構文解析器、あるいはパーサ(parser)といいます。パーサ(広義)の構成要素にパーサ(狭義)が出てくるのは一見混乱しそうですが、多くの場合文脈からどちらを指すのか明らかか、あるいはどちらでも構わないことが多いので本書でも気にせず用います。

＊1 Cocke, J. and J. T. Schwartz [1970]. Programming Languages and Their Compilers: Preliminary Notes, Second Revised Version, Courant Institute of Mathematical Sciences, New York

＊2 Younger, D. H. [1967]. "Recognition and parsing of context-free languages in time n3," Information and Control 10:2, 189-208

＊3 Kasami, T [1965]. "An efficient recognition and syntax analysis algorithm for context-free languages," AFCRL-65-758, Air Force Cambridge Research Laboratory. Bedford, Mass.

＊4 Earley, J. [1970]. "An efficient context-free parsing algorithm," Comm. ACM 13:2, 94-102

＊5 Lewis, P. M., II and R. E. Stearns [1968]. "Syntax-directed transduction," J. ACM 15:3, 465-488

＊6 Knuth, D. E. [1965]. "On the translation of languages from left to right," Information and Control 8:6, 607-639

＊7 DeRemer, F. [1969]. Practical Translators for LR(k) Languages, Ph. D. Thesis, M.I.T., Cambridge, Mass.

＊8 https://pdos.csail.mit.edu/~baford/packrat/icfp02/

＊9 http://dinosaur.compilertools.net/yacc/index.html

column
コラム **パーサの種類**

ここで取り扱うのは字句解析と構文解析に分けたLL (1) パーサです。挙動が直感的に理解しやすく、簡単に書けるのが長所です。

パーサやそれが受理する言語については学術的によく研究されており、アルゴリズムや実装テクニックも複数あります。汎用のアルゴリズムならCYK法[*1*2*3]やアーリー法[*4]などがありますがアルゴリズムの最悪計算量が$O(n^3)$になってしまい実用的ではありません。

実用されるアルゴリズムだと今回作成するLLパーサ[*5]の他にもLRパーサ[*6]やその変種のLALRパーサ[*7]などがあります。また、最近では字句解析と構文解析を分けずにパースができるPEG[*8]に依拠したパーサなども存在します。

それぞれの実装はというと、LL構文解析はライブラリに頼らず一から書く場合やパーサコンビネータライブラリを使って実装する場合で使われることが多いです。本章でも手書きでLL (1) パーサを実装します。なおパーサコンビネータライブラリはパーサの部品となる一連の関数を提供するライブラリで、利用者側ではそれらの関数を組み合わせて目的のパーサを作り上げます。

LR構文解析はパーサジェネレータで使われることが多く、有名なyacc[*9]などで使われています。パーサジェネレータは文法規則を入力にとり、パースを行うプログラム（Cなどの言語で書かれたソースコード）を出力します。

PEGに依拠したパーサライブラリは基本的にパーサジェネレータになりますが、PEGと同等の記述をできるパーサコンビネータライブラリとして提供されることもあるようです。

字句解析器

字句解析器は文字の列から数値や加算記号などをひとかたまり（トークンといいます）として切り出します。自然言語にたとえると単語に分解する操作です。

図9.3上に示すような文字の列を数値は数値、記号は記号として認識します。

図9.3 文字列からトークンを切り出す

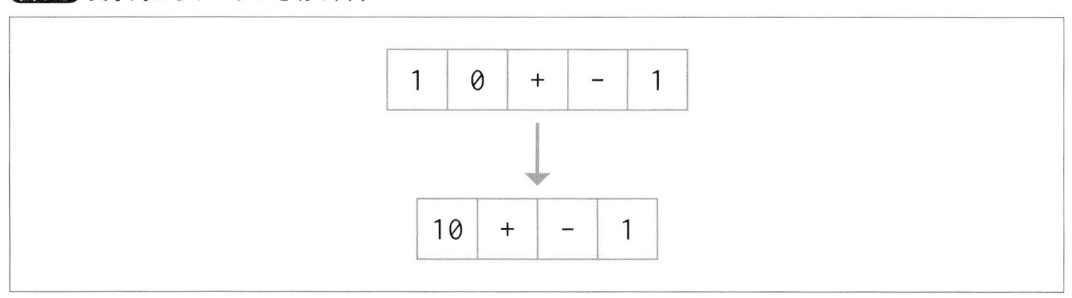

ここでの-記号は負号の-、つまり-1という数値の一部に思えるかもしれませんが、字句解析の時点では二項の-、つまり減算の演算子と区別がつかないので数値とは別のトークンとして扱います。

構文解析器

トークンの列から中置演算や対応する括弧などを見つけて構造を作ります。自然言語にたとえると文法構造の解析です。

たとえば**図9.3**のトークン列を**図9.4**のような木として認識します。

図9.4 トークンを木構造に変換

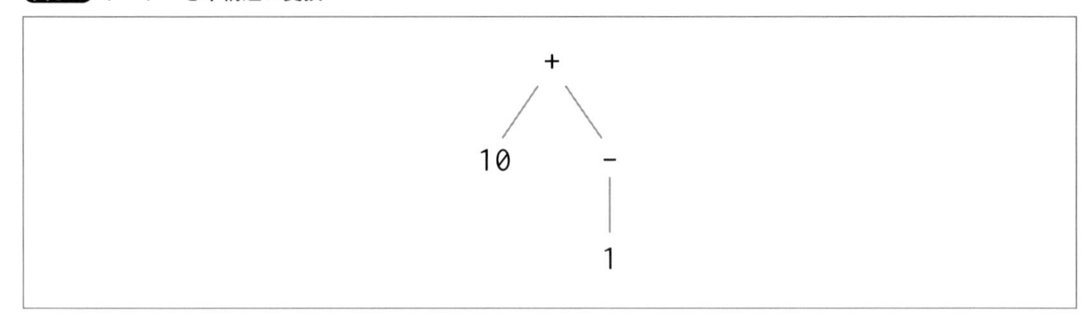

このような木構造を抽象構文木と呼びます。

Rustで利用できるパーサコンビネータ

パーサを作るには自分で一から書くだけでなくライブラリに頼る方法もあります。crates.ioにはさまざまなパーサ作成支援ライブラリがあります。その中でも、以下に例を挙げるパーサコンビネータライブラリは本章で作成するパーサに近い感覚で使えます。

- nom[*10]：マクロベースのパーサコンビネータライブラリです。多機能かつ非常に高速なので各所で使われていますがマクロのコンパイルエラーが分かりづらいので最初はとっつきにくいかもしれません。
- combine[*11]：関数ベースのパーサコンビネータライブラリです。本書を読んだあとだとスムーズに使えるでしょう。

この他にもコンビネータに限らず広くパーサライブラリから探すとPEGベースのパーサジェネレータのpest[*12]などがあります。

9-1-2 処理する計算式について

この電卓では、四則演算と括弧、符号を扱います。単項は二項に優先し、二項は*、/が+、-に優先します。二項演算子はすべて左結合です。リテラルは非負の数値しかなく、単項演算子の-で負値を作ります（**表9.1**）。

表9.1 計算式

優先度	記号	結合性
3（高）	+, -	（単項）
2	*, /	左
1（低）	+ ,-	左

*10 https://crates.io/crates/nom
*11 https://crates.io/crates/combine
*12 https://crates.io/crates/pest

括弧は、それで括られた式を先に計算します。

もう少し具体的には、もし拡張バッカス・ナウア記法[*13]（EBNF）が分かるなら以下のEBNFで定義された文法だと思ってください。

```
EXPR = EXPR3 ;

EXPR3 = EXPR3, ("+" | "-"), EXPR2 | EXPR2 ;
EXPR2 = EXPR2, ("*" | "/"), EXPR1 | EXPR1 ;
EXPR1 = ("+" | "-"), ATOM | ATOM ;
ATOM = UNUMBER | "(", EXPR3, ")" ;
UNUMBER = DIGIT, {DIGIT} ;
DIGIT = "0" | "1" | "2" | "3" | "4" | "5" | "6" | "7" | "8" | "9" ;
```

これはルールを1つ1つ適用することで文を生成できるものです。本書を読む上でEBNFそのものに詳しくある必要はありませんが少しだけ解説します。たとえば `EXPR1 = ("+" | "-") ATOM | ATOM ;` の ルールは「`EXPR1` とは `"+"` か `"-"` に `ATOM` が続いたもの、あるいは `ATOM` 単体」のように読めます。今回のルール群を利用すると以下のような生成ができます。

```
EXPR                                 // スタート
EXPR3                                // EXPR -> EXPR3
EXPR3 + EXPR2                        // EXPR3 -> EXPR3 + EXPR2
EXPR2 + EXPR2 * EXPR1                // EXPR3 -> EXPR2 と EXPR2 -> EXPR2 * EXPR1
EXPR1 + EXPR1 * -ATOM                // EXPR2 -> EXPR1 と EXPR1 -> -ATOM
ATOM  + ATOM * - (EXPR3)             // EXPR1 -> ATOM と ATOM -> "(" EXPR3 ")"
UNUMBER  + UNUMBER * - (EXPR3 - EXPR2)  // ATOM -> UNUMBER と EXPR3 -> EXPR3 - EXPR2
DIGIT * DIGIT DIGIT * -(EXPR2 - EXPR1)  // UNUMBER -> DIGIT と UNUMBER -> DIGIT DIGIT と EXPR3
-> EXPR2 と EXPR2 -> EXPR1
1 * 23 * -(EXPR1 - ATOM)             // DIGIT -> 1 と DIGIT DIGIT -> 23 と EXPR2 -> EXPR1
と EXPR1 -> ATOM
1 * 23 * -(ATOM - UNUMBER)           // EXPR1 -> ATOM と ATOM -> UNUMBER
1 * 23 * -(UNUMBER - DIGIT)          // ATOM -> UNUMBER と UNUMBER -> DIGIT
1 * 23 * -(DIGIT - 4)                // UNUMBER -> DIGIT と DIGIT -> 4
1 * 23 * -(5 - 3)                    // DIGIT -> 5
```

今ここで何が書いてあるかを完全に理解する必要はありませんが、パーサの仕様に相当するものなのでなんとなくパーサを書くときに参考になります。たとえば `EXPR3 = EXPR3, ("+" | "-"), EXPR2 | EXPR2 ;` と `EXPR2 = EXPR2, ("*" | "/"), EXPR1 | EXPR1 ;` というルールから加減算と乗除算のパーサは似たような実装になることが予期されます。

今回扱う計算式では整数値しか扱わないので割り算の結果も整数にします。割り算の結果は0方向に丸めるとします。この式では簡単な計算しかないので数値しか出てこないように見え

---

*13 https://www.iso.org/standard/26153.html

ますが、割り算があるのでエラーもあります。ゼロ除算はエラーですね。つまり入力をパースして実行するとエラーになるかもしれないものを取り扱う必要があります。

9-1-3 全体の設計

本章ではコンパイラとインタプリタを作るのでした。パーサ部分まではコンパイラとインタプリタで共通します。

ユーザの入力はバイト列で受け取ります。バイト列は本章で作成するパーサにより電卓内部で使う表現になります。この内部表現から処理フローが分岐します。1つ目はそのままインタプリタで計算する方式。もう1つは1章で作った逆ポーランド記法計算機へコンパイルする方式。2通りのバックエンドを作ります。

図9.5で示すような設計になります。

図9.5 全体設計

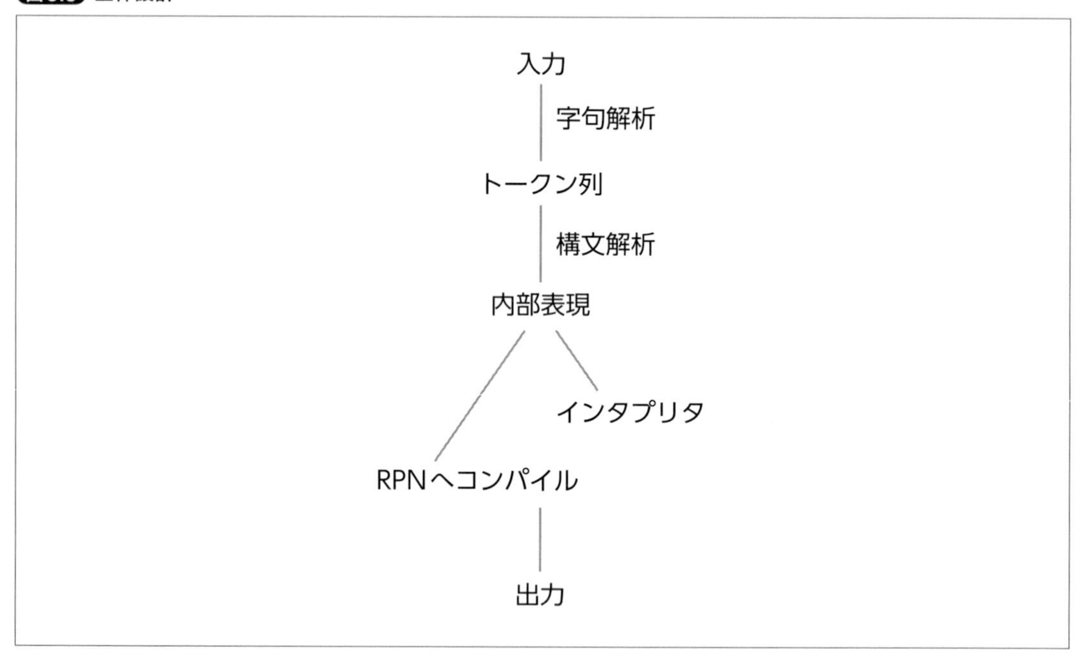

出力を終えるとまた入力を受け付けます。

全体として、

- 入力を受け付けてから何かの処理をし、結果を出力するループ
- 入力をパースして内部表現を作るパーサ
- 内部表現を受け取って計算するバックエンド

に分かれます。以下にまずはパーサを作っていきます。先述のとおりパーサは字句解析と構

文解析の2段階に分かれます。

まずはプロジェクトを作っておきましょう。

```
$ cargo new parser
```

9-2 字句解析

先ほど説明した字句解析を実装します。ユーザの入力した文字列からトークン列を切り出す操作です。後に続く構文解析の前段の処理で、トークン列にすることで空白の無視や文字列から数値への変換などの文字列処理を終わらせてしまいます。構文解析に必要なほか、これで後段の構文解析で余計なことを考えずにシンプルに行えます。

9-2-1 トークン

ここからトークンというものに分割します。言語の文法のうち、終端記号と呼ばれるものがトークンです。大雑把な説明をするとトークンとは文法において直接文字列として表現されている要素です。ここでは+、(、123などです。プログラムで処理はするものの構文上意味を持たない空白、あるいは今回の構文に定義されていない文字列である?などはトークンにはなりません。

トークンの種類

先ほどの文法から直接文字列として表現されているものを抜き出します。文法を以下に再掲します。

```
EXPR = EXPR3 ;

EXPR3 = EXPR3, ("+" | "-"), EXPR2 | EXPR2 ;
EXPR2 = EXPR2, ("*" | "/"), EXPR1 | EXPR1 ;
EXPR1 = ("+" | "-"), ATOM | ATOM ;
ATOM = UNUMBER | "(", EXPR3, ")" ;
UNUMBER = DIGIT, {DIGIT} ;
DIGIT = "0" | "1" | "2" | "3" | "4" | "5" | "6" | "7" | "8" | "9" ;
```

直接文字列として表現されている+、-、*、/、(、)、そして「0から9までの文字の繰り返し」の7つがトークンということになります。「0から9までの文字の繰り返し」については厳密には終端記号ではないのですが、この場で簡単に処理できてしまうのでまとめて扱ってしまいます。

トークンの実装

上記のトークンをRustのデータ型で表しましょう。数値の繰り返しはトークンの時点で数値にしてしまいます。また、エラーメッセージを扱うためトークンの入力中での位置情報も保持します。

まずは位置情報関連のデータ型を定義しましょう。この位置情報のデータは後々まで使うので、本章を通してLocやAnnotは頻出します。

ch9/parser/src/main.rs（抜粋）

```
/// 位置情報。.0から.1までの区間を表す
/// たとえばLoc(4, 6)なら入力文字の5文字目から7文字目までの区間を表す(0始まり)
#[derive(Debug, Clone, PartialEq, Eq, Hash)]
struct Loc(usize, usize);

// loc に便利メソッドを実装しておく
impl Loc {
    fn merge(&self, other: &Loc) -> Loc {
        use std::cmp::{max, min};
        Loc(min(self.0, other.0), max(self.1, other.1))
    }
}

/// アノテーション。値にさまざまなデータを持たせたもの。ここではLocを持たせている
#[derive(Debug, Clone, PartialEq, Eq, Hash)]
struct Annot<T> {
    value: T,
    loc: Loc,
}

impl<T> Annot<T> {
    fn new(value: T, loc: Loc) -> Self {
        Self { value, loc }
    }
}
```

そしてトークンの実装です。トークンの種類は列挙型を使って表現できます。トークンはトークンの種類に位置情報を加えたもの、と定義します。

ch9/parser/src/main.rs（抜粋）

```
#[derive(Debug, Clone, Copy, PartialEq, Eq, Hash)]
enum TokenKind {
    /// [0-9][0-9]*
    Number(u64),
    /// +
    Plus,
    /// -
    Minus,
    /// *
    Asterisk,
    /// /
    Slash,
    /// (
    LParen,
    /// )
    RParen,
}

// TokenKindにアノテーションを付けたものをTokenとして定義しておく
type Token = Annot<TokenKind>;
```

TokenKindにアノテーションを付けたものをTokenとして定義しました。Rustではtypeで宣言した型は型エイリアスでありつつも第一級の型と似たような使い心地で使えるので非常に便利です。同様のテクニックを今後も使っていきます。

これでデータ型は定義できました。しかし1つのトークンを作るのにToken{value: TokenKind::Plus, loc: Loc(0, 1)}と非常に長い記述が必要なのでヘルパー関数を定義します。

Tokenは型エイリアスではありますがデータ型と同じように固有メソッドを定義できます。

ch9/parser/src/main.rs（抜粋）

```
// ヘルパーメソッドを定義しておく
impl Token {
    fn number(n: u64, loc: Loc) -> Self {
        Self::new(TokenKind::Number(n), loc)
    }
    fn plus(loc: Loc) -> Self {
        Self::new(TokenKind::Plus, loc)
    }

    fn minus(loc: Loc) -> Self {
        Self::new(TokenKind::Minus, loc)
    }
```

```
    fn asterisk(loc: Loc) -> Self {
        Self::new(TokenKind::Asterisk, loc)
    }

    fn slash(loc: Loc) -> Self {
        Self::new(TokenKind::Slash, loc)
    }

    fn lparen(loc: Loc) -> Self {
        Self::new(TokenKind::LParen, loc)
    }

    fn rparen(loc: Loc) -> Self {
        Self::new(TokenKind::RParen, loc)
    }
}
```

字句解析エラーも同時に定義しておきます。字句解析エラーにも位置情報を保持することにします。おおむねトークンのときと似たような実装になります。

ch9/parser/src/main.rs（抜粋）

```
// TokenKindと同様の実装をする
#[derive(Debug, Clone, PartialEq, Eq, Hash)]
enum LexErrorKind {
    InvalidChar(char),
    Eof,
}

type LexError = Annot<LexErrorKind>;

impl LexError {
    fn invalid_char(c: char, loc: Loc) -> Self {
        Self::new(LexErrorKind::InvalidChar(c), loc)
    }
    fn eof(loc: Loc) -> Self {
        Self::new(LexErrorKind::Eof, loc)
    }
}
```

ある程度パターン化しているのでマクロで圧縮することもできますが、本書では分かりやすさのためにそのまま実装していきます。

9-2-2 字句解析器の実装

トークンとエラーを定義できたので字句解析器を実装します。トークンの集合から状態遷移図を書いて、それをコードに落とすことで字句解析器が作れます。今回の例だとあまり複雑にならないので、素直に遷移図が書けます（**図9.6**）。

図9.6 トークン解析の状態遷移

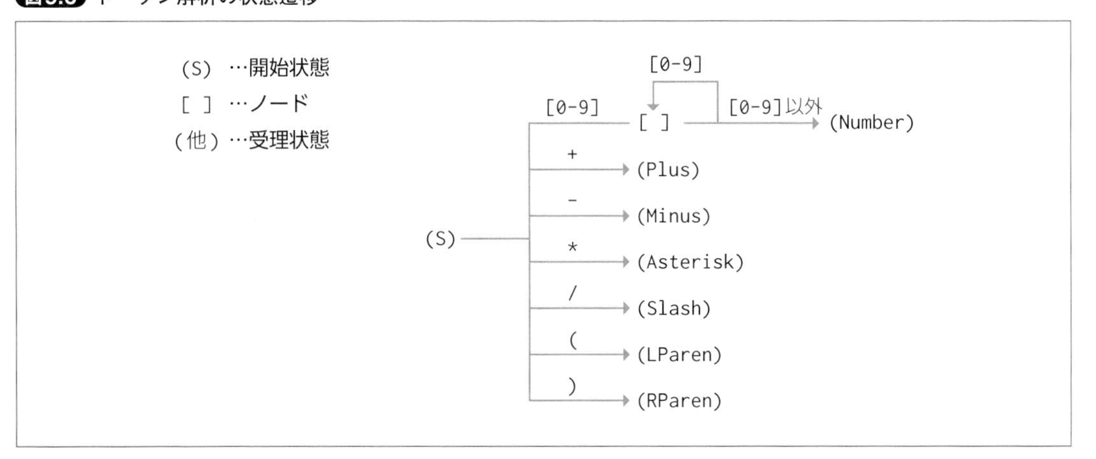

要は入力にmatchして記号ならばそのままトークンに、数字ならばそのままループで数値を認識すればよいのです。このトークン切り出しを入力が終わるまで続け、最後にトークン列として返します。これ以外の入力が与えられたら字句解析器はエラーを返します。

さて、入力inputはバイト列&[u8]で受け取りますが、パースしている位置を管理するためにusize型の値posも使います。本来はこれらを構造体にまとめると使い勝手がいいのですが、Rustではうまくいきません。inputは読み取りのみな一方posは変更を加えるので、これらを一緒にするとRustの参照の扱いから取り回しがよくないのです。ここではこれらを別々の引数として関数に渡すことにします。

別の方法としてCellを使って内部ミュータビリティを導入する手法もあります。興味のある方はドキュメント[*14]を参照してください。

これらをすべて実現すると、字句解析器のエントリ部分は以下のようになります。この後で足りない関数を実装します。

ch9/parser/src/main.rs（抜粋）

```
/// 字句解析器
fn lex(input: &str) -> Result<Vec<Token>, LexError> {
    // 解析結果を保存するベクタ
    let mut tokens = Vec::new();
```

＊14 https://doc.rust-lang.org/std/cell/struct.Cell.html

```
    // 入力
    let input = input.as_bytes();
    // 位置を管理する値
    let mut pos = 0;
    // サブレキサを呼んだ後posを更新するマクロ
    macro_rules! lex_a_token {
        ($lexer:expr) => {{
            let (tok, p) = $lexer?;
            tokens.push(tok);
            pos = p;
        }};
    }
    while pos < input.len() {
        // ここでそれぞれの関数にinputとposを渡す
        match input[pos] {
            // 遷移図通りの実装
            b'0'...b'9' => lex_a_token!(lex_number(input, pos)),
            b'+' => lex_a_token!(lex_plus(input, pos)),
            b'-' => lex_a_token!(lex_minus(input, pos)),
            b'*' => lex_a_token!(lex_asterisk(input, pos)),
            b'/' => lex_a_token!(lex_slash(input, pos)),
            b'(' => lex_a_token!(lex_lparen(input, pos)),
            b')' => lex_a_token!(lex_rparen(input, pos)),
            // 空白を扱う
            b' ' | b'\n' | b'\t' => {
                let ((), p) = skip_spaces(input, pos)?;
                pos = p;
            }
            // それ以外が来たらエラー
            b => return Err(LexError::invalid_char(b as char, Loc(pos, pos + 1))),
        }
    }
    Ok(tokens)
}
```

全体として字句解析器はResult<Vec<Token>, LexError>の戻り値を返します。実装では、入力を見てそれぞれの記号に分岐したあとの字句解析はそれぞれの関数に移譲しています。macro_rules!から始まる構文はマクロ定義です。定義されたマクロlex_a_tokenは呼び出した関数からの戻り値を結果のトークン列に加え、位置情報を更新します。

lex_a_token!(lex_number(input, pos))とすると、macro_rules!の定義にしたがって以下のコードに展開されます。

```
let (tok, p) = lex_number(input, pos)?;
tokens.push(tok);
pos = p;
```

詳しいマクロの定義方法については、公式のドキュメント[*15]を参照してください。

呼び出した関数もエラーを返しますが、?を使ってエラーならば即座に脱出しています。

これからlexから呼ばれている関数を実装するのですが、その前にユーティリティ関数としてconsume_byteを定義しておきましょう。読み取り位置のバイトが期待するものであれば1バイト消費して読み取り位置を1進めます。期待するものでなければエラーを返します。

ch9/parser/src/main.rs（抜粋）

```
/// posのバイトが期待するものであれば1バイト消費してposを1進める
fn consume_byte(input: &[u8], pos: usize, b: u8) -> Result<(u8, usize), LexError> {
    // posが入力サイズ以上なら入力が終わっている
    // 1バイト期待しているのに終わっているのでエラー
    if input.len() <= pos {
        return Err(LexError::eof(Loc(pos, pos)));
    }
    // 入力が期待するものでなければエラー
    if input[pos] != b {
        return Err(LexError::invalid_char(
            input[pos] as char,
            Loc(pos, pos + 1),
        ));
    }

    Ok((b, pos + 1))
}
```

期待する値ではなかった場合や入力が終了してしまった場合などはエラーを返しています。

さて、これがあれば記号を解析する関数は簡単に実装できます。まずは1文字記号を解析する関数です。

ch9/parser/src/main.rs（抜粋）

```
fn lex_plus(input: &[u8], start: usize) -> Result<(Token, usize), LexError> {
    // Result::mapを使うことで結果が正常だった場合の処理を簡潔に書ける
    // これはこのコードと等価
    // ```
    // match consume_byte(input, start, b'+') {
    //     Ok((_, end)) => (Token::plus(Loc(start, end)), end),
```

*15 https://doc.rust-lang.org/book/ch19-06-macros.html　非公式な和訳：https://doc.rust-jp.rs/book/second-edition/appendix-04-macros.html

```
    //     Err(err) => Err(err),
    // }
    consume_byte(input, start, b'+').map(|(_, end)| (Token::plus(Loc(start, end)), end))
}
fn lex_minus(input: &[u8], start: usize) -> Result<(Token, usize), LexError> {
    consume_byte(input, start, b'-').map(|(_, end)| (Token::minus(Loc(start, end)), end))
}
fn lex_asterisk(input: &[u8], start: usize) -> Result<(Token, usize), LexError> {
    consume_byte(input, start, b'*').map(|(_, end)| (Token::asterisk(Loc(start, end)), end))
}
fn lex_slash(input: &[u8], start: usize) -> Result<(Token, usize), LexError> {
    consume_byte(input, start, b'/').map(|(_, end)| (Token::slash(Loc(start, end)), end))
}
fn lex_lparen(input: &[u8], start: usize) -> Result<(Token, usize), LexError> {
    consume_byte(input, start, b'(').map(|(_, end)| (Token::lparen(Loc(start, end)), end))
}
fn lex_rparen(input: &[u8], start: usize) -> Result<(Token, usize), LexError> {
    consume_byte(input, start, b')').map(|(_, end)| (Token::rparen(Loc(start, end)), end))
}
```

ユーティリティ関数とResult::mapを用いて1式で字句解析器が書けました。このようにRustではエラーも含めて値になるのでメソッドを使ってエラー時の処理を簡潔に書けます。ここでのmapは関数（クロージャ）を受け取って正常値だったときの振る舞いを決めています。関数を使って振る舞いを部品化することで小さな処理でも関数やメソッドにまとめられるのです。明確な定義はないようですがResult::mapのように関数を引数にとったり、後で出てくるResult::and_thenのように同じ種類の値を引数にとって新しく値を作る関数やメソッドをコンビネータと呼びます。

次にまだ実装していないlex_numberとskip_spacesです。素直に実装すると以下のようになります。

```
fn lex_number(input: &[u8], mut pos: usize) -> (Token, usize) {
    use std::str::from_utf8;

    let start = pos;
    // 入力に数字が続く限り位置を進める
    while pos < input.len() && b"1234567890".contains(&input[pos]) {
        pos += 1;
    }
    // 数字の列を数値に変換する
    let n = from_utf8(&input[start..pos])
        // start..posの構成からfrom_utf8は常に成功するためunwrapしても安全
        .unwrap()
        .parse()
```

```
        // 同じく構成からparseは常に成功する
        .unwrap();
    (Token::number(n, Loc(start, pos)), pos)
}
fn skip_spaces(input: &[u8], mut pos: usize) -> ((), usize) {
    // 入力に空白文字が続く限り位置を進める
    while pos < input.len() && b" \n\t".contains(&input[pos]) {
        pos += 1;
    }
    // そのまま空白を無視する
    ((), pos)
}
```

どちらともwhile pos < input.len() && 条件{ pos += 1; }というコードが使われています。これを関数で共通化しましょう。条件に当てはまる入力を複数認識して最終的には位置情報だけを返すので、関数名はrecognize_manyが適当でしょうか。

ch9/parser/src/main.rs（抜粋）

```
fn recognize_many(input: &[u8], mut pos: usize, mut f: impl FnMut(u8) -> bool) -> usize {
    while pos < input.len() && f(input[pos]) {
        pos += 1;
    }
    pos
}
```

これを用いて以下のように書き直せます。

ch9/parser/src/main.rs（抜粋）

```
fn lex_number(input: &[u8], pos: usize) -> Result<(Token, usize), LexError> {
    use std::str::from_utf8;

    let start = pos;
    // recognize_manyを使って数値を読み込む
    let end = recognize_many(input, start, |b| b"1234567890".contains(&b));
    let n = from_utf8(&input[start..end])
        // start..endの構成からfrom_utf8は常に成功する
        .unwrap()
        .parse()
        // 同じく構成からfrom_utf8は常に成功するためunwrapしても安全
        .unwrap();
    Ok((Token::number(n, Loc(start, end)), end))
}

fn skip_spaces(input: &[u8], pos: usize) -> Result<((), usize), LexError> {
```

```
    // recognize_manyを使って空白を飛ばす
    let pos = recognize_many(input, pos, |b| b" \n\t".contains(&b));
    Ok(((), pos))
}
```

これで字句解析器ができました。テストしてみましょう。以下のコードを加えます。

ch9/parser/src/main.rs（抜粋）

```
#[test]
fn test_lexer() {
    assert_eq!(
        lex("1 + 2 * 3 - -10"),
        Ok(vec![
            Token::number(1, Loc(0, 1)),
            Token::plus(Loc(2, 3)),
            Token::number(2, Loc(4, 5)),
            Token::asterisk(Loc(6, 7)),
            Token::number(3, Loc(8, 9)),
            Token::minus(Loc(10, 11)),
            Token::minus(Loc(12, 13)),
            Token::number(10, Loc(13, 15)),
        ])
    )
}
```

このテストを走らせます。

```
$ cargo test

running 1 test
test test_lexer ... ok

test result: ok. 1 passed; 0 failed; 0 ignored; 0 measured; 0 filtered out
```

テストが通りました。うまくいっているようです。

字句解析器を用いたmain関数も定義しておきましょう。ループの中で入力を受け付けて字句解析器を起動します。

ch9/parser/src/main.rs（抜粋）

```
use std::io;

/// プロンプトを表示しユーザの入力を促す
fn prompt(s: &str) -> io::Result<()> {
    use std::io::{stdout, Write};
```

```
    let stdout = stdout();
    let mut stdout = stdout.lock();
    stdout.write(s.as_bytes())?;
    stdout.flush()
}

fn main() {
    use std::io::{stdin, BufRead, BufReader};

    let stdin = stdin();
    let stdin = stdin.lock();
    let stdin = BufReader::new(stdin);
    let mut lines = stdin.lines();

    loop {
        prompt("> ").unwrap();
        // ユーザの入力を取得する
        if let Some(Ok(line)) = lines.next() {
            // 字句解析を行う
            let token = lex(&line);
            println!("{:?}", token);
        } else {
            break;
        }
    }
}
```

このように動作します。

```
> 1
Ok([Annot { value: Number(1), loc: Loc(0, 1) }])
> 2
Ok([Annot { value: Number(2), loc: Loc(0, 1) }])
> (
Ok([Annot { value: LParen, loc: Loc(0, 1) }])
> )
Ok([Annot { value: RParen, loc: Loc(0, 1) }])
> +
Ok([Annot { value: Plus, loc: Loc(0, 1) }])
> (+ 1 2)
Ok([Annot { value: LParen, loc: Loc(0, 1) }, Annot { value: Plus, loc: Loc(1, 2) }, Annot {
value: Number(1), loc: Loc(3, 4) }, Annot { value: Number(2), loc: Loc(5, 6) }, Annot {
value: RParen, loc: Loc(6, 7) }])
```

`println!("{:?}", token);` を使ってデバッグ出力しています。デバッグ出力が簡単に書けるのはいいところですね。

この時点ではトークンに分けただけなので(+ 1 2)のように構文としては無効なものも受理します。次の構文解析で構文として有効なトークンの並びのみを受理し、無効なものにはエラーを返すようにします。

9-3 構文解析

続いて構文解析です。先ほどの字句解析器で興味のあるデータだけを抜き出したので構造の構築に専念できます。ここではLL(1)法と呼ばれる手法を再帰下降パーサとして実装していきますが、あまり手法の名前は重要ではないので、名前が分からなくても心配しないでください。

重要なのはパーサの出力です。先ほどまでただの列だった入力が木構造、つまり構造を持ったデータになります。構造化することで後でさまざまな処理ができるようになります。

9-3-1 抽象構文木の実装

パーサは抽象構文木を出力します。抽象構文木はデータ型がネストしており、Rustのenumで表すのに向いています。

抽象構文木とは

解析された構文は木構造になっているので抽象構文木と呼ばれます。抽象とは、意味的に(セマンティクスに)必要なものだけを残して空白や優先順位のために付けた括弧などを無視したという意味です。英語ではAbstract Syntax Treeなので、よくASTと略されます。

トークンでは似たような並びでも中置演算子の優先順位などを考えると違ったASTになります。

たとえば以下のトークンは、先に1 + 2を計算するので、**図9.7**のような構造になります。

```
1 + 2 + 3
```

図9.7 1 + 2 + 3のAST

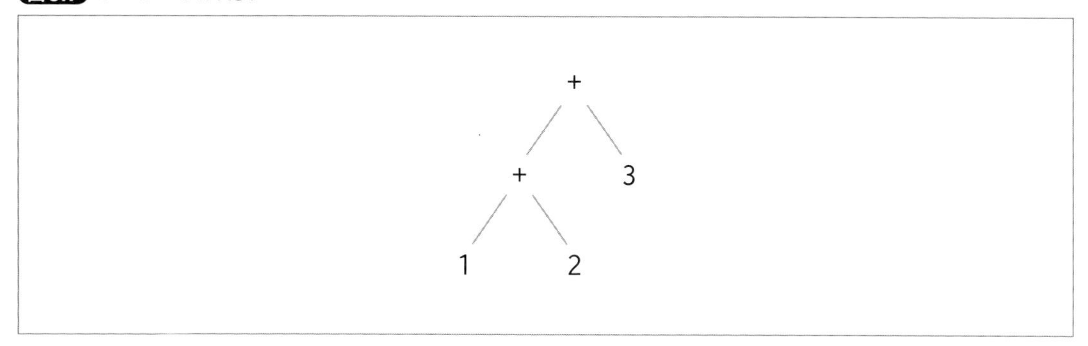

以下のトークンは、先に2 * 3を計算するので**図9.8**のような構造になります。

```
1 + 2 * 3
```

図9.8 1 + 2 * 3のAST

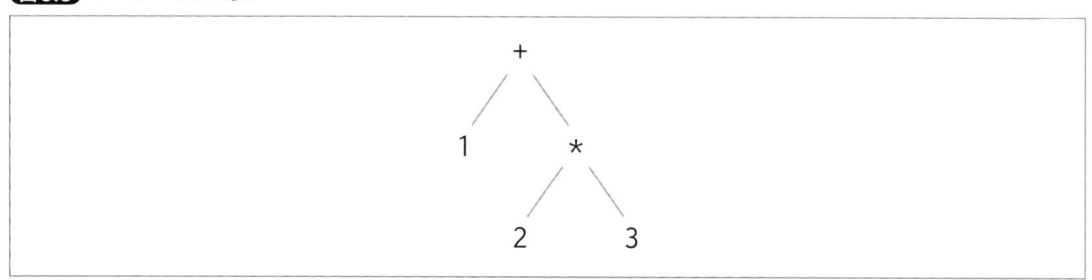

もちろん次のように括弧を使って計算順序を変えると、**図9.9**のように2 + 3を先に計算するASTになります。

```
1 + (2 + 3)
```

図9.9 1 + (2 + 3)のAST

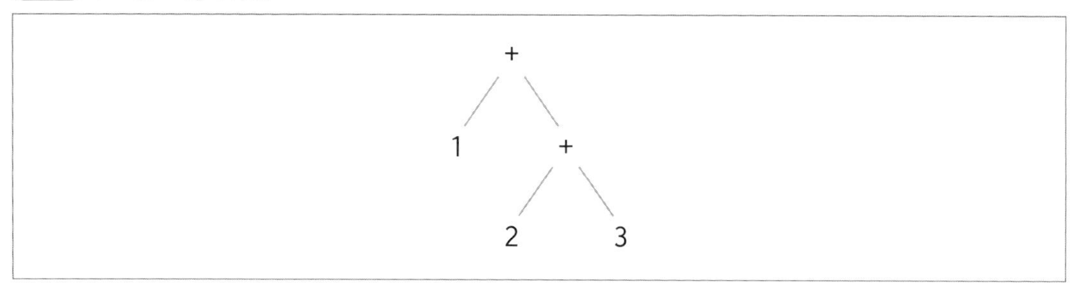

また単項の演算子も、ものによって扱いが変わります。次の構文木は**図9.10**のようなASTになります。

```
1 + - 2
```

図9.10 1 + - 2のAST

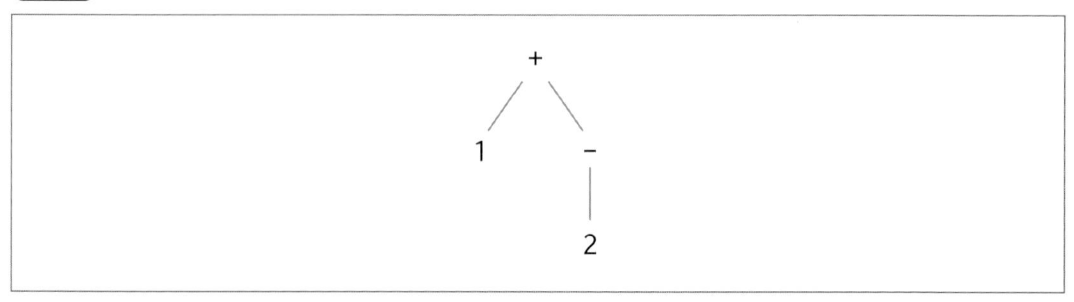

しかし、次のトークンでは、単項の*が存在しないのでエラー（構文エラー）になります。

```
1 + * 2
```

抽象構文木の実装

ASTのデータ型そのものは簡単に作れます。構造を作っているのは単項演算子、二項演算子、数値です。

ASTにもトークンから引き継いで位置情報を持たせます。

ch9/parser/src/main.rs（抜粋）

```
/// ASTを表すデータ型
#[derive(Debug, Clone, PartialEq, Eq, Hash)]
enum AstKind {
    /// 数値
    Num(u64),
    /// 単項演算
    UniOp { op: UniOp, e: Box<Ast> },
    /// 二項演算
    BinOp { op: BinOp, l: Box<Ast>, r: Box<Ast> },
}

type Ast = Annot<AstKind>;

// ヘルパメソッドを定義しておく
impl Ast {
    fn num(n: u64, loc: Loc) -> Self {
        // impl<T> Annot<T>で実装したnewを呼ぶ
        Self::new(AstKind::Num(n), loc)
    }

    fn uniop(op: UniOp, e: Ast, loc: Loc) -> Self {
```

```
        Self::new(AstKind::UniOp { op, e: Box::new(e) }, loc)
    }

    fn binop(op: BinOp, l: Ast, r: Ast, loc: Loc) -> Self {
        Self::new(
            AstKind::BinOp {
                op,
                l: Box::new(l),
                r: Box::new(r),
            },
            loc,
        )
    }
}
```


同様に単項演算子と二項演算子も定義します。単項演算子は+と-でした。

ch9/parser/src/main.rs（抜粋）

```
/// 単項演算子を表すデータ型
#[derive(Debug, Clone, PartialEq, Eq, Hash)]
enum UniOpKind {
    /// 正号
    Plus,
    /// 負号
    Minus,
}

type UniOp = Annot<UniOpKind>;

impl UniOp {
    fn plus(loc: Loc) -> Self {
        Self::new(UniOpKind::Plus, loc)
    }

    fn minus(loc: Loc) -> Self {
        Self::new(UniOpKind::Minus, loc)
    }
}
```

二項演算子は+、-、*、/です。

ch9/parser/src/main.rs（抜粋）

```
/// 二項演算子を表すデータ型
#[derive(Debug, Clone, PartialEq, Eq, Hash)]
enum BinOpKind {
    /// 加算
    Add,
    /// 減算
    Sub,
    /// 乗算
    Mult,
    /// 除算
    Div,
}

type BinOp = Annot<BinOpKind>;

impl BinOp {
    fn add(loc: Loc) -> Self {
        Self::new(BinOpKind::Add, loc)
    }
    fn sub(loc: Loc) -> Self {
        Self::new(BinOpKind::Sub, loc)
    }
    fn mult(loc: Loc) -> Self {
        Self::new(BinOpKind::Mult, loc)
    }
    fn div(loc: Loc) -> Self {
        Self::new(BinOpKind::Div, loc)
    }
}
```

括弧は優先順位にのみ関わるのでした。構文解析を終えた時点で意味はASTの構造に反映されているので、ASTそのものには現れません。

また、以下のように構文解析のエラーも定義しておきましょう。位置情報を直接は持ちませんが、内部で保持しているトークンがその役割を果たします。

ch9/parser/src/main.rs（抜粋）

```
#[derive(Debug, Clone, PartialEq, Eq, Hash)]
enum ParseError {
    /// 予期しないトークンがきた
    UnexpectedToken(Token),
    /// 式を期待していたのに式でないものがきた
    NotExpression(Token),
    /// 演算子を期待していたのに演算子でないものがきた
    NotOperator(Token),
```

```
    /// 括弧が閉じられていない
    UnclosedOpenParen(Token),
    /// 式の解析が終わったのにまだトークンが残っている
    RedundantExpression(Token),
    /// パース途中で入力が終わった
    Eof,
}
```

ここでは完成形を載せていますが、実際にプログラミングしているときにはエラーのバリアントは実装しながら適宜増減していきます。始めから完成形である必要はないのです。

9-3-2 構文解析器の実装

パースするのは以下のような文法でした（再掲）。

```
EXPR = EXPR3 ;

EXPR3 = EXPR3, ("+" | "-"), EXPR2 | EXPR2 ;
EXPR2 = EXPR2, ("*" | "/"), EXPR1 | EXPR1 ;
EXPR1 = ("+" | "-"), ATOM | ATOM ;
ATOM = UNUMBER | "(", EXPR3, ")" ;
UNUMBER = DIGIT, {DIGIT} ;
DIGIT = "0" | "1" | "2" | "3" | "4" | "5" | "6" | "7" | "8" | "9" ;
```

これをほぼそのまま実装していきます。つまり、parse_expr関数、parse_expr3関数、…parse_atom関数、のように1ルール1関数で実装します。そして実装もルールに対応するように関数を呼び出します。こうして関数群がルールの各部分を担当しながら（ルールの詳細に下降しながら）相互に呼び出している（再帰している）ので再帰下降パーサと呼ばれます。

パーサのエントリポイントと最初のEXPRのパースは以下のようになります。

ch9/parser/src/main.rs（抜粋）

```
fn parse(tokens: Vec<Token>) -> Result<Ast, ParseError> {
    // 入力をイテレータにし、Peekableにする
    let mut tokens = tokens.into_iter().peekable();
    // その後parse_exprを呼んでエラー処理をする
    let ret = parse_expr(&mut tokens)?;
    match tokens.next() {
        Some(tok) => Err(ParseError::RedundantExpression(tok)),
        None => Ok(ret),
    }
}
```

```
fn parse_expr<Tokens>(tokens: &mut Peekable<Tokens>) -> Result<Ast, ParseError>
where
    Tokens: Iterator<Item = Token>,
{
    // parse_exprはparse_expr3を呼ぶだけ
    parse_expr3(tokens)
}
```

字句解析器から返されるのはVec<Token>ですが、イテレータとして取り出した方が使いやすいので、parse_exprはイテレータを受け取るジェネリクスになっています。さらに、イテレータの中でもPeekableを使っているのが特徴的です。LL(1)を使ったパースでは一度だけ先読みが必要であることに対応しているのです。

次にparse_exprで使っているparse_expr3の実装ですが、これは一筋縄ではいきません。まずはルール通りにEXPR3 = EXPR3 ("+" | "-") EXPR2 | EXPR2をそのまま書き下してみましょう。

```
use std::iter::Peekable;
fn parse_expr3<Tokens>(tokens: &mut Peekable<Tokens>) -> Result<Ast, ParseError>
where
    Tokens: Iterator<Item = Token>,
{
    // 最初にEXPR3 ("+" | "-") EXPR2を試す
    // まずはEXPR3をパースし
    match parse_expr3(tokens) {
        // 失敗したらparse_expr2にフォールバック ( | EXPR2の部分)
        Err(_) => parse_expr2(tokens),
        // 成功したら
        Ok(e) => {
            // peekで先読みして
            match tokens.peek().map(|tok| tok.value) {
                // ("+" | "-") であることを確認する。 | を使ってパターンマッチを複数並べられる
                Some(TokenKind::Plus) | Some(TokenKind::Minus) => {
                    // ("+" | "-") であれば入力を消費してパースを始める
                    let op = match tokens.next().unwrap() {
                        // Tokenは型エイリアスだがパターンマッチにも使える
                        Token {
                            // パターンマッチはネスト可能
                            value: TokenKind::Plus,
                            loc,
                        } => BinOp::add(loc),
                        Token {
                            value: TokenKind::Minus,
                            loc,
                        } => BinOp::sub(loc),
                        // 入力が"+"か"-"であることは確認したのでそれ以外はありえない
                        _ => unreachable!(),
```

```
                };
                // EXPR2をパース
                let r = parse_expr2(tokens)?;
                // 結果は加減
                let loc = e.loc.merge(&r.loc);
                Ok(Ast::binop(op, e, r, loc))
            }
            // それ以外はエラー。エラーの種類で処理を分ける
            Some(_) => Err(ParseError::UnexpectedToken(tokens.next().unwrap())),
            None => Err(ParseError::Eof),
        }
    }
  }
}
```


このコードをコンパイルしようとするとコンパイラが警告を出します。

```
warning: function cannot return without recurring
...
...
note: recursive call site
   --> main.rs:239:11
    |
239 |     match parse_expr3(tokens) {
    |           ^^^^^^^^^^^^^^^^^^^
    = help: a `loop` may express intention better if this is on purpose
```

parse_expr3の中で、parse_expr3を条件分岐せずに呼び出しているので、このままだと無限ループしてしまうと警告しているのです。実際、このコードを呼び出すと以下のようにスタックオーバーフローしてしまいます。

```
thread 'main' has overflowed its stack
fatal runtime error: stack overflow
```

これはLLパーサで左再帰と呼ばれる問題です。詳しくは説明しませんが、左再帰の除去と呼ばれる手法でこのエラーを回避できます。元のルールを以下のように書き換えると左再帰がなくなります。

```
# 元のルール
EXPR3 = EXPR3 ("+" | "-") EXPR2 | EXPR2

# 書き換えたルール
EXPR3 = EXPR2 EXPR3_Loop
```

```
EXPR3_Loop = ("+" | "-") EXPR2 EXPR3_Loop | ε
```

書き換えたルールを意訳すると、次のような意味です。

- EXPR2 をパースする ; loop {「("+" | "-") EXPR2をパース」または「break」}

そのまま実装しましょう。

```
fn parse_expr3<Tokens>(tokens: &mut Peekable<Tokens>) -> Result<Ast, ParseError>
where
    Tokens: Iterator<Item = Token>,
{
    // EXPR2をパースする
    let mut e = parse_expr2(tokens)?;
    // EXPR3_Loop
    loop {
        match tokens.peek().map(|tok| tok.value) {
            // ("+" | "-")
            Some(TokenKind::Plus) | Some(TokenKind::Minus) => {
                let op = match tokens.next().unwrap() {
                    Token {
                        value: TokenKind::Plus,
                        loc,
                    } => BinOp::add(loc),
                    Token {
                        value: TokenKind::Minus,
                        loc,
                    } => BinOp::sub(loc),
                    _ => unreachable!(),
                };
                // EXPR2
                let r = parse_expr2(tokens)?;
                // 位置情報やAST構築の処理
                let loc = e.loc.merge(&r.loc);
                e = Ast::binop(op, e, r, loc)
                // 次のイテレーションはEXPR3_Loop
            }
            // ε
            _ => return Ok(e),
        }
    }
}
```

まったく同様にしてEXPR2のパーサが書けます。

```
fn parse_expr2<Tokens>(tokens: &mut Peekable<Tokens>) -> Result<Ast, ParseError>
where
    Tokens: Iterator<Item = Token>,
{
    let mut e = parse_expr1(tokens)?;
    loop {
        match tokens.peek().map(|tok| tok.value) {
            Some(TokenKind::Asterisk) | Some(TokenKind::Slash) => {
                let op = match tokens.next().unwrap() {
                    Token {
                        value: TokenKind::Asterisk,
                        loc,
                    } => BinOp::mult(loc),
                    Token {
                        value: TokenKind::Slash,
                        loc,
                    } => BinOp::div(loc),
                    _ => unreachable!(),
                };
                let r = parse_expr1(tokens)?;
                let loc = e.loc.merge(&r.loc);
                e = Ast::binop(op, e, r, loc)
            }
            _ => return Ok(e),
        }
    }
}
```

さて、まったく同様のコードができてしまいました。関数で共通化しましょう。以下のような関数で左結合の演算子のパースを共通化できます。少し複雑に見えますが、注意深く見ると上記のコードと同じ構成になっています。

ch9/parser/src/main.rs（抜粋）

```
fn parse_left_binop<Tokens>(
    tokens: &mut Peekable<Tokens>,
    subexpr_parser: fn(&mut Peekable<Tokens>) -> Result<Ast, ParseError>,
    op_parser: fn(&mut Peekable<Tokens>) -> Result<BinOp, ParseError>,
) -> Result<Ast, ParseError>
where
    Tokens: Iterator<Item = Token>,
{
    let mut e = subexpr_parser(tokens)?;
    loop {
        match tokens.peek() {
            Some(_) => {
```

```
                let op = match op_parser(tokens) {
                    Ok(op) => op,
                    // ここでパースに失敗したのはこれ以上中置演算子がないという意味
                    Err(_) => break,
                };
                let r = subexpr_parser(tokens)?;
                let loc = e.loc.merge(&r.loc);
                e = Ast::binop(op, e, r, loc)
            }
            _ => break,
        }
    }
    Ok(e)
}
```

`let op = match op_parser(tokens) {`で始まる演算子のパーサと`let r = subexpr_parser(tokens)?;`の右式のパーサを引数に受け取るようにしました。`parse_left_binop`を用いて`parse_expr3`は以下のように書けます。

ch9/parser/src/main.rs（抜粋）

```
fn parse_expr3<Tokens>(tokens: &mut Peekable<Tokens>) -> Result<Ast, ParseError>
where
    Tokens: Iterator<Item = Token>,
{
    // parse_left_binopに渡す関数を定義する
    fn parse_expr3_op<Tokens>(tokens: &mut Peekable<Tokens>) -> Result<BinOp, ParseError>
    where
        Tokens: Iterator<Item = Token>,
    {
        let op = tokens
            .peek()
            // イテレータの終わりは入力の終端なのでエラーを出す
            .ok_or(ParseError::Eof)
            // エラーを返すかもしれない値をつなげる
            .and_then(|tok| match tok.value {
                TokenKind::Plus => Ok(BinOp::add(tok.loc.clone())),
                TokenKind::Minus => Ok(BinOp::sub(tok.loc.clone())),
                _ => Err(ParseError::NotOperator(tok.clone())),
            })?;
        tokens.next();
        Ok(op)
    }

    parse_left_binop(tokens, parse_expr2, parse_expr3_op)
}
```

ここでコンビネータが2種類登場しました。1つはOption::ok_or 、もう1つはResult::and_then です。

Option<T>の ok_or は以下のように定義されています。

```
pub fn ok_or<E>(self, err: E) -> Result<T, E> {
    match self {
        Some(v) => Ok(v),
        None => Err(err),
    }
}
```

Option型からResult型へ変換するメソッドです。そのとき足りないエラー情報を引数で渡します。ここではイテレータの終わりは終端なのでEofに変換しています。

Result<T, E>の and_then は以下のように定義されています。

```
pub fn and_then<U, F: FnOnce(T) -> Result<U, E>>(self, op: F) -> Result<U, E> {
    match self {
        Ok(t) => op(t),
        Err(e) => Err(e),
    }
}
```

ジェネリクスが入っているので少し見づらいですが、Result型の値の後にResult型を返す関数をつなげています。Rustの関数は正しくエラーを扱うとほとんどの関数がResultを返すので、関数のあとにand_thenを続けてプログラムを書けます。and_then は重要な概念で、Result以外にもOptionをはじめ外部のライブラリでも同じ名前で同様のことをするメソッドが定義されています。ResultやOptionに限ってはand_thenを使わなくても?演算子で比較的楽に処理できますが、外部ライブラリでは多用することになるでしょう。ぜひ覚えておいてください。

parse_expr2 も同様に実装できます。

EXPR1 とATOMはルール通りに実装できます。ルールはそれぞれEXPR1 = ("+" | "-"), ATOM | ATOM ; とATOM = UNUMBER | "(", EXPR3, ")" ; です。

ch9/parser/src/main.rs（抜粋）

```
// expr1
fn parse_expr1<Tokens>(tokens: &mut Peekable<Tokens>) -> Result<Ast, ParseError>
where
    Tokens: Iterator<Item = Token>,
{
    match tokens.peek().map(|tok| tok.value) {
        Some(TokenKind::Plus) | Some(TokenKind::Minus) => {
```

```
            // ("+" | "-")
            let op = match tokens.next() {
                Some(Token {
                    value: TokenKind::Plus,
                    loc,
                }) => UniOp::plus(loc),
                Some(Token {
                    value: TokenKind::Minus,
                    loc,
                }) => UniOp::minus(loc),
                _ => unreachable!(),
            };
            // , ATOM
            let e = parse_atom(tokens)?;
            let loc = op.loc.merge(&e.loc);
            Ok(Ast::uniop(op, e, loc))
        }
        //  | ATOM
        _ => parse_atom(tokens),
    }
}

// atom
fn parse_atom<Tokens>(tokens: &mut Peekable<Tokens>) -> Result<Ast, ParseError>
where
    Tokens: Iterator<Item = Token>,
{
    tokens
        .next()
        .ok_or(ParseError::Eof)
        .and_then(|tok| match tok.value {
            // UNUMBER
            TokenKind::Number(n) => Ok(Ast::new(AstKind::Num(n), tok.loc)),
            // | "(", EXPR3, ")" ;
            TokenKind::LParen => {
                let e = parse_expr(tokens)?;
                match tokens.next() {
                    Some(Token {
                        value: TokenKind::RParen,
                        ..
                    }) => Ok(e),
                    Some(t) => Err(ParseError::RedundantExpression(t)),
                    _ => Err(ParseError::UnclosedOpenParen(tok)),
                }
            }
            _ => Err(ParseError::NotExpression(tok)),
```

```
        })
}
```

これでパーサを実装できましたのでテストしてみましょう。
コードに以下を追加します。

ch9/parser/src/main.rs（抜粋）

```
#[test]
fn test_parser() {
    // 1 + 2 * 3 - -10
    let ast = parse(vec![
        Token::number(1, Loc(0, 1)),
        Token::plus(Loc(2, 3)),
        Token::number(2, Loc(4, 5)),
        Token::asterisk(Loc(6, 7)),
        Token::number(3, Loc(8, 9)),
        Token::minus(Loc(10, 11)),
        Token::minus(Loc(12, 13)),
        Token::number(10, Loc(13, 15)),
    ]);
    assert_eq!(
        ast,
        Ok(Ast::binop(
            BinOp::sub(Loc(10, 11)),
            Ast::binop(
                BinOp::add(Loc(2, 3)),
                Ast::num(1, Loc(0, 1)),
                Ast::binop(
                    BinOp::new(BinOpKind::Mult, Loc(6, 7)),
                    Ast::num(2, Loc(4, 5)),
                    Ast::num(3, Loc(8, 9)),
                    Loc(4, 9)
                ),
                Loc(0, 9),
            ),
            Ast::uniop(
                UniOp::minus(Loc(12, 13)),
                Ast::num(10, Loc(13, 15)),
                Loc(12, 15)
            ),
            Loc(0, 15)
        ))
    )
}
```

このコードから分かるとおり、ASTの直接の記述は往々にして煩雑で、テストも読みづらくなってしまいます。普段はパーサを使うことで記法を省略できていることが実感できますね。

テストを実行してみます。

```
$ cargo test
...

running 2 tests
test test_lexer ... ok
test test_parser ... ok

test result: ok. 2 passed; 0 failed; 0 ignored; 0 measured; 0 filtered out
```

レキサとパーサ、両方ともテストが通りました。さて、これでパーサが完成しました。mainにパース処理を追記し、実行してみましょう。

mainを以下のように変更します。

ch9/parser/src/main.rs（抜粋）

```
fn main() {
    use std::io::{stdin, BufRead, BufReader};

    let stdin = stdin();
    let stdin = stdin.lock();
    let stdin = BufReader::new(stdin);
    let mut lines = stdin.lines();

    loop {
        prompt("> ").unwrap();
        if let Some(Ok(line)) = lines.next() {
            let tokens = lex(&line).unwrap();
            // 字句解析した結果をパースし
            let ast = parse(tokens).unwrap();
            // 出力する
            println!("{:?}", ast);
        } else {
            break;
        }
    }
}
```

これを実行すると以下のようになります。

```
$ cargo run
> 1 + 2
Annot { value: BinOp { op: Annot { value: Add, loc: Loc(2, 3) }, l: Annot { value: Num(1),
loc: Loc(0, 1) }, r: Annot { value: Num(2), loc: Loc(4, 5) } }, loc: Loc(0, 5) }
> 1 + (2 - 3) * 4
Annot { value: BinOp { op: Annot { value: Add, loc: Loc(2, 3) }, l: Annot { value: Num(1),
loc: Loc(0, 1) }, r: Annot { value: BinOp { op: Annot { value: Mult, loc: Loc(12, 13) }, l:
Annot { value: BinOp { op: Annot { value: Sub, loc: Loc(7, 8) }, l: Annot { value: Num(2),
loc: Loc(5, 6) }, r: Annot { value: Num(3), loc: Loc(9, 10) } }, loc: Loc(5, 10) }, r: Annot
{ value: Num(4), loc: Loc(14, 15) } }, loc: Loc(5, 15) } }, loc: Loc(0, 15) }
```

出力は一見すると分かりづらいですが、つぶさに見ると意図したとおりのASTを構築できていることが分かります。

ここまででASTを作ることができました。

9-3-3 エラー処理

これまでパーサ内でエラー値は返していましたがmain内でunwrapしていました。このままではデフォルトのデバッグ出力しか出ないので入力のデバッグがしづらいほか、エラーが出た時点でプログラムが終了してしまいます。これらの問題を解決するためにエラーハンドリングをしましょう。エラーハンドリングをする前に散らかっているエラー部分をまとめます。そうすることでエラーハンドリングをひとまとめに書けます。

字句解析エラーと構文解析エラーを統合する新しいエラー型を定義しましょう。また、それぞれのエラーから変換できるようにFromも実装します。Fromを実装しておくことで?を使ったときに自動でエラー型を変換してくれます。

ch9/parser/src/main.rs（抜粋）

```
/// 字句解析エラーと構文解析エラーを統合するエラー型
#[derive(Debug, Clone, PartialEq, Eq, Hash)]
enum Error {
    Lexer(LexError),
    Parser(ParseError),
}

impl From<LexError> for Error {
    fn from(e: LexError) -> Self {
        Error::Lexer(e)
    }
}

impl From<ParseError> for Error {
    fn from(e: ParseError) -> Self {
```

```
        Error::Parser(e)
    }
}
```

エラーをまとめたので字句解析と構文解析を組み合わせられるようになりました。これでAstにFromStrを実装できます。FromStrを実装しておくとstr::parseが使えるので、1メソッドでパースできるようになります。内部では字句解析、構文解析の順に実行しています。

ch9/parser/src/main.rs（抜粋）

```
use std::str::FromStr;
impl FromStr for Ast {
    type Err = Error;
    fn from_str(s: &str) -> Result<Self, Self::Err> {
        // 内部では字句解析、構文解析の順に実行する
        let tokens = lex(s)?;
        let ast = parse(tokens)?;
        Ok(ast)
    }
}
```

main内の処理がすっきりします。

ch9/parser/src/main.rs（抜粋）

```
fn main() {
    // ...
    loop {
        // ...
        if let Some(Ok(line)) = lines.next() {
            // from_strを実装したのでparseが呼べる
            let ast = match line.parse::<Ast>() {
                Ok(ast) => ast,
                Err(e) => {
                    // ここでエラー処理をする
                    unimplemented!()
                }
            };
            println!("{:?}", ast);
        } else {
            // ....
        }
    }
}
```

準備が整ったのでここからエラーハンドリングに取り組みます。

構文エラーの出力

エラーレポートに使うのがstd::error::Errorです。

```
// 標準ライブラリのエラートレイトの定義
pub trait Error: Debug + Display {
    // Displayの方が推奨される
    fn description(&self) -> &str { ... }
    // 非推奨
    fn cause(&self) -> Option<&dyn Error> { ... }
    fn source(&self) -> Option<&(dyn Error + 'static)> { ... }
}
```

Errorトレイトは多少議論があり、Rust 1.33からdescriptionをあまり使わずDisplayトレイトを使うように、またcauseは使わずsourceを使うようにすることが推奨されています。標準ライブラリのErrorトレイトを本章で定義したError型に実装することで、きれいに構文エラーを出力できるようになります。

まず標準ライブラリのErrorはDisplayを継承しているのでそれを実装します。利便性のためError、LexError、ParseErrorのほか、TokenKindやLocにもDisplayを実装します。少し作業的な実装が続きます。

ch9/parser/src/main.rs（抜粋）

```
use std::fmt;
impl fmt::Display for TokenKind {
    fn fmt(&self, f: &mut fmt::Formatter) -> fmt::Result {
        use self::TokenKind::*;
        match self {
            Number(n) => n.fmt(f),
            Plus => write!(f, "+"),
            Minus => write!(f, "-"),
            Asterisk => write!(f, "*"),
            Slash => write!(f, "/"),
            LParen => write!(f, "("),
            RParen => write!(f, ")"),
        }
    }
}

impl fmt::Display for Loc {
    fn fmt(&self, f: &mut fmt::Formatter) -> fmt::Result {
        write!(f, "{}-{}", self.0, self.1)
    }
}
```

```
impl fmt::Display for LexError {
    fn fmt(&self, f: &mut fmt::Formatter) -> fmt::Result {
        use self::LexErrorKind::*;
        let loc = &self.loc;
        match self.value {
            InvalidChar(c) => write!(f, "{}: invalid char '{}'", loc, c),
            Eof => write!(f, "End of file"),
        }
    }
}

impl fmt::Display for ParseError {
    fn fmt(&self, f: &mut fmt::Formatter) -> fmt::Result {
        use self::ParseError::*;
        match self {
            UnexpectedToken(tok) => write!(f, "{}: {} is not expected", tok.loc, tok.value),
            NotExpression(tok) => write!(
                f,
                "{}: '{}' is not a start of expression",
                tok.loc, tok.value
            ),
            NotOperator(tok) => write!(f, "{}: '{}' is not an operator", tok.loc, tok.value),
            UnclosedOpenParen(tok) => write!(f, "{}: '{}' is not closed", tok.loc, tok.value),
            RedundantExpression(tok) => write!(
                f,
                "{}: expression after '{}' is redundant",
                tok.loc, tok.value
            ),
            Eof => write!(f, "End of file"),
        }
    }
}

impl fmt::Display for Error {
    fn fmt(&self, f: &mut fmt::Formatter) -> fmt::Result {
        write!(f, "parser error")
    }
}
```

そして標準ライブラリのErrorを実装しておきます。descriptionとcauseは使わず、sourceだけを実装するので作業量は多くありません。

ch9/parser/src/main.rs（抜粋）

```
// Errorデータ型と名前が重複するのでStdErrorとして導入
use std::error::Error as StdError;

impl StdError for LexError {}

impl StdError for ParseError {}

impl StdError for Error {
    fn source(&self) -> Option<&(dyn StdError + 'static)> {
        use self::Error::*;
        match self {
            Lexer(lex) => Some(lex),
            Parser(parse) => Some(parse),
        }
    }
}
```

DisplayとErrorをエラー関連の型に実装しました。

Displayトレイトとsourceを用いてエラーの連鎖を表示できるようになります。sourceは連結リストのように連鎖してエラー型を取り出すことができます。

ch9/parser/src/main.rs（抜粋）

```
fn main() {
    // ...
    loop {
        // ...
        if let Some(Ok(line)) = lines.next() {
            let ast = match line.parse::<Ast>() {
                // ...
                Err(e) => {
                    // エラーがあった場合そのエラーとcauseを全部出力する
                    eprintln!("{}", e);
                    let mut source = e.source();
                    // sourceをすべてたどって表示する
                    while let Some(e) = source {
                        eprintln!("caused by {}", e);
                        source = e.source()
                    }
                    // エラー表示のあとは次の入力を受け付ける
                    continue;
                }
            };
            // ...
        }
```

```
        //...
    }
}
```

この実装に無効な入力を与えてみましょう。

```
$ cargo run
> (+ 1 2)
parser error
caused by 5-6: expression after '2' is redundant
> 1 + (2 - 3
parser error
caused by 4-5: '(' is not closed
> 1 + 2 - * 3
parser error
caused by 8-9: '*' is not a start of expression
> 1 +
parser error
caused by End of file
> aiueo
parser error
caused by 0-1: invalid char 'a'
>
```

エラーが表示できました。しかし直感的にどの入力が問題なのか分かりづらいですね。たとえばどの文字でエラーになったのかは行頭に記載されていて情報に不足はないのですが、ひと目見ただけではどこが問題なのか分かりません。人間が目で見て分かりやすいエラーのために出力を改善しましょう。

位置情報を持っているのであとは入力情報があればどの文字が問題か図示できます。Error型に診断メッセージを表示する固有メソッドを追加しましょう。

ch9/parser/src/main.rs（抜粋）

```
/// inputに対してlocの位置を強調表示する
fn print_annot(input: &str, loc: Loc) {
    // 入力に対して
    eprintln!("{}", input);
    // 位置情報を分かりやすく示す
    eprintln!("{}{}", " ".repeat(loc.0), "^".repeat(loc.1 - loc.0));
}

impl Error {
    /// 診断メッセージを表示する
    fn show_diagnostic(&self, input: &str) {
```

```
        use self::Error::*;
        use self::ParseError as P;
        // エラー情報とその位置情報を取り出す。エラーの種類によって位置情報を調整する
        let (e, loc): (&StdError, Loc) = match self {
            Lexer(e) => (e, e.loc.clone()),
            Parser(e) => {
                let loc = match e {
                    P::UnexpectedToken(Token { loc, .. })
                    | P::NotExpression(Token { loc, .. })
                    | P::NotOperator(Token { loc, .. })
                    | P::UnclosedOpenParen(Token { loc, .. }) => loc.clone(),
                    // redundant expressionはトークン以降行末までが余りなのでlocの終了位置を調整する
                    P::RedundantExpression(Token { loc, .. }) => Loc(loc.0, input.len()),
                    // EoFはloc情報を持っていないのでその場で作る
                    P::Eof => Loc(input.len(), input.len() + 1),
                };
                (e, loc)
            }
        };
        // エラー情報を簡単に表示し
        eprintln!("{}", e);
        // エラー位置を指示する
        print_annot(input, loc);
    }
}
```

ついでに先ほどのエラーのトレースを表示するコード片も関数とし部品化します。

ch9/parser/src/main.rs

```
fn show_trace<E: StdError>(e: E) {
    // エラーがあった場合そのエラーとsourceを全部出力する
    eprintln!("{}", e);
    let mut source = e.source();
    // sourceをすべてたどって表示する
    while let Some(e) = source {
        eprintln!("caused by {}", e);
        source = e.source()
    }
    // エラー表示のあとは次の入力を受け付ける
}
```

これでエラーハンドリングの箇所は以下のようになります。

ch9/parser/src/main.rs（抜粋）

```
            Err(e) => {
                e.show_diagnostic(&line);
                show_trace(e);
                continue;
            }
```

診断メッセージを追加したので実際にエラーを出してみます。

```
> (+ 1 3)
5-6: expression after '3' is redundant
(+ 1 3)
     ^^
parser error
caused by 5-6: expression after '3' is redundant
> (+ 1 2)
5-6: expression after '2' is redundant
(+ 1 2)
     ^^
parser error
caused by 5-6: expression after '2' is redundant
> 1 + (2 - 3
4-5: '(' is not closed
1 + (2 - 3
    ^
parser error
caused by 4-5: '(' is not closed
> 1 + 2 - * 3
8-9: '*' is not a start of expression
1 + 2 - * 3
        ^
parser error
caused by 8-9: '*' is not a start of expression
> 1 +
End of file
1 +
  ^
parser error
caused by End of file
> aiueo
0-1: invalid char 'a'
aiueo
^
parser error
caused by 0-1: invalid char 'a'
```

ユーザの入力とともにエラー箇所が図示されるようになったので分かりやすくなりました。

エラーハンドリングではボイラープレートコード（自明だが省略できない定型的なコード）が多く登場します。本書では説明を省きますが、failureクレート[*16]などのエラー処理ライブラリを使うと、このようなコードをある程度自動的に生成できます。また、failureクレートはエラーに対応するバックトレースを表示する機能なども持ちますが、この機能は将来Rustの標準ライブラリのエラー型にも入る予定です[*17]。

9-4 抽象構文木の利用

ここまででパーサが完成し、ASTを構築できるようになりました。ここからは構築したASTを利用していきます。ASTはインタプリタやコンパイラ、コードフォーマッタ、式解析などさまざまな用途がありますが本書ではインタプリタとコンパイラを取り上げます。最初に実装するのはインタプリタ、評価器です。ASTの扱いの基本である木のトラバース（木構造を上ったり下りたりしながらすべてのノードをたどる処理）の好例です。

次に実装するのはコンパイラ、翻訳器です。木構造であるASTを直列の命令列に変換します。

9-4-1 評価器の作成

最初は評価器を実装します。そのままでも有用なほか、簡単に実装できるのでコンパイラを実装する前の参照実装としても利用できます。

まずは評価器のデータ型を定義しましょう。

ch9/parser/src/main.rs（抜粋）

```
/// 評価器を表すデータ型
struct Interpreter;

impl Interpreter {
    pub fn new() -> Self {
        Interpreter
    }
}
```

＊16 https://crates.io/crates/failure
＊17 https://github.com/rust-lang/rust/issues/53487

特にデータを持たない構造体として定義しておきます。本章で扱う範囲ではデータは必要ありませんが、もし拡張するならば変数や関数定義などの評価文脈（context）のデータを持たせる必要があるでしょう。

また、ゼロ除算のエラーがあるのでそれも定義しておきます。長くなるので省きますが、エラーハンドリングの節と同様DisplayとStdErrorを実装し、show_diagnosticメソッドも用意します。

ch9/parser/src/main.rs

```
#[derive(Debug, Clone, PartialEq, Eq, Hash)]
enum InterpreterErrorKind {
    DivisionByZero,
}

type InterpreterError = Annot<InterpreterErrorKind>;
```

ASTを評価する関数evalをInterpreterの固有メソッドとしてこのような型シグネチャで実装していきます。

```
impl Interpreter {
    pub fn eval(&mut self, expr: &Ast) -> Result<i64, InterpreterError> { ... }
}
```

実装を与える前に具体的な値を用いて計算の手順を確認してみましょう。

以下のような式を考えます。

```
1 + 2 * 3
```

これは**図9.11**のようなASTになりますね。

図9.11 1 + 2 * 3のAST

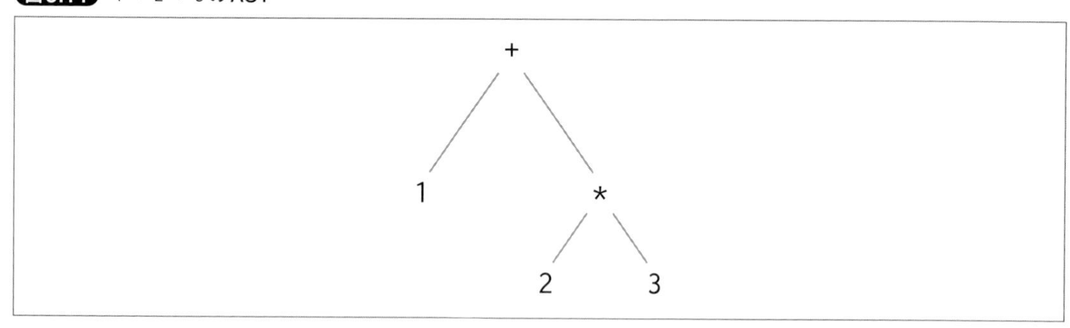

まず+の左、右を計算してから+を計算します。それらしく言い換えると、部分問題を解いてから全体の問題を解きます。最初の左辺は数値の1なので何もしません。言い換えると1と

いう数値を受け取って1という数値を返す計算をします。次の右辺はまた演算になっているのでこれを計算します。*とその両辺を計算します。2、3は1と同じくそのまま返ります。*に2、3が渡るのでこれを計算して結果6になります。

ここまでの計算結果をあらためて**図9.12**に示します。

図9.12 全体のAST

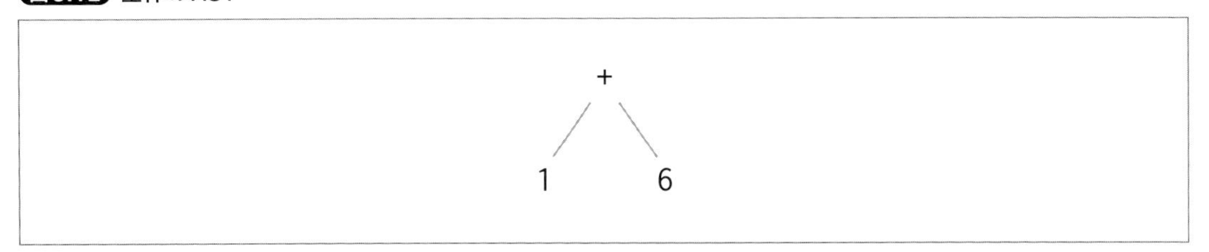

これで+に1と6が渡されるのでこれを計算して7です。

動きは木のトラバースそのもので、演算子の左式、右式と計算してから演算子を計算する**帰りがけ順**になっています。この例では登場しませんでしたが単項演算子の処理は直感的に分かるでしょう。

今の分析をそのまま実装します。まずはevalの全体像です。たとえばBinOpで左、右と計算してからeval_binopを呼んでいます。

ただしゼロ除算を扱うために二項演算はResultを返します。

ch9/parser/src/main.rs（抜粋）

```
// impl Interpreter内
    pub fn eval(&mut self, expr: &Ast) -> Result<i64, InterpreterError> {
        use self::AstKind::*;
        match expr.value {
            Num(n) => Ok(n as i64),
            UniOp { ref op, ref e } => {
                let e = self.eval(e)?;
                Ok(self.eval_uniop(op, e))
            }
            BinOp {
                ref op,
                ref l,
                ref r,
            } => {
                let l = self.eval(l)?;
                let r = self.eval(r)?;
                self.eval_binop(op, l, r)
                    .map_err(|e| InterpreterError::new(e, expr.loc.clone()))
            }
        }
    }
```

そしてevalから呼ばれている関数です。それぞれの単項、二項演算子はほぼ直感的です。除算だけ除数が0か否かで場合分けします。

ch9/parser/src/main.rs（抜粋）

```
// impl Interpreter内
    fn eval_uniop(&mut self, op: &UniOp, n: i64) -> i64 {
        use self::UniOpKind::*;
        match op.value {
            Plus => n,
            Minus => -n,
        }
    }
    fn eval_binop(&mut self, op: &BinOp, l: i64, r: i64) -> Result<i64, InterpreterErrorKind> {
        use self::BinOpKind::*;
        match op.value {
            Add => Ok(l + r),
            Sub => Ok(l - r),
            Mult => Ok(l * r),
            Div => {
                if r == 0 {
                    Err(InterpreterErrorKind::DivisionByZero)
                } else {
                    Ok(l / r)
                }
            }
        }
    }
```

これだけでインタプリタが完成しました。

インタプリタをmainで利用すると電卓が完成します。

ch9/parser/src/main.rs（抜粋）

```
fn main() {
    use std::io::{stdin, BufRead, BufReader};
    // インタプリタを用意しておく
    let mut interp = Interpreter::new();

    let stdin = stdin();
    let stdin = stdin.lock();
    let stdin = BufReader::new(stdin);
    let mut lines = stdin.lines();

    loop {
        prompt("> ").unwrap();
        if let Some(Ok(line)) = lines.next() {
```

```
            let ast = match line.parse::<Ast>() {
                Ok(ast) => ast,
                Err(e) => {
                    e.show_diagnostic(&line);
                    show_trace(e);
                    continue;
                }
            };
            // インタプリタでevalする
            let n = match interp.eval(&ast) {
                Ok(n) => n,
                Err(e) => {
                    e.show_diagnostic(&line);
                    show_trace(e);
                    continue;
                }
            };

            println!("{}", n);
        } else {
            break;
        }
    }
}
```

以下のように動作します。

```
$ cargo run
> 1
1
> 1 + 2 * 3
7
> 1 + 3 / (1 + 2 - 3)
division by zero
1 + 3 / (1 + 2 - 3)
    ^^^^^^^^^^^^^^
division by zero
```

計算もエラーの扱いもできました。

9-4-2 コードの生成

2章で作成した逆ポーランド記法の電卓で利用できるように、パースした式を逆ポーランド記法で出力しましょう。

たとえば6 + 5 * 4 - 3 / 2 * 1という入力に対して、6 5 4 * + 3 2 / 1 * -を出力します。このコンパイラも左辺、右辺、演算子の順に処理すればいいので、先ほどのインタプリタと似たような実装になります。

まずは同様にデータ型を定義します。インタプリタと同じく翻訳文脈が必要ないのでフィールドのないデータ型になります。また、こちらは必ず翻訳に成功するのでエラーの定義はありません。

ch9/parser/src/main.rs（抜粋）

```
/// 逆ポーランド記法へのコンパイラを表すデータ型
struct RpnCompiler;

impl RpnCompiler {
    pub fn new() -> Self {
        RpnCompiler
    }
}
```

今度はインタプリタのように計算するわけではなく、文字列を構築します。ですので、構築中の文字列を引き回すために関連する関数に1つ引数が増えます。とはいっても公開APIであるcompileメソッドには引数を増やしません。compile内で文字列を作り、compile内部で呼ぶ関数に渡すことにします。この文字列はコンパイルの度に生成、ムーブするのでコンパイラの状態ではなく引数で扱います。

compile関数は文字列を作ってcompile_inner関数を呼ぶだけです。実際の処理はcompile_innerが担当します。

ch9/parser/src/main.rs（抜粋）

```
    pub fn compile(&mut self, expr: &Ast) -> String {
        let mut buf = String::new();
        self.compile_inner(expr, &mut buf);
        buf
    }
```

compile_innerはほとんどインタプリタと変わりません。異なる点は

1. 単項演算子がRPNにないので数値と結合している
2. 引数のbufが増えている
3. 単項、二項演算子が引数を取らなくなっている
4. 区切りのスペースを挿入している

です。

ch9/parser/src/main.rs（抜粋）

```
pub fn compile_inner(&mut self, expr: &Ast, buf: &mut String) {
    use self::AstKind::*;
    match expr.value {
        Num(n) => buf.push_str(&n.to_string()),
        UniOp { ref op, ref e } => {
            self.compile_uniop(op, buf);
            self.compile_inner(e, buf)
        }
        BinOp {
            ref op,
            ref l,
            ref r,
        } => {
            self.compile_inner(l, buf);
            buf.push_str(" ");
            self.compile_inner(r, buf);
            buf.push_str(" ");
            self.compile_binop(op, buf)
        }
    }
}
```

単項、二項演算子の実装もほぼ直感的です。

ch9/parser/src/main.rs（抜粋）

```
fn compile_uniop(&mut self, op: &UniOp, buf: &mut String) {
    use self::UniOpKind::*;
    match op.value {
        Plus => buf.push_str("+"),
        Minus => buf.push_str("-"),
    }
}
fn compile_binop(&mut self, op: &BinOp, buf: &mut String) {
    use self::BinOpKind::*;
    match op.value {
        Add => buf.push_str("+"),
        Sub => buf.push_str("-"),
        Mult => buf.push_str("*"),
        Div => buf.push_str("/"),
    }
}
```

コンパイラが完成したのでインタプリタの代わりにコンパイラを動かしてみましょう。

ch9/parser/src/main.rs（抜粋）

```
fn main() {
    use std::io::{stdin, BufRead, BufReader};
    let mut compiler = RpnCompiler::new();

    let stdin = stdin();
    let stdin = stdin.lock();
    let stdin = BufReader::new(stdin);
    let mut lines = stdin.lines();

    loop {
        prompt("> ").unwrap();
        if let Some(Ok(line)) = lines.next() {
            let ast = match line.parse::<Ast>() {
                Ok(ast) => ast,
                Err(e) => {
                    e.show_diagnostic(&line);
                    show_trace(e);
                    continue;
                }
            };
            // インタプリタの代わりにコンパイラを呼ぶ
            let rpn = compiler.compile(&ast);
            println!("{}", rpn);
        } else {
            break;
        }
    }
}
```

これを実行すると期待通りの結果を返します。

```
> 6 + 5 * 4 - 3 / 2 * 1
6 5 4 * + 3 2 / 1 * -
```

この結果を2章で作成した逆ポーランド記法計算機に渡すと計算できるはずです。ただ、2章のプログラムでは式がハードコードされていますので、コマンドライン引数か標準入力から式を受け取るように改造することになります。本書をここまで読んでいただいたなら改造は難しくないでしょう。

本章ではコンビネータを上手く使いながらパーサを構成しました。また、エラーを返すだけではなく統合、表示まで扱いました。パーサを呼んだあとの応用としてインタプリタとコンパ

イラの用例を示しました。パーサについての詳細な情報が欲しい方は「コンパイラ［第2版］～原理・技法・ツール ～(サイエンス社)」をお勧めします。本章で構成したパーサは比較的手続き的に書かれています。パーサコンビネータライブラリを利用するときはもう少しコンビネータを多めに扱うことになるでしょう。ここで構成したインタプリタは簡素なものではありますが、骨子は同じまま複雑な処理をするインタプリタへの応用もできるでしょう。変数、関数、制御構造、ユーザ定義型、と徐々に拡張していけば1つ1つのステップは難しくないでしょう。

第10章

パッケージを作る

本章では簡単なプログラムの作成を通じて、Rustでのパッケージ作成と公開の方法を学びます。Rustでは1つのプログラムのことをクレート（crate）と呼びます。パッケージレジストリとしてはcrates.io（https://crates.io）がRustコミュニティにより運営されており、そこでは世界中のRustaceanが自身の書いたクレートを公開しています。また、crates.ioはGitHubアカウントさえ持っていれば、誰でもログインしてパッケージを公開できるようになっています。一度ログインを済ませれば、Cargoを使って手軽に自身のパッケージを公開できます。

クレートには大きく分けて以下の2種類があります。

- バイナリ(bin)クレート: 実行可能なプログラムとなるもの
- ライブラリ(lib)クレート: ライブラリとして他のクレートから呼び出せるもの

このどちらもパッケージとして公開できます。前者は主に`cargo install`によってインストールされ、CLIツールとして利用されます。後者は主に`Cargo.toml`に記述されることによってダウンロードされ、ライブラリとして利用されます。どちらも公開までの手順は変わりません。本章ではbinクレートとlibクレートを作りながらクレートやモジュール、ドキュメント、crates.ioなどについて学びます。

10-1 コマンドラインツールの作成

それでは、コマンドラインツールを作ってみましょう。コマンドラインツールなのでbinクレートを作ります。しかし機能のモジュール化と諸々の機能の説明のためにlibクレートも作ります。Cargoでは両者を混在させたパッケージも作れるのです。

これから作るツールは、コマンドラインで指定されたテキストファイルを読み込み、英文ファイル中の単語の出現頻度を数えるものとします。空白で単語を区切って数えます。

cargoコマンドを実行し、新しいプロジェクトを作成します。ひとまずbinクレートを作ります。

```
$ cargo new wordcount
     Created binary (application) `wordcount` package
```

10-1-1 Cargoとプロジェクト、パッケージ、クレート

ここであまり説明せずに使っていたCargoについて説明します。CargoとはRustのビルドツール兼パッケージマネージャです。Rustコンパイラと同じくRust開発チームが開発しているので、Rustによく統合されており使いやすいと評判です。先ほどcargo new wordcountで作成されたwordcountディレクトリのそれぞれのディレクトリ、ファイルは以下の役割を持っています。

- Cargo.toml：パッケージのメタデータを記述するファイル。このメタデータをマニフェストと呼ぶ
- src：ソースコードを配置するディレクトリ。プログラムはこのディレクトリに追加していく
  - main.rs：プログラムを記述するファイル。ツール実行時には、main.rsに記載されたmain関数がエントリポイントになる

この時点でコンパイルできる状態になっているので、ここから中身を実装していきます。今までは簡単な使い方しかしてきませんでしたが、本章や11章、12章でもう少し踏み込んだ使い方をしていきます。たとえばドキュメントを生成したり、テストをしたり、ワークスペースで複数のパッケージを管理したり、Cとの混成パッケージを作ったりできます。Cargoの詳細な情報はドキュメント[*1]を参照してください。

ついでに今までなんとなく使い分けていたプロジェクト、パッケージ、クレート、ワークスペースなどの用語についても整理しましょう

- **クレート**：1つのRustプログラム。いくつかのモジュールで構成され、コンパイルすると実行可能ファイル、またはライブラリが生成される。Rustプログラムの単位なのでCargoとは独立している
- **パッケージ**：Cargoの1単位。複数のクレート、具体的には1つのlibクレートと複数のbinクレート、その他テストやexampleのクレートなどを持てる
- **ワークスペース**：複数のパッケージで構成されるプロジェクト。11章で扱う
- **プロジェクト**：Cargoの最大単位。ワークスペースとして複数のパッケージをまとめていることもあれば、単一のパッケージのプロジェクトでもあり得る

＊1　https://doc.rust-lang.org/stable/cargo/index.html

今回作るのは、複数のクレートが1つのパッケージに入っている1つのCargoプロジェクトです。

また、crates.ioに公開される単位はクレートともパッケージとも呼ばれているようです。本書ではパッケージと呼ぶことにします。

10-1-2 マニフェストファイルの修正

マニフェストファイルの内容は、パッケージの情報に合わせて書き換える必要があります。

Cargo.tomlはパッケージのメタデータを記述するファイルです。TOML[*2]記法で書きます。デフォルトのCargo.tomlには以下の2つのセクションが含まれています。

- package: パッケージ自体のメタデータを記述する
- dependencies: パッケージが依存する外部クレートを記述する

この他にも使用可能なセクションはありますが、一番よく使うのはこの2つのセクションでしょう。最初はdependenciesのみを修正します。wordcountでは、単語の分割に正規表現を使います。正規表現を扱うライブラリはregexクレートとして公式から提供されています。regexクレートを利用するため、dependenciesセクションに以下のように追記してください。

ch10/wordcount/Cargo.toml（抜粋）

```
[dependencies]
regex = "1.0"
```

10-1-3 プログラムの作成

それでは、ツール本体の作成に入っていきましょう。単語の頻度を数えるツールでした。これをいくつかの処理に分けて考えてみましょう。

1. コマンドラインで指定された引数を読み込む
2. 指定されたファイルを開く
3. ファイルから1行ずつ読み込む
4. その行を単語で分割する
5. 出現した単語の出現頻度を数える

これらを一気に実装します。main.rsに以下のように書いてください。

*2 https://github.com/toml-lang/toml

ch10/wordcount/src/main.rs

```
use regex::Regex;
use std::collections::HashMap;
use std::env;
use std::fs::File;
use std::io::BufRead;
use std::io::BufReader;

pub fn count(input: impl BufRead) -> HashMap<String, usize> {
    let re = Regex::new(r"\w+").unwrap();
    let mut freqs = HashMap::new(); // HashMap<String, usize>型

    for line in input.lines() {
        let line = line.unwrap();
        // 4. その行を単語で分割する
        for m in re.find_iter(&line) {
            let word = m.as_str().to_string();
            // 5. 出現した単語の出現頻度を数える
            *freqs.entry(word).or_insert(0) += 1;
        }
    }
    freqs
}

fn main() {
    // 1. コマンドラインで指定された引数を読み込む
    let filename = env::args().nth(1).expect("1 argument FILENAME required");
    // 2. 指定されたファイルを開く
    let file = File::open(filename).unwrap();
    let reader = BufReader::new(&file);

    // 3. ファイルから1行ずつ読み込む
    let freqs = count(reader);
    println!("{:?}", freqs);
}
```

次にクレートをビルドします。wordcountディレクトリに移動し、cargo buildコマンドを実行してください。

```
$ cd wordcount
$ cargo build
Compiling wordcount v0.1.0 (file://../wordcount)
 Finished dev [unoptimized + debuginfo] target(s) in 1.11 secs
```

ビルドしたツールを実行してみましょう。

実行には入力対象となるテキストファイルが必要です。カレントディレクトリに入力ファイル`text.txt`を作成します。`text.txt`の中身は以下のようにします。

ch10/wordcount/text.txt

```
aa bb cc aa
```

ツールを実行します。カレントディレクトリからは以下のようにして実行できます。cargo runで実行可能ファイルにオプションを渡す場合には`--`の後ろにオプションを書きます。

```
$ cargo run -- text.txt
{"cc": 1, "bb": 1, "aa": 2}
```

ツールの動作が確認できました。

10-1-4 ライブラリとバイナリへの分割

ここでcountをlibクレートとして分離してみましょう。wordcountの機能が他のクレートからも使えるようになる他、ドキュメントやテストなどでメリットがあります。Cargoはデフォルトで`lib.rs`をlibクレートのエントリポイント、`main.rs`または`bin/`下のファイルをbinクレートのエントリポイントとして認識します。今回の用途ではlibクレートとして分離したいコードを`lib.rs`に書くと目的を達成できます。まず`lib.rs`があるのでlibクレートとしてコンパイルし、さらに`main.rs`があるのでbinクレートとしてもコンパイルしてくれるのです。新たに`lib.rs`を作って以下を書きます。

ch10/wordcount/src/lib.rs

```
use regex::Regex;
use std::collections::HashMap;
use std::io::BufRead;

// ライブラリ外から参照するためにpubにする
pub fn count(input: impl BufRead) -> HashMap<String, usize> {
    let re = Regex::new(r"\w+").unwrap();
    let mut freqs = HashMap::new(); // HashMap<String, usize>型

    for line in input.lines() {
        let line = line.unwrap();
        // 4. その行を単語で分割する
        for m in re.find_iter(&line) {
            let word = m.as_str().to_string();
```

```
            // 5. 出現した単語の出現頻度を数える
            *freqs.entry(word).or_insert(0) += 1;
        }
    }
    freqs
}
```

そしてmain.rsは以下のようになります。

ch10/wordcount/src/main.rs

```
use std::env;
use std::fs::File;
use std::io::BufReader;

// libクレートに分離したものを使う
use wordcount::count;

fn main() {
    // 1. コマンドラインで指定されたオプションを読み込む
    let filename = env::args().nth(1).expect("1 argument FILENAME required");
    // 2. 指定されたファイルを開く
    let file = File::open(filename).unwrap();
    let reader = BufReader::new(&file);

    // 3. ファイルから1行ずつ読み込む
    let freqs = count(reader);
    println!("{:?}", freqs);
}
```

これでbinクレートからlibクレートが分かれました。クレートもモジュールと同じ可視性のしくみが入るのでlib.rsに書いたcount関数にpubが必要なことに注意しましょう。またパッケージにlibクレートとbinクレートがある場合、libクレートをbinクレートにリンクしてくれるので何も設定を書かなくてもwordcountクレートが使えます。このwordcountという名前はCargo.tomlのpackageセクションに書かれているnameから来ています。

さて、せっかくライブラリにしたのでもう少し機能を増やしましょう。単語以外にも行や文字も数えられるオプションを加えます。

まずはオプションを表すCountOption型を作ります。デフォルト値はWordにしておきましょう。

ch10/wordcount/src/lib.rs（抜粋）

```
#[derive(Debug, Clone, Copy, PartialEq, Eq, Hash)]
pub enum CountOption {
    Char,
```

```
    Word,
    Line,
}

impl Default for CountOption {
    fn default() -> Self {
        CountOption::Word
    }
}
```

countの実装も対応させます。

ch10/wordcount/src/lib.rs（抜粋）

```
pub fn count(input: impl BufRead, option: CountOption) -> HashMap<String, usize> {
    let re = Regex::new(r"\w+").unwrap();
    let mut freqs = HashMap::new(); // HashMap<String, usize>型

    for line in input.lines() {
        let line = line.unwrap();
        use crate::CountOption::*;
        match option {
            Char => {
                for c in line.chars() {
                    *freqs.entry(c.to_string()).or_insert(0) += 1;
                }
            }
            Word => {
                for m in re.find_iter(&line) {
                    let word = m.as_str().to_string();
                    *freqs.entry(word).or_insert(0) += 1;
                }
            }
            Line => *freqs.entry(line.to_string()).or_insert(0) += 1,
        }
    }
    freqs
}
```

最後にmain.rsでcountを呼び出している部分に第2引数を加えます。

ch10/wordcount/src/main.rs（抜粋）

```
    // 第2引数 Default::defaultを加える
    let freqs = count(reader, Default::default());
```

cargo runしたときは今までどおりの挙動ですが、ライブラリとしては機能が増えました。

10-2 ドキュメントを書く

クレートを自分以外のユーザが利用したり、開発したりする場合にはドキュメントが重要です。

Rustでは構文にドキュメンテーションコメントがあるほか、ドキュメント作成のためにrustdocというツールがコンパイラと同時に配布されています。rustdocはcargoコマンドからもdocサブコマンドを通じて利用できます。

10-2-1 ドキュメントの構文

6章で学んだとおり、コメントには大きく分けて普通のコメントとドキュメンテーションコメントがあります。さらにドキュメンテーションコメントには、次のアイテムに付くものと上位のアイテムに付くものがあり、そしてそれぞれに1行コメントと複数行コメントがあるのでした。これらについて使い方を見てみましょう。まずは次のアイテムに付くドキュメンテーションコメントです。

```
/// 構造体です
pub struct Struct {
    /** フィールドです */
    pub field1: String,
}

/** MyIntです
i32型をラップします。
*/
pub struct MyInt(/** 値です */ pub i32);

/** Enumです

行頭に * を付けるとMarkdownのリストと認識されてしまいます。
他言語に慣れている人は注意
*/
pub enum Enum {
    /// 列挙子です
    Variant,
    /// Struct-Likeバリアントです
    Struct {
        /// フィールドです
        field2: String,
```

```
    },
}

/// typeです
pub type Int = MyInt;

/// 関数です
pub fn function() {}

/// モジュールです
pub mod module {}
```

次は上位のアイテムに付くドキュメンテーションコメントです。こちらはそれを囲むアイテムにコメントを付けられます。

```
/*! (ファイルの先頭に記述する)
クレートです
*/



pub fn function2() {
    //! 関数その2です
}

pub mod module2 {
    //! モジュールその2です
}
```

これらの使い分けは、主に///をアイテムのドキュメントに、//!をクレートや、ファイルやディレクトリに切り出されたモジュールのコメントに使います。/** ~ */や/*! ~ */はスタイルガイド[*3]では非推奨とされています。

以後はスタイルガイドにならって///と//!を用いて説明していきます。

10-2-2 ドキュメントの書式

ドキュメント内はマークダウン形式[*4]で記述します。ドキュメントのマークダウンの書式が間違っていてもコンパイルエラーにはなりませんが、後述のrustdocでドキュメントを生成するときに正しく解釈されなくなります。

また、規約としていくつかのセクション名が特定の説明に対して用いられます。

＊3　https://doc.rust-lang.org/1.0.0/style/style/comments.html
＊4　http://www.markdown.jp/what-is-markdown/

- Panics: 関数がパニックを起こす可能性がある場合にパニックする条件を書く
- Errors: 関数がResultを返す場合にエラーを返す条件を書く
- Safety: unsafeな関数を書くときにユーザが保証すべき条件を書く
- Examples: 関数の使い方の例を書く

特にExamplesはよく用いられます。マークダウンが書けるのでもちろんコードブロックも書けます。やはりコード例があると使い方がすぐに分かるので、可能な限り書くとよいでしょう。

ところでドキュメント内のコードブロックはテスト時に同時にコンパイル、実行されます。正しくないコード例や、コード例が陳腐化するのを防げます。ドキュメントとテストについては後述します。書式についてさらなる情報はドキュメント*5を参照してください。

10-2-3 ドキュメント文章の記載

上記のドキュメントの書式にそって、先ほどのwordcountクレートにドキュメントを付けていきましょう。まずはクレート全体の説明として、lib.rsに//!で始まるコメントを記載します。

ch10/wordcount/src/lib.rs（抜粋）

```
//! wordcount はシンプルな文字、単語、行の出現頻度の計数機能を提供します。
//! 詳しくは[`count`](fn.count.html)関数のドキュメントを見て下さい。

...
```

ここでリンクしているfn.count.htmlは、生成されたwordcount::countのドキュメントへのURLです。後述しますがこのドキュメンテーションコメントからHTML形式のドキュメントが生成されるので、そこへのリンクを張っています。このURLの生成ルールは決まっているので頭の中でルールを適用して計算することもできますが、ルールを覚えなくて済んで楽なのはいったんドキュメントを生成して該当ドキュメントのURLを確認してからリンクのURLを修正する方法でしょう。Rustのアイテムのドキュメントについては、Rust風のパスネームを書いたら自動でそのURLを指定するRFC*6が提案されていますが、まだstableのコンパイラでは利用できません*7。今はURLを使いつつ今後の安定化に期待しましょう。

次に、アイテムのAPIドキュメントを記載します。先ほど説明したとおり、列挙型やそのバリアント、関数定義、あるいはトレイトの実装にもドキュメントを書けます。

---

*5 https://doc.rust-lang.org/book/ch14-02-publishing-to-crates-io.html#making-useful-documentation-comments
*6 https://github.com/rust-lang/rfcs/blob/master/text/1946-intra-rustdoc-links.md
*7 https://github.com/rust-lang/rust/issues/43466

ch10/woudcount/src/lib.rs（抜粋）

```
/// [`count`](fn.count.html)で使うオプション
#[derive(Debug, Clone, Copy, PartialEq, Eq, Hash)]
pub enum CountOption {
    /// 文字ごとに頻度を数える
    Char,
    /// 単語ごとに頻度を数える
    Word,
    /// 行ごとに頻度を数える
    Line,
}

/// オプションのデフォルトは [`Word`](enum.CountOption.html#variant.Word)
impl Default for CountOption {
    // ...
}

/// input から1行ずつUTF-8文字列を読み込み、頻度を数える
///
/// 頻度を数える対象はオプションによって制御される
/// * [`CountOption::Char`](enum.CountOption.html#variant.Char): Unicodeの1文字ごと
/// * [`CountOption::Word`](enum.CountOption.html#variant.Word): 正規表現 \w+ にマッチする単語ごと
/// * [`CountOption::Line`](enum.CountOption.html#variant.Line): \n または \r\n で区切られた1行ごと
///
/// # Panics
///
/// 入力がUTF-8でフォーマットされていない場合にパニックする
pub fn count(input: impl BufRead, option: CountOption) -> HashMap<String, usize> {
    // ...
}
```

トレイトの実装にもドキュメントを付けられます。

今回の例ではひと目で見渡せる範囲にしかアイテムがありませんでした。しかしもっと複雑なクレートを開発しているとドキュメントを付け忘れることがあります。そこでmissing_docsのLintが用意されています。main.rsの先頭に#![warn(missing_docs)]（あるいはもっとドキュメントに対して強い意思があるなら#![deny(missing_docs)]）を付けてみましょう。

ch10/woudcount/src/lib.rs

```
//! wordcount はシンプルな文字、単語、行の出現頻度の計数機能を提供します。
//! 詳しくは[`count`](fn.count.html)関数のドキュメントを見て下さい。
#![warn(missing_docs)]


// ...
```

これでもしドキュメントを付け忘れたアイテムがあれば警告してくれます。たとえばcountのドキュメントを消してcargo buildでビルドしてみると以下のような警告が出ます。

```
warning: missing documentation for a function
  --> src/lib.rs:26:1
   |
26 | pub fn count(input: impl BufRead, option: CountOption) -> HashMap<String, usize> {
   | ^^^^^^^^^^^^^^^^^^^^^^^^^^^^^^^^^^^^^^^^^^^^^^^^^^^^^^^^^^^^^^^^^^^^^^^^^^^^^^^^^
   |
note: lint level defined here
  --> src/lib.rs:3:9
   |
3  | #![warn(missing_docs)]
   |         ^^^^^^^^^^^^

    Finished dev [unoptimized + debuginfo] target(s) in 0.70s
```

ドキュメントのビルド

先述のとおりRustのツールチェインにはrustdocコマンドが付属しています。Cargoプロジェクトでもcargo docを用いて利用できます。ドキュメントをビルドするには以下のコマンドを実行します。

```
$ cargo doc
```

ビルドされたドキュメントを確認してみましょう。

target/doc/wordcount/index.htmlを開いてみてください。**図10.1**のように、このクレートでパブリックになっているアイテムとそのドキュメントが一覧できます。一覧画面には第1パラグラフが確認できます。第1パラグラフで簡潔にアイテムの内容を説明し、続くパラグラフで詳細に説明を書くとよいでしょう。

図10.1 アイテム一覧画面

```
/// 1行の説明
///
/// 具体的な説明
/// を複数行にわたって書く
```

個別のドキュメントをみてみましょう。CountOptionを開いてみます（**図10.2**）。

図10.2 CountOption画面

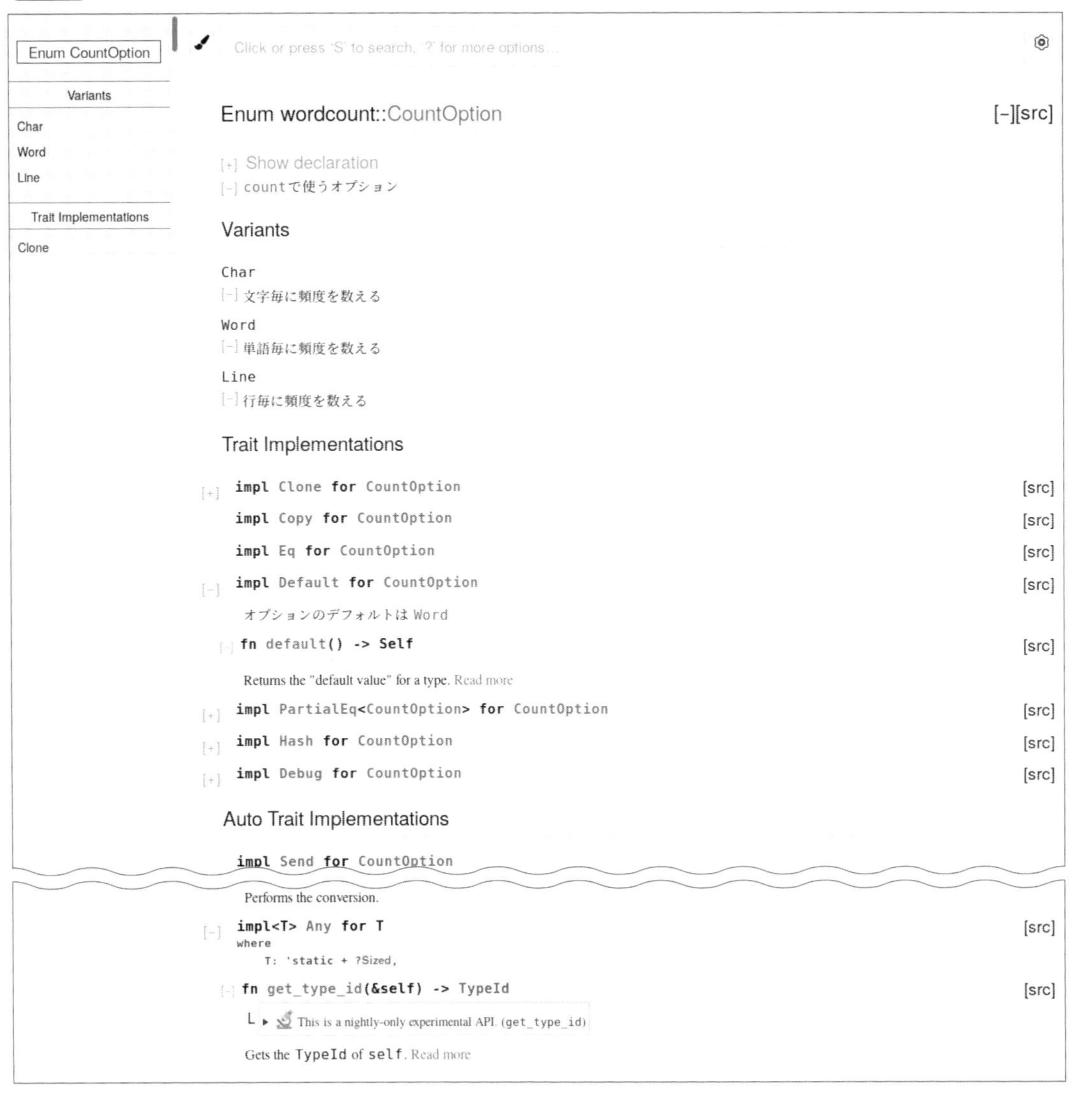

列挙型のドキュメントやバリアントのドキュメントが載っています。列挙型の定義は折り畳まれていますが、"Show Declaration"の横の＋マークをクリックすると展開されます。また、Defaultのドキュメントを展開していますが、ちゃんとDefaultの実装のところに書いたドキュメントが載っています。

column
コラム

cargo docの便利なオプション

ここで、少しだけcargo docの便利なオプションを紹介します。

● --open

ドキュメントをビルドしたあと、生成したドキュメントをブラウザで開いてくれます。先ほどは生成した後に手でドキュメントを開いていましたが、以下のように--openオプションを付けるとそれが必要なくなります。

```
$ cargo doc --open
```

一度ブラウザで開くとあとはリロードで済むので、毎回--openオプションを付ける必要はないでしょう。

● --no-deps

オプションのないcargo docは、すべての依存クレートのドキュメントもビルドします。この挙動は、開発中に依存クレートのドキュメントを参照する目的や他人の書いたクレートのコードリーディングには便利です。しかし、単に自分のクレートのドキュメントの生成後のものを確認したい場合には、これは不要な手順です。--no-depsオプションを付けると依存クレートについてはドキュメントをビルドしなくなり、ビルド時間が短縮されます。

10-3 テストの追加

ツールが期待通り動いていることを確かめるためにテストを追加していきましょう。Rustには言語機能としてテストを書くしくみがあります。また、Cargoにもクレートのテストを書くための機能があります。

品質の高いクレートを公開するためにはテストが不可欠です。上で作成したプログラムに、簡単なテストを追加してみましょう。

10-3-1 簡単なテストを書く

`lib.rs`を開き、テストを追加します。テスト用の関数には`#[test]`アトリビュートを付けることでテストとして機能します。テスト関数はそのまま終了するとテストの成功、パニックするとテストの失敗と扱われます。`assert!`マクロやその変種の`assert_eq!`マクロなどを用いて検査することでテストが書けるような設計になっているのです。

以下のようにテストを書いてみましょう。ここで、`assert_eq!`は2つの引数が等しいかどうかをテストするマクロです。等しくなければパニックします。

ch10/wordcount/src/lib.rs（抜粋）

```
#[test]
fn word_count_works() {
    use std::io::Cursor;

    let mut exp = HashMap::new();
    exp.insert("aa".to_string(), 1);
    exp.insert("bb".to_string(), 2);
    exp.insert("cc".to_string(), 1);

    assert_eq!(count(Cursor::new("aa bb cc bb"), CountOption::Word), exp);
}
```

ここで用いているCursorは内部にバイト列を保持してインメモリバッファを作るデータ型です。"aa bb cc bb"をファイルに代わる入力にするために使っています。

このテストを実行してみましょう。成功するはずです。

```
$ cargo test
   Compiling wordcount v0.1.0 (file://../wordcount)
    Finished dev [unoptimized + debuginfo] target(s) in 1.69 secs
     Running target/debug/deps/wordcount-6b00a6d732c9e261

running 1 test
test word_count_works ... ok

test result: ok. 1 passed; 0 failed; 0 ignored; 0 measured; 0 filtered out

     Running target/debug/deps/wordcount-273b4f9bd9784e5a

running 0 tests

test result: ok. 0 passed; 0 failed; 0 ignored; 0 measured; 0 filtered out

   Doc-tests wordcount

running 0 tests

test result: ok. 0 passed; 0 failed; 0 ignored; 0 measured; 0 filtered out
```

期待通り成功しました。今回、binクレートとlibクレートを作っているのでテストが複数種類走っています。

さらにテストを追加してみます。ここでは、意図的に失敗するテストを追加し、何が起こるか確かめてみましょう。

ch10/wordcount/src/lib.rs（抜粋）

```
#[test]
fn word_count_fails() {
    use std::io::Cursor;
    let mut exp = HashMap::new();
    exp.insert("aa".to_string(), 1);

    assert_eq!(count(Cursor::new("aa  cc dd"), CountOption::Word), exp);
}
```

このテストを実行してみましょう。今回のテストとは関係ない出力は省きます。

```
$ cargo test
running 2 tests
test word_count_works ... ok
test word_count_fails ... FAILED

failures:

---- word_count_fails stdout ----
thread 'word_count_fails' panicked at 'assertion failed: `(left == right)`
  left: `{"cc": 1, "aa": 1, "dd": 1}`,
 right: `{"aa": 1}`', src/lib.rs:82:5
note: Run with `RUST_BACKTRACE=1` for a backtrace.


failures:
    word_count_fails

test result: FAILED. 1 passed; 1 failed; 0 ignored; 0 measured; 0 filtered out

error: test failed, to rerun pass '--lib'
```

期待通りテストが失敗しました。テストに失敗するとこのように詳細な情報が出力されます。

正しいテストに修正して実行してみましょう。

ch10/wordcount/src/lib.rs（抜粋）

```
#[test]
fn word_count_works2() {
    use std::io::Cursor;

    let mut exp = HashMap::new();
    exp.insert("aa".to_string(), 1);
    exp.insert("cc".to_string(), 1);
```

```
    exp.insert("dd".to_string(), 1);

    assert_eq!(count(Cursor::new("aa  cc dd"), CountOption::Word), exp);
}
```

実行すると2つともテストが通ります。

```
running 2 tests
test word_count_works ... ok
test word_count_works2 ... ok

test result: ok. 2 passed; 0 failed; 0 ignored; 0 measured; 0 filtered out
```

複数あるテストのうち一部を実行したい場合は、cargo testの引数に名前を渡すとそれに部分マッチするテストのみを実行します。

```
$ cargo test works2
running 1 test
test word_count_works2 ... ok
test result: ok. 1 passed; 0 failed; 0 ignored; 0 measured; 1 filtered out
```

「works2」を名前に含むword_count_works2のみが実行されました。

word_count_worksの方のみを実行したい場合は、cargo testではなく生成されたテストバイナリの引数の方で指定できます。たとえばword_count_worksのみをテストする場合は、以下のようなコマンドになります。

```
$ cargo test -- --exact word_count_works
running 1 test
test word_count_works ... ok
test result: ok. 1 passed; 0 failed; 0 ignored; 0 measured; 1 filtered out
```


10-3-2 さまざまなテストを書く

先ほどはテストにassert_eq!を使いましたが、stdには類似した以下のマクロが定義されています。

- assert!(expr)：exprがtrueを返すか調べる。trueならそのまま、そうでなければパニックする
- assert_eq!(left, right)：左右が等しいか調べる(PartialEqが必要)。等しければそのまま、等しくなければパニックする

- assert_neq!(left, right)：左右が等しくないか調べる(PartialEqが必要)。等しくなければそのまま、等しければパニックする

また、これらのマクロは追加でフォーマット引数をとれます。以下のテストを書いて試してみましょう。

```
#[test]
fn assert_test() {
    let a = 2;
    let b = 27;
    // 第2引数以後にフォーマットを指定する
    assert!(a + b == 30, "a = {}, b = {}", a, b);
}
```

これを実行するともちろん失敗しますが出力されるメッセージが変わります。

```
---- assert_test stdout ----
thread 'assert_test' panicked at 'a = 2, b = 27', src/main.rs:39:5
note: Run with `RUST_BACKTRACE=1` for a backtrace.
```

フォーマットの指定どおり'a = 2, b = 27'とメッセージが出ています。

Resultを返すテスト

先ほどまではテスト関数は()を返していましたが、Resultを返すこともできます。戻り値をResultにすることでテスト内で?演算子を使えるようになります。

```
use std::io;

#[test]
fn result_test() -> io::Result<()> {
    use std::fs::{read_to_string, remove_file, write};
    // ? 演算子を使う
    write("test.txt", "message")?;
    let message = read_to_string("test.txt")?;
    remove_file("test.txt")?;
    assert_eq!(message, "message");
    Ok(())
}
```

?演算子を使ってテストが書けました。関数からResultのErrが返った場合もテストは失敗します。試してみましょう。

```
use std::io;

#[test]
fn result_err() -> io::Result<()> {
    use std::fs::remove_file;
    remove_file("no_such_file")
}
```

これを実行すると下記のようにテストが失敗し、エラーが印字されます。

```
---- result_err stdout ----
Error: Os { code: 2, kind: NotFound, message: "No such file or directory" }
thread 'result_err' panicked at 'assertion failed: `(left == right)`
  left: `1`,
 right: `0`', libtest/lib.rs:326:5
```


パニックするテストを書く

パニックすることを確認するためのテストも書くことができます。テスト関数に#[should_panic]アトリビュートを付けます。

word_countがUTF-8として無効な入力を与えるとパニックすることをテストしましょう。

ch10/wordcount/src/lib.rs（抜粋）

```
#[test]
#[should_panic]
fn word_count_do_not_contain_unknown_words() {
    use std::io::Cursor;

    count(
        Cursor::new([
            b'a', // a
            0xf0, 0x90, 0x80, // でたらめなバイト列
            0xe3, 0x81, 0x82, // あ
        ]),
        CountOption::Word,
    );
}
```

実行してみるとちゃんとテストが通ります。

```
test word_count_do_not_contain_unknown_words ... ok
```

時間がかかるテストを書く

時間のかかるテストを書く場合、小さなイテレーションでは無視したいケースがあります。そういうケースではテストに#[ignore]アトリビュートを付けることで無視できます。

```
#[test]
#[ignore]
fn large_test() {
  // ...
}
```

このテストを実行すると以下のように無視されます。

```
test large_test ... ignored
```

このテストはテストバイナリに--ignoredフラグを渡すことで実行できるようになります。

```
$ cargo test -- --ignored
running 1 test
test large_test ... ok
```

その他テクニック

テスト関数内にはもちろん複数のassertが書けます。

ch10/wordcount/src/lib.rs（抜粋）

```
#[test]
fn word_count_works3() {
    use std::io::Cursor;

    let freqs = count(Cursor::new("aa  cc dd"), CountOption::Word);

    assert_eq!(freqs.len(), 3);
    assert_eq!(freqs["aa"], 1);
    assert_eq!(freqs["cc"], 1);
    assert_eq!(freqs["dd"], 1);
}
```

しかし同じドメインのテストをするときは同じようなassertが並びます。そういうときは自分の用途に合わせてassertマクロを自作すると簡潔に書けます。

ch10/wordcount/src/lib.rs（抜粋）

```
// Mapの複数のKey-Valueペアに対してassertをするマクロを定義しておく
macro_rules! assert_map {
```

```
    ($expr: expr, {$($key: expr => $value:expr),*}) => {
        $(assert_eq!($expr[$key], $value));*
    };
}

#[test]
fn word_count_works3() {
    use std::io::Cursor;

    let freqs = count(Cursor::new("aa  cc dd"), CountOption::Word);

    assert_eq!(freqs.len(), 3);
    // 定義したマクロを使ってテストを書く
    assert_map!(freqs, {"aa" => 1, "cc" => 1, "dd" => 1});
    // 展開すると概ね以下のようなコードになる
    // ```
    // assert_eq!(freqs["aa"], 1);
    // assert_eq!(freqs["cc"], 1);
    // assert_eq!(freqs["dd"], 1)
    // ```
}
```


10-3-3 テストを書く場所

これまではコードと同じファイル内にテストを書いてきました。それ以外にもテストを書ける場所があり、いままでの方法も含めると以下の4種類があります。

- プログラム中
- プログラム中のテスト用のモジュール内
- テスト専用のディレクトリ内
- ドキュメンテーションコメント内

このうちプログラム中にテスト用の関数を書くのは既に説明したのでそれ以外の3つについてそれぞれ説明します。

プログラム中にテスト用のモジュールを書く

プログラムにテスト用のモジュールを定義してテストを書く方法です。プログラム本体とは別でテスト用のモジュールを定義することで、テスト用の関数がプログラム本体の名前空間を汚しません。テストの書き方は先ほどと変わらないのでどちらかと言うとイディオム的テクニックに近い方法です。

3章で出てきましたが、アイテムに#[cfg(test)]アトリビュートを付けるとテストモードでコンパイルしているときのみそのアイテムがコンパイルされるようになります。これを利用することでテスト用のコードが通常の成果物にコンパイルされることなくテストを書けます。

たとえば先ほどのassert_mapマクロなどはテストでしか用いないので、テスト用モジュール内においた方がキレイに整理されるでしょう。また、各テストでインポートしていたstd::io::Cursorもモジュール内でインポートしてしまえば毎回インポートする必要もなくなります。

ch10/wordcount/src/lib.rs（抜粋）

```
#[cfg(test)]
mod test {
    use super::*;
    use std::io::Cursor;

    macro_rules! assert_map {
        ($expr: expr, {$($key: expr => $value:expr),*}) => {
            $(assert_eq!($expr[$key], $value));*
        };
    }

    #[test]
    fn word_count_works3() {
        let freqs = count(Cursor::new("aa  cc dd"), CountOption::Word);

        assert_eq!(freqs.len(), 3);
        assert_map!(freqs, {"aa" => 1, "cc" => 1, "dd" => 1});
    }

}
```

テスト専用のディレクトリを作成して書く

パッケージにテスト用のディレクトリを作成してテストを記載する方法です。tests直下にテストを書くと、Cargoがそれらをテストクレートとしてコンパイルしてくれます。tests直下のファイルはすべてテスト用としてコンパイル、実行されるので、lib.rsやmain.rsのような特別扱いされるファイルはありません。これらのテストはwordcountとは別のクレートとして扱われるので、アイテムのインポートが必要になります。tests/char.rsに文字についてのテストを書いてみましょう。

ch10/wordcount/tests/char.rs

```
// アイテムのインポートも、もちろん必要
use std::io::Cursor;
use wordcount::{count, CountOption};
```

```
// 先ほどのマクロをここにも写しておく
macro_rules! assert_map {
    ($expr: expr, {$($key: expr => $value:expr),*}) => {
        $(assert_eq!($expr[$key], $value));*
    };
}

// 以下にテストを書く

#[test]
fn char_count_works() {
    let input = Cursor::new(b"abadracadabra");

    let freq = count(input, CountOption::Char);
    assert_map!(freq,
                {
                    "a" => 6,
                    "b" => 2,
                    "c" => 1,
                    "d" => 2,
                    "r" => 2
                }
    );
}

#[test]
fn char_count_utf8() {
    let input = Cursor::new(
        r#"
天地玄黄
宇宙洪荒
日月盈昃
辰宿列張
"#,
    );

    let freq = count(input, CountOption::Char);

    assert_eq!(freq.len(), 16);
    for (_, count) in freq {
        assert_eq!(count, 1);
    }
}
```

このテストを実行してみます。

```
$ cargo test
     Running target/debug/deps/char-0a5f2b3a74726ea3

running 2 tests
test char_count_utf8 ... ok
test char_count_works ... ok

test result: ok. 2 passed; 0 failed; 0 ignored; 0 measured; 0 filtered out
```

ちゃんと実行されました。

さて、同様に行ごとのテストも書きたいのですが、このまま進めるとassert_mapがファイルごとにコピーされてしまいます。テスト向けのユーティリティとして別のファイルに置きましょう。cargo testではtests直下のファイルしかテストとして実行しないので、1つディレクトリを掘っておくと良さそうです。

tests/utils/mod.rsに以下を書きましょう。

ch10/wordcount/tests/utils/mod.rs

```
macro_rules! assert_map {
    ($expr: expr, {$($key: expr => $value:expr),*}) => {
        $(assert_eq!($expr[$key], $value));*
    };
}
```

そしてchar.rsのassert_mapの定義箇所を以下に置き換えます。

ch10/wordcount/tests/char.rs（抜粋）

```
#[macro_use]
mod utils;
```

これで以前と変わらずテストが動作します。

ユーティリティの共通化の準備ができたので行ごとのテストを書きましょう。line.rsに以下を書きます。

ch10/wordcount/tests/line.rs

```
use std::io::Cursor;
use wordcount::{count, CountOption};

#[macro_use]
mod utils;

// 以下にテストを書く
```

```
#[test]
fn line_count_works() {
    let input = Cursor::new(
        r#"Tokyo, Japan
Kyoto, Japan
Tokyo, Japan
Shanghai, China
"#,
    );

    let freq = count(input, CountOption::Line);

    assert_map!(freq, {
        "Tokyo, Japan" => 2,
        "Kyoto, Japan" => 1,
        "Shanghai, China" => 1
    });
}

#[test]
fn line_count_lfcr() {
    let input = Cursor::new("aa\r\nbb\r\ncc\r\nbb");

    let freq = count(input, CountOption::Line);

    assert_map!(freq, {
        "aa" => 1,
        "bb" => 2,
        "cc" => 1
    });
}
```

テストを実行してみます。

```
    Running target/debug/deps/line-2eaef3bb945186f8

running 2 tests
test line_count_lfcr ... ok
test line_count_works ... ok
```

同様に正しくテストできています。

ドキュメント中に書く

ドキュメント中に書いたコードブロックもテストされます。このおかげでドキュメント中のコード例の更新を忘れるなどのトラブルを未然に防げます。`lib.rs`に帰って`count`のドキュメントにExamples節を追記しましょう

```
/// ...
/// * [`CountOption::Line`](enum.CountOption.html#variant.Line): \n または \r\n で区切られた1行ごと
///
/// # Examples
/// 入力中の単語の出現頻度を数える例
///
/// ```
/// use std::io::Cursor;
/// use wordcount::{count, CountOption};
///
/// let mut input = Cursor::new("aa bb cc bb");
/// let freq = count(input, CountOption::Word);
///
/// assert_eq!(freq["aa"], 1);
/// assert_eq!(freq["bb"], 2);
/// assert_eq!(freq["cc"], 1);
/// ```
///
/// # Panics
/// ...
pub fn count(input: impl BufRead, option: CountOption) -> HashMap<String, usize> {
    /// ...
}
```

これで`cargo test`を走らせてみましょう。

```
$ cargo test
   Doc-tests wordcount

running 1 test
test src/lib.rs - count (line 35) ... ok

test result: ok. 1 passed; 0 failed; 0 ignored; 0 measured; 0 filtered out
```

コードブロック中のテストが実行されていることが分かります。

column
コラム
クレート内テストとクレート外テスト

テストを書ける場所を複数紹介しました。では、これらの使い分けはどうしたらいいでしょうか。

テストモジュール内にテストを書くのはパターンのようなものなので、ファイル内、テストモジュール内をまとめてクレート内と呼ぶことにします。一方tests下にテストを書くと別のクレートとして扱われ、use ...が必要なのでクレートの外からテストすることになります。これをクレート外テストと呼ぶことにします。

クレート内テストの特徴は、パブリックでないアイテムのテストができることです。プライベート関数のテストやデータ型の内部状態のテストなどが書けます。クレート外テストの特徴は、外部に公開しているAPIのみ使えるのでユーザと同じ状態でテストができることです。

なのでいわゆるホワイトボックステスト、「実装者としてこう動くはずだ」という意図のテストはクレート内テストに書き、いわゆるブラックボックステスト、「仕様としてこうなるべきだ」という意図のテストはクレート外テストに書くとよいでしょう。

10-4 パッケージを公開するために

ここまででパッケージを開発しました。このパッケージを公開してみましょう。以下のセクションではパッケージの公開手順や公開する際に確認することなどを解説します。

10-4-1 パッケージのビルド

今まで使ってきたとおりcargo buildコマンドを利用して、パッケージがビルドできます。

オプションなしのcargo buildは開発用のビルドコマンドです。ビルドされたファイルは、target/debugディレクトリに出力されます。

```
$ cargo build
   Compiling wordcount v0.1.0 (file://../wordcount)
    Finished dev [unoptimized + debuginfo] target(s) in 1.36 secs
```

一方--releaseフラグを付けてビルドするとリリース向けのビルドになります。最適化が有効になり数十倍から百倍ほど速くなる他、整数のオーバーフローでパニックしなくなるなど多少バイナリに違いが出ます。

```
$ cargo build --release
   Compiling wordcount v0.1.0 (file://../wordcount)
    Finished release [optimized] target(s) in 1.29 secs
```

ビルドされたファイルはtarget/releaseディレクトリに出力されます。

buildの他runやtestなどのサブコマンドも--releaseフラグを取れ、リリースビルドで実行やテストを行えます。パフォーマンスを確認したい場合やリリースビルドでの挙動をテストしたい場合などに便利です。リリース前に一度はリリースビルドで挙動を確認しておきましょう。

10-4-2 作業のコミット

cargo newコマンドで初期化されたパッケージは、デフォルト設定ではバージョン管理システム（VCS）のGit[*8]リポジトリとしても初期化されています。どのVCSとして初期化するかは--vcsフラグでVCSをMercurial[*9]、pijul[*10]、Fossil[*11]などを切り替えられますが、本書ではデフォルトであるGitを前提として解説します。この書籍ではGitの詳細は解説しません。Gitについて詳しく知りたい方はWeb上のドキュメントなどを参照してください。

パッケージを公開するためには、変更したファイルはGitにコミットしておく必要があります。これまでの作業の成果物をGitにコミットします。

まずはgit statusコマンドを実行し、Gitの状態を確認してみましょう。cargoコマンドによって作成されたファイルがGit管理下にない（Untracked filesとなっている）ことが分かります。

```
$ git status
On branch master

Initial commit

Untracked files:
  (use "git add <file>..." to include in what will be committed)

        .gitignore
        Cargo.lock
        Cargo.toml
        src/
        text.txt
        tests/

nothing added to commit but untracked files present (use "git add" to track)
```

＊8 https://git-scm.com/
＊9 https://www.mercurial-scm.org/
＊10 Rustで書かれたVSC。https://pijul.org/
＊11 https://fossil-scm.org/

cargo newコマンドでCargo.tomlやsrc/main.rs以外にも.gitignoreも生成されているのが分かります。この.gitignoreはGitで管理しないファイルが書かれています。たとえばビルド成果物が保存されるtarget/ディレクトリは以上のリストに入っていませんが、これは.gitignoreで無視されるからです。

それではパッケージに必要なファイルをGit管理下に追加していきます。プログラムが複数のソースファイルを含む場合は、すべてをGit管理下に追加しましょう。

```
$ git add .
```

ここまでの変更をGitにコミットしましょう。シングルクオーテーションで囲まれているのがコミットメッセージです。それぞれのコミットには分かりやすいメッセージを付けておくといいです。

```
$ git commit -m 'Initial Commit'
[master (root-commit) e14e285] Initial Commit
 9 files changed, 358 insertions(+)
 create mode 100644 .gitignore
 create mode 100644 Cargo.lock
 create mode 100644 Cargo.toml
 create mode 100644 src/lib.rs
 create mode 100644 src/main.rs
 create mode 100644 tests/char.rs
 create mode 100644 tests/line.rs
 create mode 100644 tests/utils/mod.rs
 create mode 100644 text.txt
```

これで、ここまでの変更内容がGitのコミットとして記録されました。git logコマンドで、コミットの結果を確認できます。

```
$ git log
commit e14e285ee9c60b3f19c9a3e250c41ceec3278e02 (HEAD -> master)
Author: RustBicycleBook <3han5chou7+bicyclebook@gmail.com>
Date:   Thu Jan 10 16:55:12 2019 +0900


    Initial Commit
```

column
コラム
Cargo.lockはコミットすべき？

Cargo.tomlファイルには依存クレートの制約を書きますが、"1.0"と書くと「"1.0.0"かそれ以上の互換性のあるバージョン」、要は不等式で「"1.0.0" =< ~ < "2.0.0"」の制約の意味になっています。この記述は特定のクレートのバージョンを指すものではないので、解釈に幅があります。このような制約は依存クレートごとに書いていますし、依存クレートにもさらに依存クレートがあるのでたどっていくと多くの不等式制約が集まります。そしてビルドするときにCargoがこの不等式制約たちを解決してある1つのバージョン群、たとえば「ライブラリAの1.2.3、ライブラリBの2.0.0、…」などと決めてダウンロードし、利用しています。ビルドするたびに不等式制約を解消していては時間がかかりますし、毎回結果が変わってしまうかもしれません。不便ですね。そこで登場するのがCargo.lockファイルです。いろいろ可能性がある中から不等式制約群を満たすバージョン群を1つ選んで、それを記録してあります。

このCargo.lockファイルをバージョン管理すべきかは、クレートタイプによって異なります。binクレートなら最終成果物なのでビルドの再現性のために必要です。一方libクレートならば最終成果物ではなく、ライブラリの利用者がいます。利用者の使う他のライブラリとの組み合わせがあるのでコミットせずに利用者に裁量を残すべきです。

cargo newコマンドで生成される.gitignoreファイルもそのように作られています。つまり、libクレートのテンプレートを生成したならば.gitignoreにCargo.lockが記載され、binクレートならば記載されません。

要するに、cargo newの生成したテンプレートにしたがっておけば特に気にする必要はありません。

10-4-3 リモートリポジトリの追加

Gitは分散VCSなので、ローカルマシンの管理履歴をリモートリポジトリに反映させることができます。本書では関連サービスの利用もあるので、GitのホスティングサービスのGitHub*12を利用します。以後、GitHubの知識を仮定して進めます。パッケージを登録する際にもGitHubのアカウントが必要なので、アカウントをお持ちでない方は作っておいてください。

リモートリポジトリにこれまでの変更をプッシュしましょう。まず、GitHubにwordcountリポジトリを作っておきましょう。そしてローカルのリポジトリについて、GitHubのリポジトリを紐付けます。リモートリポジトリの追加は、git remote addコマンドで実行できます。

リポジトリには、複数のリモートリポジトリが紐付けできます。リモートリポジトリには、それぞれを区別するための名前が付けられます。慣例として、メインで利用するリモートリポジトリにはoriginと名付けます。

コマンドプロンプトから、以下のコマンドを実行してください。ローカルリポジトリについて、originという名前でgit@github.com:your_account/wordcount.gitを紐付けています。

```
$ git remote add origin git@github.com:your_account/wordcount.git
```

*12 https://github.com

10-5 自動テストを行う

GitHubのリポジトリでコードを公開することで、世界中の他のユーザとの共同作業が進めやすくなります。反面、貢献者が増えてくるとコードの品質の担保が難しくなります。誰かがコードを変更したときやパッチを提出したときに、自動的にテストが実行できると便利です。こうした自動化されたテストを用いる開発を継続的インテグレーション（Continuous Integration, CI）と呼びます。CIのためのサービスがいくつか用意されています。

ここでは、2つのサービスを紹介します。Travis CIとAppVeyorです。Rustはクロスコンパイルでさまざまな環境をサポートできるのでそれに合わせてサービスも使い分けます。この2つのサービスを合わせて使うことで、Linux、macOS、Windowsというメジャーなプラットフォーム上でビルドの確認やテストができます。さらにはこれらのサービスを上手く使うことで、リリース時にそれぞれのプラットフォームに合わせたバイナリをビルドして配布することもできます。

column コラム

CIのアレコレ

Rustはツールチェインをstableの他にbeta、nightlyも配布しています。本章でも行っているとおり、betaチャネルでもテストするのがベストプラクティスとされています。リリースされてから問題が発覚すると後手に回ってしまうので、CIで問題がないか確認し、先に修正しておきましょう。また、問題の内容によってはRustコンパイラのバグの可能性もあるので、betaのうちに報告し、修正してもらいましょう。

一方でnightlyは正常に動くことは保証されていないので、テストをするとしても失敗を許可した方がよいでしょう。たとえばまれに、Rustコンパイラがnightlyビルドに失敗してnightlyがダウンロードできないようなことも起きています。betaでは動くのにnightlyではテストに失敗するようなことがあれば、nightlyのバグの可能性もあるので、可能であればRustの開発チームに報告するとよいでしょう。

どのプラットフォームでテストを走らせるべきかは、RustのSupported Platform*13が参考になります。Tier 1のプラットフォームは、パッケージの作者にとってはテストができるプラットフォームです。CIでのテストはTier 1をターゲットにするとよいでしょう。Tier 2のプラットフォームは、クロスコンパイルができるプラットフォームです。後述するバイナリリリースのターゲットにするとよいでしょう。

ここではビルドとテストのみのCIを紹介していますが、さまざまな工夫点があります。複数人で開発するとコーディングスタイルの差が出るのでrustfmt*14, clippy*15などのツールでスタイルチェックをするとよいでしょう。テストの網羅度を検査するkcov*16やtarpaulin*17などのツールを導入するのも一考に値するでしょう。あるいは高速性が売りのアプリケーションを書くなら、ベンチマークをとるなども必要かもしれません。

＊13 https://forge.rust-lang.org/platform-support.html
＊14 https://github.com/rust-lang/rustfmt
＊15 https://github.com/rust-lang/rust-clippy
＊16 https://github.com/SimonKagstrom/kco
＊17 https://github.com/xd009642/tarpaulin

10-5-1 Travis CI

Travis CI[*18]はLinuxとmacOS向けの継続的インテグレーション環境[*19]です。テスト環境の設定はYAML[*20]ファイルとして記載することで、簡単にテストの設定ができます。

Travis CIの設定

Travis CIはGitHubと連携させて利用できます。まずはTravis CIの設定を行いましょう。Travis CIのアカウントをお持ちでない場合は、次のURLにアクセスしてアカウントを作ってください。

https://travis-ci.org/

Travis CIにGitHubアカウントでサインアップすると、**図10.3**のように連携するリポジトリを選ぶ画面に遷移します。

図10.3 Travis CI

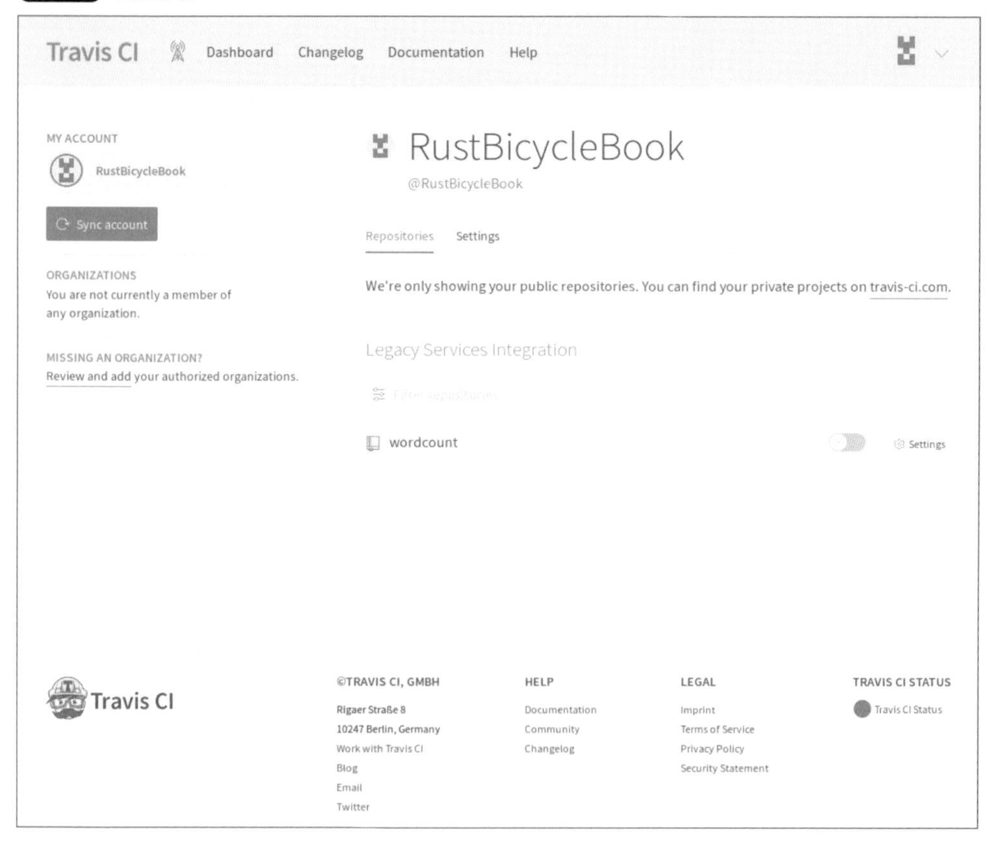

*18 https://travis-ci.org/
*19 最近Windowsもサポートされるようになりました
*20 https://yaml.org/

wordcount リポジトリの左側に表示されているスライドボタンをチェック状態にすると、Travis CI でのテストが有効になります。**図 10.4** のような状態になれば設定完了です。

図 10.4 Travis CI

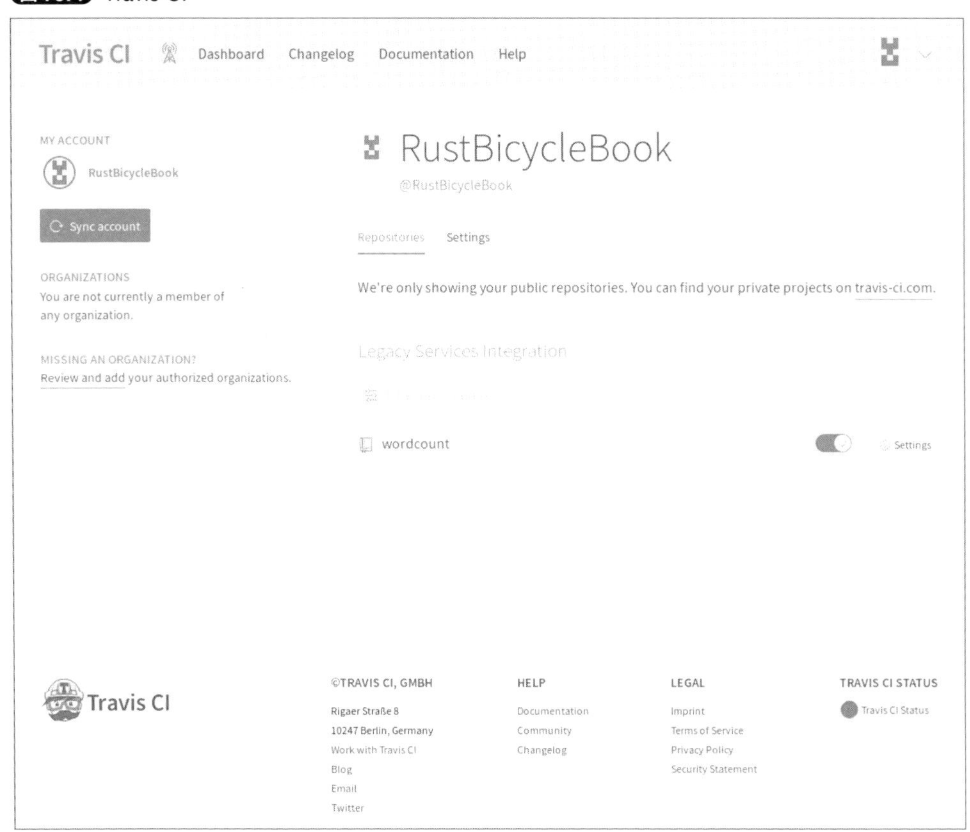

Travis CI でのテスト

次に、リポジトリ上で Travis CI の設定のための設定ファイルを準備します。テスト環境の設定は YAML ファイルとして記載します。Travis CI はこの YAML ファイルを読み込んで、ファイルで指定されたテストを実行します。

リポジトリの直下に `.travis.yml` を作成し、以下の内容を記載してください。

ch10/wordcount/.travis.yml

```
language: rust

os:
  - linux
  - osx

rust:
  - stable
```

```
  - beta
  - nightly

matrix:
  allow_failures:
    - rust: nightly
```

それぞれの意味は次のとおりです。

- language：利用する言語を指定する。ここではもちろんRustを指定する
- os：利用するOSを指定する。ここでは、Linuxとmac OS（osx）を指定する
- rust：Rustのバージョンを指定する。Rustのすべてのリリースチャネルでテストしている
- matrix：テスト環境ごとに設定を行う。ここではRustのnightlyでのテストの失敗は許可するように設定している
- allow_failures：テストの失敗を許可する

詳細はTravis CIのドキュメント[*21]を参照してください。

ここまで記述したら.travis.ymlをGitにコミットし、リモートリポジトリにプッシュしましょう。Travis CIが設定ファイルを読み込んでテストを実行してくれます。

```
$ git add .travis.yml
$ git commit -m 'travis.ymlの追加'
$ git push origin master
```

プッシュ後、Travis CIをWebブラウザで開いてみてください。リポジトリ一覧からwordcountリポジトリを選択すると、テストが実行されていることが確かめられます（**図10.5**）。これでTravis CIの設定はできました。

＊21 https://docs.travis-ci.com/user/tutorial/

図10.5 Travis CI

10-5-2 AppVeyor

AppVeyor[*22]はWindows向けの継続的インテグレーション環境です[*23]。Travis CIと同じくYAML形式で設定ファイルを書けます。ここではWindowsのCI環境としてAppVeyorを利用します。

AppVeyorの設定

AppVeyorの設定をしていきましょう。AppVeyorのアカウントをお持ちでない場合は、次のURLにアクセスしてアカウントを作ってください。

https://www.appveyor.com

AppVeyorのGitHub連携の設定をします。左のメニューから"GitHub"を選ぶとGitHub連携の選択肢がありますので、"Authorize GitHub"を選択します（**図10.6**）。パブリックリポジト

＊22 https://www.appveyor.com/
＊23 最近Linuxもサポートされるようになりました。

リのみかプライベートリポジトリも使うか選択してください。本書の範囲ではパブリックリポジトリへの権限だけで十分ですので、好きな方を選んでいただいて構いません。

図10.6 AppVeyor GitHub連携画面

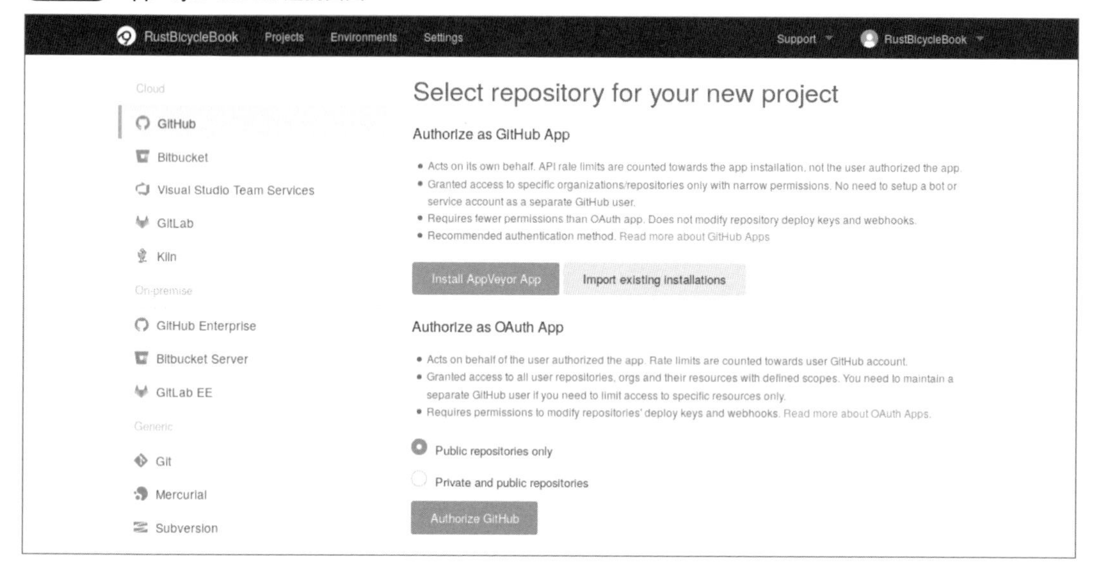

すると同様にGitHubに飛びます。今度はリポジトリへのアクセス権限が要求されるので同様に承認します(**図10.7**)。

図10.7 AppVeyor GitHubリポジトリへのアクセス承認画面

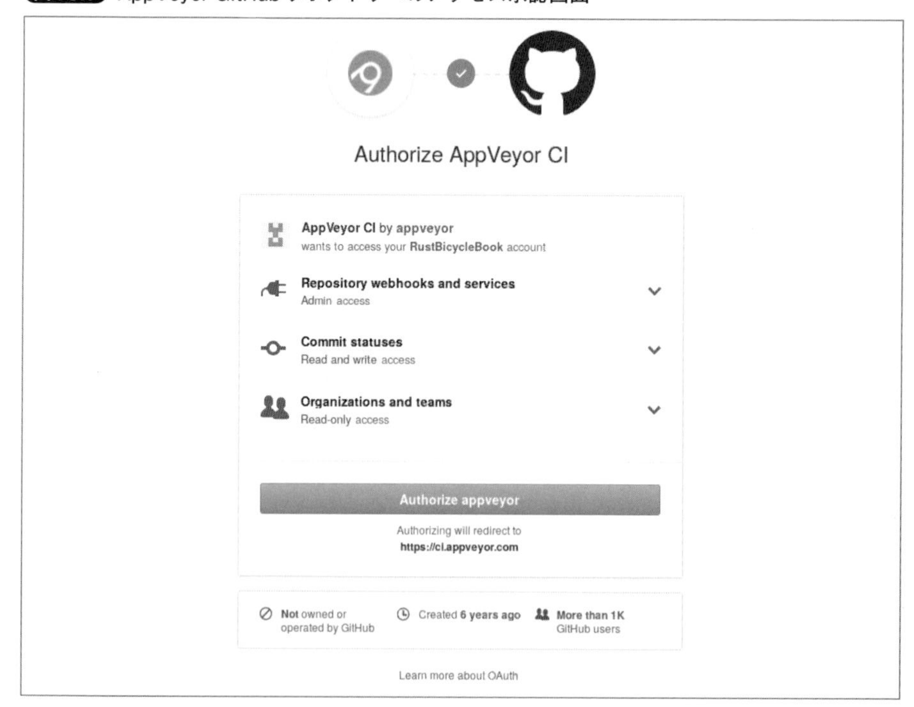

するとwordcountリポジトリが選べるようになります(**図10.8**)。

図10.8 AppVeyor GitHubリポジトリを選ぶ画面

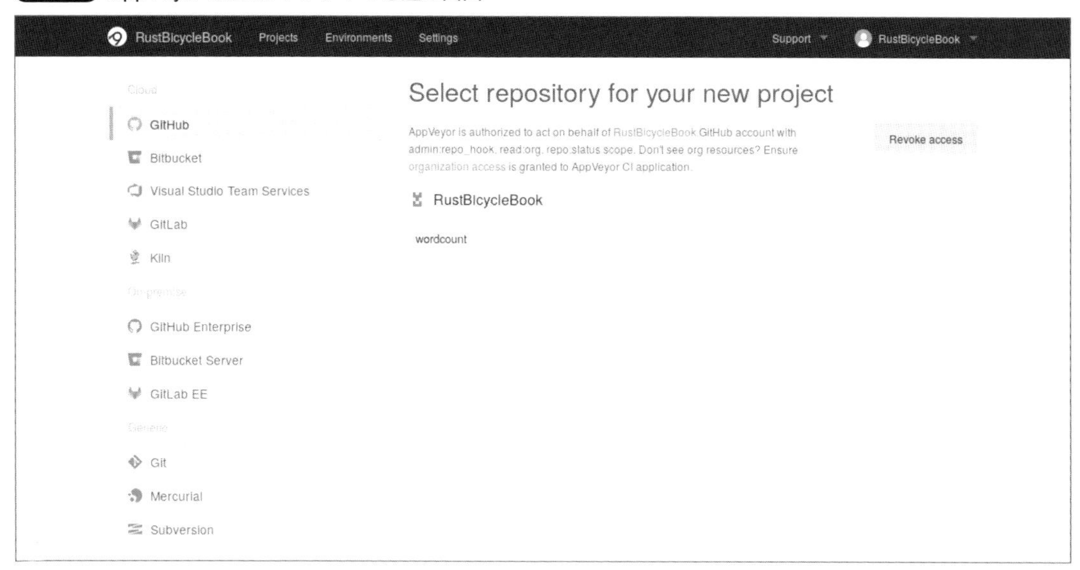

wordcountにカーソルを合わせると出てくる"Add"を押すと連携は完了です。

AppVeyorでのテスト

次にTravis CIと同じくYAMLファイルを準備します。プロジェクト直下にappveyor.ymlというファイルを作り、以下の内容を書きましょう。

ch10/wordcount/appveyor.yml

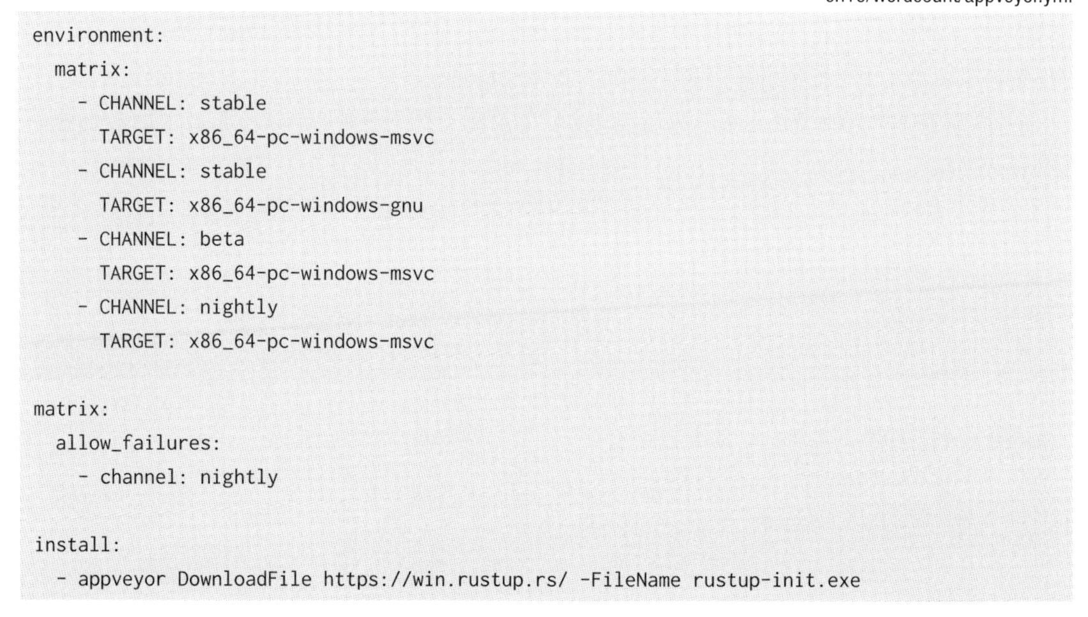

```
environment:
  matrix:
    - CHANNEL: stable
      TARGET: x86_64-pc-windows-msvc
    - CHANNEL: stable
      TARGET: x86_64-pc-windows-gnu
    - CHANNEL: beta
      TARGET: x86_64-pc-windows-msvc
    - CHANNEL: nightly
      TARGET: x86_64-pc-windows-msvc

matrix:
  allow_failures:
    - channel: nightly

install:
  - appveyor DownloadFile https://win.rustup.rs/ -FileName rustup-init.exe
```

```
  - rustup-init -yv --default-toolchain %CHANNEL% --default-host %TARGET%
  - set PATH=%PATH%;%USERPROFILE%\.cargo\bin
  - rustc -vV
  - cargo -vV

build: false

test_script:
  - cargo test --verbose
```

それぞれの意味は次のとおりです。

- envrironment：設定する環境変数の組。matrixの項目ごとにテストが実行される。ここではstableの各種環境とbeta、nightlyのx86_64-pc-windows-msvcでビルドするようにしている
- matrix：設定した環境個別に設定を与える。ここではnightlyのテストの失敗を許可している
- install：ビルド前に必要なソフトウェアをインストールする。ここではmatrixに応じてRustツールチェインをインストールしている
- build：ビルドの設定を書く。ここでは後続のcargo testでビルドまでしてくれるので、ビルドをしないように設定する
- test_script：テストコマンドを書く

詳細はAppVeyorのドキュメント*24を参照してください。

envrironmentのところに書いてあるTARGETについて解説します。実行可能ファイルはそれを実行できる環境というのが決まっています。2章でも紹介したとおり、RustはWindowsでは2種類の環境がサポートされています。どちらの環境向けにコンパイルするかを指定するのがTARGETの部分です。CIで、どちらの環境でも正常に動くかをテストしようとしているのです。もし1つの環境しか気にしないのであれば、他の環境のテストはしなくても大丈夫です。

ここまで書けたら同じくコミットしてリモートリポジトリにプッシュします。

```
$ git add appveyor.yml
$ git commit -a -m 'AppVeyorの追加'
$ git push origin master
```

AppVeyorにアクセスするとビルドされていることが分かります。

*24 https://www.appveyor.com/docs/build-configuration/

column
コラム
いろいろなCIサービス

本章ではTravis CIではLinuxとmacOSを、AppVeyorではWindowsのテストを行いました。しかしそれ以外にも豊富な選択肢があります。

たとえば最近ではTravis CIはWindowsもサポートしています*25し、同じくAppVeyorでLinuxも使えます*26。他のCIサービスもCircle CI*27などがあります。あるいはCI専門サービスでなくてもコードホスティングサイトがCIサービスを持っていることもあります。今回用いたGitHubもGitHub Actions*28を持っていますし、別のホスティングサービスGitLab*29も統合されたCIサービス*30を持っています。自分に合うものを見つけて使いましょう。

10-6 パッケージをリリースする

今回作ったwordcountをcrates.ioにリリースしましょう。crates.ioで公開されたパッケージはRustaceanがCargoを通じて手軽に利用できるようになります。libクレートはCargo.tomlに依存パッケージとして記載して利用できるようになります。binクレートはcargo installでバイナリとしてインストールできるようになります。

パッケージをリリースするための準備、リリース手順などをみていきましょう。

10-6-1 マニフェストファイルの修正

パッケージを公開するにあたり、必要なパッケージ情報を記載しましょう。cargo newで生成されたものは必要最低限の記述しかないのでユーザに分かりやすいようにさまざまな情報を記述します。wordcountのCargo.tomlを以下のように書き換えましょう。

ch10/wordcount/Cargo.toml

```
[package]
name = "wordcount"
version = "0.1.0"
authors = ["your name"]
edition = "2018"
# ここから追記
license = "MIT OR Apache-2.0"
```

*25 https://blog.travis-ci.com/2018-10-11-windows-early-release
*26 https://www.appveyor.com/blog/2018/03/06/appveyor-for-linux/
*27 https://circleci.com/
*28 https://github.com/features/actions
*29 https://gitlab.com/
*30 https://about.gitlab.com/product/continuous-integration/

```
description = "シンプルな文字、単語、行の出現頻度の計数機能を提供します。"
readme = "README.md"
repository = "https://github.com/your_account/wordcount"
categories = ["command-line-utilities"]
keywords = ["example", "frequency", "text"]

[badges]
appveyor = { repository = "your_account/wordcount" }
travis-ci = { repository = "your_account/wordcount" }

# 追記ここまで

[dependencies]
regex = "0.2"
```

packageセクションのそれぞれの項目について説明します。

- license：このパッケージのライセンスを書く。ライセンスの記述はSPDX License List[*31]に載っている識別子とAND,ORが使える。もしこのリストに載っていないライセンスを使いたい場合はlicense-fileとしてライセンスファイルを指定できる。ここではApache License 2.0[*32]またはMIT License[*33]を指定している。これはRustツールチェインと同じライセンスであり、Rustのパッケージにはよく使われる。MIT OR Apache-2.0に限らず自由に設定できるが、依存クレートのライセンスと互換性があるかに注意する必要がある
- description：このパッケージの説明
- readme：READMEファイルのパスネーム。crates.ioで公開した際に表示される
- repository：パッケージのソースコードを管理するリポジトリ。ここではGitHubを使っているので、GitHubリポジトリのURLを書いている
- categories：事前に決められたカテゴリリストの中からこのパッケージに当てはまるものを最大5つまで書く。ユーザがパッケージを探す手助けになる。https://crates.io/category_slugs に定義されたカテゴリのリストがあり、2018年11月時点で67のカテゴリが登録されている。ここではコマンドラインユーティリティのみを指定している
- keywords：自由なキーワードを最大5つまで書く。ユーザがパッケージを探す手助けになる。ここでは"example", "frequency", "text" の3つを指定している
- badgesセクション：ここを指定するとcrates.ioにバッヂが掲載される

この他にも設定可能な項目があります。詳しくはドキュメント[*34]を参照ください。

＊31 https://spdx.org/licenses/
＊32 http://www.apache.org/licenses/LICENSE-2.0
＊33 https://opensource.org/licenses/MIT
＊34 https://doc.rust-lang.org/cargo/reference/manifest.html

ところでまだREADMEファイルを用意していませんでした。READMEファイルはプロジェクト全体の説明としてよく置かれるため、GitHubやcrates.ioもプロジェクトを表示するときに一緒に表示するようになっています。Markdown形式でREADMEファイルを書きましょう。

ch10/wordcount/README.md

````
`wordcount` はシンプルな文字、単語、行の出現頻度の計数機能を提供します。
CLIからは単語数の出現頻度が使えます。

```console
$ cargo run text.txt
{"bb": 1, "aa": 2, "cc": 1}
```
````

この他にはリリースするごとに更新された内容を書くRELEASES、プロジェクトに貢献するときのガイドラインを示すCONTRIBUTINGなどいくつかのファイルを置くこともあります。本書ではこのまま進めますが必要と判断したら置いてみましょう。

ここまでの更新をコミットしておきましょう。

```
$ git add .
$ git commit -m 'Cargo.tomlの更新、README.mdの追加'
```


10-6-2 最終確認

crates.ioで公開する前に最終確認をしましょう。crates.ioは今まで動いていたものが壊れるのを防ぐため、パッケージの削除をできないようにしています。一度リリースしてしまったら取り消せないのです。慎重に進めましょう[*35]。

まずパッケージ名を見直します。書籍のサンプルとして作ったコードなのでもう少しそれと分かりやすい名前にしましょう。パッケージ名をbicycle-book-wordcountに変更します。

ch10/wordcount/Cargo.toml（抜粋）

```
[package]
name = "bicycle-book-wordcount"
# ...
```

あわせてソースコード内のwordcountクレートを参照している箇所とREADME.mdをbicycle_book_wordcountに書き換えましょう。

この状態で--releaseフラグ付きでテストが通るか確認しておきます。

---

*35 正しく動かないパッケージを公開してしまったときに備えて、パッケージのyankという操作が用意されていますが、これは単にyankされたパッケージのクレートに他のパッケージが依存しないようにするだけのものです。yankされたパッケージがcrates.ioから削除される訳ではありませんし、yankされるより前に生じた依存関係はそのまま残ります。

```
$ cargo test --release
```

libクレートの方はもう一度ドキュメントを生成し、確認します。

```
$ cargo doc --no-deps --open
```

binクレートの方は一度インストールしてみて動作を確認しましょう。

```
$ cargo install --path .
$ bicycle-book-wordcount text.txt
 # 他にもテストしたいファイルがあればテストする
```

問題なさそうなら変更をコミットしておきます。

```
$ git add .
$ git commit -m 'パッケージ名の変更(wordcount -> bicycle-book-wordcount)'
```

公開する前にcargo packageでいったん成果物の確認をしましょう。この時点で簡単な不備はエラーとして検出してくれます。

```
$ cargo package
```

このコマンドが成功したならば些細な不備はなかったようです。成果物はtarget/packageにあります。これはGZ圧縮したtarballなので、関連ユーティリティコマンドで内容物を確認できます。

```
# `zcat` コマンドでGZ圧縮を解凍し、tarball関連ユーティリティにその結果を渡す。
# `tar` コマンドで内容物のリストを表示
$ zcat target/package/bicycle-book-wordcount-0.1.0.crate  | tar tf -
bicycle-book-wordcount-0.1.0/Cargo.toml.orig
bicycle-book-wordcount-0.1.0/Cargo.toml
bicycle-book-wordcount-0.1.0/README.md
bicycle-book-wordcount-0.1.0/src/lib.rs
bicycle-book-wordcount-0.1.0/src/main.rs
bicycle-book-wordcount-0.1.0/tests/char.rs
bicycle-book-wordcount-0.1.0/tests/line.rs
bicycle-book-wordcount-0.1.0/tests/utils/mod.rs
bicycle-book-wordcount-0.1.0/text.txt
```

パッケージにtext.txtやtests/など不要なファイルが含まれているようです。これらをパッケージに含めないようにしましょう。Cargo.tomlにexcludesが書けます。packageセクションの末尾に以下を追記しましょう。

ch10/wordcount/Cargo.toml

```
[package]
# ...
exclude = ["text.txt", "tests/*"]

[badges]
# ...
```

excludesはリストをとり、それぞれにパスネームのグロブがとれます。

さて、もう一度cargo packageしてみましょう。

```
$ cargo package
error: 1 files in the working directory contain changes that were not yet committed into
git:

Cargo.toml

to proceed despite this, pass the `--allow-dirty` flag
```

今度はエラーになってしまいました。これはコミットしていないファイルがあるためです。編集したCargo.tomlをコミットしましょう。

```
$ git add Cargo.toml
$ git commit -m 'パッケージにテスト関連ファイルを含めないように修正'
```

気を取り直してcargo packageしてみます。

```
$ cargo package
```

今度は成功しました。内容物を確認しても余計なファイルは入っていないようです。

```
$ zcat target/package/bicycle-book-wordcount-0.1.0.crate  | tar tf -
bicycle-book-wordcount-0.1.0/Cargo.toml.orig
bicycle-book-wordcount-0.1.0/Cargo.toml
bicycle-book-wordcount-0.1.0/README.md
bicycle-book-wordcount-0.1.0/src/lib.rs
bicycle-book-wordcount-0.1.0/src/main.rs
```

ここまで確認して問題なければGitにタグを打ちましょう。タグとは特定のコミットに名前を付けたものです。タグについて詳しくはGitのドキュメント*36を読んでください。

```
$ git tag v0.1.0
```

タグにはv{パッケージのバージョン}を指定することが多いようです。

これまでの変更をGitHubにプッシュしておきます。同時に今付けたタグもプッシュします。

```
$ git push origin master
$ git push origin v0.1.0
```

これで先ほど設定したCIが完了するのを待ちます。もし後述するバイナリリリースも設定している場合は、可能ならバイナリをダウンロードして動かしてみましょう。

column
コラム

パッケージ名の - と _

ここではパッケージ名を`bicycle-book-wordcount`とハイフンでつなぎました（俗にいうケバブケース）。Rustではパッケージ名にはケバブケースが推奨されています*37。

ところがRustプログラム内から扱うときは - は識別子として使えないので、`bicycle_book_wordcount`とアンダースコアつなぎ（俗に言うスネークケース）で扱わないといけません。このせいかcrates.ioにもスネークケースのパッケージもそれなりに見受けられます。

crates.ioでの使用状況

```
$ git remote -v
origin	git@github.com:rust-lang/crates.io-index.git (fetch)
origin	git@github.com:rust-lang/crates.io-index.git (push)

# 登録されているパッケージの総数
$ find . -type f | wc -l
   21193

# 名前にダッシュを含むパッケージの数
$ find . -type f -name '*-*' | wc -l
    7429

# 名前にアンダースコアを含むパッケージの数
$ find . -type f -name '*_*' | wc -l
    3679
```

推奨はケバブケースなので、みなさんが作るときは混乱しないように気をつけましょう。

*36 https://git-scm.com/book/ja/v1/Gitの基本-タグ
*37 https://users.rust-lang.org/t/is-it-good-practice-to-call-crates-hello-world-hello-world-or-does-it-not-matter/6114/4

10-6-3 crates.io での公開

パッケージの体裁が整いましたので公開しましょう。crates.ioでの公開は一度ユーザを作ってしまえばCargoでできるので非常に簡単です。それではユーザ登録から公開までやってみましょう

crates.ioへのユーザ登録とトークンの設定

crates.ioへのユーザ登録はGitHubでできます。

右上にある"Login with GitHub"を選択しましょう（図10.9）。

図10.9 crates.ioのトップ画面

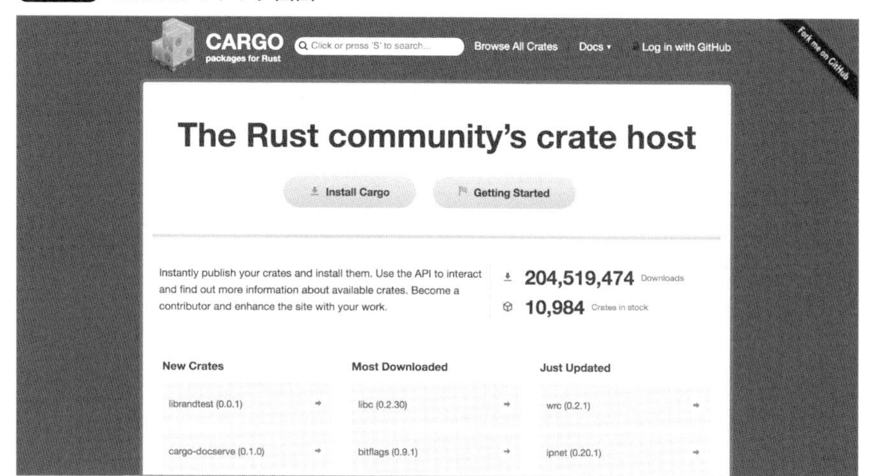

するとGitHubへ飛ぶのでcrates.ioからのアクセスを承認します（図10.10）。

図10.10 crates.ioのGitHubサインアップ画面

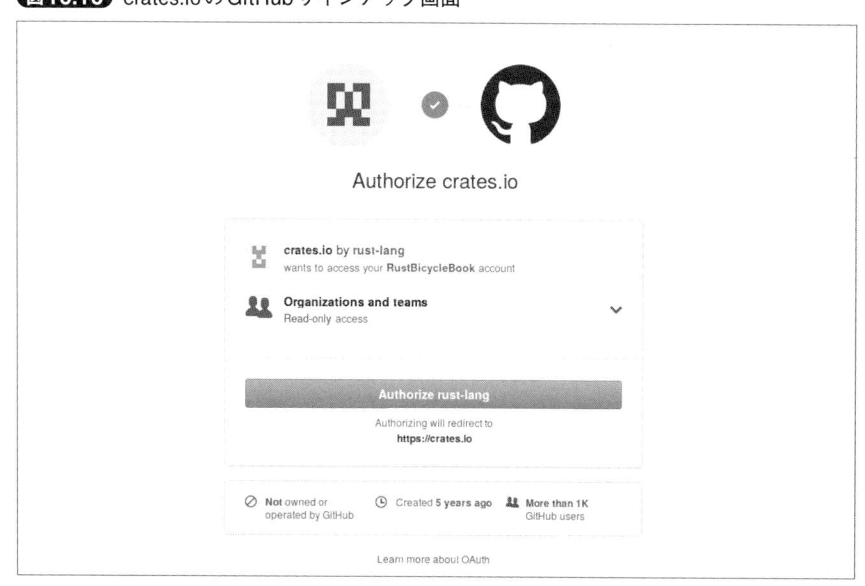

これでサインアップは完了しました。

このままAPIトークンを発行しましょう。右上のメニューから"Account Settings"へ移動します（**図10.11**）。

図10.11 crates.ioのアカウントからAccount Settingsへいく画面

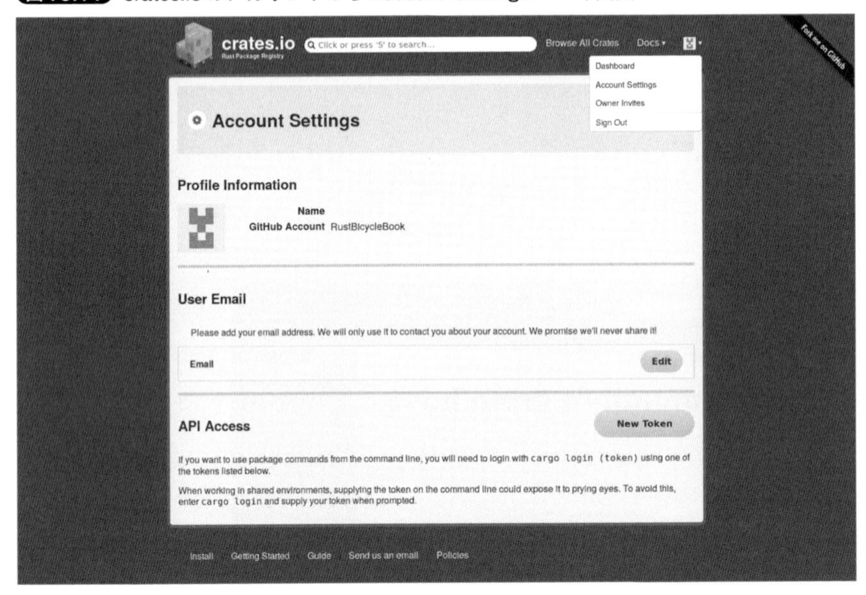

まずはEmailアドレスを設定しましょう。次に"New Token"を選択するとトークンとコマンドが表示されるのでそのまま実行しましょう（**図10.12**）。

図10.12 crates.ioのアカウントからAPI Tokenを表示する画面

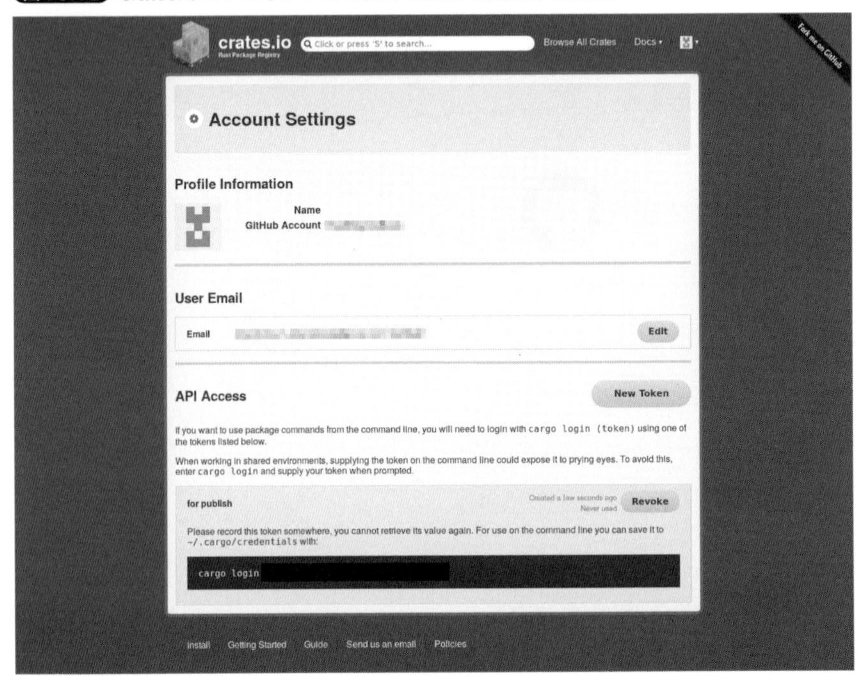

```
$ cargo login <Your API TOKEN>
```

これでログイン処理は完了です。一度だけログインを済ませれば、以後は必要なくなります。

パッケージのCLIからの公開

ログインが済んだのでパッケージを公開しましょう。cargo publishで公開できます。

```
$ cargo publish
```

crates.ioの自分のアカウントにアクセスすると、bicycle-book-wordcountが公開されていることが分かります（図10.13）。

図10.13 crates.ioにwordcountを公開した画面

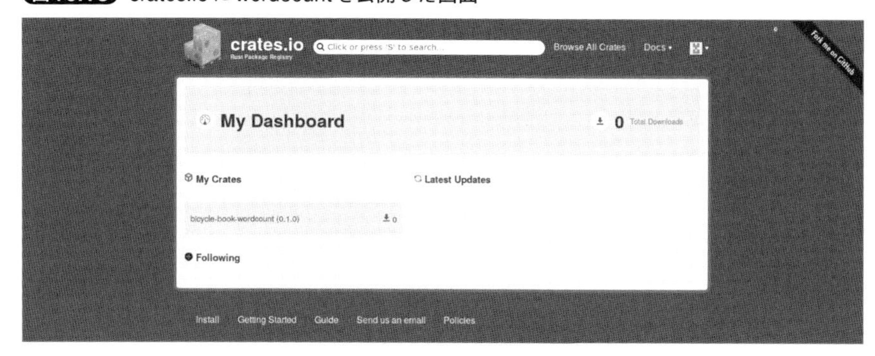

さらに詳細を確認してみましょう（図10.14）。

図10.14 crates.ioのwordcountの詳細画面

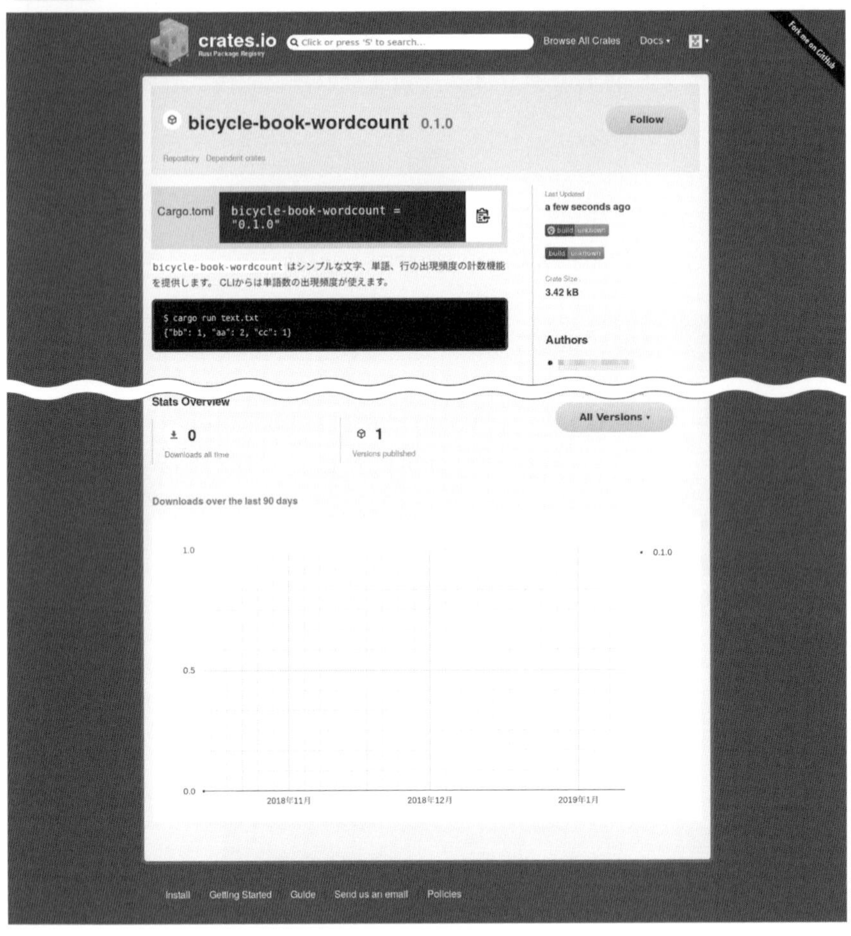

作者やライセンスが自分の設定したとおりにできていることが確認できます。

ここではパッケージの公開までの手順を紹介しました。さらなる情報はドキュメント*38を確認ください。

クレートのドキュメント

crates.ioで公開したパッケージのドキュメントは、`docs.rs`というサイトで自動的に生成、公開されます。たとえば今回のクレートのドキュメントは以下のURLで確認できます。

https://docs.rs/crate/bicycle-book-wordcount

ほとんどの場合はこの自動生成機能で問題ないでしょう。開発版のドキュメントをホスティングしたいなどの場合は、前述の`cargo docs`で生成して管理することもできます。必要に応じて工夫してみましょう。

*38 https://doc.rust-lang.org/cargo/reference/publishing.html

10-6-4 バイナリのリリース

crates.ioからは離れてしまいますが、バイナリの配布について少しだけ紹介します。Rustコンパイラはネイティブバイナリを生成できるので、事前にバイナリをコンパイルして用意してあげればRustユーザ以外も簡単にRust製のプロジェクトを利用できます。これは利用しているツールやサービスのいくつかの機能を組み合わせると実現できます。

- Gitのタグ*39
- GitHubのリリース*40
- Travis CIやAppVeyorのデプロイ

たとえば今回のwordcountの0.1.0公開時のソースコードにタグを付けるとしたら、以下のようなコマンドを発行します。

```
$ git tag v0.1.0
```

次に、GitHubにはリリース機能があります。これはGitのタグに関連付けてリリースノートやファイルを用意する機能です。crates.ioに登録するたびにGitのタグを打てば、GitHubのリリース機能を用いて各バージョンに対応するバイナリを置く場所が用意できます。

そしてTravis CIやAppVeyorのデプロイ機能*41*42を用いると、CIの成果物をGitHubのリリースに置くことができます。元々CIでは各種環境でビルド、テストを実行しているので動作テスト済みのバイナリが生成されています。これらを特定のタイミング、たとえばGitのタグを打ったときにGitHubにアップロードするように設定することで、自動で複数のプラットフォーム向けのバイナリを用意できます。

以上が全体的な構成ですが、しくみを整えるのはなかなか大変です。そこでこれらの設定のテンプレートが用意されています。

https://github.com/japaric/trust

このリポジトリには本書で紹介したTravis CIとAppVeyorのテンプレートがあります。このテンプレートを用いるとLinux、macOS、Windows環境でのテスト、Android、iOS、Linux、macOS、BSD、Windows環境向けのバイナリの生成、デプロイをするための設定ができます。

本書ではこのテンプレートを利用するための詳しい手順は解説しませんが、Rustでアプリケーションを開発しようとしている方はぜひ利用してください。

---

*39 https://git-scm.com/book/ja/v1/Git-の基本-タグ
*40 https://help.github.com/articles/about-releases/
*41 https://docs.travis-ci.com/user/deployment/
*42 https://www.appveyor.com/docs/deployment/

第11章

Webアプリケーション、データベース接続

本章ではRustでのWeb関連のアプリケーション、データベース接続について学びます。Webアプリケーションはシステムプログラミング言語のRustより、RubyやPHPなどの軽量級言語で作ることが多いでしょう。しかしRustで作るのが相応しい場面もいくつかあります。

- 既存の他のシステムがRustで作られているので言語の断片化を避けたい場合
- パフォーマンスが求められる場合
- Rustで作ったミドルウェアのインターフェース（たとえばHTTP API）を提供する場合
- 複雑な処理を簡潔に書き下したい場合

このような場面ではRustを実装言語の候補として検討する価値があります。本章ではRustでのWebアプリケーション構築に関連する環境やライブラリのAPIを紹介したあとにWebアプリケーションを構築していきます。

ここではWebに関する基本的な知識はお持ちだと仮定して進めます。

11-1 RustとWebの現状

RustでWebアプリケーションを作るための環境は概ね整っていますが、細かな部分でまだ過渡期であったり今後の発展に期待すべき点がいくつもあります。

11-1-1 同期と非同期

Webアプリケーション開発言語にRustを使う大抵のケースでパフォーマンスを期待しているでしょう。複数のリクエストを効率的に処理するためには**非同期IO**が不可欠です。Rustでのネットワーク分野でのプログラミングを快適にするためにWorking Group[*1]（WG-net）が発

＊1　https://github.com/rustasync/team

足しています。WG-netのミッションは非同期IOや組み込みデバイス向けのネットワーク、Web開発の基礎づくりなどです。その中でも非同期IOに関連した仕事や議論が活発に行われています。しかし裏を返せば現状はRustでの非同期IOは発展途上ということでもあります。たとえばデファクトスタンダードになっているHTTPライブラリのHyper[*2]は0.10系までは同期IOでした。そのため、Iron[*3]のような古くからあるWebアプリケーションフレームワークは同期IOをします。Hyperは0.11系以後は非同期IOになったので、そのあとのフレームワーク、たとえばGotham[*4]などは非同期IOになっています。

 11-1-2 FuturesとTokio

Rustの非同期IOを語る上で外せないのがFutures[*5]とTokio[*6]です。Rustでネットワークを非同期に扱おうとするとまずこの2つのライブラリが関わるでしょう。Hyper 0.11以後もTokioの上に作られています。

Futuresは並行デザインパターンのFuture[*7]をRust上に実装したものです。同じものをPromiseと呼ぶ言語もあります。Futureは経済用語でいう先物（さきもの）に由来する名前を持ちます。時間のかかる処理を待たずに別の処理を先に進め、後から元の処理の結果を受け取るようなパターンで使います。プログラム上で値の引換券のような役割をしているのです。RustでのFutureについてはAsync Book[*8]と呼ばれるドキュメントに詳しいので参考にしてください。

Tokioはイベント駆動なネットワークの非同期IOやタスクの非同期実行などをFuturesを使ってラップしたものです。イベント駆動なコードはイベント単位でコードが分割されてしまいますが、Futureでラップすると関連コードが1箇所にまとまるので見通しがよくなります。Tokioはかつてはいくつかのクレートに分かれ、ネットワークアプリケーションのフレームワーク部分までを担当していました。しかし一度大きな構成の変更があり[*9]、今は機能を基本的な非同期IOやスケジューリング、タイマーなどの低レイヤーの機能に絞っています。代わりにそれらの機能をまとめた1つのクレート`tokio`を提供しています。そしてネットワークアプリケーションのフレームワーク部分はTower[*10]に譲るようになりました[*11]。現時点ではHyper 0.12系などはTowerを使わずに実装されていますが、今後の発展に注目です。

---

*2 https://hyper.rs
*3 http://ironframework.io/
*4 https://gotham.rs/
*5 http://rust-lang-nursery.github.io/futures-rs/
*6 https://tokio.rs/
*7 https://www.hyuki.com/dp/dpinfo.html#Future
*8 https://rust-lang.github.io/async-book/
*9 https://github.com/tokio-rs/tokio-rfcs/pull/3
*10 https://github.com/tower-rs/tower
*11 余談ですがTokio+Towerで東京タワーですね

11-1-3 Rustでの非同期の未来

Futuresは非常に強力な抽象化を提供してくれますが、それでもプログラムの書き方が大きく変わってしまうため使いづらい面もあります。多少異なりますが、俗にコールバック地獄と言われるものと同等です。また、Rust特有の問題として「あとで実行」になるとその計算で使うデータに要求されるライフタイムも長くなるので、他の言語以上に使いづらさが表出します。そのためRust本体にasync/await構文が導入されることになりました[*12]。これはコールバック形式で書いていたプログラムを普通のプログラムのような直接形式で書けるようにしてくれる糖衣構文です。async/await構文が導入されるとawaitをまたいだ（つまりコールバックに渡す）値のライフタイムの扱いがぐっと楽になる予定です。しかしRust 2018 Editionの最初のリリースであるRust 1.31.0でも詳細な構文が決まらずに安定化していないなど、まだ決まりきっていない部分もあります。

ところでasync/awaitはFutureの糖衣構文なのでRustにasync/await構文を導入するには一緒に展開先となるFutureも必要です。つまり、FuturesもRust本体に入る[*13]ことになります。このタイミングでAPIも現行のFutures 0.1から大きく変わる予定です。刷新されるFuturesは0.3と呼ばれています。Futures 0.3でAPIが変わりますが、0.1との互換レイヤは提供される予定なので今まで動いていたコードが全て台無しになることはありません。Futureやasync/awaitに関連した部分が今後一番大きく変わる可能性があるので、先述のWG-netやFuturesブログ[*14]、Are we async yet ?[*15]などから最新の情報を集めましょう。

まとめると

- Rustで非同期IOを扱うにはTokioとFuturesを使う
- Futuresのための構文がRust本体に入る予定だが時期は未定
- FuturesはRust本体に取り込まれる予定だが時期は未定
- FuturesがRust本体に取り込まれる際にAPIが変わる

というような状況です。async / awaitの導入にはいくつかの機能も同時に必要になるので周辺機能も含めて活発に議論されています。

11-1-4 Webアプリケーションフレームワーク

Rustにはベースとなるライブラリの変遷があったため、さまざまなWebアプリケーションフレームワークがあります。

＊12 https://github.com/rust-lang/rfcs/pull/2394
＊13 https://github.com/rust-lang/rfcs/pull/2418
＊14 http://rust-lang-nursery.github.io/futures-rs/
＊15 https://areweasyncyet.rs/

- Iron[*16]：先述のとおり同期IOをするWebアプリケーションフレームワーク
- Rocket[*17]：同じく同期IOのWebアプリケーションフレームワーク。nightlyの機能を多用しているため執筆時点ではstable版では動かない
- Gotham[*18]：Hyperを素直に使ったフレームワーク
- Tower Web[*19]：先述のフレームワークTowerを使って作られた新興のWebアプリケーションフレームワーク。執筆時点ではまだ発展途上なところがある
- Warp[*20]：Hyperのメイン開発者がTokioとTowerのメイン開発者と協力して作った新興のWebアプリケーションフレームワーク。執筆時点ではまだ発展途上なところがある
- Tide[*21]：WG-netが作っているモジュラーなWebフレームワーク。執筆時点ではまだ商用利用には耐えないとされている
- Actix Web[*22]：アクターフレームワークのActix[*23]の上に作られたWebアプリケーションフレームワーク。比較的多くの機能が実装されている

この他にもさまざまなWebアプリケーションフレームワークがあり、crates.ioのhttp-serverカテゴリーで表示できます[*24]。なおRust Web Survey[*25]によると、2018年後半の時点でよく使われているWebアプリケーションフレームワークはRocketとActix Webのようです。

11-2 Webアプリケーションフレームワーク Actix Web

本書では、非同期IOができる点や機能や安定性の観点から、Actix Webを用いてWebアプリケーションを開発していきます。Actix WebはHyperを使わずにアクターフレームワークの上に作られています[*26]。Hyperを使っていない点には良し悪しがあるのですが、執筆時点からエコシステムが大きく変わる予定のHyperは避け、別路線のWebアプリケーションフレームワークのものを採用しました。

ここでアクターについて少しだけ説明しておきます。アクターとは非同期にメッセージをやり

---

*16 http://ironframework.io/
*17 https://github.com/SergioBenitez/Rocket
*18 https://gotham.rs/
*19 https://github.com/carllerche/tower-web
*20 https://github.com/seanmonstar/warp
*21 https://github.com/rust-net-web/tide
*22 https://github.com/actix/actix-web
*23 https://github.com/actix/actix
*24 https://crates.io/categories/web-programming::http-server
*25 https://rust-lang-nursery.github.io/wg-net/2018/11/28/wg-net-survey.html
*26 近々リリース予定のactix-1.0ではそうでもなくなるようです。

とりする存在です。アクター同士はメッセージでしか相互作用しないのでの独立性が高いです。アクターをベースにアプリケーションを構築するとIOやエラーを分離したり容易にマルチコアで動かせたりなどのメリットがあります。Actix Webはアクターフレームワークの Actixの上に作られているので、その気になればアプリケーション全体をアクター指向で組むことも可能です。ですが本書ではアクターシステムは扱わず、Actix WebのWebフレームワーク部分のみに焦点を当てて解説しますのでアクターについて詳しい必要はありません。アクターシステムに興味のある読者はデータベースコネクションを別アクターに分離するなどをやってみてください。

11-2-1 Hello, Actix Web

まずは最小限のアプリケーションを作ってみます。/にアクセスしたら"Hello World!"という文字列を、/{name}にアクセスしたら"Hello {name}!"という文字列を返すWebアプリケーションを作ってみましょう。

プロジェクトを用意しましょう。

```
$ cargo new start-aw
$ cd start-aw
```

Cargo.tomlに以下を書きます。

ch11/start-aw/Cargo.toml

```
[dependencies]
actix-web = "0.7"
```

そしてmain.rsには以下を書きます。

ch11/start-aw/src/main.rs

```
use actix_web::{server, App, HttpRequest, Responder};

fn hello(req: &HttpRequest) -> impl Responder {
    let to = req.match_info().get("name").unwrap_or("World");
    format!("Hello {}!", to)
}

fn main() {
    server::new(|| {
        App::new()
            .resource("/", |r| r.f(hello))
            .resource("/{name}", |r| r.f(hello))
    })
    .bind("localhost:3000")
```

```
        .expect("Can not bind to port 3000")
        .run();
}
```

実行してみます。

```
$ cargo run
```

これにブラウザ、あるいはCLIからアクセスすると以下のような結果が得られます。

```
# Linux、macOS
$ curl localhost:3000
Hello World

# Windows PowerShell
PS> Invoke-WebRequest `
        -UseBasicParsing `
        -Uri 'http://localhost:3000'

StatusCode        : 200
StatusDescription : OK
Content           : Hello World
Raw Content       : ...
```

このようにしてActix Webを動かすことができます。

 11-2-2 Actix Webとサーバの構成要素

Actix Webのサーバはいくつかの構成要素に分かれます。

- `HttpServer`：HTTPを処理するサーバ。コネクションやSSL、ワーカ数などを設定したい場合はこの型を扱う
- `App`：アプリケーションデータの保持やリクエストのルーティングなどを担当する
- ハンドラ：実際にリクエストを処理する中身
- エクストラクタ：HTTPリクエストからデータを抽出する。重要なエクストラクタに`State`がある
- ミドルウェア：リクエストを処理する前後に何かしらの処理をする。リクエストログを取ったり、セッション管理をしたりするなどさまざまなミドルウェアが用意されている

Actix Webはユーザの記述の自由度を上げるためにトレイトをいくつも組み合わせています。これらのトレイトのしくみの説明のため、ハンドラとエクストラクタについて少し触れます。

ハンドラ

ハンドラとはリクエストを処理してレスポンスを生成する、関数のようなものです。

actix_web::dev::Handlerは以下のように定義されています。

```
pub trait Handler<S>: 'static {
    type Result: Responder;
    fn handle(&self, req: &HttpRequest<S>) -> Self::Result;
}
```

メソッドが1つだけ定義されているのでほとんど関数のようなものであることが分かると思います。実際、Handlerは以下のようにFnに対しても実装されています。

```
impl<F, R, S> Handler<S> for F where
    F: Fn(&HttpRequest<S>) -> R + 'static,
    R: Responder + 'static,
```

handleで引数に受け取っている型はHTTPのリクエストを表す型で、ジェネリクスの<S>はユーザデータのためのパラメータです。これについてはエクストラクタのところで説明します。次に、戻り値に使われているResponderという型を見てみましょう。

```
pub trait Responder {
    type Item: Into<AsyncResult<HttpResponse>>;
    type Error: Into<Error>;
    fn respond_to<S: 'static>(
        self,
        req: &HttpRequest<S>
    ) -> Result<Self::Item, Self::Error>;
}
```

ResultやIntoに包まれていますが、主眼となる型はAsyncResult<HttpResponse>です。このHttpResponseはHTTPのレスポンスを、AsyncResultは非同期の結果を表す型です。Responderに話を戻すとResponderはrespond_toでselfをSelf::Itemに変換するトレイトです。Itemは、IntoでAsyncResult<HttpResponse>に変換できる型はなんでもよいと定義されています。登場するトレイトが多くて混乱しそうですが、Responderトレイトが表すものを意訳すると「非同期HTTPレスポンスとして扱えるものに変換できる型」となります。2段階の抽象がされていて複雑ですね。おおざっぱにはInto<AsyncResult<HttpResponse>>の部分で同期／非同期の違いの吸収を、respond_toの部分でさまざまな型をHTTPレスポンスに適応させるのを担当しています。最初に出てきたハンドラを例に順を追ってみましょう。最初に書いたハンドラは以下のような実装でした。

```
fn hello(req: &HttpRequest) -> impl Responder {
    let to = req.match_info().get("name").unwrap_or("World");
    format!("Hello {}!", to)
}
```

最後の式がformat!なのでこの関数の戻り値はStringです。StringとResponderの関係を見てみましょう。以下のように定義されています。

```
impl Responder for String {
    type Item = HttpResponse;
    // ...
}
```

ItemがHttpResponseなのでフレームワーク側で文字列からHTTPレスポンスを作ってくれるのです。さらにHttpResponseとAsyncResult<HttpResponse>の関係を見てみましょう。これはジェネリクスで定義されています。

```
impl<T> From<T> for AsyncResult<T> {
    // ...
}
```

つまりHTTPレスポンスを用意できるならそれを非同期HTTPレスポンスとして扱える、と定義されています。これで先ほどのハンドラ関数はフレームワーク内で以下のようにしてHTTPレスポンスへと変換されるはずです。

```
// リクエストがやってくる
let req: HttpRequest = // ...;
// ハンドラを呼ぶ。ハンドラのレスポンスは文字列
let s: String =  hello(&req);
// Responderを使ってHttpResponseを作る
let res: HttpResponse = s.respond_to(&req);
// Intoを使ってそれを非同期の結果として扱う
let async_res: AsyncResult<HttpResponse> = res.into();
```

長い道のりでしたがハンドラの挙動を解析できました。

ところで、実際にActix Webが受け付けるハンドラはもう少し柔軟になっています。それを説明するにはエクストラクタが必要ですのでエクストラクタについて説明します。

エクストラクタ

エクストラクタはFromRequestを実装した型です。HTTPリクエストから必要なデータを抽

出します。具体例を見てみましょう。エクストラクタの1つ、Path<T>を使ってみます。このエクストラクタはリクエストパスからプレースホルダ部分を抽出します。たとえばハンドラのパスが"/{name}"と定義されていたらnameに相当する部分を抜き出すためのものです。抽出する際はserdeクレートを使い、Tのフィールドとnameの対応をとります。Serdeはさまざまなフォーマットと Rustのデータ型を対応させる機能を提供しているライブラリです。では実際にPath<T>を用いてハンドラを書いてみましょう。実装するのは{name}というパスプレースホルダから文字列を抜き出してHello {name}という文字列を返すハンドラです。依存クレートにserdeとserde_deriveを追加しましょう。

ch11/start-aw/Cargo.toml（抜粋）

```
[dependencies]
# ...
serde_derive = "1"
serde = "1"
```

serde_deriveはserdeが提供する変換用トレイトSerializeとDeserializeのカスタム自動導出を提供するライブラリです。さて、このライブラリを用いてコードは以下のように書けます。#[derive(Deserialize)]がserde_deriveによるもので、それによって実装されるDeserializeがserdeによるものです。

```
use actix_web::{Error, FromRequest, Path};
use serde_derive::*;

// Deserializeにしたがって抽出されるので型を用意しておく
#[derive(Deserialize)]
struct HelloPath {
    // {name}に対応するフィールドを定義する
    name: String,
}

fn hello_name(req: &HttpRequest) -> Result<String, Error> {
    // FromRequest::extractでデータを抽出する
    let to = Path::<HelloPath>::extract(req)?;
    // Path<T>はDeref<Target=T>を実装しているのでそのままHelloPathのように扱える
    Ok(format!("Hello {}!", &to.name))
}
```

これだけだとあまりうれしさを感じませんが、Actix Webが受け付けるハンドラの柔軟性のおかげでもう少し楽に書けます。Actix Webに登録できるハンドラは引数にエクストラクタを書けるのです。つまり先ほどの関数は以下のように書けるのです。

```
// 引数にエクストラクタを書くとフレームワークが勝手に抽出して渡してくれる
fn hello_name(to: Path<HelloPath>) -> impl Responder {
    format!("Hello {}!", &to.name)
}
```

ただしハンドラを登録するときは先ほどまでのr.fとは違ってr.withを使います。

```
use actix_web::State;
App::new().resource("/{name}", |r| r.with(hello_name))
```

エクストラクタはPath<T>以外にもクエリ文字列から抜き出すQuery<T>やHTTPリクエストからJSONを抜き出すJson<T>などさまざまなものが用意されています。

State

エクストラクタの中でも重要なのがState<T>です。アプリケーション構築時にデータを登録しておくとリクエストハンドラの中でそのデータを取得できます。起動したサーバの名前を保持しておいて、リクエストがあったらサーバ情報を返すハンドラを書いてみましょう。

```
// アプリケーション情報を保持するデータ型
struct MyApp {
    server_name: String,
}

// State<T>型の引数を取るとデータ型を受け取れる
fn hello_with_state(app: State<MyApp>) -> Result<String, Error> {
    Ok(format!("Hello from {}!", &app.server_name))
}
```

今までのエクストラクタを使ったコードと変わりません。Appを構築するところで変化があります。App::newではなくApp::with_stateで初期化します。

```
App::with_state(MyApp {
        server_name: "server with state".into(),
    })
    .resource("/info", |r| r.with(hello_with_state))
```

こうすることでアプリケーションにデータを持たせることができます。たとえばデータベースコネクションなどを持たせたいときによく使います。

ところで、with_stateで初期化するとHTTPリクエストの型が変わります。ジェネリクスのパラメータがステートを表しているのでそこが変わるのです。HttpRequest<S>はS=()で定義されているのでデフォルトではステートは()です。しかしwith_stateで初期化すると、そのときの型、つまり今回はMyAppが入るのでHttpRequest<MyApp>になります。可能な限りHttpRequestを扱うときはジェネリクスにして、後からステートを加えても問題ないようにしましょう。

11-2-3 静的ファイルを返す

Actix Webに用意されているハンドラを使って静的なファイルを返すサーバを作ってみましょう。

URLの/にアクセスがあればローカルの./にあるファイルを返すようにしてみましょう。ファイルを返す機能はActix WebにStaticFilesハンドラが用意されているので簡単に書けます。

新たにプロジェクトを作り、Actix Webを導入します。2章で紹介したcargo-editのツールを使ってコマンドラインからCargo.tomlを編集します。

```
$ cargo new static-files
$ cd static-files
$ cargo add actix-web@0.7
```

プロジェクトが作れたらmain.rsに以下を書きます。

ch11/static-files/src/main.rs

```
// fsをインポート
use actix_web::{fs, server, App};

fn main() {
    server::new(|| {
        App::new().handler(
            "/",
            // StaticFilesを用いて現在のディレクトリ下のファイルを提供する
            fs::StaticFiles::new(".").unwrap(),
        )
    })
    .bind("localhost:3000")
    .expect("Can not bind to port 3000")
    .run();
}
```

StaticFiles自身がハンドラなのでfs::StaticFiles::new(".")と初期化するだけでハンドラとして登録できます。

さて、これを実行してみます。

```
$ cargo run
```

アプリケーションを走らせた状態でhttp://localhost:3000/Cargo.tomlにアクセスしてみましょう

```
$ curl localhost:3000/Cargo.toml
[package]
name = "static-files"
version = "0.1.0"
...
```

正しくファイルを返せています。

 11-2-4 テンプレートを返す

静的ファイルだけでなくテンプレートを使ったレスポンスも実装してみましょう。ここではActix Webのexamples*27でも使われているTera*28を例にアプリケーションを作ります。TeraはJinja2にインスパイアされたテンプレートエンジンです。ここではTeraのテンプレート記法はあまり触れず、主にRustからのAPIについて解説します。

まずはプロジェクトを作ります。

```
$ cargo new templates
$ cd templates
$ cargo add actix-web@0.7 tera@0.11 serde@1 serde_derive@1
```

これから、GET /{name}に対して"Hello {name}"と表示するようなアプリケーションを作っていきます。

まずは準備から始めましょう。テンプレートはアプリケーションの初期化時にコンパイルして保持しておくのでアプリケーションデータに持たせます。main.rsに以下を書きます。

ch11/templates/src/main.rs（抜粋）

```
use tera::Tera;

struct AppState {
    template: Tera,
}
```

これを使ってハンドラを作ります。エクストラクタのところで説明したStateとPathを使い

*27 https://github.com/actix/examples
*28 https://github.com/Keats/tera

ます。続けてmain.rsにハンドラを実装していきましょう。

ch11/templates/src/main.rs（抜粋）

```
use actix_web::{error, HttpResponse, Path, State};
use serde_derive::*;

#[derive(Deserialize)]
struct HelloPath {
    name: String,
}

fn hello_template(
    app: State<AppState>,
    path: Path<HelloPath>,
) -> Result<HttpResponse, error::Error> {
   // ...
}
```

エクストラクタのところで説明したとおりState<AppState>で先ほど作ったAppStateを受け取ります。HelloPathとPath<HelloPath>でハンドラを登録したときのプレースホルダからnameを抜き出します。これもエクストラクタのところで説明したとおりですね。さて、ハンドラの本体を実装しましょう。

ch11/templates/src/main.rs（抜粋）

```
use tera::Context;

fn hello_template(
   // ...
) -> Result<HttpResponse, error::Error> {
    // テンプレートに渡す値を作る
    let mut context = Context::new();
    context.insert("name", &path.name);
    // app.templateでテンプレートが取得できる
    let body = app
        .template
        // Tera::renderで指定したテンプレートをレンダリングできる
        .render("index.html.tera", &context)
        // レンダリングに失敗したらサーバ内部のエラーとして扱う
        .map_err(|e| error::ErrorInternalServerError(format!("{}", e)))?;
    // レンダリング結果をレスポンスとしてステータス200 OKで返す
    Ok(HttpResponse::Ok().body(body))
}
```

パスから抜き出した{name}をContextに挿入し、それを使ってテンプレートをレンダリングしています。レンダリングエラーはActix Webのエラー型に変換しないと返せません。ここではErrorInternalServerErrorを用いて500 Internal Server Errorに変換しています。最終的にレンダリングで得られた文字列はHttpResponseBuilder::bodyを使ってHTTPレスポンスにしています。

最後にmain関数です。Teraを初期化します。

ch11/templates/src/main.rs（抜粋）

```
use actix_web::{http, server, App};
use tera::compile_templates;

fn main() {
    server::new(|| {
        // AppStateを準備する
        let app = AppState {
            // compile_templates!でテンプレートを一括でコンパイルできる
            template: compile_templates!("templates/**/*"),
        };
        // with_stateでアプリケーションデータとして保持
        App::with_state(app).route("/{name}", http::Method::GET, hello_template)
    })
    .bind("localhost:3000")
    .expect("Can not bind to port 3000")
    .run();
}
```

アプリケーションができたのでテンプレートを用意しましょう。templates/以下に置きます。

ch11/templates/templates/index.html.tera

```
<!doctype html>
<html lang="ja">
    <head>
        <meta charset="UTF-8"/>
        <title>Document</title>
    </head>
    <body>Hello {{name}}</body>
</html>
```

Teraは{{と}}の間に式を書けます。ここでは変数nameを埋め込んでいます。

これで完成です。実行してみましょう。

```
$ cargo run
```

http://localhost:3000/Buddahにブラウザからアクセスしてみます（**図11.1**）。

図11.1 ブラウザからアクセスした画面

Hello Buddah

ブラウザに「Hello Buddah」と表示されました。
これでTeraを使ったテンプレーティングができました。

11-3 JSON APIサーバ

簡単なActix Webの使い方を説明したのでもう少し複雑なWebアプリケーションを作りましょう。題材としてログマネージャを作っていきます。CSVあるいはJSON形式のログをPOSTリクエストでDBに保存し、GETリクエストがあればDBからデータを引き出してCSVファイルあるいはJSON形式で返します。大量のファイルのパースや解凍/圧縮はCPU負荷が高いのでRustのような高速な処理ができる言語の向くところです。

クエリパラメータによって日時範囲でクエリを投げられるようにすればログの集計がしやすくなります。また、CLIクライアントも実装することでHTTPリクエストの扱い方もみていきます。

11-3-1 仕様

今回作るログマネージャは以下の4つのエントリポイントを持ちます。

- `GET /csv`：DBにあるログをCSVファイルとして返す。オプショナルで`from=timestamp`、`until=timestamp`のパラメータを受け付ける
- `POST /csv`：ログをCSVファイルで受け取ってDBに保存する
- `GET /logs`：DBにあるログをJSON形式で返す。オプショナルで`from=timestamp`、`until=timestamp`のパラメータを受け付ける
- `POST /logs`：ログをJSON形式で受け取ってDBに保存する

今回の入力のログの形式は**表11.1**のようにします。扱うデータ型はあまり重要ではないので少数のフィールドに留めます。

表11.1 入力ログの形式

フィールド	型	required
user_agent	String	yes
response_time	int	yes
timestamp	String (DateTime)	no

また、各所のタイムスタンプはRFC3339の2017-08-26T13:13:29.931320Zのような形式を用います。もしtimestampがなければサーバ側で付与するようにします。

また、それぞれのGETメソッドはクエリパラメータでfromとuntilを受け付けて対象となる期間を絞れるようにします。

 11-3-2 ワークスペース

今回はサーバとクライアントを実装するので複数のクレートを作ります。さらに両者で共通するコードもあります。これらをまとめて扱うためにCargoの**ワークスペース**機能を使います。ワークスペースについて詳しくはドキュメント[*29]を参照してください。ここでは必要なことのみを説明します。

ワークスペースを使うことで依存クレートのコンパイルの共通化やワークスペース内の依存関係を考慮したビルドなどが可能です。また、トップレベルでコマンドを打つことで、配下のクレートすべてのテストをビルドすることも可能です。

ディレクトリ構成は最終的に以下のようになります。

```
├── Cargo.toml
├── api
│   ├── Cargo.toml
│   └── src
├── cli
│   ├── Cargo.toml
│   └── src
├── server
│   ├── Cargo.toml
│   ├── diesel.toml
│   ├── migrations
│   └── src
└── target
```

トップレベルのCargo.tomlには以下のようにワークスペースである旨の宣言とその配下にあるクレートが列挙されています。

*29 https://doc.rust-lang.org/book/ch14-03-cargo-workspaces.html

```
[workspace]
members = ["server", "cli", "api"]
```

そしてtargetディレクトリもトップレベルにあり共通化されます。それぞれのメンバは普段使うCargoプロジェクトと同じような構成になっています。ただしtargetディレクトリはありません。アプリケーションを開発しながらこのようなディレクトリ構成を順次作っていきます。

まずはワークスペースを準備しておきましょう。ワークスペースを作るCargoのサブコマンドは用意されていないので手で作ります。とはいっても大した作業ではありません。まずはディレクトリを作ります。

```
$ mkdir log-collector
$ cd log-collector
```

そしてCargo.tomlを用意しましょう。まだメンバはいないので空のままです。

ch11/log-collector/Cargo.toml

```
[workspace]
members = []
```

準備ができたところで実装を始めましょう。

11-3-3 ひな型

最初はアプリケーションのひな形を用意します。4つのスタブハンドラを登録してあるアプリケーションです。今後の作業はこのハンドラを実装していくことになります。

まずはプロジェクトを作りましょう。トップレベルのCargo.tomlに"server"を追加します。

ch11/log-collector/Cargo.toml

```
[workspace]
members = ["server"]
```

続いてプロジェクトテンプレートを作ります。

```
$ cargo new server
$ cd server
```

新しいserverクレートのCargo.tomlに下記を追記します。

ch11/log-collector/server/Cargo.toml（抜粋）

```
[dependencies]
env_logger = "0.6"
log = "0.4"
actix-web = "0.7"
failure = "0.1"
```

logとenv_loggerはアプリケーションのログを取るためのクレートです。logがログインターフェースで、env_loggerが出力と設定を担います。ほとんどのアプリケーションでまずはこのロガーを導入することになるでしょう。failureはエラーハンドリングのクレートです。std::error::Errorと同じような機能を提供するクレートですが標準ライブラリのものと比べていくつかの点で改善されています。FailureはActix Webが内部で採用しているためActix Webを使うときは自然と一緒に使うことになります。

コードの見通しを良くするためにまずはhandler.rs、main.rsに分けて書きます。main.rsにはアプリケーション全体のルーティングなどを書きます。

ch11/log-collector/server/src/main.rs

```
use actix_web::http::Method;
use actix_web::App;

mod handlers;

// アプリケーションで持ち回る状態
#[derive(Clone)]
pub struct Server {}

impl Server {
    pub fn new() -> Self {
        Server {}
    }
}

// ルーティングなどを書く
pub fn app(server: Server) -> App<Server> {
    use crate::handlers::*;

    let app: App<Server> = App::with_state(server)
        .route("/logs", Method::POST, handle_post_logs)
        .route("/csv", Method::POST, handle_post_csv)
        .route("/csv", Method::GET, handle_get_csv)
        .route("/logs", Method::GET, handle_get_logs);

    app
```

```
}

fn main() {
    // 環境変数でログレベルを設定する
    env_logger::init();

    let server = Server::new();
    ::actix_web::server::new(move || app(server.clone()))
        .bind("localhost:3000")
        .expect("Can not bind to port 3000")
        .run();
}
```

Serverがアプリケーションに必要な状態で、設定やDB接続などを持ちます。app関数ではAppを組み立てます。ミドルウェアの設定やルーティングなどを書きます。main関数では諸々の初期化とサーバの立ち上げを行います。

さて、次にhandler.rsにはハンドラを書いていきます。既にルーティングの箇所に名前が出ている関数群を実装します。

ch11/log-collector/server/src/handlers.rs

```
use actix_web::{HttpResponse, State};
use failure::Error;

use crate::Server;

/// POST /csvのハンドラ
pub fn handle_post_csv(server: State<Server>) -> Result<HttpResponse, Error> {
    unimplemented!()
}

/// POST /logsのハンドラ
pub fn handle_post_logs(server: State<Server>) -> Result<HttpResponse, Error> {
    unimplemented!()
}

/// GET /logsのハンドラ
pub fn handle_get_logs(server: State<Server>) -> Result<HttpResponse, Error> {
    unimplemented!()
}

/// GET /csvのハンドラ
pub fn handle_get_csv(server: State<Server>) -> Result<HttpResponse, Error> {
    unimplemented!()
}
```

ひな形なので関数の本体はunimplemented!()で、これから実装していきます。

今はハンドラの引数にState<Server>のみ書いていますが他のエクストラクタも必要に応じて増やします。戻り値も柔軟に書けますが、今のところはResult型に包まれたResult<HttpResponse, Error>にしておきます。

以上のひな型がActix Webでアプリケーションを作る上での最低限のスタブです。以下ではこれをベースに作業していきます。

11-3-4 データ型の定義

JSONやCSVでデータをやりとりするにあたって、Rust内で扱うデータ型を定義します。このデータ型はサーバとCLIクライアント両方で扱うので、独立したapiクレートで定義します。serverを追加したときと同じくまずはトップレベルのCargo.tomlに"api"を追記します。

ch11/log-collector/Cargo.toml

```
[workspace]
members = ["server", "api"]
```

続いてプロジェクトテンプレートを作ります。

```
$ cargo new --lib api
$ cd api
```

Cargo.tomlには以下を書きます。

ch11/log-collector/api/Cargo.toml

```
[dependencies]
serde = "1"
serde_derive = "1"

# ある依存について詳細に設定したい場合はサブセクションを書くと設定できる
# 今回はchronoクレートのserdeフィーチャを有効にしている
[dependencies.chrono]
features = ["serde"]
version = "0.4"
```

ここでもserdeとserde_deriveを使います。また、日時を扱う必要があるのでchronoクレートを使います。ChronoはRustで日時を扱うためのデファクトスタンダードなクレートです。ChronoはSerdeをサポートしておりserdeフィーチャを有効にすることで日付のシリアライズ/デシリアライズができるようになります。

データ型の定義ですが、たとえばPOST /logsリクエストで扱うデータ型をlogs::post::Request

と定義することでAPI仕様との対応が明確になります。なので今回はlogs::post、logs::get、csv::post、csv::getの4つのモジュールを作ります。それぞれのモジュールとデータ型の定義は以下のようになります。少し長いですが定義を並べているだけです。

ch11/log-collector/api/src/lib.rs

```
use chrono::{DateTime, Utc};
use serde_derive::*;
// JSONの{"user_agent": "xxx", "response_time": 0, "timestamp": "yyyy-MM-dd+HH:mm:ss"}に対応
// 戻り値で使うログはtimestampがOptionではない
#[derive(Debug, Clone, Eq, PartialEq, Hash, Deserialize, Serialize)]
pub struct Log {
    pub user_agent: String,
    pub response_time: i32,
    pub timestamp: DateTime<Utc>,
}

// クエリパラメータの?from=yyyy-MM-dd+HH:mm:ss&until=yyyy-MM-dd+HH:mm:ssに対応
#[derive(Debug, Clone, Eq, PartialEq, Hash, Deserialize, Serialize)]
pub struct DateTimeRange {
    pub from: Option<DateTime<Utc>>,
    pub until: Option<DateTime<Utc>>,
}

pub mod csv {
    pub mod get {
        use crate::DateTimeRange;

        pub type Query = DateTimeRange;
        // getはファイルを返すのでResponse型の定義がない
    }

    pub mod post {
        use serde_derive::*;

        // CSVファイルを受け付けるのでリクエストデータはない
        #[derive(Debug, Clone, Eq, PartialEq, Hash, Default, Deserialize, Serialize)]
        // 受領したログの数を返す
        pub struct Response(pub usize);
    }
}

pub mod logs {
    pub mod get {
        use crate::{DateTimeRange, Log};
        use serde_derive::*;
```

```
        pub type Query = DateTimeRange;

        #[derive(Debug, Clone, Eq, PartialEq, Hash, Default, Deserialize, Serialize)]
        // 保存しているログをすべて返す
        pub struct Response(pub Vec<Log>);
    }

    pub mod post {
        use chrono::{DateTime, Utc};
        use serde_derive::*;

        // 説明したとおりのデータを受け付ける
        #[derive(Debug, Clone, Eq, PartialEq, Hash, Default, Deserialize, Serialize)]
        pub struct Request {
            pub user_agent: String,
            pub response_time: i32,
            pub timestamp: Option<DateTime<Utc>>,
        }
        // Acceptedを返すのでResponseデータ型の定義はない
    }

}
```

先ほど仕様を説明したところでは詳細を省きましたが、エンドポイントで扱うJSONのデータは上記のコードから導かれるものとします。

11-3-5 APIでの使用

データ型が定義できたのでserverの先ほどのスタブハンドラを一歩進めましょう。POSTで送られてきたデータをパースして、ダミーのデータを返すようにします。データのデシリアライズはJsonやQueryのエクストラクタを用いましょう。データのシリアライズはActix Webのレスポンスビルダを使ってHttpResponse::Ok().json(データ)のようにしてできます。

serverのCargo.tomlにapiへの依存を追加します。

ch11/log-collector/server/Cargo.toml

```
[dependencies]
# ...
api = {path = "../api"}
```

そして、handler.rsの関数群を以下のように書き換えます。

ch11/log-collector/server/src/handlers.rs

```
use actix_web::{Json, Query};
use log::debug;

/// POST /csvのハンドラ
pub fn handle_post_csv(server: State<Server>) -> Result<HttpResponse, Error> {
    // POSTされたファイルはActix Webでは簡単には扱えないのでここではまだコードなし

    // レスポンスはDefaultでダミーデータを生成
    let logs = Default::default();

    Ok(HttpResponse::Ok().json(api::csv::post::Response(logs)))
}

/// POST /logsのハンドラ
pub fn handle_post_logs(
    server: State<Server>,
    // POSTのボディはJson<T>を引数に書くと自動的にデシリアライズされて渡される
    log: Json<api::logs::post::Request>,
) -> Result<HttpResponse, Error> {
    // Json<T>はTへのDerefを実装しているので内部ではほぼそのままTの値として扱える
    debug!("{:?}", log);
    // レスポンスはAccepted
    Ok(HttpResponse::Accepted().finish())
}

/// GET /logsのハンドラ
pub fn handle_get_logs(
    server: State<Server>,
    // クエリパラメータはQuery<T>を引数に書くと自動的にデシリアライズされて渡される
    range: Query<api::logs::get::Query>,
) -> Result<HttpResponse, Error> {
    debug!("{:?}", range);

    let logs = Default::default();

    Ok(HttpResponse::Ok().json(api::logs::get::Response(logs)))
}

/// GET /csvのハンドラ
pub fn handle_get_csv(
    server: State<Server>,
    range: Query<api::csv::get::Query>,
) -> Result<HttpResponse, Error> {
    debug!("{:?}", range);
```

```
    // CSVファイルはバイナリデータにして返す
    let csv: Vec<u8> = vec![];
    Ok(HttpResponse::Ok()
        .header("Content-Type", "text/csv")
        .body(csv))
}
```

リクエストから来るデータはエクストラクタで非常に楽に取り出せます。データ型でリクエスト/レスポンスのスキーマを表現しているのでこの時点でスキーマレベルではすでに適切なリクエストとレスポンスを扱えるようになっています。

ここまででデータの扱いを説明してきました。

11-4 Dieselを使ったデータベースの扱い

APIスキーマができたのでハンドラの中身を実装します。アプリケーションをデータベース（DB）へ接続しましょう。Rustには単純なDBへのコネクタがいくつかありますが、ここではそれらの上に構築されたORマッパ／クエリビルダのDieselを紹介します。

Dieselは「Rustのための安全で拡張可能なORMかつクエリビルダ」を掲げています。Dieselはまず、CLIツールからDBのスキーマを読みに行ってRustのコードを生成します。そしてユーザは生成されたDSLを使ってクエリを組み立てます。DieselがDBのスキーマに合わせたコードを生成するのでDSLにはきっちりスキーマに対応した型が付きます。そのため不正なSQLを書いてしまう余地が少なくてSQLのデバッグをしなくて済むほか、実行パフォーマンスにも優れます。対応しているバックエンドは今のところPostgreSQL、SQLite、MySQLです。本章ではDieselのサポートの厚いPostgreSQLを使っていきます。

11-4-1 diesel_cliのインストール

DieselはDBの情報からRustのコードを生成するので先にDBスキーマを作る必要があります。

DieselはRustのライブラリとして機能するほか、マイグレーションを管理するためのCLIツールも提供していますので、それを使ってDBスキーマを作りましょう。

CLIツールをビルドするにはDBのクライアントライブラリが必要です。LinuxとWindowsでは後述の方法でPostgreSQLのクライアントライブラリ（`libpq`）をインストールしてください。

macOSでは最初からlibpqが入っているようです[*30]。このように/usr/libにlibpq*.dylibがあるなら大丈夫です。

```
$ ls -l /usr/lib/libpq*.dylib
-rwxr-xr-x  1 root  wheel  179328 Sep 21 12:35 /usr/lib/libpq.5.6.dylib
```

Ubuntuでは以下のようにしてlibpqをインストールします。

```
$ sudo apt-get install -y libpq-dev
```

Windowsでは、まず本書サンプルコードのGitHubリポジトリにある説明[*31]を参照してvcpkgをインストールし、環境変数VCPKG_ROOTを設定してください。それができたら以下のコマンドでlibpqをインストールします。

```
PS> cd $env:VCPKG_ROOT
PS> .\vcpkg --triplet x64-windows-static install libpq
```

WindowsではさらにRUSTFLAGSを設定します。

```
# ライブラリと静的リンクするためのオプション
# rustc 1.19.0か、それ以降のバージョンが必要
PS> $env:RUSTFLAGS = '-Ctarget-feature=+crt-static'
```

この設定はdiesel_cliだけでなく、今後log-collectorをビルドするときにも必要ですので注意してください。またVCPKG_ROOTも正しく設定されている必要があります。これらの設定を忘れるとリンクに失敗します。

libpqが準備できたら以下のコマンドを実行しましょう。これによりdiesel_cliがビルドされ、インストールされます。

```
$ cargo install diesel_cli --no-default-features --features postgres
```

今回はPostgreSQLしか使わないので--no-default-features --features postgresフラグを付けています。デフォルトだと対応しているすべてのDBバックエンドに対応したバイナリがインストールされ、それぞれの開発用ヘッダなどを要求されます。

*30 筆者らが試したところ、少なくともmacOS Sierra 10.12からMojave 10.14までのバージョンでは、OSをクリーンインストールした時点でlibpqが入っていました。

*31 https://github.com/ghmagazine/rustbook/blob/master/install/windows10-vcpkg.md

 11-4-2 スキーマ定義とマイグレーション

次にDBを準備します。簡略化して解説するため本書ではDB自体はDocker Composeにてセットアップします。他の方法でPostgreSQLを準備できる場合はこの手順は必要ありません。Docker環境のセットアップ方法は本書サンプルコードのGitHubリポジトリにある説明*[32]を参照してください。

ch11/log-collector/docker-compose.yml

```
# いろいろ書かれていますが、ローカルホストの5432番ポートにユーザ名postgres、
# パスワードpasswordのDBサーバを立てる設定です
postgres-data:
  image: busybox
  volumes:
    - /var/lib/postgresql/log-collector-data
  container_name: log-collector-postgres-datastore

postgresql:
  image: postgres
  environment:
    POSTGRES_USER: postgres
    POSTGRES_PASSWORD: password
  ports:
    - "5432:5432"
  volumes_from:
    - postgres-data
```

このdocker-compose.ymlを使ってDBマネジメントシステムを立ち上げ、Dieselによる初期化を行います。diesel setupでプロジェクトのDiesel関連ファイルとDBのスキーマを初期化します。Dieselに使うDBの情報を伝えるためにDATABASE_URLを設定していることに注意してください。

```
# PostgreSQLのサーバを立ち上げる
$ docker-compose up -d

# Dieselのために環境変数を設定する
# Linux、macOS
$ export DATABASE_URL=postgresql://postgres:password@localhost:5432/log-collector

# Windows PowerShell
PS> set $env:DATABASE_URL='postgresql://postgres:password@localhost:5432/log-collector'
```

*32 https://github.com/ghmagazine/rustbook/blob/master/install/docker.md

```
$ cd server
$ diesel setup
Creating database: log-collector
# log-collectorDBが作られ、migrationsディレクトリができる
```

それではスキーマを作っていきます。diesel migration generate MIGRATION_NAMEでマイグレーションのひな形を生成できます。

```
$ diesel migration generate create_logs
Creating migrations/2018-12-28-161332_create_logs/up.sql
Creating migrations/2018-12-28-161332_create_logs/down.sql
```

これでマイグレーションファイルが作られました。このup.sqlにDBへの変更を、down.sqlにその変更を取り消す処理を書きます。

up.sqlには以下のように書きます。

ch11/log-collector/server/migrations/2018-12-28-161332_create_logs/up.sql

```
-- Your SQL goes here

CREATE TABLE logs (
  id BIGSERIAL NOT NULL,
  user_agent VARCHAR NOT NULL,
  response_time INT NOT NULL,
  timestamp TIMESTAMP DEFAULT CURRENT_TIMESTAMP NOT NULL,
  PRIMARY KEY (id)
);
```

down.sqlには以下のように書きます。

ch11/log-collector/server/migrations/2018-12-28-161332_create_logs/down.sql

```
DROP TABLE IF EXISTS logs;
```

完了したら以下のコマンドでマイグレーションを走らせることでテーブルが作られます。

```
$ diesel migration run
Running migration 2018-12-28-161332_create_logs
```

このコマンドを走らせると自動でschema.rsにテーブルスキーマに対応するRustのコードが生成されます。

ch11/log-collector/server/src/schema.rs

```
table! {
    logs (id) {
        id -> Int8,
        user_agent -> Varchar,
        response_time -> Int4,
        timestamp -> Timestamp,
    }
}
```

また、diesel.tomlというDieselのコンフィギュレーションファイルも生成されます。

down.sqlがちゃんと書けているかの確認のため、一度redoも走らせておきましょう。このコマンドは一度diesel migration revertをしてからdiesel migration runをするので、down.sqlの動作テストに向いています。

```
$ diesel migration redo
Rolling back migration 2018-12-28-161332_create_logs
Running migration 2018-12-28-161332_create_logs
```

マイグレーションはちゃんと動いているようです。

11-4-3 モデルの定義

DBスキーマの準備ができましたのでRustのコードを書いていきます。serverのCargo.tomlに以下を追加しましょう。Dieselを導入し、PostgreSQLのサポート、日時ライブラリのChronoのサポート、そしてコネクションプールライブラリのr2d2のサポートを有効にします。

ch11/log-collector/server/Cargo.toml

```
[dependencies]
# ...
dotenv = "0.13"
chrono = "0.4"

[dependencies.diesel]
features = ["postgres", "chrono", "r2d2"]
version = "1.4"
```

コネクション管理やクエリビルダなどのランタイムライブラリのDiesel、コネクション情報を環境変数で管理するためのDotenvを使います。Dotenvは.envというファイルに環境変数のリストを書くとそれぞれの環境変数のデフォルト値としてそれらの値を設定してくれます。

早速.envにDBの情報を書きましょう。プロジェクト直下の.envに以下を書きます。

ch11/log-collector/.env

```
DATABASE_URL=postgresql://postgres:password@localhost:5432/log_collector
```

また、Dieselが内部で使っているマクロをまとめてインポートするため、以下の行をmain.rsに追加します。

ch11/log-collector/server/src/main.rs

```
#[macro_use]
extern crate diesel;
```

準備ができたのでmain.rsでschemaを認識します。

ch11/log-collector/server/src/main.rs

```
mod schema;
```

この状態で一旦ビルドができるか確認してみましょう。Windowsではdiesel_cliをビルドしたときと同様にRUSTFLAGSとVCPKG_ROOTを正しく設定しないとリンクに失敗しますので注意してください。

次はモデルです。DBのリレーションとの橋渡しをするためのデータ型を定義します。apiで定義したデータ型はHTTPでの通信用、こちらのデータ型はDBとの通信用なので分けて定義します。

Dieselはデータの作成、取得、更新をそれぞれ別のデータ型で行います。まずは作成を行いましょう。新たにmodel.rsを作り以下を書きます。

ch11/log-collector/server/src/model.rs

```
use crate::schema::*;
use chrono::NaiveDateTime;

#[derive(Debug, Clone, Eq, PartialEq, Hash, Insertable)]
#[table_name = "logs"]
pub struct NewLog {
    pub user_agent: String,
    pub response_time: i32,
    pub timestamp: NaiveDateTime,
}
```

ここで自動導出されているInsertableが重要です。InsertableはDieselがDBへのデータの挿入に用いるトレイトです。これを自動導出することでデータ型のフィールド名に対応したDBのテーブルのカラムにデータを挿入できます。

schema.rs同様にmain.rsで認識するのを忘れないようにしてください。

ch11/log-collector/server/src/main.rs

```
mod model;
```

11-4-4 Dieselを用いたクエリ

モデルができたので新たにdb.rsを作り、クエリを書いてみましょう。DBにログを挿入する関数です。

ch11/log-collector/server/src/db.rs

```
use crate::model::*;
use diesel::insert_into;
use diesel::prelude::*;
use diesel::result::QueryResult;

pub fn insert_log(cn: &PgConnection, log: &NewLog) -> QueryResult<i64> {
    use crate::schema::logs::dsl;
    insert_into(dsl::logs)
        .values(log)
        .returning(dsl::id)
        .get_result(cn)
}

pub fn insert_logs(cn: &PgConnection, logs: &[NewLog]) -> QueryResult<Vec<i64>> {
    use crate::schema::logs::dsl;
    insert_into(dsl::logs)
        .values(logs)
        .returning(dsl::id)
        .load(cn)
}
```

diesel_cliで生成したschema.rsにDB上のlogsテーブルに対応するDSLが生成されています。テーブルを表すdsl::logsやカラムを表すdsl::idなどです。これらの型を用いて型安全にクエリを組み立てています。

NewLogはtable_name=logsにInsertableなのでinsert()で&NewLogや&[NewLog]をdsl::logsに挿入できます。returning(dsl::id)でlogsテーブルのidカラムを返しており、その結果が1つならget_result(cn)、複数ならload(cn)で取得しています。

main.rsでdbをモジュールとして認識します。

ch11/log-collector/server/src/main.rs

```
mod db;
```

今回は小規模なアプリケーションなため、DBへの操作はただの関数として実装しました。テスト性や耐変更性を考えるならばDBアクセスを表すトレイトを定義してからPostgreSQL用の実装として関数を書くとよいでしょう。

11-4-5 データベースへのコネクションとHTTPサーバへの統合

ここまで来ればJSONデータをPOSTで受け取るのはもうすぐです。

残りの作業はDBへの接続とHTTPサーバへの統合です。DBにつなぐためにHTTPサーバにDBコネクションを保持する必要があります。現実的にはコネクションはコネクションプールで保持します。汎用コネクションプールライブラリのr2d2がDieselに統合されているのでそれを使います。`Cargo.toml`にDieselの依存を書いたときにr2d2サポートを有効にしましたので、すでに使える状態になっています。

サーバプロセスでコネクションプールを保持し、リクエストがあればいつでも取り出せるようにするためにServerのフィールドに持たせます。`main.rs`にある`Server`の定義を以下のように書き変えましょう。

ch11/log-collector/server/src/main.rs

```
use diesel::pg::PgConnection;
use diesel::r2d2::{ConnectionManager, Pool};
use dotenv::dotenv;
use std::env;

// アプリケーションで持ち回る状態
#[derive(Clone)]
pub struct Server {
    pool: Pool<ConnectionManager<PgConnection>>,
}

impl Server {
    pub fn new() -> Self {
        dotenv().ok();
        let database_url = env::var("DATABASE_URL").expect("DATABASE_URL is not set");
        let manager = ConnectionManager::<PgConnection>::new(database_url);
        let pool = Pool::builder()
            .build(manager)
            .expect("Failed to create pool.");
        Server { pool }
    }
}
```

少し`pool`の型が複雑ですが、あまり気にする必要はありません。Serverの初期化の手順も複雑なように見えますが1行ずつ追ってみると特に難しいことはしていません。

これを用いるとたとえばPOST /logsのハンドラはこのように書けます。

ch11/log-collector/server/src/handler.rs

```
use crate::db;

/// POST /logsのハンドラ
pub fn handle_post_logs(
    server: State<Server>,
    log: Json<api::logs::post::Request>,
) -> Result<HttpResponse, Error> {
    use chrono::Utc;
    use crate::model::NewLog;

    let log = NewLog {
        user_agent: log.user_agent.clone(),
        response_time: log.response_time,
        timestamp: log.timestamp.unwrap_or_else(|| Utc::now()).naive_utc(),
    };
    let conn = server.pool.get()?;
    db::insert_log(&conn, &log)?;

    debug!("received log: {:?}", log);

    Ok(HttpResponse::Accepted().finish())
}
```

やはりState<Server>がServerへのDerefを実装しているのでlet conn = server.pool.get()?;のように簡単にコネクションを取得できます。するとあとはdb::insert_log(&conn, &log)?;とDB操作をするだけです。

SQLのTIMESTAMP型はタイムゾーンなしなのでRustのDateTime<Utc>型は.naive_utc()を呼んでタイムスタンプ情報を落としてDBに渡しています。SQLのタイムゾーン付きタイムスタンプもDieselはサポートしているので気になる方は使ってみてください。

さて、これでアプリケーションからDBまで繋がりました。実際に動かしてみましょう。

以下のコマンドでデバッグ出力をonにしてサーバを起動します。

```
# env_loggerはRUST_LOG環境変数に設定された値でログ出力を変える
$ RUST_LOG=server=debug cargo run
```

CLIを使ってサーバへアクセスしてみます。ヘッダにContent-Type: application/jsonを付け、ボディに{"user_agent": "Mozilla", "response_time": 200}を入れてlocalhost:3000/logsにPOSTします。ここではcURLを使っていますが他のツールでも問題ありません。また、-vオプションを付けてレスポンス全体を表示するようにしています。

```
$ curl -v -H 'Content-Type: application/json' \
    -d'{"user_agent": "Mozilla", "response_time": 200}' \
    localhost:3000/logs

*   Trying localhost...
* TCP_NODELAY set
* Connected to localhost (localhost) port 3000 (#0)
> POST /logs HTTP/1.1
> Host: localhost:3000
> User-Agent: curl/7.52.1
> Accept: */*
> Content-Type: application/json
> Content-Length: 47
>
* upload completely sent off: 47 out of 47 bytes
< HTTP/1.1 202 Accepted
< Content-Length: 0
< Date: Thu, 08 Jun 2017 00:51:40 GMT
<
* Curl_http_done: called premature == 0
* Connection #0 to host localhost left intact
```

レスポンスが202 Acceptedなのでレスポンスは問題ないようです。サーバのログ出力を見てみましょう。サーバを起動したターミナルで確認できます。

```
DEBUG 2018-12-28T16:52:03Z: server::handlers: received log: NewLog { user_agent: "Mozilla",
response_time: 200, timestamp: 2018-12-28T16:52:03.298119024 }
```

これもちゃんと受け取れているようです。

最後にDBの中身を確認しましょう。PostgreSQLのDockerイメージの中にCLIクライアントが同梱されているのでそれで問い合わせてみます。

```
$ docker-compose exec postgresql psql -U postgres log-collector
psql (9.6.1)
Type "help" for help.

log_collector=# SELECT * FROM logs;
 id | user_agent | response_time |         timestamp
----+------------+---------------+----------------------------
  1 | Mozilla    |           200 | 2018-12-28 16:52:03.298119
(1 row)
```

DBにデータが挿入されています。POSTは上手く動いているようでした。

次はGETを実装してみましょう。まず、DBからデータを取り出すためにDBのエントリに対応するデータ型を定義します。model.rsに以下を書きましょう。今度はクエリなのでQueryableを実装しています。QueryableはInsertableと同じくDBからSELECTした結果をマップするためのトレイトで、SELECTしたデータから対応した並びのフィールドにデータをマップします。

今回はLogという名前から対応するDBのテーブル名がlogsであることをDieselが推論してくれるのでtable_name属性は不要です。

ch11/log-collector/server/src/model.rs

```
#[derive(Debug, Clone, Eq, PartialEq, Hash, Queryable)]
pub struct Log {
    pub id: i64,
    pub user_agent: String,
    pub response_time: i32,
    pub timestamp: NaiveDateTime,
}
```

このLogを用いてデータ操作用の関数を定義します。何もせずlogsテーブルからデータを読み込む関数は以下のように書けます。

```
pub fn logs(cn: &PgConnection) -> QueryResult<Vec<Log>> {
    use schema::logs::dsl;

    dsl::logs.order(dsl::timestamp.asc()).load(cn)
}
```

dsl::logs ... .load(cn)がSQLのSELECT * FROM logsに相当し、.order(dsl::timestamp.asc())がSQLのORDER BY timestamp ASCに相当します。

さらに今回はfromとuntilによる範囲もサポートします。この範囲指定はオプショナルなので条件分岐が発生します。Dieselは強く型を付けられたクエリビルダなので、たとえばif式のthen節とelse節で違うクエリを返すとエラーになります。if式の中でloadまで済ませてしまえば型エラーは出ませんが、コードが重複してしまいます。この問題の回避策はDiesel側で用意されていて、.into_boxed()を呼んでトレイトオブジェクトにすると型エラーの問題が解決します。トレイトオブジェクトにすると詳細な型情報が潰れるので、if式の左右で違うクエリを書いてもエラーにならなくなるのです。それを踏まえた実装がこちらです。

ch11/log-collector/server/src/db.rs

```
use chrono::{DateTime, Utc};

pub fn logs(
    cn: &PgConnection,
    from: Option<DateTime<Utc>>,
    until: Option<DateTime<Utc>>,
) -> QueryResult<Vec<Log>> {
    use crate::schema::logs::dsl;

    // 型エラーを防ぐためにinto_boxedを呼んでおく
    let mut query = dsl::logs.into_boxed();
    if let Some(from) = from {
        query = query.filter(dsl::timestamp.ge(from.naive_utc()))
    }
    if let Some(until) = until {
        query = query.filter(dsl::timestamp.lt(until.naive_utc()))
    }
    query.order(dsl::timestamp.asc()).load(cn)
}
```

filter関数がSQLのWHERE節に相当し、ge、ltが >= と < に対応します。ここではfromとuntil引数に応じてfrom =< timestamp < untilを満たすログを取得しているわけです。

この関数でlogsテーブルに保存されているすべてのデータを取得します。ここまでくれば先ほどのPOSTと同じくハンドラでこの関数を呼ぶだけです。

ch11/log-collector/server/src/handlers.rs

```
/// GET /logsのハンドラ
pub fn handle_get_logs(
    server: State<Server>,
    range: Query<api::logs::get::Query>,
) -> Result<HttpResponse, Error> {
    use chrono::{DateTime, Utc};

    let conn = server.pool.get()?;
    let logs = db::logs(&conn, range.from, range.until)?;
    let logs = logs
        .into_iter()
        .map(|log| api::Log {
            user_agent: log.user_agent,
            response_time: log.response_time,
            timestamp: DateTime::from_utc(log.timestamp, Utc),
        })
        .collect();
```

```
    Ok(HttpResponse::Ok().json(api::logs::get::Response(logs)))
}
```

column コラム

Dieselの型とクエリキャッシュ

Dieselで、if式の左右で違うクエリを書けないくらい型が強く付いているのは少し不便に感じるかもしれません。しかしDieselはこの強く付けた型をクエリキャッシュにも活用しており、型のおかげで速くなっている一面もあります。

クエリキャッシュに寄与しているのは QueryId トレイトです。ドキュメントには「プリペアードステートメントのキャッシュのためにクエリを型により一意に識別する」とあります。DieselはSQLの1句が概ね1型に対応するため、型のみからクエリがほぼ決まります。これを活用して実際に生成されるクエリ文字列を調べることなく型情報のみからキャッシュのキーが作れます。そしてそれを用いてプリペアードステートメントを再利用しているのです。これがトレイトオブジェクトになると、つまりinto_boxed()を呼ぶと型の情報が落ちるのでプリペアードステートメントのキャッシュが利用できなくなります。つまりinto_boxedを呼ぶと少しだけ損します。この差でアプリケーションが何倍も速くなるわけではないですが、型のおかげで少し速くなっていることを頭の片隅に置いておいてください。

11-5 マルチパート/CSVファイルの扱い

DieselからHTTPサーバに戻ります。先ほどはJSONデータを扱っていましたがここではCSVファイルを扱います。簡単ながらHTTPでのファイルの扱いの例になるかと思います。

ここではCSVファイルをPOSTリクエストで受け取って、DBに保存します。ファイルを受け取っての処理はいろいろ考えることがあります。受け取ったデータがメモリに乗るとは限らないので外部ファイルに一旦保存してから処理することになります。するとファイルの管理などいままでになかった処理が増えます。

ここではマルチパートで受け取ったファイル群を一時ファイルに保存し、1,000件ずつデータをメモリ上でデコードしてDBに挿入することにします。Rustの所有権のおかげでファイルは自動で閉じられ、管理の手間はなくなります。

ところでActix Webは比較的機能の揃ったライブラリですが、残念ながらマルチパートのサポートは貧弱で、プロトコルレベルのサポートしかありません。そこで本書のために比較的楽にマルチパートを扱えるライブラリ`actix-web-multipart-file`を用意したのでそれを用いて以後のコードを書きます。将来Actix Webのマルチパートサポートが充実したらこのライブラリは不要になるでしょう。

`Cargo.toml`に以下を追記します。CSVの扱いのために`csv`クレートを、先述のマルチパートサポートのために`actix-web-multipart-file`に依存します。マルチパートの処理が巨大なファイルの扱いでブロックしないためにFutureを使うので`futures`クレートを使用します。また、

「1,000件ずつ処理」をするためにitertoolsを用います。これは標準のIteratorを拡張するクレートで、痒いところに手が届く機能を提供しています。

ch11/log-collector/server/Cargo.toml

```
[dependencies]
csv = "1"
actix-web-multipart-file = "0.1"
futures = "0.1"
itertools = "0.8"
```

Futuresは0.1を使用します。繰り返しますがFutures 0.3でAPIが刷新される予定ですので、0.3のリリース後は違いに気をつけてください。

これを用いてhandlers.rsのhandle_post_csvを以下のように書き換えます。

ch11/log-collector/server/src/handles.rs

```
use actix_web::FutureResponse;
use actix_web_multipart_file::{Multiparts, FormData};
use diesel::pg::PgConnection;
use futures::prelude::*;
use itertools::Itertools;
use std::io::{BufReader, Read};

/// POST /csvのハンドラ
pub fn handle_post_csv(
    server: State<Server>,
    // actix_web_multipart_fileを使ってマルチパートのリクエストをファイルに保存する
    multiparts: Multiparts,
) -> FutureResponse<HttpResponse> {
    // multipartsはStreamになっているのでそのままメソッドを繋げる
    // Stream は非同期版イテレータのような存在
    let fut = multiparts
        .from_err()
        // text/csvでなければスキップ
        .filter(|field| field.content_type == "text/csv")
        // ファイルでなければスキップ
        .filter_map(|field| match field.form_data {
            FormData::File { file, .. } => Some(file),
            FormData::Data { .. } => None,
        })
        // 1ファイルずつ処理する
        .and_then(move |file| load_file(&*server.pool.get()?, file))
        // usize の Stream(イテレータのようなもの) -> それらの和
        .fold(0, |acc, x| Ok::<_, Error>(acc + x))
        .map(|sum| HttpResponse::Ok().json(api::csv::post::Response(sum)))
        .from_err();
```

```
    Box::new(fut)
}
```

複雑になりました。これは分解して説明していきます。

まずmultiparts: Multipartsと引数にMultipartsを受け取ることで、actix-web-multipart-fileがマルチパートで来たファイルデータを一時ファイルに保存します。このMultipartsはFuturesのStreamを実装しているので、そのままStreamのメソッドを呼べます。Streamは非同期版イテレータのようなもので、ここでは複数あるファイルを保存が終わり次第、順に取り出していると思っておいてください。

続くfrom_err、filter、filter_map、and_then、foldはStreamのメソッドです。from_errはmap_err(From::from)と同じ挙動をします。Result型なら？演算子でエラー型の自動変換ができますが、Future / Streamは？が使えないのでこのようなメソッドが用意されています。filterとfilter_mapはIteratorにも同じメソッドがあるのですぐに理解できるかと思います。これらはCSVファイル以外のものを除いています。Bad Requestなどのエラーにせずに、無効なものは無視しています。

and_thenの中で呼んでいるload_fileが本ハンドラの本体です。これは与えられたファイルをCSVとしてパースし、DBに保存する関数です。これについては後で出てきます。load_fileはDBに挿入したLogの件数をResult<usize, Error>型で返します。

その次がfoldです。これはStreamのメソッドですが、こちらもイテレータに同様のメソッドがありますね。ここまでのメソッドチェーンで扱っていたのはStream<Item = usize>と1つ1つの要素が非同期にやってくるイテレータのようなものでした。このメソッドはそれを1つずつ足していき、最後の結果が来ると値を返すFutureにします。これで単一の値になったのでハンドラからすんなり返せるようになりました。

そして続くmapで結果をレスポンスにして返しています。

最終的にこのメソッドの戻り値はFutureResponse<HttpResponse>とFutureになっています。このようにActix Webではハンドラ内も非同期に処理することができます。

さて、先送りにしていたload_fileはこのようになります。

ch11/log-collector/server/src/handles.rs

```
fn load_file(conn: &PgConnection, file: impl Read) -> Result<usize, Error> {
    use crate::model::NewLog;

    let mut ret = 0;

    // CSVファイルが渡されるcsv::Readerを用いてapi::Logにデコードしていく
    let in_csv = BufReader::new(file);
    let in_log = csv::Reader::from_reader(in_csv).into_deserialize::<::api::Log>();
    // Itertoolsのchunksを用いて1000件ずつ処理する
```

```
    for logs in &in_log.chunks(1000) {
        let logs = logs
            // Logとしてパースできた行だけ集める
            .filter_map(Result::ok)
            .map(|log| NewLog {
                user_agent: log.user_agent,
                response_time: log.response_time,
                timestamp: log.timestamp.naive_utc(),
            })
            .collect_vec();

        let inserted = db::insert_logs(conn, &logs)?;
        ret += inserted.len();
    }

    Ok(ret)
}
```


load_file内ではcsv::Reader::from_readerとinto_deserializeでCSVファイルをデコードしています。csvクレートにもSerdeによるデシリアライズサポートがあるので簡潔に書けます。このあとはイテレータが手に入るので簡単に処理していきます。

先述のとおりItertoolsによるイテレータの拡張を用いて&in_log.chunks(1000)と、1,000件ずつ処理しています。このイテレータからの戻り値は1000件のデータのイテレータになっています。さらにこのイテレータをlogs.filter_map(...).map(|log| ...).collect_vec()と処理していきます。行ごとにパースに失敗する可能性があるので、行ごとにResultに包まれています。これをfilter_mapで除き、mapでNewLogのVecに変換したあとはdb::insert_logsを用いてDBに挿入しています。.filter_map(Result::ok)は.filter_map(|ret| ret.ok())と同じ意味であることに注意してください。メソッド呼び出しは糖衣構文なので自由に関数としても使えます。Result::okはResult<T, E> -> Option<T>の変換をするメソッドです。最後にDBに挿入した件数retを返しています。

GETハンドラもload_fileと同様にcsv::Writer::from_writerにしてしまえばあとはserializeを呼ぶだけです。

ch11/log-collector/server/src/handlers.rs

```
/// GET /csvのハンドラ
pub fn handle_get_csv(
    server: State<Server>,
    range: Query<api::csv::get::Query>,
) -> Result<HttpResponse, Error> {
    use chrono::{DateTime, Utc};
```

```
    let conn = server.pool.get()?;
    let logs = db::logs(&conn, range.from, range.until)?;
    let v = Vec::new();
    let mut w = csv::Writer::from_writer(v);

    for log in logs.into_iter().map(|log| ::api::Log {
        user_agent: log.user_agent,
        response_time: log.response_time,
        timestamp: DateTime::from_utc(log.timestamp, Utc),
    }) {
        w.serialize(log)?;
    }

    let csv = w.into_inner()?;
    Ok(HttpResponse::Ok()
        .header("Content-Type", "text/csv")
        .body(csv))
}
```

これで一通りサーバができました。

テストデータを用意して試してみましょう。サーバは先程と同じコマンドで先に起動しておきます。

```
$ cat test.csv
user_agent,response_time,timestamp
hogehoge,10,"2017-08-26T13:13:29.931320Z"
# フィールド名'file'、MIMEタイプ'text/csv'でtest.csvの内容をhttp://localhost:3000/csvにPOSTする
$ curl -F 'file=@test.csv;type=text/csv' http://localhost:3000/csv
1
# http://localhost:3000/csvにGETリクエストをする
$ curl http://localhost:3000/csv
user_agent,response_time,timestamp
hogehoge,10,2017-08-26T13:13:29.931320Z
Mozilla,200,2018-12-30T08:58:40.518235Z
```

また、触れていませんでしたが、Actix Webは透過的にgzipを扱ってくれるのでAccept-Encoding: deflate, gzipなどのヘッダを付けてアクセスすると圧縮データを返してくれます。

```
# Accept-Encoding: deflate, gzip ヘッダ付きでリクエスト、結果を response.csv.gz に保存
$ curl -H 'Accept-Encoding: deflate, gzip' http://localhost:3000/csv > response.csv.gz
# ファイルフォーマットを調べる
$ file response.csv.gz
response.csv.gz: gzip compressed data, max speed, original size 115
```

自由に圧縮済みデータを取得できるようになりました。

11-6 CLIクライアントの作成

今度はlog-collectorのCLIクライアントを作ります。

標準入力からCSVを読んで順次サーバにポスト、サーバにリクエストしてファイルを得る、の2種類の挙動をするツールを作ります。

このツールはpostとgetの2つのサブコマンドを取ります。グローバルに--serverのオプションを、getサブコマンドには--formatのオプションをとります。以下のように使います。

```
$ tail -f log.csv | cli post
$ cli --server SERVER get --format csv
```

以下に今回用いるCLIパーサの生成されたヘルプメッセージを掲載します。

```
$ cli --help
cli 0.1.0
User Name <emailaddress@example.com>
USAGE:
    cli [OPTIONS] [SUBCOMMAND]
FLAGS:
    -h, --help       Prints help information
    -V, --version    Prints version information
OPTIONS:
    -s, --server <URL>    server url
SUBCOMMANDS:
    get     get logs
    help    Prints this message or the help of the given subcommand(s)
    post    post logs, taking input from stdin
```

getサブコマンドは以下のようになります。

```
$ cli get --help
cli-get
get logs
USAGE:
    cli get [OPTIONS]
FLAGS:
```

```
    -h, --help       Prints help information
    -V, --version    Prints version information
OPTIONS:
    -f, --format <FORMAT>    log format [possible values: csv, json]
```

postサブコマンドは以下のようになります

```
$ cli post --help
cli-post
post logs, taking input from stdin
USAGE:
    cli post
FLAGS:
    -h, --help       Prints help information
    -V, --version    Prints version information
```

それではこのヘルプページ担当の挙動をするCLIツールを作っていきましょう。

11-6-1 最初のコード

新たにパッケージを作ります。api、serverと同じくcliパッケージを作ります。

まずはトップレベルのCargo.tomlを書き換え、

ch11/log-collector/Cargo.toml

```
[workspace]
members = ["server", "api", "cli"]
```

そしてプロジェクトテンプレートを作ります。

```
$ cargo new cli
$ cd cli
```

まずはコマンドラインのパーサ、Clapを使うことから始めましょう。Clapは高機能なCLIパーサで、大抵のことはClapの用意したAPIで実現できます。さらにClapにはCLIパーサを定義する手段が複数用意されています。YAMLファイルや自分で書いたヘルプメッセージからパーサを生成したりマクロで書いたり出来ます。ここではビルダーAPIを使ってプログラムでパーサを定義します。

Cargo.tomlのdependenciesに以下を追記します。

ch11/log-collector/cli/Cargo.toml

```
[dependencies]
clap = "2"
```

引数をパースするためにmain.rsに実装を書いていきます。まずはコマンド全体の設定です。

ch11/log-collector/cli/src/main.rs（抜粋）

```
use clap::{Arg, App, AppSettings, SubCommand};


fn main() {
    let opts = App::new(env!("CARGO_PKG_NAME"))
        .about(env!("CARGO_PKG_DESCRIPTION"))
        .version(env!("CARGO_PKG_VERSION"))
        .author(env!("CARGO_PKG_AUTHORS"))
        // 以上がほぼテンプレート
```

見て分かるとおりアプリケーション名などのメタデータを設定しています。それぞれ固有に与えてもいいですが、ここではCargoが設定する環境変数からそれぞれを取得しています。Clapにはこのコードと同等のことをするapp_from_crateマクロもあるので馴れたらそちらを使うといいでしょう。詳細はCargoのドキュメント*33を参照してください。

さらに今回はサブコマンドが必須なのでそのように設定します。

```
        .setting(AppSettings::SubcommandRequiredElseHelp)
```

次にサブコマンドに依らず設定できるSERVER引数です。.arg()にArgを渡します。

ch11/log-collector/cli/src/main.rs（抜粋）

```
        // -s URL | --server URL のオプションを受け付ける
        .arg(
            Arg::with_name("SERVER")
                .short("s")
                .long("server")
                .value_name("URL")
                .help("server url")
                .takes_value(true),
        )
```

続いてサブコマンドのpostです。サブコマンドも引数と同じく.subcommand()にSubCommand

*33 https://doc.rust-lang.org/cargo/reference/environment-variables.html

を渡します。

ch11/log-collector/cli/src/main.rs（抜粋）

```
        // サブコマンドとしてpostを受け付ける
        .subcommand(SubCommand::with_name("post").about("post logs, taking input from stdin"))
```

こちらは引数をとらないのでシンプルですね。もう1つサブコマンドのgetです。サブコマンド自身もFORMAT引数を受け取れるのでここでも.arg()を設定します。

ch11/log-collector/cli/src/main.rs（抜粋）

```
        // サブコマンドとしてgetを受け付ける
        .subcommand(
            SubCommand::with_name("get").about("get logs").arg(
                Arg::with_name("FORMAT")
                    .help("log format")
                    .short("f")
                    .long("format")
                    .takes_value(true)
                    // "csv", "json"のみを受け付ける
                    .possible_values(&["csv", "json"])
                    .case_insensitive(true),
            ),
        );
```

ところでFORMATは"csv"または"json"のみを受け付けています。これは有限個の値しか取らないので、列挙型の向くところです。Clapもこのようなケースに多少のサポートがあります。arg_enum!マクロを使うことで、いくつかの便利な実装が使えるようになるのです。

ch11/log-collector/cli/src/main.rs（抜粋）

```
use clap::{_clap_count_exprs, arg_enum};

arg_enum! {
    #[derive(Debug)]
    enum Format {
        Csv,
        Json,
    }
}
```

これを用いると、たとえば先ほどの.possible_values(&["csv", "json"])は以下のように列挙型からしたがう可能値を指定できます。

ch11/log-collector/cli/src/main.rs（抜粋）

```
.possible_values(&Format::variants())
```

後述しますがFromStrを実装しているので.parse()も使えます。

ここまででオプション定義部分ができたのでこれをパースします。main.rsに以下を書きます。

ch11/log-collector/cli/src/main.rs（抜粋）

```
    let matches = opts.get_matches();

    let server = matches.value_of("SERVER").unwrap_or("localhost:3000");
    match matches.subcommand() {
        ("get", sub_match) => println!("get: {:?}", sub_match),
        ("post", sub_match) => println!("post: {:?}", sub_match),
        _ => unreachable!(),
    }
}
```

.get_matches()で、Appの定義に基づいてコマンドライン引数のパースをします。それぞれのサブコマンドは後で扱うとして、まずはSERVER引数を処理します。value_of("SERVER")で取得できます。Optionで返ってくるので、存在しない場合はデフォルト値にするために.unwrap_or("localhost:3000")を使います。serverの値を取り出したあとはサブコマンドで分岐しています。match式の最後がunreachable!になっています。clapは定義していないサブコマンドを受け取るとヘルプメッセージを出力してその場で終了してくれるので定義していないサブコマンドがここに来ることはありません。

さて、getサブコマンドのFORMAT引数を処理しましょう。サブコマンドへの引数全体の有無、その中でもFORMATの有無で分岐が必要ですがOption型のメソッドを上手く使えば1式で取り出せます。

ch11/log-collector/cli/src/main.rs（抜粋）

```
fn main() {

    // ...

    match matches.subcommand() {
        ("get", sub_match) => {
            let format = sub_match
                .and_then(|m| m.value_of("FORMAT"))
                .map(|m| m.parse().unwrap())
                .unwrap();
            match format {
                Format::Csv => unimplemented!(),
```

```
                Format::Json => unimplemented!(),
            }
        }
        // ...
    }
}
```

and_thenやmapなどを使えば1式になります。先述のとおりFormat型へのparseが使えます。パースする文字列の来歴がpossible_valuesで取捨選択されたものなので、パースは必ず成功します。ですのでここではunwrapを用いてパース結果を取得しています。

ここまででコマンドライン引数のパースができました。

本書では説明を省きますが、Clapは各種シェル向けに補完候補スクリプトも生成できます。詳細は公式ブログ*34を参考にしてください。また、Clapを更にラップして構造体定義からコマンドライン引数をパースするクレート*35もあります。引数で設定を渡すコマンドを作る場合には有用になるでしょう。

11-6-2 ReqwestによるHTTP POST

それではHTTP POSTを実装していきます。ここではHyperをラップして使いやすくしたReqwestを使います。Reqwestを使う以外の選択肢ではHyperをそのまま使ったりWebサーバで使ったActix Webのクライアントがあったりしますが、いずれも非同期で扱いが難しいのでCLIで扱う分には同期APIのReqwestが向くでしょう。

Cargo.tomlのdependenciesに以下を追記します。Reqwestとその他に必要なライブラリです。apiにも依存していることに注意してください。

ch11/log-collector/cli/Cargo.toml

```
[dependencies]
# ...
reqwest = "0.9"
csv = "1"
serde = "1"
serde_json = "1"
api = {path = "../api"}


[dependencies.chrono]
features = ["serde"]
version = "0.4"
```

*34 https://clap.rs/2016/10/25/an-update/
*35 https://github.com/TeXitoi/structopt

serde_jsonはserdeを使ったJSONシリアライズ／デシリアライズをサポートするライブラリであるとともに、JSONそのものを表すValue型やそれを簡単に作れるjson!マクロを提供しています。

Hyperが依存しているnative-tlsクレートは、Linux環境ではOpenSSLを使用します。以下のコマンドでOpenSSLライブラリをインストールします。

```
# Ubuntu
$ sudo apt-get install -y libssl-dev pkg-config
```

native-tlsはmacOSやWindowsではOSネイティブのTLSライブラリを使用するので、OpenSSLのインストールは不要です。

準備が整ったのでCSVを標準入力から読みますが、そのCSVのフォーマットはapi::post::logs::Requestに合わせて以下のようにしましょう。

```
user_agent(String),response_time(int),optional timestamp(String)
```

timestampがオプショナルになっていることに注意してください。まずはHTTPレイヤから実装していきましょう。以下を書きます。

ch11/log-collector/cli/src/main.rs

```
use reqwest::Client;

struct ApiClient {
    server: String,
    client: Client,
}


impl ApiClient {
    fn post_logs(&self, req: &api::logs::post::Request) -> reqwest::Result<()> {
        self.client
            .post(&format!("http://{}/logs", &self.server))
            .json(req)
            .send()
            .map(|_| ())
    }
}
```

Reqwestのクエリビルダについては、ほぼ直感的な形で書けるので説明不要でしょう。ApiClientはサーバのURLとReqwestのクライアントを保持します。このApiClientに各APIに対応する関数を作っていきます。この関数群はapiのRequestを引数に取りResponseを返します。今回のPOST /logsはレスポンスが空なので()を返しています。

さて、このクライアントを使って標準入力のCSVを読み込み、JSONリクエストを投げる処理を書きます。Deserializeを実装してあるapi::logs::post::Requestはスムーズにデシリアライズできます。

ch11/log-collector/cli/src/main.rs（抜粋）

```
use std::io;

fn do_post_csv(api_client: &ApiClient) {
    let reader = csv::Reader::from_reader(io::stdin());
    for log in reader.into_deserialize::<api::logs::post::Request>() {
        let log = match log {
            Ok(log) => log,
            Err(e) => {
                eprintln!("[WARN] failed to parse a line, skipping: {}", e);
                continue;
            }
        };
        api_client.post_logs(&log).expect("api request failed");
    }
}
```

サーバのときと同じく、1行づつ入力のエラーハンドリングをしています。こちらはCLIアプリケーションなので、エラーがあれば警告メッセージを出しています。

これをmainのpostコマンドの部分で使います。クライアントの初期化をその前で行っています。

ch11/log-collector/cli/src/main.rs（抜粋）

```
fn main() {
    //...
    let server = matches
        .value_of("SERVER")
        .unwrap_or("localhost:3000")
        // .into()が増えた
        .into();
    let client = Client::new();
    let api_client = ApiClient { server, client };

    match matches.subcommand() {
        // ...
        ("post", _) => do_post_csv(&api_client),
        // ...
    }
}
```

かなり素朴な形で実装しているので、今後の拡張はいろいろ考えられるでしょう。たとえばデータを数件まとめてリクエストした方が効率的です。興味のある方はトライしてみてください。

11-6-3 ReqwestによるHTTP GET

POSTができたので次はGETをしてみます。こちらはCLIクライアントを実装しなくてもcURLでできるのですが、ツールをより便利にするため実装しておきましょう。

先ほどと同様にAPIレイヤの実装と標準出力とのやりとりのレイヤを分離して書きます。

ch11/log-collector/cli/src/main.rs（抜粋）

```
impl ApiClient {
    // ...

    fn get_logs(&self) -> reqwest::Result<api::logs::get::Response> {
        self.client
            .get(&format!("http://{}/logs", &self.server))
            .send()?
            .json()
    }
}

fn do_get_json(api_client: &ApiClient) {
    let res = api_client.get_logs().expect("api request failed");
    let json_str = serde_json::to_string(&res).unwrap();
    println!("{}", json_str);
}

fn main() {
    //...
    match matches.subcommand() {
        ("get", sub_match) => {
            let format = sub_match
                .and_then(|m| m.value_of("FORMAT"))
                .map(|m| m.parse().unwrap())
                .unwrap();
            match format {
                Format::Csv => unimplemented!(),
                Format::Json => do_get_json(&api_client),
            }
        }
        // ...
    }
}
```

ほとんど先ほどと変わらず実装できます。こちらのCSVフォーマットの実装は、誌面から省略しますので興味のある方は独力で実装してみてください。実装されたものはWeb上のコードにあります。

 11-6-4 完成

さて動かしてみましょう。サーバが立ち上がっていることを確認しておいてください。以下のようにクライアントを動かしてみます。

```
$ cd cli
$ cat ../test.csv |  cargo run -- post
$ cargo run -- get --format json
[{"user_agent":"hogehoge","response_time":10,"timestamp":"2017-08-26T13:13:29.931320Z"}]
```

ちゃんと動いたようです。

本章ではActix Web、Diesel、Reqwestなどのライブラリを取り扱ってきました。またSerdeやClapといった汎用的なライブラリも使用しました。

本章ではあまり深くに触れませんでしたが、Serdeは構造体とJSONなどの外部フォーマットとの対応付けを柔軟に設定できます。特に列挙型の対応付けは何種類か用意されています。困ったらドキュメント*36を読んでください。またDieselも拡張性の高いクエリビルダで、SQLのユーザ定義型や関数なども扱えます。発展的話題はドキュメント*37を参考にしてください。

ネットワーク、Webの分野に関してはRustのシステムプログラミング言語としてコネクションを効率よく捌ける点とモダンな言語として表現力豊かにアプリケーションが書ける点を活かせるところです。しかしまだasync / awaitの議論が続いていたりライブラリも過渡期であったりと落ち着かない面もあります。Rustの開発は非常に活発なので本書の執筆後も状況は刻一刻と変化していくでしょう。みなさんがRustでWebプログラミングをするときには、適切に状況判断をしてから導入してください。

---

*36 https://serde.rs/
*37 https://diesel.rs/guides/

第12章

FFI

本章ではRustとCの連携方法を紹介します。Cとの連携は、過去の資産を利用する、あるいはC互換の資産として提供する上で重要な機能ですが、安全なRustと危険なCの橋渡しをするので、Rust単体、あるいはC単体よりも困難なことが多々あります。使い方を一歩間違えると、Rustの安全性の仮定をCで破ったり、CにあるものをRustで所有権を奪ってRustが勝手に解放してしまったりと、デバッグの難しいバグに遭遇するでしょう。本書だけでなく最新のRustのドキュメントとCライブラリのドキュメントをよく読み、アンセーフなブロックには細心の注意を払って臨みましょう。

Cと連携すると言ったとき、Rustには、CからRustを呼び出す、RustからCを呼び出すの2つの可能性がありますが、本章では両方とも扱います。他の言語とのインターフェースのことをForeign Function Interface、略してFFIと呼びます。今回はCの関数を呼ぶのでC FFIです。また、CからRustを呼ぶためにCへのAPIの提供するものはC APIと呼ぶことにします。

ここではCの基本的な知識を持つものと仮定して進めます。

12-1 C FFIの基本

まずはC FFIの基本から解説していきます。

12-1-1 単純なC FFI

まずは簡単にCの標準ライブラリにあるcos関数を呼んでみます。この関数は倍精度浮動小数点数のコサインを計算します。

ch12/small_cffi.rs

```
use std::os::raw::c_double;
```

```
// インポートするCの関数群はextern "C" { .. }で囲む
extern "C" {
    fn cos(x: c_double) -> c_double;
}

fn main() {
    // Cの関数はRustの管理下にないのですべてアンセーフとして扱われる
    unsafe {
        // Rustの関数のように呼び出せる
        println!("{}", cos(1.5));
    }
}
```

extern "C"のブロック内に、Rustから呼び出すCの関数のシグネチャを書きます。Cの関数cosはdouble cos(double x);というシグネチャを持ちます。これにRustの関数fn cos(x: c_double) -> c_double;を対応させます。Cに対応するRustのシグネチャを書くのはプログラマの責任です。Cの関数の中で行われる処理は、Rustの安全性の仮定の範囲外です。呼び出すときにもunsafeで囲って、プログラマが自分で責任を果たしていることを表明する必要があります。

std::os::rawにはCのプリミティブ型に対応するRustの型が定義されています。これらはプラットフォームごとに型エイリアスとして定義されています。Cにおけるdouble型の変数のメモリ上での表現方法は、Rustのf64型の変数のメモリ上での表現方法と（多くの場合）一致します[*1]。そこでc_double型は、大抵のプラットフォームでRustのf64型のエイリアスとして定義されています。

このコードを実行してみましょう。cosはCの標準ライブラリの関数です。元からRustにリンクされるので、普通のRustのコードのようにコンパイルすれば動きます。

```
$ rustc small_cffi.rs
$ ./small_cffi
0.0707372016677029
```

12-1-2 ライブラリとのリンク

次にライブラリとのリンクについて説明します。ライブラリをリンクするには、extern "C"ブロックに#[link(name = "libname")]のアトリビュートを付けるだけです。

LinuxやmacOSで利用できるreadlineライブラリを使う例を以下に示します。Windows MSVC環境にはreadlineライブラリがないのでこの例は試せませんが、別のライブラリを使う

＊1　原理的にはターゲットによって異なります。詳細はソースコードで確認しましょう。 https://doc.rust-lang.org/src/std/os/raw/mod.rs.html

場合でもリンクの方法は同じです。

readlineライブラリのreadline関数は以下のシグネチャをしています。

```
char *
readline (const char *prompt);
```

この関数はユーザに編集サポート付きで文字列を入力させ、その値を返します。

Cと文字列をやりとりするときは、普段使っているstrやStringは使えません。Rustの文字列はNULL終端せずに長さの情報を参照あるいはデータ型内に持つのに対して、Cの文字列は長さ情報を持たずにNULL終端しているからです。そこでRustのstd::ffiモジュールにはstrのNULL終端版のCStrとStringのNULL終端版のCStringが用意されています。RustからCにNULL終端文字列を渡すときは、CString::newでRustの文字列などからNULL終端文字列が作れます。

以下の例ではユーザが入力した文字を返しつつ、exitと入力されたらループを終了しています。

ch12/cffi_readline.rs

```
// StringのCのNULL終端文字列に対応する型
use std::ffi::CString;
// strのCのnull終端文字列に対応する型
use std::ffi::CStr;
use std::os::raw::c_schar;

// readlineライブラリとリンクする
#[link(name = "readline")]
extern "C" {
    // Cの符号付きchar型をc_scharで表現している
    fn readline(prompt: *const c_schar) -> *mut c_schar;
}

fn main() {
    unsafe {
        // Rustの文字列をCの文字列に変換する
        // NULL終端するためにCStringを使う
        let prompt = CString::new("> ").unwrap();
        loop {
            // readlineを呼び、結果をCStrでラップする
            let input = CStr::from_ptr(readline(prompt.as_ptr()));
            // &CStrを&strに変換する。
            let input = input.to_str().expect("input contains invalid unicode");
            // 以後はRustの文字列なので自由に操作できる
            if input == "exit" {
```

```
                break;
            }

            println!("your input is {}", input);
        }
    }
}
```

Linuxではコンパイルする前にreadlineのインストールが必要です。

macOSにはlibeditというreadline互換のライブラリが最初から入っていますのでインストールは不要です。

```
# macOS
$ ls /usr/lib/libedit.*
/usr/lib/libedit.2.dylib
/usr/lib/libedit.3.dylib
...
```

Ubuntuであれば以下のようにlibreadlineをインストールできます。

```
# Linux ( Ubuntu )
$ sudo apt-get install -y libreadline-dev
```

Ubuntuでもreadline互換のlibeditがインストールできますが、リンクライブラリを指定しているところで#[link(name = "edit")]とlibeditを指定する必要があります。

それではプログラムを実行しましょう。今までと同じようにコンパイル、実行できます。コード内でリンクライブラリを指定しているので、コマンドラインでは特に指定する必要がありません。

```
# 入力はカーソルキーなどで編集可能になっている
$ rustc cffi_readline.rs
$ ./cffi_readline
> abc
your input is abc
> こんにちは
your input is こんにちは
> exit
```

普通の入力ですが、カーソルキーなどで編集できるようになっています。

12-1-3 グローバル変数

次にグローバル変数の扱いです。Rustのものと同じくextern "C"内でstaticを使ってインポートできます。

readlineライブラリのrl_readline_version変数にreadlineのバージョンが入っているのでそれを使ってみます。新しくプロジェクトを作りましょう。

```
$ cargo new ffi-global
$ cd ffi-global
```

プロジェクトの準備ができたのでコードを書きます。readlineライブラリのバージョンを読み取って出力します。

ch12/ffi-global/src/main.rs

```
use std::os::raw::c_int;

#[link(name = "readline")]
extern "C" {
    // rustのstaticと同じくstatic 名前: 型;で宣言する
    static rl_readline_version: c_int;
}

fn main() {
    unsafe {
        // readlineのバージョンは16進数なので:xで16進表示する
        println!("using readline version {:x}", rl_readline_version);
    }
}
```

readlineのバージョンは16進数で表現されているので{:x}を使って16進表示しています。これを実行します。

```
$ cargo run
using readline version 700
```

readlineのバージョン7.0を使っていることが分かります。libeditの場合は違った値が表示されるようです。

12-1-4 静的リンクライブラリとのリンク

今までは動的リンクライブラリを使っていましたが、静的リンクライブラリもリンクできます。静的リンクライブラリはあまり配布されていないので、簡単なCのコードを書いてリンクさせてみます。新たにプロジェクトを作りましょう。

```
$ cargo new static-link
$ cd static-link
```

targetディレクトリを作っておくために一度ビルドを走らせておきます。

```
$ cargo build
```

まずはCのコードを書いていきます。Cのソースコードはc_src以下に置くことにします。fib.cに以下のコードを書きます。詳しい説明は省きますが、このプログラムはn番目のフィボナッチ数を求めます。

ch12/static-link/c_src/fib.c

```
unsigned long long
fib(unsigned int n)
{
  unsigned long long n0 = 1, n1 =1;

  if (n == 0) {
    return n0;
  } else if (n == 1) {
    return n1;
  } else {
    for(unsigned int i = 1; i < n; ++i) {
      n0 ^= n1; n1 ^= n0; n0 ^= n1;
      n1 += n0;
    }
    return n1;
  }
}
```

これを以下のようにビルドします。プラットフォームごとに手順が変わるので、お使いのプラットフォームに合わせて読んでください。

```
# Linux
# コンパイラに-cオプションを指定しオブジェクトファイルを生成する
```

```
$ gcc -c -o target/debug/native/fib.o c_src/fib.c
# オブジェクトファイルから静的リンクライブラリ(libfib.a)を作成する
$ ar r target/debug/deps/libfib.a target/debug/native/fib.o

# macOS
# コンパイラに-cオプションを指定しオブジェクトファイルを生成する
$ clang -c -o target/debug/native/fib.o c_src/fib.c
# オブジェクトファイルから静的リンクライブラリ(libfib.a)を作成する
$ ar r target/debug/deps/libfib.a target/debug/native/fib.o

# Windows MSVC
# 本書サンプルコードリポジトリのhowto/running-msvc-compiler.mdを
# 参考にC/C++コンパイラにPathを通してから以下を実行する
# コンパイラに/cオプションを指定しオブジェクトファイルを生成する
PS> cl /c c_src\fib.c
PS> mv fib.obj target\debug\native\
# オブジェクトファイルから静的リンクライブラリ(fib.lib)を作成する
PS> lib /out:target\debug\deps\fib.lib target\debug\native\fib.obj
```

静的リンクライブラリが用意できました。Rustから静的リンクライブラリを使うには、linkアトリビュートにkind="static"を加えます。srcのmain.rsには以下のように書きます。

ch12/static-link/src/main.rs

```
use std::os::raw::{c_int, c_ulonglong};

// kind="static"とすることで静的リンクライブラリをリンクできる
#[link(name = "fib", kind = "static")]
extern "C" {
    fn fib(n: c_int) -> c_ulonglong;
}

fn main() {
    unsafe {
        println!("fib(5) = {}", fib(5));
    }
}
```

あとは今までと同様に実行できます。

```
$ cargo run
fib(5) = 8
```

もし以下のようにライブラリが見つからないというエラーが出るときは、-Lフラグを追加してライブラリが格納されているディレクトリを指定してみてください。

```
$ cargo run
...
error: could not find native static library `fib`,
       perhaps an -L flag is missing?

# -Lフラグでライブラリが格納されているディレクトリを指定
$ RUSTFLAGS="-L native=$(pwd)/target/debug/deps" cargo run
fib(5) = 8
```

12-1-5 ビルドスクリプトサポート

前項の例では、手動でCコンパイラを実行し、特定の位置に静的リンクライブラリを配置していました。Cargoにはこれを自動化するしくみがあります*2。デフォルトでは、プロジェクト直下にbuild.rsという名前のファイルを置くと、ビルドスクリプトとして認識されます。CargoはRustのビルド前にこのスクリプトをコンパイル、実行し、出力結果を元にコンパイル時のフラグなどを設定します。

ビルドスクリプトを用いて以下のことをするとcargo buildコマンド1発でCのソースコードも含めてビルドできるようになります。

- スクリプト内でCコードをビルド、targetディレクトリに成果物を出力
- スクリプトの出力でCargoに成果物をリンクするよう指示

しかしこれを毎回手で書くのは手間ですし退屈です。ここではビルドスクリプト用のライブラリ、ccを用いて一連の流れを行います。先ほどのfib.cからlibfib.aの生成を自動化してみましょう。

先ほどのstatic-linkプロジェクトのCargo.tomlに以下を書きます。

ch12/static-link/Cargo.toml

```
[build-dependencies]
cc = "1.0"
```

ビルドスクリプト内の依存はbuild-dependenciesセクションに書きます。そしてccクレートを使ってコンパイル処理を書きます。プロジェクトルートにbuild.rsというファイルを作り、以下を書きます。

c12/static_link/build.rs

```
fn main() {
    cc::Build::new().file("c_src/fib.c").compile("fib");
```

*2 https://doc.rust-lang.org/cargo/reference/build-scripts.html

```
}
```

cc::Build::new()がコンパイルコマンドのビルダで、file("c_src/fib.c")でコンパイルするファイルを指示します。.compile("fib")でライブラリ名を指定します。以上の準備をすると、cargo buildだけでCのソースコードもビルドしてくれるようになります。

```
$ cargo clean && cargo build

# LinuxとmacOSのfindコマンドでlibfib.aを検索すると、
# ライブラリが作られていることが確認できる
$ find target/debug -name libfib.a
target/debug/build/static_link-085646ab53473170/out/libfib.a
```

エラーがでなければビルド成功です。コードは先ほどと変わっていないので実行結果は変わりません。

column
コラム **Rustのリンカ**

Cのプログラムとのリンクについて解説してきましたが、Rustコンパイラはリンクするために内部でシステムのリンカを呼んでいます。このリンカに踏み込んだ操作をしたい場合は、nightlyのみで使えるfeatureでリンカに引数を渡すことができます。

```
#![feature(link_args)]

#[link_args = "-foo -bar -baz"]
extern {
    // ...
}
```

しかしながら将来Rustコンパイラが使うリンカが変わる可能性もあり、このオプションがstableで使えるようになる保証はありません。たとえばLLVMのリンカが組み込まれることがあるかもしれません。あくまで不安定な機能なのでそこを理解して使いましょう。

Rustのイシュートラッカでリンカに LLVM に同梱されている lld[*3]が使えないか議論されています[*4]。lldは高速なことが知られており、Rustのコンパイルも高速化するかもしれません。また、リンカがRustツールチェインに組み込まれた場合、クロスコンパイルが容易になる、プラットフォームに関係なくリンカへの設定が統一できるなどの可能性もあります。

＊3 https://lld.llvm.org/
＊4 https://github.com/rust-lang/rust/issues/39915

12-2 Cのデータ型の扱い

外部関数の呼び出しとリンクについて説明したので、続いてデータ型の相互運用について説明します。RustはCとの相互運用について意識して設計されているので、さまざまなサポートがあります。

12-2-1 プリミティブ型

Rustには、各種ビットサイズの符号付き／なしの整数、32bit、64bitの浮動小数点数がサポートされているので、大抵のプラットフォームでCのプリミティブ型を表現するための型は揃っています。実際にCのどの型が何bitなのかはプラットフォーム依存なので直接は指定できません。先ほど紹介したように、std::os::rawでCのプリミティブ型との対応が定義されています。

12-2-2 ポインタ型

Cのポインタに対応する型は、Rustの参照ではなくてポインタ型*const T/*mut Tを使います。&からポインタ型へ変換できますが、*mutと*constを明示的に選ぶ必要があります。また、Boxからも参照を経由することで所有権をRustに残しつつポインタを作ることもできます。どのように使うかは以下のコード例を参考にしてください。

ch12/ptr.rs

```
fn main() {
    let x = 1;
    // 参照からconstなポインタが作れる
    let xptr: *const i32 = &x;
    // 逆の変換はできない
    // let xref: &i32 = xptr;
    // ポインタへの操作は基本的にアンセーフ
    unsafe {
        // ポインタの参照外しはアンセーフ
        let x = *xptr;
    }

    let mut y = 2;
    // ミュータブルな参照からミュータブルなポインタが作れる
    let yptr: *mut i32 = &mut y;
```

```
    unsafe {
        // 書き込みももちろんアンセーフ
        *yptr = 3;
    }

    let z = Box::new(4);
    // Boxを参照してポインタも作れる
    let zptr: *const i32 = &*z;

    let s: &[u8] = b"abc";
    // スライス(文字列)からポインタが作れる
    let sptr: *const u8 = s.as_ptr();
    unsafe {
        // ポインタからスライス(文字列)も作れるが、こちらはアンセーフ
        let s = std::slice::from_raw_parts(sptr, s.len());
    }
}
```

Boxの所有権もポインタに渡してしまいたいならinto_rawがあります。

ch12/ptr_ownership.rs

```
fn main() {
    let boxed = Box::new(true);
    // ここでboxedの所有権はムーブしてしまう
    let ptr: *mut bool = Box::into_raw(boxed);
    unsafe {
        // ポイント先のメモリを解放するにはBox::from_rawでBoxに戻してあげる
        // ここでポインタのデータ型の所有権をboxedが持つことになる
        // 他に参照がないかはユーザが保証する必要がある
        let boxed = Box::from_raw(ptr);
        // 気をつけないとたとえば下記のように2つ目のBoxも作れてしまう
        // これはRustの仮定を破ってしまう
        // let boxed2 = Box::from_raw(ptr);
    }
}
```

ポインタへの操作はstd::ptr[*5]でいくつか定義されています。これらを用いてある程度は操作できますが、扱いにくいばかりかRustの特徴である安全性が失われてしまいます。実際にポインタ型を扱うときはRustからはそのまま扱うのではなく一度構造体に隠蔽するなどしてから扱いましょう。

＊5　https://doc.rust-lang.org/std/primitive.pointer.html

12-2-3 libcクレート

Rustではlibcというクレートが用意されています。これはCの標準ライブラリであるlibcで定義されている関数や型などを利用するためにRustでextern宣言やtype宣言を書いたものです。ですのでlibcで定義されている型については、libcクレートでカバーされます。たとえば、libcにあるUNIX時間を返すtime関数は以下のようなシグネチャです。

```
time_t time(time_t *tloc);
```

これに対応する関数は、Rustのlibcクレートに以下のように定義されています。

```
pub unsafe extern fn time(time: *mut time_t) -> time_t
```

このようにlibcでカバーされている関数や型はlibcクレートを使えば簡単に利用できます。

12-2-4 文字列型

Cの文字列に対応する型もいくつかあります。Rustにstrとstringがあるように、これらも2種類用意されています。

- 冒頭で出てきたNULL終端文字列のCStrとCString。これはUTF-8エンコードされている必要があります
- プラットフォーム依存の文字エンコーディングのOsStr、OsString

これらは余計な変換を抑えつつRustで最低限の操作をする上で有用です。

12-2-5 関数ポインタ

Rustの関数も簡単にはCに渡せません。RustとCで呼出規約が異なるかもしれないからです。Cに渡すつもりの関数にはexternを付けて以下のように宣言します。

```
extern "C" fn name() {
    // ...
}
```

この関数の**型**にもexternがつきます。

```
extern "C" fn name()
```

 12-2-6 所有権とリソースの解放

Cと連携するときには、Rustで普段忘れがちなリソース管理について強く意識する必要があります。Rustによるリソース管理の助けがないどころか、Rustに勝手に解放されるリソースの寿命を考えつつプログラミングする必要があるので、ときにはRustのリソース管理を呪うことさえあるでしょう。しかしながら、一度安全なインターフェースさえ作ってしまえば、その後は完全にRustの管理する世界でプログラミングできます。博愛の気持ちを持って臨みましょう。

これからコードを書きながら所有権とリソースの解放を学んでいきます。アロケートと解放の組み合せとしては、アロケートをCかRust、解放をCかRustで行うので4パターンが考えられますが、基本は「CでアロケートしたものはCの関数で解放、Rustでアロケートしたものは Rustの関数で解放」です。同一言語内だと、別言語に貸して終わったら返してもらって解放、と比較的楽にできるからです。ですので、ここでは比較的難しいRustでアロケートしてCで解放、CでアロケートしてRustで解放のパターンを説明します。まずはプロジェクトを作り、先ほどと同じようにcc、build.rsなどを整えていきます。また、libcの関数も必要になるのでlibcも使います。手早く作るために2章で紹介したcargo addを使いましょう。cargo add libc@0.2.0でlibcのバージョン0.2.0を依存に追加しています。同様にcargo add cc@1.0 --buildでbuild-dependenciesにccの1.0を追加できます。

```
$ cargo new --bin cffi-ownership
$ cd cffi-ownership
$ cargo add libc@0.2.0
# `--build` で `build-dependencies` セクションに追加できる
$ cargo add cc@1.0 --build
```

build.rsは以下のとおりです。

c12/cffi-ownership/build.rs

```
fn main() {
    cc::Build::new()
        .file("c_src/ownership.c")
        .compile("ownership");
}
```

build.rsから分かるとおり、Cのコードはc_src/ownership.cに書きます。c_srcのownership.cとsrcのmain.rsを書き換えながら進めていきます。

Rustから C

まずはRustでアロケートしたメモリをCで解放するパターンです。main関数はRustにあります。RustからCにポインタを渡し、Cの中でメモリを解放することを考えます。これにはRustから解放する関数を渡します。Rustでアロケートしたものは Rustの関数で解放です。Cのコードはこのようになります。ポインタとそれを解放する関数を受け取ります。

c12/cffi-ownership/c_src/ownership.c

```c
#include <stdlib.h>
#include <stdio.h>

void
take_ownership(int *i, void(*dtor)(int *))
{
  printf("got %d\n", *i);
  // Cのコードでメモリを解放する
  // Rustで用意した値はRustから貰ったデストラクタで解放する
  dtor(i);
}
```

Rustのコードはこのようにします。

ch12/cffi-ownership/src/main.rs

```rust
use std::os::raw::{c_int, c_void};

// ownership.cで定義したCの関数をインポートする
#[link(name = "ownership", kind = "static")]
extern "C" {
    fn take_ownership(i: *const c_int, dtor: unsafe extern "C" fn(i: *mut c_int)) -> c_void;
}

// デストラクタ関数。Cに渡した所有権をRustに返してもらうためのもの
unsafe extern "C" fn drop_pointer(i: *mut c_int) {
    // ポインタからBoxに復元することで所有権を取り戻す
    Box::from_raw(i);
    // ここでBoxのライフタイムが尽きるので、メモリが解放される
}

fn main() {
    let i = Box::new(1);
    // C側に所有権を渡すのでinto_rawを使う
    unsafe { take_ownership(Box::into_raw(i), drop_pointer) };
}
```

drop_pointer関数がCに渡すメモリ解放関数になっています。Cに渡すポインタはBoxから作るのでdrop_pointer関数もBox::from_rawを使ってBoxに復元し、Rustの所有権管理にまかせてメモリを解放しています。

これを実行すると以下のようになります。

```
$ cargo run
got 1
```

into_rawとfrom_rawを使うことでRustから適切に所有権を移譲し、解放することができました。本当に管理できているか気になる人は、Valgrindなどでメモリリークのチェックをしてみてください。Rust 1.31の時点では、RustでアロケートしたメモリをCのfreeで解放できることを保証していません。仮にできたとしてもdropが呼ばれないので意図通り解放できるかは分かりません。必ずRustのメモリ管理機構を使って解放しましょう。

column コラム

Valgrind を Rust に使う

valgrind[*6]はメモリに関連するバグの調査などに使えるツールです。

Rust 1.32からデフォルトでシステムアロケータを使うようになりました[*7]。最新版のstableをお使いならばvalgrindを用いてRustで書いたプログラムを検査できます。cargo buildしたあとに、以下のように実行します。

```
$ valgrind ./target/debug/cffi-ownership
==127310== Memcheck, a memory error detector
==127310== Copyright (C) 2002-2017, and GNU GPL'd, by Julian Seward et al.
==127310== Using Valgrind-3.13.0 and LibVEX; rerun with -h for copyright info
==127310== Command: ./target/debug/cffi_ownership
==127310==
got 1
==127310==
==127310== HEAP SUMMARY:
==127310==     in use at exit: 0 bytes in 0 blocks
==127310==   total heap usage: 13 allocs, 13 frees, 3,205 bytes allocated
==127310==
==127310== All heap blocks were freed -- no leaks are possible
==127310==
==127310== For counts of detected and suppressed errors, rerun with: -v
==127310== ERROR SUMMARY: 0 errors from 0 contexts (suppressed: 0 from 0)
```

All heap blocks were freed -- no leaks are possibleと表示されているのでメモリリークはなかったようです。

＊6 http://valgrind.org/
＊7 https://internals.rust-lang.org/t/jemalloc-was-just-removed-from-the-standard-library/8759

CからRust

次はCでアロケートしたメモリをRustで解放するパターンです。同じくRustにmain関数があります。

CでアロケートしたメモリをRustに渡します。intの2を指すポインタをRustに渡してみましょう。Cのコードは以下のようになります。

ch12/cffi-ownership/c_src/ownership.c

```
#include <stdlib.h>
#include <stdio.h>

int *
make_memory() {
  int *i;

  i = malloc(sizeof(int));
  *i = 2;

  return i;
}
```

Rustのコードは以下です。先ほどの関数を呼び出したあとポイント先の値をRustで読み取り、libcのfreeを用いて解放します。

ch12/cffi-ownership/src/main.rs

```
use std::os::raw::c_int;

#[link(name = "ownership", kind = "static")]
extern "C" {
    fn make_memory() -> *mut c_int;
}

fn main() {
    unsafe {
        let i = make_memory();

        println!("got {}", *i);

        // Cから渡されたメモリは手で解放する必要がある
        libc::free(i as *mut _);
    }
}
```

これを実行すると以下のようになります。

```
$ cargo run
got 2
```

場合にはよるのですが、ほとんどの場合Cから渡されたメモリはRust側ではlibc::freeで解放できます。実際にそのポインタがfreeで解放できるかはドキュメントを読んで確認してください。

CでアロケートしたメモリをBox::from_raw関数で読み込んではいけません。Box::from_rawを使ってインポートできるポインタは、Box::into_rawを使って作ったもののみとドキュメントに書かれています。Cでアロケートしたポインタには使えないのでご注意ください。ここではCから受け取ったポインタをlibc::freeで解放しました。実際に使うときはこのままでは扱いづらいので、構造体で包んでDropを用いて解放することになるでしょう。

今回のリソース管理の話はメモリに限ったものではありません。Fileのinto_raw_fd、as_raw_fd、from_raw_fdのようなメモリ以外のリソースでも所有権は意識しましょう。たとえばFile::as_raw_fdはRustに所有権を残すので、意図しないタイミングでRustからリソースが解放されてしまうかもしれません。どこに所有権があるのか考えながらAPIを使いましょう。

12-2-7 Opaqueと空の列挙型

今まではプリミティブ型の管理についてのみ扱ってきました。これから、複合型について解説していきます。この項ではCで定義されたオペークな型、すなわちメンバは公開されず関数を通してのみ扱う構造体の扱いについて解説します。

といってもあまり難しいものではありません。Rustで実体を持たない型にマッピングするだけです。例としてC標準ライブラリのFILE型とその操作関数群をRustから使ってみましょう。

Rustでオペークな型を表現するには少しテクニックが必要です。「具体的なデータにアクセスできない」ということを表現しないといけないからです。バリアントを持たない列挙型、たとえばenum Void {}は値を作ることができないので実体がありません。混乱しがちですが()型とは違います。()型はただ1つの値()を持ちますが、バリアントのない列挙型は値の個数が0です。既に出てきた中では発散型!もこのような型です[*8]。このような型へのポインタは存在したとしても参照外しできません。なぜなら存在しないはずの値が作れるはずがないからです。この性質はCのオペークな型を扱うときに都合がよいです。ですので空の列挙型を使ってオペークなFILE型を表現しましょう。

```
enum File {}
```

あとはFILEを扱うために、Cの以下の関数をインポートします。

＊8 https://github.com/rust-lang/rust/issues/35121

```
// ファイルを開く
FILE *fopen(const char *pathname, const char *mode);
// ファイルから1文字取得する
int fgetc(FILE *stream);
// ファイルを閉じる
int fclose(FILE *stream);
```

CのFILEをRustにインポートするときは、先ほどのFile列挙型を用いて`*mut File`と表現します。これらを用いてファイルから内容を読み取って標準出力に出力するコードを書いてみましょう。

まずはプロジェクトを作ります。

```
$ cargo new opaque
$ cd opaque
```

コードは以下になります。

ch12/opaque/src/main.rs

```
use std::os::raw::{c_char, c_int};

// オペーク型を表す型を導入する
// バリアントのない列挙型は値が作れないのでユーザが勝手にインスタンスを作ることはできない
// この列挙型へのポインタでオペーク型へのポインタを表す
enum File {}

extern "C" {
    // Cの`FILE`型の実体が分からないのでRust側では実体に言及しない型でマッピングする

    // FILE *fopen(const char *path, const char *mode);
    fn fopen(fname: *const c_char, mode: *const c_char) -> *mut File;

    // int fgetc(FILE *stream);
    fn fgetc(stream: *mut File) -> c_int;

    // int fclose(FILE *stream);
    fn fclose(stream: *mut File) -> c_int;
}

fn main() {
    unsafe {
        // Cの文字列を作る。ここではNULL終端したバイト列を作ってキャストしている
        let fname: *const c_char = b"Cargo.toml\0".as_ptr() as *const _;
        let mode: *const c_char = b"r\0".as_ptr() as *const _;
        // FILEはRustでは本来実体のない型なのでC関数を通してのみ初期化できる
```

```
        let file = fopen(fname, mode);
        if file.is_null() {
            println!("open file failed");
            return;
        }
        loop {
            // Rustにとってはよく分からない値のままCの関数に渡す
            let c = fgetc(file);
            if c == -1 {
                break;
            } else {
                let c = c as u8 as char;
                print!("{}", c);
            }
        }
        // 同じく実体のよく分からないままCの関数で終了処理をする
        if fclose(file) == -1 {
            println!("close file failed");
        }
    }
}
```

このようにオペーク型は詳細に言及する必要がないので、比較的楽にRustから扱うことができます。

12-2-8 #[repr(C)]

多くの場合は上のオペークな扱いで十分ですし、その方が比較的安全です。しかし、どうしてもCの構造体のメンバにアクセスしなければならないときがあります。普通のRustの構造体はCとの互換性が保証されていませんが、#repr(C)のアトリビュートを付けることでマッピングできるようになります。

libcのgettimeofday関数と関連するstruct timeval、struct timezoneを扱ってみます。

それぞれの構造体は以下のように定義されています。

```
struct timeval {
    time_t      tv_sec;     /* seconds */
    suseconds_t tv_usec;    /* microseconds */
};
struct timezone {
    int tz_minuteswest;     /* minutes west of Greenwich */
    int tz_dsttime;         /* type of DST correction */
};
```

これはRustで以下のようなコードで対応できます。

```
#[repr(C)]
struct Timeval {
    tv_sec: time_t,
    tv_usec: suseconds_t,
}

#[repr(C)]
struct Timezone {
    tz_minuteswest: c_int,
    tz_dsttime: c_int,
}
```

もちろんlibcクレートには対応する型が定義されていますが、ここでは説明のために自分で定義した関数を使います。これらを用いて現在時刻を取得してみましょう。

まずはプロジェクトを作ります。

```
$ cargo new repr-c
$ cd cargo repr-c
$ cargo add libc@0.2.0
```

Cに対応する定義を書いて、gettimeofdayを呼び出します。コードは以下です。

ch12/repr-c/src/main.rs

```
use libc::{suseconds_t, time_t};
use std::mem;
use std::os::raw::c_int;
use std::ptr;

// #[repr(C)]を付けることでCと相互運用できる型になる
// メモリ上の表現がC互換になるというだけで、それ以外は普通のRustの構造体として扱える
// struct timeval {
//     time_t      tv_sec;     /* seconds */
//     suseconds_t tv_usec;    /* microseconds */
// };
#[repr(C)]
#[derive(Debug)]
struct Timeval {
    tv_sec: time_t,
    tv_usec: suseconds_t,
}

// struct timezone {
```

```
//     int tz_minuteswest;     /* minutes west of Greenwich */
//     int tz_dsttime;         /* type of DST correction */
// };
#[repr(C)]
#[derive(Debug)]
struct Timezone {
    tz_minuteswest: c_int,
    tz_dsttime: c_int,
}

extern "C" {
    // 上記で定義した型をFFIの型に使える
    // int gettimeofday(struct timeval *tv, struct timezone *tz);
    fn gettimeofday(tv: *mut Timeval, tz: *mut Timezone) -> c_int;
}

fn main() {
    unsafe {
        // Cによって初期化するメモリはmem::uninitializedで確保できる
        // もちろん、Rustの構造体の初期化構文も使える
        let mut tv: Timeval = mem::uninitialized();
        // あるいはNULLを渡したい場合はptr::null_mutも使える
        let tz: *mut Timezone = ptr::null_mut();
        let ret = gettimeofday(&mut tv as *mut _, tz);
        if ret == -1 {
            println!("failure");
            return;
        }
        println!("{:?}", tv);
    }
}
```

これを走らせると以下のような結果が得られます。

```
$ cargo run
Timeval { tv_sec: 1493982287, tv_usec: 261691 }
```

UNIX Epochが表示されているので少し分かりづらいですが、現在時刻を取得できました。Cの`struct timeval`とRustの`Timeval`を上手くマップできています。本コード例では`Debug`トレイトの実装を使っていますが、他にもフィールドへのアクセスなど普通のRustの構造体と同じように扱えます。

column
コラム

Nullableポインタ最適化

*const Tや*mut TポインタはNULLの可能性があり、取り扱いが難しいです。Rustには7章で学んだとおりNullableポインタ最適化[*9]というものがあります。普通のRustのコードはこのおかげでリソースを節約できるのですが、C FFIをするときはもう少し発展的に利用できます。値にNULLかもしれないポインタをとるAPIがあるとき、そこにOptionに包まれたNULLでないポインタを渡せるのです。

先ほどの例だとgettimeofdayのexternを以下のように書けます。

```
fn gettimeofday(tv: Option<&mut Timeval>, tz: Option<&mut Timezone>) -> c_int;
```

*mut Timevalとポインタ型を渡していた部分を安全なOptionと参照を用いてOption<&mut Timeval>と書けるのです。これを用いて先ほどのコードは以下のようにも書けます。

```
use libc::{time_t, suseconds_t};
use std::mem;
use std::os::raw::c_int;

#[repr(C)]
#[derive(Debug)]
struct Timeval {
    tv_sec: time_t,
    tv_usec: suseconds_t,
}

#[repr(C)]
#[derive(Debug)]
struct Timezone {
    tz_minuteswest: c_int,
    tz_dsttime: c_int,
}


extern "C" {
    // 型が参照のOptionになっている
    fn gettimeofday(tv: Option<&mut Timeval>, tz: Option<&mut Timezone>) -> c_int;
}


fn main() {
    unsafe {
        let mut tv: Timeval = mem::uninitialized();
        // 引数にそのままOptionが渡せる
        let ret = gettimeofday(Some(&mut tv), None);
        if ret == -1 {
            println!("failure");
```

*9 https://doc.rust-lang.org/std/option/#options-and-pointers-nullable-pointers

```
            return;
        }
        println!("{:?}", tv);


    }
}
```

ポインタ型を保持するOption型がNullableポインタとして扱われています。

注意してほしいのは、普通のポインタ*const TはNULLかもしれないので、Option<*const T>はNullableポインタ最適化が効かないことです。ポインタ型を使いつつNULLでないことを保証したいならstd::ptr::NonNullを使いましょう。

12-3 C APIの基本

次はCからRustを呼びます。Rustコンパイラの成果物はネイティブバイナリなのでCから利用しやすくなっていますが、実際にCから呼ぶにはRustコンパイラに次のような指示が必要です。

1. 成果物をCリンカから扱いやすい形にする
2. 関数名などをCから分かりやすい名前にする
3. ABIをCと合わせる

1の「成果物をCから扱いやすい形にする」は、Cで使われているフォーマットで成果物を生成してあげると達成できます。Rustコンパイラでは動的リンクライブラリと静的リンクライブラリの2種類の選択肢があります。2の「関数をCから分かりやすい名前にする」は、Rustコンパイラによる名前の変更を抑止することで達成できます。Rustコンパイラはモジュールやクレート間で名前が衝突しないように名前を修飾（mangling）するので、それを抑止する必要があります。3の「ABIをCと合わせる」は、Rustの関数の呼び出し方やデータ表現がRustとCで必ずしも一致しないので、RustコンパイラにCに合わせるよう指示することで達成できます。以下でこれらについて説明します。

12-3-1 プロジェクトの作成

プロジェクトを新たに作りましょう。binクレートではなくlibクレートです。

```
$ cargo new --lib c-api
```

まずは成果物をCから扱いやすい形にします。

Rustのクレートタイプを**表12.1**に示します。libやbinをよく使いますが他にも存在します。リファレンスマニュアル[*10]ではbin、lib、rlib、dylib、staticlib、cdylib、proc-macroが挙げられています。

表12.1 Rustのクレートタイプ

タイプ	概略
bin	実行可能ファイル
lib	Rustのライブラリ。具体的なフォーマットは定められておらず、コンパイラ推奨のものが選択される
rlib	標準的なRustライブラリ。静的リンクされる
dylib	Rustの動的リンクライブラリ
staticlib	システムの静的リンクライブラリ
cdylib	システムの動的リンクライブラリ
proc-macro	手続きマクロとして扱われる

C APIを使う上で必要になるのはstaticlibかcdylibです。ここでは動的リンクライブラリにしましょう。クレートタイプをcdylibにします。Cargo.tomlに以下を加えましょう。

ch12/c_api/Cargo.toml（抜粋）

```
[lib]
crate-type = ["cdylib"]
```

12-3-2 ライブラリの作成

さて、次にライブラリを作っていきます。C APIとして2次元平面上の点を表すpoint型と2点間の距離をとるdist関数を定義してみましょう。データ型は#[repr(C)]でデータ表現をCと合わせてあげます。関数定義にもCとABIを合わせるためにextern "C"の指示を付けます。また、Rustコンパイラによる名前修飾を抑制するためにdist関数に#[no_mangle]アノテーションを付けます。lib.rsに以下を書きます。

ch12/c-api/src/lib.rs

```
use std::os::raw::{c_double, c_int};

// Cのデータの扱いで説明したときと同様 #[repr(C)] で互換性が取れる
/// 2次元平面上の点を表す型
#[repr(C)]
pub struct point {
    x: c_int,
    y: c_int,
}
```

*10 https://doc.rust-lang.org/reference/linkage.html

```
fn pow(x: c_int) -> c_int {
    x * x
}

// #[no_mangle]を付けることでCから"dist"という名前で見つかるようになる
// extern "C"を付けることでCから呼べるようになる
/// 2点間の距離を計算する
#[no_mangle]
pub extern "C" fn dist(p1: &point, p2: &point) -> c_double {
    let d = pow(p1.x - p2.x) + pow(p1.y - p2.y);
    (d as f64).sqrt() as c_double
}
```

ライブラリの定義は以上です。このコードをコンパイルします。

```
$ cargo build
```

動的リンクライブラリができているか確認しましょう。方法はプラットフォームごとに異なります[*11]。

```
# Linuxの動的リンクライブラリ（拡張子 .so）
$ ls target/debug/*.so
target/debug/libc_api.so

# macOSの動的リンクライブラリ（拡張子 .dylib）
$ ls target/debug/*.dylib
target/debug/libc_api.dylib

# Windows MSVCの動的リンクライブラリ（拡張子 .dll）と
# インポートライブラリ（拡張子 .lib）
PS> dir .\target\debug\* -include *.dll,*.lib -Name
c_api.dll
c_api.dll.lib
```

Cから呼び出す

作成したライブラリはCからは普通の動的リンクライブラリのように見えます。Cから呼んでみましょう。Cで2次元平面上の2点(1, 0)、(0, 1)の距離を計算してみます。本来ならヘッダファイルが欲しいところですが、今の例ではCのコード内に前方定義を書いてしまいます。main.cを用意して以下を記述します。

---

*11 Windows MSVC環境でc_api.dll.libが見つからないときはtarget\debug\depsにあるかもしれません。この問題はCargo 0.23で修正されています。 https://github.com/rust-lang/cargo/pull/4570

ch12/c-api/main.c

```
#include <stdio.h>
#include <stdint.h>

// Rustと同じ定義を書く
struct point {
  int x;
  int y;
};

// Rustの関数のプロトタイプ宣言
// 上のstruct pointとこれは丁寧にやるならヘッダを作るべき
double
dist(struct point *, struct point *);



int
main()
{
  struct point p1 = {1, 0}, p2 = {0, 1};
  double ret;

  ret = dist(&p1, &p2);

  printf("%f\n", ret);

}
```

前方定義を書いた以後は何の変哲もないCのコードです。これを以下のようにコンパイル、実行します。動的リンクライブラリなのでコンパイル時だけでなく実行時にもライブラリのパスの情報が必要になります。

```
# Linux
$ gcc main.c -L target/debug/ -lc_api
# 実行時に動的リンクライブラリを捜すため必要
$ export LD_LIBRARY_PATH=./target/debug/:$LD_LIBRARY_PATH
$ ./a.out
1.414214

# macOS
$ clang main.c -L target/debug/ -lc_api
# 実行時に動的リンクライブラリを捜すため必要
$ export DYLD_LIBRARY_PATH=./target/debug/:$DYLD_LIBRARY_PATH
$ ./a.out
```

```
1.414214

# Windows MSVC
# C/C++コンパイラにPathを通してから以下を実行する
PS> cl main.c .\target\debug\c_api.dll.lib
# 実行時に動的リンクライブラリを捜すため必要
PS> $Env:Path += ';.\target\debug'
PS> .\main.exe
1.414214
```

このように、Cからは普通の動的リンクライブラリとして扱うことができました。データの相互運用などはC FFIのときと同じです。

12-4 実践C FFI

先ほどはC FFIの基本的な使い方を説明しましたが、ここでは実際にC FFIを使ったライブラリを作っていきます。

Cライブラリとして正規表現ライブラリの「Onigmo[*12]」を使ったC FFIライブラリを作ります。Onigmoは高速かつ多数のエンコーディングに対応した正規表現エンジンで、Rubyなどの正規表現エンジンにも採用されています。Onigmo 6.1.3を対象に解説を進めます。

今回作るライブラリはクレートとして公開されています[*13]。

 12-4-1 Onigmoのインストール

Onigmoをソースコードからビルドして、システムにインストールしましょう。お使いのシステムに合わせて作業を行ってください。

Linux と macOS

Linux と macOSでは以下のコマンドでインストールできます。

```
# Linux ( Ubuntu ) のみ実行する
$ sudo apt-get install -y curl make
```

＊12 https://github.com/k-takata/Onigmo
＊13 https://crates.io/crates/onigmo

```
# Onigmoをビルドする
$ cd 作業用のディレクトリ
$ curl -L -O https://github.com/k-takata/Onigmo/archive/Onigmo-6.1.3.tar.gz
$ tar xf Onigmo-*.tar.gz
$ cd Onigmo-O*
$ ./configure
$ make
$ sudo make install
```

Windows MSVC

Windowsでは以下の手順でインストールできます。Webブラウザで https://github.com/k-takata/Onigmo/archive/Onigmo-6.1.3.zip をダウンロードし、作業用のディレクトリへ展開します。以下のコマンドでビルドします。

```
# C/C++コンパイラにPathを通してから以下を実行する
PS> cd 作業用のディレクトリ\Onigmo-O*
PS> .\build_nmake.cmd
```

ビルドに成功したら、以下のファイルをインストールしたい場所へコピーしてください。

- onigmo.h（ヘッダファイル）
- build_x86-64\onigmo.dll（動的リンクライブラリ）
- build_x86-64\onigmo.lib（dll用のインポートライブラリ）

最後に環境変数を設定します。

```
# ホームディレクトリ配下のOnigmoディレクトリへインストールした場合
PS> $onigmo = "$Env:USERPROFILE\Onigmo"
PS> $Env:INCLUDE += ";$onigmo;"  # ヘッダファイルの検索パス（bindgen用）
PS> $Env:LIB += ";$onigmo;"      # ライブラリの検索パス（リンカ用）
PS> $Env:PATH += ";$onigmo;"     # ライブラリの検索パス（実行時用）
```

12-4-2 プロジェクト構成とbindgen

先ほどまではC関数や構造体、グローバル変数のインターフェースを手で書いていましたが、ほとんど機械的に書けるので機械的に生成してしまいます。rust-bindgen[*14]というライブラリがあり、これを用いることで自動生成できます。プロジェクトを作成する前にbindgenの実行に必要なlibclang（3.9かそれ以降を推奨）と、bindgenとonigmoを組み合わせるときに必要なClangをインストールしておきましょう。

＊14 https://github.com/rust-lang/rust-bindgen

Linux（Ubuntu）では以下のコマンドを実行します。

```
# Linux ( Ubuntu 18.04 LTS )
$ sudo apt-get install -y llvm-dev libclang-dev clang

# Linux ( Ubuntu 16.04 LTS )
$ sudo apt-get install -y llvm-3.9-dev libclang-3.9-dev clang-3.9
```

macOSでは2章でインストールしたコマンドライン・デベロッパ・ツールにlibclangが含まれていますので、追加のインストールは不要です。

Windows MSVCではLLVMプロジェクトのオフィシャルダウンロードページ http://releases.llvm.org/download.html から、Clang/LLVMのインストーラ「Clang for Windows（64-bit）」をダウンロードして実行します。

さて、bindgenで生成したコードはほぼCが剥き出しの、RustにとってはアンセーフなAPIになります。なのでさらなるラッパが必要です。Rustのコミュニティではbindgenで生成したコードと手書きのラッパはクレートを分けて管理するのが慣例です。今回も慣例に倣って、bindgenで生成するコードをonigmo-sysクレート、それのラッパをonigmoクレートとします。

まずはonigmo-sysにrust-bindgenを使ってコードを生成していきます。複数のプロジェクトを扱うので10章でふれたワークスペースの機能を使います。プロジェクトとサブプロジェクトを作りましょう。

まずはディレクトリを作りましょう。

```
$ mkdir onigmo-rs
$ cd onigmo-rs
```

そしてワークスペースを初期化し、サブプロジェクトとしてonigmo-sysを作ります。

Cargo.tomlに以下を書きましょう。

ch12/onigmo-rs/Cargo.toml

```
[workspace]
members = ["onigmo-sys"]
```

サブプロジェクトを作ります。

```
$ cargo new --lib onigmo-sys
$ cd onigmo-sys
```

ここからbindgenを使っていきます。onigmo-sysの`Cargo.toml`に以下を書きます。

ch12/onigmo-rs/onigmo-sys/Cargo.toml

```
[build-dependencies]
bindgen = "0.49"
```

bindgenはCのヘッダファイルからRustのコードを生成します。Onigmoのバインディングを生成するため、ラッパとなるヘッダを作ります。wrapper.hに以下を書きます。

ch12/onigmo-rs/onigmo-sys/wrapper.h

```
#include <onigmo.h>
```

最後に、Onigmo ライブラリをリンクする指示や bindgen ライブラリを使ってRustのコードを生成する指示を書きます。bindgenをwrapper.hに対して実行するためにbuild.rsに以下を書きます。

ch12/onigmo-rs/onigmo-sys/build.rs

```
use std::env;
use std::path::PathBuf;

fn main() {
    // onigmoの共有ライブラリを使うことをcargoがrustcに伝えるように伝える
    println!("cargo:rustc-link-lib=onigmo");

    // binden::Builderがbindgenを使うときのメインのエントリポイント
    // オプションを設定できる
    let bindings = bindgen::Builder::default()
        // バインディングを作る基になるヘッダファイル
        .header("wrapper.h")
        // bindgen_test_layout_max_align_tのテスト失敗を防ぐためにRust 1.28.0以上向けにコード生成する
        .rust_target(bindgen::RustTarget::Stable_1_28)
        // ビルダーを完了してバインディングを生成する
        .generate()
        .expect("Unable to generate bindings");

    // バインディングを$OUT_DIR/bindings.rsに書き出す
    let out_path = PathBuf::from(env::var("OUT_DIR").unwrap());
    bindings
        .write_to_file(out_path.join("bindings.rs"))
        .expect("Couldn't write bindings!");
}
```

一度ビルドしてみましょう。

```
$ cargo build
```

libclang が見つからない場合は libclang のインストールを、onigmo が見つからない場合はOnigmoのインストールを、stddef.hが見つからない場合はClangのインストールを確認しましょう。

Cのインターフェースをする Rustファイルが生成されました。これをクレートで利用するには lib.rs に以下を書いて読み込みます。

ch12/onigmo-rs/onigmo-sys/src/lib.rs

```
// Cの名前のまま生成されてしまうので警告を切る
#![allow(non_upper_case_globals)]
#![allow(non_camel_case_types)]
#![allow(non_snake_case)]

include!(concat!(env!("OUT_DIR"), "/bindings.rs"));
```

もう一度ビルドします。

```
$ cargo build
```

正常にコンパイルできたら自動生成ができました。ここまではほぼ定型作業です。

12-4-3 アンセーフなサンプルコード

ここからRustのラッパを書いていきますが、ラップする前に元のままだとどういうコードになるか確認しておきましょう。

Onigmoに同梱されているsampleのsimple.cをRustに移植してみます。examplesディレクトリを作り、simple.rsという名前で以下のコードを書きましょう。こちらは実際に使うものではないので掲載だけに留めます。興味のある方はOnigmoのsimple.cを見比べてみてください。ほぼそのままの移植になっています。

ch12/onigmo-rs/onigmo-sys/examples/simple.rs

```
use onigmo_sys::*;
use std::mem;
use std::str::from_utf8_unchecked;

fn main() {
    unsafe {
        // 正規表現のパターン文字列
        let pattern = b"a(.*)b|[e-f]+";
        // マッチ対象です
        let s = b"zzzzaffffffffb";
```

```
// onig_new_without_allocで初期化するメモリをスタックに確保する
let mut reg: regex_t = mem::uninitialized();
let mut einfo: OnigErrorInfo = mem::uninitialized();
// 正規表現文字列をコンパイルし、regに格納する
let r = onig_new_without_alloc(
    &mut reg as *mut _,
    // パターン文字列の先頭
    pattern as *const OnigUChar,
    // パターン文字列の末尾
    (pattern as *const OnigUChar).offset(pattern.len() as isize),
    // 今回、オプションは付けない
    ONIG_OPTION_NONE,
    // Rustの文字列はUTF-8エンコーディング
    &OnigEncodingUTF_8,
    // Onigmoのデフォルトの構文を使う
    OnigDefaultSyntax,
    &mut einfo,
);
// コンパイル結果の戻り値が正常値でなければエラー
if (r as ::std::os::raw::c_uint) != ONIG_NORMAL {
    // エラー情報を取得し出力する
    let s: &mut [OnigUChar] = &mut [0; ONIG_MAX_ERROR_MESSAGE_LEN as usize];
    onig_error_code_to_str(s as *mut _ as *mut _, r as OnigPosition, &einfo);
    println!("ERROR: {}\n", from_utf8_unchecked(s));
    // 正規表現のエラーならそのまま終了
    return;
}
```

```
// マッチ情報を表すデータを準備する
let region = onig_region_new();

// マッチ対象文字列の終端
let end = (s as *const OnigUChar).offset(s.len() as isize);
// マッチ開始位置
let start = s as *const _;
// マッチ終了位置
let range = end;
// 正規表現でマッチする
let mut r = onig_search(
    &mut reg,
    s as *const _,
    end,
    start,
    range,
    region,
    ONIG_OPTION_NONE,
```

```
        );
        if 0 <= r {
            // 戻り値が0以上ならマッチ成功
            println!("match at {}", r);
            let region = region.as_ref().unwrap();
            // グルーピングされた部分正規表現ごとにマッチ位置を表示する
            for i in 0..(region.num_regs) {
                println!(
                    "{}: ({}-{})",
                    i,
                    *region.beg.offset(i as isize),
                    *region.end.offset(i as isize)
                );
            }
            r = 0;
        } else if (r as ::std::os::raw::c_int) == ONIG_MISMATCH {
            // 戻り値がONIG_MISMATCHなら正規表現とマッチ失敗
            println!("search fail");
            r = -1;
        } else {
            // それ以外ではOnigmoの内部エラー
            let s: &mut [OnigUChar] = &mut [0; ONIG_MAX_ERROR_MESSAGE_LEN as usize];
            onig_error_code_to_str(s as *mut _ as *mut _, r as OnigPosition, &einfo);
            println!("ERROR: {}\n", from_utf8_unchecked(s));
            std::process::exit(-1);
        }
        // 使ったリソースを手動で解放する
        onig_region_free(region, 1);
        onig_free_body(&mut reg);
        onig_end();
        std::process::exit(r as i32);
    }
}
```

実際に欲しい値は引数で参照を渡し、戻り値でエラーを確認したり最後にリソースの解放をしたりCらしいコードになりました。これを走らせてみます。

```
$ cargo run --example simple
match at 4
0: (4-14)
1: (5-13)
```

valgrindで確認してもメモリリークはなかったので正常にバインディングが書けているようです。

12-4-4 ラッパ

生成されたままのバインディングだとすべてがアンセーフで、Rust的でもないので扱いづらいものでした。Rust風のラッパを作っていきます。すべてのラッパを作るとそこそこの量になるのでいくつか重要なものだけ作っていきます。

新たなサブプロジェクトのonigmoを作りましょう。onigmo-rs直下で次のコマンドを実行します。

```
$ cargo new --lib onigmo
```

そしてプロジェクトのCargo.tomlにonigmoを追加します。

ch12/onigmo-rs/Cargo.toml

```
[workspace]
members = ["onigmo-sys", "onigmo"]
```

そしてonigmoの依存にonigmo-sysを追加します。Cargo.tomlに以下を書きます。

ch12/onigmo-rs/onigmo/Cargo.toml

```
[dependencies]

[dependencies.onigmo-sys]
path = "../onigmo-sys"
```

それでは書き始めていきます。

まず、一番重要なのはエラーです。Cのエラーは気をつけないとハンドリングを忘れてしまうので十分にハンドリングする準備をしてから取り掛かりましょう。Error型を作り、std::error::Errorを実装します。Onigmoのエラーを扱う関数はint onig_error_code_to_str(UChar* err_buf, OnigPosition err_code, ...)です。OnigPositionと、オプショナルでOnigErrorInfoが必要です。今回はエラーオブジェクト作成時にonig_error_code_to_strを呼んでエラーメッセージを作ってしまうことにします。するとエラーの定義はこうなります。

ch12/onigmo-rs/onigmo/src/lib.rs（抜粋）

```
use onigmo_sys::*;
use std::error;
use std::fmt;

// 本来はOnigPositionのままでなくenumを定義して変換した方がいいが長くなるのでここでは省略する
#[derive(Debug, Clone)]
pub struct Error(OnigPosition, Option<OnigErrorInfo>, String);
type Result<T> = ::std::result::Result<T, Error>;

impl Error {
    // 中身はほぼonigmo-sysでの記述のままだが、
    // 最後にStringを作っているのでRustから扱いやすくなっている。
    // また、ここでunsafeを1つ閉じ込めている。
    fn new(pos: OnigPosition, error_info: Option<OnigErrorInfo>) -> Self {
        use std::str::from_utf8;
        let s: &mut [OnigUChar] = &mut [0; ONIG_MAX_ERROR_MESSAGE_LEN as usize];
        unsafe {
            let size = match error_info {
                Some(ei) => onig_error_code_to_str(s as *mut _ as *mut _, pos, ei),
                None => onig_error_code_to_str(s as *mut _ as *mut _, pos),
            };
            let size = size as usize;
            let s = from_utf8(&s[0..size]).unwrap().to_string();
            Error(pos, error_info, s)
        }
    }
}

impl fmt::Display for Error {
    fn fmt(&self, f: &mut fmt::Formatter) -> fmt::Result {
        write!(f, "ERROR: {}\n", self.2)
    }
}

impl error::Error for Error {}
```

newはonigmo-sysでやっていたメッセージの取得を関数に切り出した程度ですが、関数のインターフェースがRustの型を使っているので利便性が上がっています。また、unsafeを関数内に閉じ込めることで利用者からはunsafeが見えなくなっています。

次に、メインで扱うことになるregex_tのラッパを作ります。Regex 型を定義します。まずはコンストラクタとデストラクタをラップしましょう。コンストラクタはRustではRegex::new に、デストラクタは Drop に対応します。受け取る値の型は、「12-2-6 所有権とリソースの解放」で解説したとおり、誰が所有者になるか意識して引数の型を決めます。

ch12/onigmo-rs/onigmo/src/lib.rs（抜粋）

```
use std::mem;
use std::ops::Drop;

// Regexは動作の主体となり、主に&mut selfの形で使われるのでここではポインタは使わない
pub struct Regex(regex_t);
impl Regex {
    pub fn new(pattern: &str) -> Result<Self> {
        // 長く見えるが、実体はonig_new_without_allocを呼んでいるだけ
        unsafe {
            let mut reg: regex_t = mem::uninitialized();
            let pattern = pattern.as_bytes();
            let mut einfo: OnigErrorInfo = mem::uninitialized();
            let r = onig_new_without_alloc(
                &mut reg as *mut _,
                pattern.as_ptr() as *const OnigUChar,
                (pattern.as_ptr() as *const OnigUChar).offset(pattern.len() as isize),
                ONIG_OPTION_NONE,
                &OnigEncodingUTF_8,
                OnigDefaultSyntax,
                &mut einfo,
            );
            if (r as ::std::os::raw::c_uint) == ONIG_NORMAL {
                Ok(Regex(reg))
            } else {
                // 先ほど定義したエラーもしっかり使う
                Err(Error::new(r as OnigPosition, Some(einfo)))
            }
        }
    }
}

impl Drop for Regex {
    /// デストラクタ
    fn drop(&mut self) {
        unsafe { onig_free_body(&mut self.0) }
    }
}
```

シンプルにするためにオプションはなし、エンコーディングはUTF-8のみ、シンタックスもデフォルトのものを使用しています。自由度のある設計にしたいのであればAPIを工夫する必要があります。別途、ビルダーAPIを作ることになるでしょう。

このコードでunsafe2つが消え、Dropも実装したのでregex_tのリソース管理も自動でされるようになりました。すこしづつRustらしくなってきています。

次にonig_searchのラッパを作りたいのですが、そこで使うregion のラッパを予め作っておきましょう。Region 型を定義します。ここでフィールドにポインタ型が登場します。ポインタ型はNULLかもしれないポインタを表すので少し危険です。そこで std::ptr::NonNull を使いましょう。これはNULLでないことが保証されたポインタ型を表します。

ch12/onigmo-rs/onigmo/src/lib.rs（抜粋）

```
// RegionはOnigmoのAPIがそうなっているのと、
// 主に戻り値でそのまま返されるので内部の値はポインタで指す
#[derive(Debug)]
pub struct Region(NonNull<OnigRegion>);
```

NonNull は fn new(ptr: *mut T) -> Option<NonNull<T>> で作れます。NULLチェックをしてNULLならばNoneが、そうでなければ Some が返ります。まずはこれを使ったコンストラクタとデストラクタを作りましょう。それとポインタを取り出す関数も用意します。

ch12/onigmo-rs/onigmo/src/lib.rs（抜粋）

```
impl Region {
    pub fn new() -> Option<Self> {
        // コンストラクタは onig_region_new を呼ぶ
        unsafe {
            let region: *mut OnigRegion = onig_region_new();
            Some(Region(NonNull::new(region)?))
        }
    }

    fn as_ptr_mut(&mut self) -> *mut OnigRegion {
        self.0.as_ptr()
    }

    fn as_ptr(&self) -> *const OnigRegion {
        self.0.as_ptr()
    }
}
impl Drop for Region {
    fn drop(&mut self) {
        unsafe { onig_region_free(self.0.as_ptr(), 1) }
    }
}
```

Onigmoのドキュメントに戻り値の保証が何も書かれていないので new もOptionを返します。region はOnigmoのAPIでcopy_regionが提供されているのでそれを使ってCloneも実装します。

ch12/onigmo-rs/onigmo/src/lib.rs（抜粋）

```
impl Clone for Region {
    fn clone(&self) -> Self {
        // onig_region_copy で Clone を実装
        unsafe {
            let to: *mut OnigRegion = mem::uninitialized();
            onig_region_copy(to, self.0.as_ptr());
            Region(NonNull::new_unchecked(to))
        }
    }
}
```

これらもOnigmoにあるAPIをRust風にラップしつつunsafeを閉じ込めています。

さて、Regionも用意したのでonig_searchのラッパを作りましょう。Regexのimplの中に以下を追加します。マッチ領域情報はRegionにあるので、正常に動いてマッチしたならばSome(Region)を、それ以外ではNoneを返しましょう。戻り値としてマッチ位置も返ってきますが、情報過多だとユーザが混乱するのでここでは切り捨てることにします。

ch12/onigmo-rs/onigmo/src/lib.rs（抜粋）

```
    // 検索対象はリードオンリーなので&strで受け取る
    pub fn search(&mut self, s: &str) -> Option<Region> {
        // これもほぼ中身はonig_searchを呼んでいるだけ
        unsafe {
            let s = s.as_bytes();
            let start = s.as_ptr();
            let end = start.offset(s.len() as isize);
            let range = end;
            let mut region = Region::new()?;

            let pos = onig_search(
                &mut self.0,
                start,
                end,
                start,
                range,
                region.as_ptr_mut(),
                ONIG_OPTION_NONE,
            );
            if 0 <= pos {
                Some(region)
            } else {
                // Onigmoのソースコードにならい、
                // デバッグビルドのときは戻り値がONIG_MISMATCHでなければ
                // パニックするようにする
```

```
                debug_assert!(pos as std::os::raw::c_int == ONIG_MISMATCH);
                None
            }
        }
    }
```

これで正規表現の作成、実行、終了処理ができるようになりました。しかし、Regionから情報を取り出す術がありません。regionにはさまざまな情報が入っているのですがここでは一番よく使うマッチ領域情報を取り出すAPIを作ることにします。regionに入っているのは(begin, end)の列なのでイテレータとして実装するとRustで扱いやすそうです。イテレータを表すPositionIterとそれをRegion型から取り出すAPIを実装します。

ch12onigmo-rs/onigmo/src/lib.rs（抜粋）

```
use std::ops::Range;
// データを持っているRegionとそのインデックスのイテレータ
/// Regionから取り出すイテレータの型
#[derive(Debug, Clone)]
pub struct PositionIter<'a>(&'a Region, Range<i32>);

impl Region {
    // Regionのimplにこの関数を追記する
    /// 位置情報のイテレータを取り出す
    pub fn positions(&self) -> PositionIter {
        let num_regs;
        // リージョン数の情報からインデックスのイテレータを作る
        unsafe {
            num_regs = (*self.as_ptr()).num_regs;
        }
        PositionIter(self, 0..num_regs)
    }
}

impl<'a> Iterator for PositionIter<'a> {
    type Item = (usize, usize);
    fn next(&mut self) -> Option<Self::Item> {
        unsafe {
            let region = *(self.0).as_ptr();
            // self.1がイテレータになっているのでそれを使ってイテレータを実装する
            self.1.next().map(|i| {
                (
                    *region.beg.offset(i as isize) as usize,
                    *region.end.offset(i as isize) as usize,
                )
            })
```

```
        }
    }
}
```

これらのコードを使うとサンプルコードがシンプルに書けます。onigmoのexamples以下にsimple.rsとして以下を書きましょう。

ch12/onigmo-rs/onigmo/examples/simple.rs（抜粋）

```
extern crate onigmo as onig;

fn main() {
    let mut reg = onig::Regex::new("a(.*)b|[e-f]+").unwrap();
    let s = "zzzzaffffffffb";
    match reg.search(s) {
        Some(ret) => {
            use std::str::from_utf8;
            for (beg, end) in ret.positions() {
                println!("{}", from_utf8(&s.as_bytes()[beg..end]).unwrap());
            }
        }
        None => println!("not match"),
    }
}
```

まずRegex構造体を作って正規表現をコンパイル、reg.searchでマッチし、マッチしたらret.positions()でイテレータを取り出して出力しています。

これは以下のように実行できます

```
$ cargo run --example simple
affffffffb
ffffffff
```

onigmo-sysのときと比べてずっと簡単かつ安全になりました。これもvalgrindで調べてみたらメモリリークもありませんでした。このようにして1つ1つ安全なインターフェースを提供していくことでCライブラリのラッパを作ることができます。

C FFIはセンシティブなところが多く、気付かぬうちにバグを埋め込んでいたりします。実際に手を動かしながら少しづつ作っていくとよいでしょう。

◇◇◇

本章ではRustとCのやりとりをRustからCを呼ぶ、CからRustを呼ぶの両方を解説しました。また、C FFIの実践として現実のライブラリのラッパも書きました。C APIの実践は余白が足りず解説できませんでした。代わりにいくつかのC APIを作るときに有用なライブラリを紹介します。cbindgen[*15]はRustのC APIからC向けのヘッダファイルを生成してくれます。丁度rust-bindgenの逆方向の動作ですね。他言語の拡張ライブラリとしてRustを使いたいなら、Ruby, Node, Pythonなど向けにいくつかライブラリがあります。特にRust ↔ Pythonの橋渡しをするPyO3[*16]はかなり活発に開発されているようです。また、C FFI、C APIに限らず有用ですがbitflags[*17]クレートを使うことでCにありがちなビットフラグの取り扱いが簡単に書けます。

＊15 https://github.com/eqrion/cbindgen
＊16 https://github.com/PyO3/pyo3
＊17 https://github.com/bitflags/bitflags

INDEX 索引

記号

A

B

C

D

V

W

あ

か

さ

た

な

は

ま

や

ら

わ

著者プロフィール

κeen
（Twitter：@blackenedgold）
Idein Inc. 所属のエンジニア。Rustでサーバサイドの開発をしている。学生の頃に趣味でやっていたプログラミング（Lisp）が高じてソフトウェアエンジニアになる。プログラミング言語や言語処理系が好き。初めてさわったRustのバージョンは0.12。本書の8章、9章、10章、11章、12章の執筆を担当。

河野達也
（Tatsuya Kawano／GitHub：tatsuya6502）
クラウディアン株式会社所属のエンジニア。Erlang/OTP、Scala（Akkaフレームワーク）などを使用して自社製分散オブジェクトストア向けの周辺ツールを開発している。2016年にRustに出会い、空き時間を利用してRustを用いた分散キーバリューストアを開発中。Rustがもたらす詳細なメモリ管理とゼロコスト抽象化の効果を日々実感している。本書のはじめに、1章、2章、3章、4章、5章、7章の執筆を担当。

小松礼人
（Yoshito Komatsu／Twitter：@ykoma0 ）
コンピュータが好きな京都の弁護士。好きなプログラミング言語はClojureとRust。最近興味があるのはいわゆる自作キーボード。早く自分でキーボードの設計ができるようになりたいと思っている。本書の6章の執筆を担当。

【スタッフ】
装丁　森デザイン室（森 裕昌）
DTP　BUCH+
担当　高屋卓也

実践Rust入門
[言語仕様から開発手法まで]

2019年5月22日　初版　第1刷発行
2020年7月18日　初版　第2刷発行

著　者　κeen、河野達也、小松礼人
発行者　片岡 巌
発行所　株式会社技術評論社
東京都新宿区市谷左内町 21-13
電話　03-3513-6150　販売促進部
03-3513-6177　雑誌編集部
印刷／製本　図書印刷株式会社

定価はカバーに表示してあります。

ISBN978-4-297-10559-4 C3055
Printed in Japan

【お問い合わせについて】
本書に関するご質問は記載内容についてのみとさせていただきます。本書の内容以外のご質問には一切応じられませんので、あらかじめご了承ください。なお、お電話でのご質問は受け付けておりませんので、書面またはFAX、弊社Webサイトのお問い合わせフォームをご利用ください。

〒162-0846
東京都新宿区市谷左内町21-13
株式会社技術評論社
『実践Rust入門』係

FAX　03-3513-6173
URL　https://gihyo.jp

ご質問の際に記載いただいた個人情報は回答以外の目的に使用することはありません。使用後は速やかに個人情報を廃棄します。